危险化学品安全丛书
（第二版）

"十三五"
国家重点出版物出版规划项目

NRCC

应急管理部化学品登记中心
中国石油化工股份有限公司青岛安全工程研究院 ｜ 组织编写
清华大学

精细化工反应风险与控制

程春生　胥维昌　魏振云　秦福涛　编著

化学工业出版社
·北京·

内 容 简 介

本书以一线化工生产企业为背景，在牵头起草《精细化工反应安全风险评估导则》，全面推进精细化工反应安全风险评估实施应用的基础上，综合化学物料、化学反应以及反应失控等化工实际场景，根据精细化工实验室到产业化在数据求取、数据分析和数据应用方面的缺失与需求，精心编写而成。本书系统介绍了精细化工反应风险与控制体系相关知识、反应风险研究、风险评估和风险控制相关概念和理论、重要敏感参数测试系统和研究方法、实验室到产业化的实施策略等内容，重点分享了当前精细化工产业危险工艺风险研究、评估与控制案例，内容丰富新颖，实用性强。

本书可为政府应急管理部门、生产企业、工艺研发与工艺设计人员、安全管理人员等提供参考，也可以作为大专院校安全工程、应用化学、化学工程等化工相关专业的教材。

图书在版编目（CIP）数据

精细化工反应风险与控制/程春生等编著 .—北京：
化学工业出版社，2020.12（2023.1重印）
（危险化学品安全丛书：第二版）
ISBN 978-7-122-37942-9

Ⅰ.①精…　Ⅱ.①程…　Ⅲ.①精细化工-化学反应工程-安全管理　Ⅳ.①TQ03

中国版本图书馆 CIP 数据核字（2020）第 209709 号

责任编辑：刘　军　杜进祥　　　　　　文字编辑：向　东
责任校对：边　涛　　　　　　　　　　装帧设计：韩　飞

出版发行：化学工业出版社（北京市东城区青年湖南街 13 号　邮政编码 100011）
印　　装：北京盛通数码印刷有限公司
710mm×1000mm　1/16　印张 26　字数 460 千字　2023 年 1 月北京第 1 版第 4 次印刷

购书咨询：010-64518888　　　　　　售后服务：010-64518899
网　　址：http://www.cip.com.cn
凡购买本书，如有缺损质量问题，本社销售中心负责调换。

定　　价：128.00 元　　　　　　　　　　　　　　版权所有　违者必究

"危险化学品安全丛书"（第二版）编委会

丛书序言

人类的生产和生活离不开化学品（包括医药品、农业杀虫剂、化学肥料、塑料、纺织纤维、电子化学品、家庭装饰材料、日用化学品和食品添加剂等）。化学品的生产和使用极大丰富了人类的物质生活，推进了社会文明的发展。如合成氨技术的发明使世界粮食产量翻倍，基本解决了全球粮食短缺问题；合成染料和纤维、橡胶、树脂三大合成材料的发明，带来了衣料和建材的革命，极大提高了人们生活质量……化学工业是国民经济的支柱产业之一，是美好生活的缔造者。近年来，我国已跃居全球化学品第一生产和消费国。在化学品中，有一大部分是危险化学品，而我国危险化学品安全基础薄弱的现状还没有得到根本改变，危险化学品安全生产形势依然严峻复杂，科技对危险化学品安全的支撑保障作用未得到充分发挥，制约危险化学品安全状况的部分重大共性关键技术尚未突破，化工过程安全管理、安全仪表系统等先进的管理方法和技术手段尚未在企业中得到全面应用。在化学品的生产、使用、储存、销售、运输直至作为废物处置的过程中，由于误用、滥用，化学事故处理或处置不当，极易造成燃烧、爆炸、中毒、灼伤等事故。特别是天津港危险化学品仓库"8·12"爆炸及江苏响水"3·21"爆炸等一些危险化学品的重大着火爆炸事故，不仅造成了重大人员伤亡和财产损失，还造成了恶劣的社会影响，引起党中央国务院的重视和社会舆论广泛关注，使得"谈化色变""邻避效应"以及"一刀切"等问题日趋严重，严重阻碍了我国化学工业的健康可持续发展。

危险化学品的安全管理是当前各国普遍关注的重大国际性问题之一，危险化学品产业安全是政府监管的重点、企业工作的难点、公众关注的焦点。危险化学品的品种数量大，危险性类别多，生产和使用渗透到国民经济各个领域以及社会公众的日常生活中，安全管理范围包括劳动安全、健康安全和环境安全，危险化学品安全管理的范围包括从"摇篮"到"坟墓"的整个生命周期，即危险化学品生产、储存、销售、运输、使用以及废弃后的处理处置活动。"人民安全是国家安全的基石。"过去十余年来，科技部、国家自然科学基金委员会等围绕危险化学品安全设置了一批重大、重点项目，取得了示范性成果，愈来愈多的国内学者投身于危险化学品安全领域，推动了危险化学品安全技术与管理方法的不断创新。

自 2005 年"危险化学品安全丛书"出版以来，经过十余年的发展，危险化学品安全技术、管理方法等取得了诸多成就，为了系统总结、推广普及危险化学品安全领域的新技术、新方法及工程化成果，由应急管理部化学品登记中心、中国石油化工股份有限公司青岛安全工程研究院、清华大学联合组织编写了"十三五"国家重点出版物出版规划项目"危险化学品安全丛书"（第二版）。

丛书的编写以党的十九大精神为指引，以创新驱动推进我国化学工业高质量发展为目标，紧密围绕安全、环保、可持续发展等迫切需求，对危险化学品安全新技术、新方法进行阐述，为减少事故，践行以人民为中心的发展思想和"创新、协调、绿色、开放、共享"五大发展理念，树立化工（危险化学品）行业正面社会形象意义重大。丛书全面突出了危险化学品安全综合治理，着力解决基础性、源头性、瓶颈性问题，推进危险化学品安全生产治理体系和治理能力现代化，系统论述了危险化学品从"摇篮"到"坟墓"全过程的安全管理与安全技术。丛书包括危险化学品安全总论、化工过程安全管理、化学品环境安全、化学品分类与鉴定、工作场所化学品安全使用、化工过程本质安全化设计、精细化工反应风险与控制、化工过程安全评估、化工过程热风险、化工安全仪表系统、危险化学品储运、危险化学品消防、危险化学品企业事故应急管理、危险化学品污染防治等内容。丛书是众多专家多年潜心研究的结晶，反映了当今国内外危险化学品安全领域新发展和新成果，既有很高的学术价值，又对学术研究及工程实践有很好的指导意义。

相信丛书的出版，将有助于读者了解最新、较全的危险化学品安全技术和管理方法，对减少化学品事故、提高危险化学品安全科技支撑能力、改变人们"谈化色变"的观念、增强社会对化工行业的信心、保护环境、保障人民健康安全、实现化工行业的高质量发展具有重要意义。

中国工程院院士　陈丙珍

中国工程院院士　金涌

2020 年 10 月

前　言

　　化工是国民经济的重要支柱产业，化工生产是国内生产总值的重要组成部分。然而，化工产业属于高风险制造业，具有高消耗、高污染、高风险等显著特点。伴随着中国已经发展成为全球第一化工大国，化工新产品和新材料的递增速度加快，危险化学品的使用品种越来越多和规模越来越大，化合物结构更新、合成工艺复杂程度不断增加，尤其是精细化工复杂、多变，以间歇或半间歇操作为主，化工危险事故后果更为严重。精细化工是全球化学工业发展的战略重点之一，也是一个国家化工技术水平和可持续发展力的重要标志。精细化学品种类繁多，具有功能性、最终使用性和高附加值等特性。全球精细化工商业化品种已经超过10万种，高性能、功能化和高附加值的精细化学品与日俱增。以普通的化学原料，采用相对复杂的工艺技术，通过多步工艺过程，生产精细化学品是精细化工的产业特征。精细化工具有产业规模小、应用领域广泛、工艺技术复杂、产品附加值高等特点。随着新能源、新材料技术的进步，石油化工已经进一步向深加工方向延伸，精细化工行业得到了前所未有的快速发展。进入21世纪，新工艺技术的开发受到各国的高度重视，精细化工以产业集群的方式进一步迅猛发展，精细化学品呈现出日益的专业化和广泛的多样性。2021年，我国精细化工总产值预计将突破5万亿元，年均增长率超过15%，精细化率超过50%。构筑创新平台，开发高新技术，提高绿色化工水平，加快精细化工产业发展已经成为全球关注的精细化工行业发展的重要任务。健康、安全和环保，越来越受到国际社会的高度重视，化工安全成为化工生产的重中之重，失去安全屏障，环保将成为一纸空谈！我国政府对化工安全生产重视程度越来越高，出台了各种法律法规，强化推动化工本质安全技术的开发与应用。

　　长期以来，人们对化学品生产涉及的物质转化与传递的工艺研究非常熟悉，化学制造业迅猛发展，以活性、功能性为目标的化合物更新换代和化学合成方法日新月异，采用不同的原料，经过不同的合成工艺，获得各种不同的目标产物，在化学家手下都轻而易举，可谓条条路线都达标。研究的最终目标是实现产业化，从实验室到产业化，物料的稳定性、过程的安全性随着规模的放大而发生显著的改变，围绕能量转化与传递的科学问题，行业内缺乏系统的化工安全技术与工程研究，技术体系和研究方法不健全，导致对化学反应的本质和规律性研究不够深入，工艺设计缺乏实测参数，工艺精确和生产精准程度不高，工艺安全界限不分明，潜在风险及其本质原因不清楚，造成能源、物资消耗和事故率高，造成的人员伤亡和财产损失惨重。能量转化与传递技术的开发与应用是实现信息转化与传递的基础，自动化和智能化是化工生产的控制标准，自动化和智能化离不开化工安全技术与工程研究，不可缺少敏感参数的测试和联锁应用。物质转化与传递、能量转化与传递、信息转化与传递是完整的技术链条，研究风险、评估风险、控制风险是化工可持续发展的重要技术任务。

从 2006 年开始，本研究团队以主持国际技术合作与交流为契机，在国际先进公司 HSE 理念的影响和带动下，得到国家重大科技成果转化项目、中国中化集团公司和辽宁省的大力支持，率先开展化工反应风险研究、风险评估和风险控制平台建设，按化工物料、化学反应和反应失控分类，开展系统的化工安全技术与工程体系建设，为过程安全、工艺优化、工艺设计提供技术数据，保障安全生产，并实现工艺精确、设计精细和生产精准。

物质转化与传递、能量转化与传递、信息转化与传递是化学品开发生产必经的技术路线，通过工艺研究，建立了物料平衡，实现了物质的转化与传递；通过反应风险研究，建立了能量平衡，实现了能量的转化与传递；取得的各种敏感数据，提供了自控联锁参数，实现了信息的转化与传递，并为自动化控制、智能化管理提供技术支撑。反应风险研究深入到研究反应的本质，发现反应的规律，在保障安全的同时，实现工艺优化与创新。通过反应风险研究，开展反应安全风险评估，建立风险控制措施，将为实现应急救援到预控预判的转变奠定基础。

本书以普及化工安全生产技术为主要目标，笔者在出版《化工安全生产与风险评估》和《化工风险控制与安全生产》的基础上，介绍实现工艺精确、设计精细和生产精准的技术方法。分享多年的研究案例，并延伸反应风险研究领域，强化风险控制建立，为实现化工可持续健康发展贡献力量。

编著者
2020 年 7 月

目 录

第七章　实施案例分析　　　　　　　　　　　316

第一章

精细化工反应风险与控制概述

　　精细化工是当今化学工业中最具活力的新兴领域之一，是综合性极强的技术密集型工业，许多国内外的专家学者把 21 世纪的精细化工定位为高新技术，并把精细化工率，即精细化工产值占化工总产值的比例，作为衡量一个国家或地区化学工业发达程度和化工科技水平高低的重要标志。

　　精细化工产品种类繁多、附加值高、用途广泛、产业关联度大，普遍应用于农药、医药、染料、涂料、化妆品、材料、催化剂和助剂等多个领域，是我国国民经济支柱性产业之一。近年来，随着科研力量和产能的提升，我国精细化工行业已得到飞速发展，精细化工率连年攀升，但是，与西方发达国家相比，我国精细化工产品的整体技术水平与国际先进水平还存在一定差距，高性能、功能化和高附加值的精细化学品仍主要依靠进口，行业提升空间较大。

　　目前，我国精细化学工业正处于快速发展期，生产规模日益扩大，装置日趋大型化，新的工艺技术不断涌现，化工过程伴随有毒有害、易燃易爆等物料，并涉及工艺、设备、仪表、电气等多个专业且复杂的公用工程，这又极大地增加了精细化工事故发生的可能性和事故后果造成的严重程度。在化工生产过程中，任何一项制度缺陷、工艺缺陷、设备安全隐患、工作疏忽或违规违章，都有可能导致重特大事故，造成严重的经济损失和人员伤亡。长期以来，由于缺乏化工安全技术与工程研究，工艺设计缺乏实际的设计参数，工艺精确和生产精准程度不高，工艺安全界限不分明，潜在风险及其本质原因不清楚，造成能源、物资消耗和事故率高，带来了人员伤亡和财产损失。事实证明，我国化工安全基础薄弱的现状还没有得到根本改变，化工安全生产形势依然严峻复杂，在不断追求化工行业的高端技术应用、技术方法创新和新产品研发生产的同时，我们需要高度重视精细化工生产的安全性。

化工安全技术与工程作为化工工艺、安全与工程交叉的研究领域，是化工过程能量转化与传递的科学技术，是精细化工生产从实验室到产业化技术链条上必不可少的一部分。通过过程安全研究，确定安全工艺条件，为工艺设计提供技术数据，为工艺优化提供指导性参数，促进工程化放大和产业化的顺利实施，并为安全生产和降耗减排提供技术支撑，对实现化工生产过程安全，实现工艺精确、设计精细和生产精准，实现化工绿色制造、绿色增长和可持续发展至关重要。

本章首先介绍精细化工分类、行业特点和可能发生的安全性事故，并对事故原因进行深入的分析；简要介绍精细化工安全生产相关的国家法律法规要求，介绍化工安全管理和评价的相关内容；详细阐述精细化工反应风险与控制的相关内容，包括化工安全技术与工程、反应风险研究、反应安全风险评估、反应风险控制等几个方面的内容，旨在使人们对精细化工和化工安全技术与工程涉及的核心技术体系有个初步、系统的了解，进一步提升我国精细化工安全生产水平。

第一节 绪 论

一、精细化工行业特性

（一）精细化工的定义和其在国民经济中的地位和作用

精细化学工业是生产精细化学品工业的通称，简称"精细化工"。我国化工界公认的定义是：凡能增进或赋予一种（类）产品以特定的功能，或本身拥有特定功能的小批量、高纯度的化学品，称为精细化工产品，有时称为专用化学品（Speciality Chemicals）或精细化学品（Fine Chemicals）。按照国家自然科学技术学科分类标准，精细化工的全称应为精细化学工程（Fine Chemical Engineering），属化学工程（Chemical Engineering）学科范畴。把精细化工行业的产值与化工行业总产值的比率称为精细化工率，以表征精细化工发展的程度。

精细化工是生产精细化学品的化工行业，主要包括医药、染料、农药、涂料、表面活性剂、催化剂、助剂和化学试剂等传统的化工部门，也包括食品添加剂、饲料添加剂、油田化学品、电子工业用化学品、皮革化学品、功能高分子材料和生命科学用材料等近年来逐渐发展起来的新领域。可以说，国民经济各部门，现代工业的大多产品，人们的衣、食、住、用，现代国防和高、新科技，环境保护、医疗保健等都与精细化学品有关。精细化工在国民经济中的地位和作用体现在以下几个方面：

第一，在农业生产中，施用农药以防治病、虫、草害是保证农业丰收的必要手段，但化学农药因对人、畜的安全和对环境的污染又受到日益严格的管制。而一种农药施用过久，病菌、害虫和杂草还会对其产生抗药性，因此，需要不断开发高效低毒、能自然降解为无毒物质的新农药。近几十年来，农用杀菌剂、杀虫剂和除草剂的不断推陈出新，增效、缓释长效的新剂型不断推出，功效卓越的植物生长调节剂的更新换代，为农业的飞速发展提供了技术保障。

第二，在轻纺、电子等工业生产中，几乎都要使用精细化学品作为辅助性原材料。如轻纺工业产品需经使用涂料、染料、印刷油墨或电镀助剂的加工过程，才能成为美观耐用的产品。在棉纱或化纤制造纺织品的过程中，许多工序需要使用各种助剂，例如，用柔软剂整理可使织物手感丰满柔滑，媒染剂可使染料易染到织物上，固色剂可使染色牢度大大提高；用不同的优质助剂进行染整，才能制出花色品种各异的纺织品。又如，坯皮至少要经过鞣革剂、涂饰剂、加脂剂等多种皮革化学品的处理，才能制成皮革。聚氯乙烯树脂必须用稳定剂、增塑剂和其他化学品进行加工，才能制成各种塑料制品。纸浆要用施胶剂、助留剂、增强剂等进行加工，才能制成不同用途、不同厚度的纸张。

此外，精细化学品还广泛应用于食品加工、建材、选矿、冶金、化工、石油开采、油品加工、交通、文教、司法、环保等方面。精细化工生产过程与一般化工生产不同，它的生产全过程，由化学合成（或从天然物质中分离、提取）、剂型加工和商品化两个部分组成。其中化学合成过程，多从基本化工原料出发，制成中间体，再制成医药、染料、农药、有机颜料、表面活性剂、香料等各种精细化学品。

（二）精细化工的特点

精细化工的综合生产特点主要表现在以下几个方面：

1. 易燃、易爆危险性高

精细化工行业属于基本化工的延伸，属化学工业产业的一个分支。精细化工与基本化工两者在生产、储存、火灾危险性等方面具有相同的属性。精细化工生产所需的原材料，包含多种多样的有机及无机材料，涉及酸、碱、盐、烯、醇、烷、醚、酮、氯、氟等一系列化学品，一些原材料较为复杂，存在形式多样，具备一定的危险性。其中有机精细化工产品中的绝大多数是对石油化工基本原料进行深加工生产而得，且在进行某些产品生产过程中，使用的辅助性材料本身就是精细化工类易燃性的有机溶剂，如试剂、助剂、添加剂、表面活性剂、抗氧化剂等；一些生产用原材料虽然具有低级别的火灾危险，但生产过程中产生的副产物具有甲、乙类的火灾危险性。化工生产原料及产品多属于易燃、易爆物品，在特定的环境中受到一定的影响，物品在空气中可能形成混合气体。当发生火灾时，一般火势较为猛烈，对企业造成较大的财产与人员生命的损失。

精细化工行业具有高毒性、高污染和高风险等不可忽视的问题，其贯穿于绝大多数化工产品的生产流程中。在一个化工产品的生产过程中，从原材料采购、运输、仓储到生产的每一个环节都会用到大量的危险化学品，有些化学品具有毒性或不稳定性，因此，它们蕴含着隐患和风险。并且，在生产过程中，会产生很多中间产物或副产物，导致大量废气、废渣、废水的产生，如果这些"三废"物质处理不当，会对人身安全和生态环境造成严重的影响。

精细化工的工艺生产路线均较为复杂，生产需要较强的连续性，操作条件大多较为苛刻。若生产过程中的某一环节发生故障，正常生产链将会遭到破坏，引发安全事故，如设备检修造成正常工作状态中断，设备工艺参数也会发生一系列变化，检修结束后设备回到正常工作状态，在此过程中容易操作失误导致设备发生故障，介质会渗漏到空气及水中，工作人员接触会引发中毒事故，同时还会对环境造成污染。化工生产过程中存在多种工艺线路，需要选择危险物少的工艺线路。在工艺设计过程中尽量减少有毒有害物质的产生，降低危险性。若处于特殊情况下，则需要将条件适当缓和，减少危险材料的成分。

国家相关组织规定，若精细化工企业中涉及重点危险化工工艺及金属有机合成反应的间歇反应及半间歇反应，应当开展安全风险评估。涉及新工艺的首次投入化工生产过程、工艺线路及工艺参数装置发生变动后，均需要重新作出评估。反应工艺发生过安全事故的，应当根据反应程度进行分级，设计阶段应用自动控制系统，并设置安装偏离正常状态（情况）的连锁控制系统，发生紧急事故即刻终止反应，使风险及时得到控制，及时保证厂区周边应急响应。

2. 工艺过程复杂

我国经济正处于高速发展的阶段，化工企业作为我国经济发展的拉动型企业，发展速度十分迅猛，但是化工工艺生产较其他行业具有一定特殊性。生产过程中存在较为突出的安全问题，事故的发生率较高。化工工艺即将化学原料转化为产品的过程。化工工艺设计作为化学材料反应制备过程中的一环，是化工工艺生产的重中之重。首先是对原材料进行处理，比如碾碎、提纯等；其次是设计化学反应过程，该步骤作为化学原料向成品过渡的关键步骤，需处理好化学材料与化学反应之间的关系；最后对化学反应生产的产品做出一系列精制处理，使化学产品最终满足实际使用需求，使得化学产品合理有效地运用于生活、生产中。

化工工艺设计内容十分复杂，不仅涵盖工艺流程的设计环节，还包含工艺流程的管理内容。化工工艺流程是一种系统又复杂的流程，涉及化工生产的各个环节，贯穿于整个化工生产过程之中。根据产品规模的不同，化工工艺流程在设计过程中，化学原料及化学反应也存在一定的差异性。精细化学品种类繁多，经不同的工艺流程对同一种中间体产品进行处理，可延伸出几种甚至几十种不同用途的衍生品，生产工艺复杂多变，技术十分复杂。精细化工的各种产品均需要经过实验室开发、小试、中试再到规模化生产的一系列过程，还需要根据客户的需求变化及时进行更新或改进，要求产品质量具有较高的稳定性，生产过程中需要企业不断对工艺进行改进，积累经验。

此外，化工过程涉及的化学反应复杂多样，人们对其认识还远远不够，一些反应条件突变可能引发未知反应的发生，而导致灾难性事故的发生。因此，化工生产具有一定的高风险性。如何保证化工过程实现安全生产是化工行业安全、环保和可持续发展的必须解决的首要重点问题。

3. 行业覆盖面广泛

精细化工行业覆盖面较宽，与精细化工行业关联度较大的行业主要包括农业、建筑业、造纸工业、纺织业、食品业、日用化学品生产、电子行业等，精细化工行业的发展与这些行业息息相关。精细化工行业的上游主要为基础化工原料制造业，精细化工行业的发展对上游行业的发展起到重要的促进作用。同时，精细化工行业提供的产品又可以作为其他诸多重要行业的基本原材料进行使用，如农业、建筑业、纺织业、医药业、电子行业等，这些行业的发展为精细化工行业的发展提供了契机。精细化学品已经在日常生活的方方面面具有广泛的应用，不仅包含传统的医药、染料、农药、日化用品、涂料、造纸、油墨、食品添加剂、饲料添加剂、水处理等行业，还在航空航天、信息技术、生物技术、新能源技术、新材料、环保等高新技术产业方面具有广泛的应用。

4. 自动化程度偏低

由于精细化工是间歇或半间歇生产工艺，且品种多、批量小、投资规模小，生产人员较少，而自动化技术人员就更少，特别是实力较弱的民营企业普遍存在没有自动化技术人员的编制，其自动化设备的维护保养主要靠设备供应商解决。生产自动化程度偏低，导致工艺技术水平相对落后，先进的工艺技术得不到有效的使用，也没有配套的安全控制措施，潜在危险性仍然较高。

（三）精细化工的范畴和分类

对于精细化工的范畴和分类，各国不甚一致，但均有逐年扩大的趋势。以我国为例，原化学工业部将精细化学品分为 11 个产品类别：农药类、染料类、涂料类（包括油漆和油墨）、颜料类、试剂和高纯物类、信息用化学品类（包括感光材料、磁性材料等能接受电磁波的化学品）、食品和饲料添加剂类、黏合剂类、催化剂类和各种助剂类、化工系统生产的化学药品类（原料药）和日用化学品类、高分子聚合物中的功能高分子材料（包括功能膜、偏光材料等）等。其中又将助剂分为印染助剂类、塑料助剂类、橡胶助剂类、水处理化学品类、纤维抽丝用油剂类、有机抽提剂类、高分子聚合物添加剂类、表面活性剂类、皮革化学品类、农药用助剂类、油田化学品类、混凝土外加剂类、机械和冶金用助剂类、油品添加剂类、炭黑类、吸附剂类、电子用化学品类、造纸用化学品类及其他助剂类等共计 19 个门类。20 世纪 80 年代，我国又把那些尚未形成产业的精细化工门类称为新领域精细化工，它们包括饲料添加剂类、食品添加剂类、表面活性剂类、水处理化学品类、造纸化学品类、皮革化学品类、油田化学品类、胶黏剂类、生物化学品类、电子化学品类、纤维素衍生物类、聚丙烯酰胺类、丙烯酸及其酯类、气雾剂类等。随着国民经济的发展，精细化学品的开发和应用领域将逐渐深化，新的门类也将陆续增加。

（四）精细化工的发展趋势

精细化工是综合性较强的技术密集型工业，近年来，全球各个国家，特别是西方工业发达国家都把发展精细化工产品作为传统产业结构升级调整的重点发展战略之一，其化工产业均向着"多元化"及"精细化"的方向发展。

1. 传统精细化工的发展趋势

高污染性是制约传统精细化工发展的关键问题，要想取得长足的发展，必须考虑降低污染，减少"三废"，生产绿色、环保的精细化工产品。比如，对于农药产品来说，农药的施用功效、化学污染、毒性以及是否有残留等将逐步成为人们决定是否使用的重点考虑方面。高效、无毒、低残留甚至是无残留的农药产品必将成为传统农药发展的趋势，更是科研人员研究与生产型企业生产的重点。政府及相关协会也会逐步加强对农药产品的监督管理，通过宏观调控与市场竞争，逐渐淘汰掉技术落后、功效不足的农药生产企业。

2. 新型精细化工的发展趋势

第一，技术的创新发展。技术是确保企业持久发展的关键，伴随着社会的不断进步，新型精细化工也必将实现技术的不断创新。与此同时，日趋激烈的市场竞争也会促使精细化工技术创新提上日程。

第二，产品的绿色环保与可再生性。未来精细化工必然朝着绿色节能型与可再生型发展。一方面，为节约能源、减轻工业污染，精细化工产品必将继续朝着更绿色、更环保的方向发展。目前，我国精细化工生产企业所耗费的能源巨大，且占据我国总能耗的 1/8 左右。因此，新兴的精细化工必将充分发挥其节能环保优势，最大限度上满足社会需求。另一方面，通过现代化工技术，将精细化工产品与可再生资源有效结合起来，可有效提高我国精细化工的可再生性。比如，辅酶 Q_{10} 作为醌类化合物，主要存在于动植物和微生物体内，若能够研发出具有可再生性的辅酶 Q_{10}，势必会大力拓展其应用范围，造福人类。

第三，精细化工生产的集中化。截至目前，我国精细化工产业进步显著，但与世界先进国家相比仍存在较大的差距。我国千吨级别的精细化工企业不足千家，产品种类也相对较少，多数企业仅限于乡镇规模。随着经济发展与国家政策的大力扶持，我国精细化工必将朝着集中化方向发展。充分利用资金、人才和技术，组织产学研相结合的技术攻关模式，加强科技创新，进一步推动精细化工行业的规模化发展，形成规模化、产业化优势。

二、安全事故回顾

目前全国有近 30 万家危险化学品生产经营单位，其中安全保障能力比较差的小化工企业占比 80％以上。精细化工生产企业 8000 多家，生产各类精细化学品达 3 万多种，但精细化工行业基础薄弱，安全管理水平远远落后于发达国家。精细化工行业安全事故多发的原因主要有两个方面，一是由于很多企业发展重效益、轻安全；二是有机合成往往会涉及磺化、硝化、重氮化、氧化等反应过程，容易放出大量热量，给生产装置带来威胁。而且，随着化学工业的快速发展，化工生产和危险化学品储存规模越来越大，新装置、新产品、新技术大量涌现，部分企业和研发单位对这些新变化可能引发的事故认识不足，对安全风险和核心安全因素的研究不系统，这极大地增加了事故发生的可能性和事故造成后果的严重程度。在化工生产过程中，任何一项制度、工艺的缺陷，安全数据的缺失，设备隐患，工作疏忽或违规违章，都有可能导致重特大事故，给人民的生命和财产安全造成无可挽回的损失。

下面列举几个往年典型精细化工事故案例情况。

（一）物料燃爆事故

案例一：天津滨海新区瑞海国际物流有限公司"8·12"爆炸事故

2015年8月12日23时30分左右，坐落于天津市滨海新区天津港的瑞海国际物流有限公司危险品仓库发生特别重大火灾爆炸事故，本次事故的爆炸总能量约为450t TNT当量，两次爆炸分别形成直径×深度为15m×1.1m、97m×2.7m的圆形大爆炸坑，事故造成165人遇难、8人失踪、798人受伤，304幢建筑物、12428辆商品汽车、7533个集装箱受损，并造成严重的大气、水、土壤等方面的环境污染，需要开展中长期环境风险评估，进一步监测、判断本次事故对人群健康的潜在风险与损害。截至2015年12月10日，依据《企业职工伤亡事故经济损失统计标准》等标准和规定统计，事故已核定的直接经济损失68.66亿元。

📖 事故主要原因分析

事故发生后，中央、国务院高度重视，对事故发生原因进行详细调查分析，瑞海公司危险品仓库运抵区南侧集装箱内存储的硝化棉由于湿润剂散失出现局部干燥，在高温、干燥等环境因素的作用下加速分解放热，积热自燃，引起周围集装箱内硝化棉燃烧，放出大量气体，箱内温度、压力升高，致使集装箱破损，大量硝化棉散落到箱外，形成大面积燃烧，其他集装箱（罐）内的硝酸铵、精萘、硫化钠、糠醇、三氯氢硅、一甲基三氯硅烷、甲酸等多种危险化学品被引燃。随着温度持续升高，硝酸铵分解速度不断加快，达到其爆炸温度后发生了爆炸。据爆炸和地震方面的相关专家分析，在大火持续燃烧和两次剧烈爆炸的作用下，现场可能发生过多次爆炸，但造成重大危害的主要为两次。经爆炸科学与技术国家重点实验室模拟计算得知，首次大爆炸的能量约为15t TNT当量，第二次大爆炸的能量约为430t TNT当量，综合考虑事故期间发生过多次小规模爆炸，认定本次事故爆炸总能量约为450t TNT当量。此外，瑞海公司违法违规经营和储存危险货物，硝酸铵储存超标；港口管理体制不顺、职责不明、安全管理不到位等也是造成此次事故的主要原因之一。

案例二：山东德州合力科润化工有限公司"12·31"爆炸事故

2008 年 12 月 20 日，德州合力科润化工有限公司在乙腈装置安装未完成的情况下，开展设备调试，对热介质熔盐进行加温熔化。12 月 31 日，工人开始将熔盐输送至固定床反应器的熔盐加热系统，11 时左右，循环加温达到 220～230℃，熔盐槽的两个排气口冒出灰色烟雾，随后有火焰产生，现场人员立即使用蒸汽将火扑灭，但未采取其他控制措施。2009 年 1 月 1 日，开始调试熔盐炉与工艺系统相连接的固定床反应器，15 时 30 分，固定床反应器的熔盐加热系统升温至 280℃时，熔盐槽两个排气口陆续冒出黄烟和灰烟，紧接着发生了爆炸。17 时，另一个固定床反应器再次冒出黄烟，继而冒出灰烟，并发出刺耳的响声，发生第二次爆炸，由于首次爆炸后采取了隔离防范应对措施，第二次爆炸无人员伤亡。本次爆炸事故共造成 5 人死亡、1 人重伤、8 人轻伤，直接经济损失 160 万元。

📖 事故主要原因分析

合力公司由于安全生产资金投入不足，乙腈装置使用的四台固定床反应器是从武城县康达化工有限公司购买的二手设备，原来用于生产甲基异丙基酮，壳程热媒物质为 350＃导热油，虽然合力公司购进后，进行了常规清洗，但普通化学清洗（清洗剂、碱液、清水清洗）方法难以将壳程积存的油垢和积炭清净。而合力公司所用热媒熔盐的主要成分为硝酸钾、硝酸钠和亚硝酸钠，由于硝酸盐受热容易分解为亚硝酸盐和氧气，亚硝酸盐和氧气反应生成硝酸盐，因而亚硝酸钠在熔盐中能够抑制硝酸钠和硝酸钾分解。固定床反应器壳层中存有积炭和油污等有机物，受热分解后产生还原性较强的单质碳。高温下，硝酸盐分解产生的氧气首先与单质碳反应，使亚硝酸盐对硝酸盐分解的抑制作用丧失，同时氧气与碳的放热反应促进了硝酸盐的分解，致使反应速度逐渐加快，进而产生化学爆炸。此外，设备选择的失误，忽略了高温条件下熔盐和有机物禁配的原则，熔盐在高温有机物刺激下加速分解，剧烈放热；安全管理不到位，常规热媒熔盐起火后，没有引起企业的高度重视，丧失了防止爆炸事故发生的黄金时机等均是造成该事故的重要原因。

（二）工艺过程事故

案例三：江苏连云港聚鑫生物科技有限公司"12·9"爆炸事故

2017 年 12 月 9 日，聚鑫生物科技有限公司四车间 3000t/a 间二氯苯装置当班操作人员开始压料操作，由于制氮机损坏，擅自改用压缩空气将二楼保温釜中经脱水后的间二硝基苯压到高位槽。之后，操作人员对保温釜排空卸压，结束压料，疑似保温釜视镜位置喷出明火火柱，回火引起保温釜内物料燃烧，同时保温釜法兰盖处有大量黑烟冒出。几秒钟后，高位槽底部物料大量泄漏，产生燃烧现象，随后二楼泄漏区域发生爆炸。本次事故造成 10 人死亡、1 人受伤，直接经济损失 4875 万元，事故释放的爆炸总能量相当于 14.15t TNT当量。

📖 事故主要原因分析

氯化工艺由于其反应速度快、放热量大，反应物料具有燃爆危险性，硝化产物、副产物具有爆炸危险性等特点，须引起我们的高度重视和警醒。连云港聚鑫生物科技有限公司在生产间二硝基苯时，保温釜压料严重超压，由正常设计的 1.5kgf（1kgf＝9.8N）氮气压料，擅自提升为 5.8kgf 的压缩空气压料，造成保温釜内物料从视镜处泄漏、冲料，摩擦产生的静电引燃物料，继而引发装置外侧下方的成品精馏釜等发生爆炸。另外，安全管理混乱，氯化反应操作规程不完善，作业人员应急处置能力差；装置自动化控制系统存在严重缺陷，单一温度显示仪表造成当班工人判断失误等都是导致本次事故的主要原因。

案例四：山东临沂金山化工有限公司"2·3"爆炸事故

2018 年 2 月 3 日 10 时 50 分，位于山东省临沂市临沭县经济开发区化工园区的金山化工有限公司，氯甲基三甲基硅烷生产装置东侧氯化反应釜上方三楼回流冷凝器气相管道附近有大量白色烟雾逸出，紧接着厂房东南侧尾气吸收系统附近也有白色烟雾逸出，白色烟雾快速蔓延至厂房上部及两侧。10 时 51 分左右，厂房内发生爆炸，造成 5 人死亡、5 人受伤，直接经济损失 1770 余万元。

📖 事故主要原因分析

金山化工有限公司氯甲基三甲基硅烷生产装置的四甲基硅烷与氯气发生放热反应过程中，由于反应剧烈放热，未及时冷却降温，温度迅速升高导致反应失控，釜内大量液体四甲基硅烷迅速汽化，反应釜超压，四甲基硅烷等物料从反应釜上部喷出，与空气混合形成爆炸性混合气体，遇点火源发生爆炸，并引发连环爆炸。本次事故暴露出该企业危险化学品安全主体责任不落实、安全管理薄弱、职工安全意识不强等问题。

（三）蒸馏过程爆炸事故

案例五：浙江台州华邦医药化工有限公司"1·3"爆炸事故

2017年1月2日，浙江台州华邦医药化工有限公司当班员工由于24h上班，身体疲劳，在岗位上瞌睡，较平时晚了4h投料，并在滴加浓硫酸20～25℃保温2h后交班，但却未将投料时间延迟、反应时间不够的情况交接清楚，为事故的发生埋下隐患。白班车间工人接班后，本应将反应釜升温至60～68℃并保温5h，以确保目标反应基本反应完全，由于不知道反应时间不够的信息，未升温保温就直接开始减压蒸馏，在蒸馏了约20min，发现没有甲苯蒸出的情况下，使用蒸汽旁路通道，继续加大蒸汽量，致使反应釜温度和蒸汽连锁切断装置失去作用，约半小时后，发生爆燃。

📖 事故主要原因分析

华邦公司对蒸汽旁通阀管控不到位，既未采取加锁等杜绝使用措施，也未在旁通阀上设置警示标志，当班工人擅自加大蒸汽开量且违规使用蒸汽旁路通道，致使主通道气动阀门自动切断装置失去作用；华邦公司不掌握反应产物达到105℃会剧烈分解，反应釜内压力会急剧上升的情况，致使蒸汽开量过大，外加未反应原料继续反应放热，釜内温度不断上升，并超过反应产物（含乳清酸）的分解温度。反应产物（含乳清酸）急剧分解放热，体系压力、温度迅速上升，最终导致反应釜超压爆炸。

案例六：浙江绍兴林江化工股份有限公司"6·9"爆炸事故

2017年6月5日，林江化工股份有限公司重启公司2车间中试项目，6月8日晚，几名工人用真空泵将前道工序得到的物料抽到13#水汽釜中进行蒸馏脱溶作业，回收二氯甲烷。水汽釜夹套通蒸汽加热升温后，二氯甲烷开始馏出并逐渐增大馏出量，其间由于冷凝器冷却效果不好，工人用循环水给冷凝器降温，并将冷冻盐水管道上的盲板拆除。40min后，冷凝器切换成冷冻盐水，随后水汽釜继续加热脱溶。2h后，操作工观察DCS画面发现水汽釜升温速度加快，并迅速由65℃上升到200℃以上（超出量程），发生爆炸，现场伴有浓烟和火光。事故造成3人死亡、1人受伤，直接经济损失525万元。

📖 事故主要原因分析

根据地方安全监管部门的初步调查，林江化工股份有限公司在未经过全面风险论证分析、不具备中试安全生产的条件下，在小试500mL的基础上放大10000

倍进行试验，在进行中间体 1-氧-4,5-二氮杂环庚烷脱溶作业后期物料浓缩时，由于加热方式不合理，测温设施无法检测釜内液体的真实温度等原因，导致浓缩的产品温度过高而发生剧烈热分解，并发生爆炸。事故发生后，相关机构对本次事故物料进行有关热稳定性检测，测试结果显示蒸馏产品在二氯甲烷溶液中相对稳定，一旦脱溶浓缩，热敏性增强，75.6℃就开始分解，危险性非常高，由于欠缺物料热稳定性以及反应风险参数等工艺安全信息，设定的操作参数（脱溶温度可达 100℃）严重偏离安全温度范围，为本次事故埋下了隐患。同时，本次事故也暴露出事故企业重发展、轻安全，安全生产意识不强，安全生产主体责任不落实，未按要求开展精细化工反应安全风险评估，有关操作人员素质不符合要求，安全监管不到位等突出问题。

（四）粉尘爆炸事故

案例七：江苏昆山市昆山中荣金属制品有限公司"8·2"爆炸事故

2014 年 8 月 2 日 7 时 34 分，位于江苏省昆山市昆山经济技术开发区的昆山中荣金属制品有限公司抛光二车间发生特别重大铝粉尘爆炸事故，造成 146 人死亡、114 人受伤，直接经济损失 3.51 亿元。爆炸冲击波沿除尘管道向车间传播，扬起除尘系统内和车间积聚的铝粉尘发生系列爆炸。

📖 事故主要原因分析

调查分析，现场车间环境具备了粉尘爆炸的五要素（可燃粉尘、粉尘云、引火源、助燃物、空间受限），进而引发爆炸。事故车间除尘系统较长时间未按规定清理，导致铝粉尘积聚。除尘系统风机开启后，打磨过程产生大量的高温颗粒在集尘桶上方形成粉尘云。部分除尘器由于长期使用，维护不当，导致集尘桶锈蚀破损，桶内铝粉受潮，发生氧化放热反应，达到粉尘云的引燃温度，引发除尘系统及车间的系列爆炸。最重要的是，事故车间没有泄爆装置，爆炸产生的高温气体和燃烧物经除尘管道瞬间从各吸尘口喷出，导致全车间所有工位操作人员直接受到爆炸冲击，造成群死群伤。此外，中荣公司对安全生产重视不够、安全监管责任不落实，相关政府监管部门对中荣公司违反国家安全生产法律法规、长期存在安全隐患治理不力等问题失察，都是造成本次事故的主要原因。

案例八：江苏省如皋市双马化工有限公司"4·16"爆炸事故

2014 年 4 月 16 日上午 10 时，江苏省如皋市东陈镇的如皋市双马化工有限公司造粒车间发生粉尘爆炸，引发大火，导致造粒车间整体倒塌，造成 9 人死亡、8

人受伤，其中 2 人重伤，直接经济损失约 1594 万元。

📖 事故主要原因分析

工人在造粒塔正常生产、没有采取停车清空物料措施的状态下，对造粒塔进行加装气锤改造，维修人员直接在塔体底部锥体上进行焊接作业，导致造粒系统内的硬脂酸粉尘发生爆炸，继而引发连续爆炸，造成整个车间燃烧、厂房坍塌。此外，企业技术力量不足、人员素质偏低，未对硬脂酸粉尘作业场所进行风险辨识，没有有效的燃爆危险性评估，也是导致本次事故的原因之一。

上述事故案例为我国精细化工行业近年来不同原因引发的事故，虽然事故总量呈现下降趋势，但与发达国家相比，安全生产形势依然严峻。在化工事故当中，因为化学物质本身不稳定、化工反应工艺过程自身不安全等内在因素造成的事故占绝大多数，而由于工作人员粗心大意、操作失误和擅离职守等因素引起的事故是有限的。主要的事故原因是对化工反应安全风险评估重要性的认识不足以及对反应风险形成机理和核心安全参数研究不系统、不透彻，风险辨识不到位造成的，类似的化工事故还有很多。化工生产事故的发生，不仅造成了国家的财产损失，还威胁到工作人员和周边居民的人身安全，对周边环境也造成了不可忽视的影响。只有开展严格的化工反应安全风险评估，确定反应工艺危险度和风险等级，以此改进设施设计，完善风险管控措施，才能提升本质安全水平和安全生产保障能力，实现工艺精确、设计精细和生产精准。

三、精细化工安全

近年来，我国精细化工产业得到长足的发展，不仅满足了国民经济快速发展的需要，也具有了一定的国际影响力和竞争力，成为世界上重要的精细化工原料及中间体加工地与出口地。精细化工产业快速发展的同时，也给我国化工安全生产带来了严峻的挑战，如何提升精细化工本质安全水平，是今后一段时间内精细化工安全生产的重点问题。

据国家应急管理部统计，2017 年上半年发生的化工及危化品较大以上事故中，精细化工事故占比达 40%。精细化工需求量增大与生产安全事故频发的矛盾困扰着精细化工企业的发展。

(一) 精细化工安全影响因素

1. 重效益轻安全，企业安全意识不强

当前精细化工企业轻安全、重效益是阻碍安全生产的首要问题。由于我国

精细化工产业起步相对较晚，生产理念和设备均与发达国家存在一定的差距。而在许多精细化工生产企业中，由于急于提高生产效益，疏忽安全生产管理，进一步加大了企业的安全事故发生率。例如，2017年6月9日，浙江绍兴林江化工股份有限公司发生一起爆炸事故，导致3人死亡。事故调查人员表示，该企业的总经理和分管安全生产的副总都是留学回国的高端人才，且对化工安全有一定了解，但其为了增加上市筹码，急于研发新产品，武断地在车间生产装置上进行产品试验。事故调查时，调查组成员在实验室内模拟了事故工艺中间产品1-氧-4,5-二氮杂环庚烷受热分解的温度和压力变化曲线，发现其到达130℃时压力剧增，急剧分解并爆炸。由于企业对产品了解不足、违规操作，未做反应安全风险评估，不知道工艺涉及物料和过程的安全性信息，导致了惨剧发生。

2. 本质安全水平低，反应风险认识不足

我国精细化工企业普遍缺乏本质安全设计，缺乏对危险化学品的规范化管理，自动化控制系统缺失或不投用，安全泄放条件严重不足。随着化工产业的快速发展和企业自主创新能力的不断增强，化工生产和危险化学品存储规模越来越大，能量高度集中，生产工艺日趋多样化，新工艺、新装置和新产品大量涌现。由于部分企业和研发单位对这些新变化可能引发的新风险认识不足，对安全风险形成机理和核心安全参数研究不系统、不透彻，极易造成配套的安全技术和工程措施缺乏针对性和有效性，对新开发工艺没有进行工业性试验而直接进行工业生产，没有按要求开展精细化工反应安全风险评估，由此引发灾难性的生产安全事故，造成严重的经济损失和人员伤亡，有的甚至会引发一系列的生态安全事故。例如，浙江洪翔化工有限公司在2015年发生了一起爆炸事故，就是因为未经工艺危害分析和反应安全风险评估，导致反应釜内温度超过体系内混合物料的热分解温度，迅速引发硝化釜爆炸，硝化车间整体损毁。

3. 人员素质不合要求

从事精细化工生产的工人中，有很多都是临时工，由于工作时间的特殊性，调岗、换岗的可能性极高，导致很多工人没有经过专门的培训，没有掌握足够的安全生产技能就上岗工作。而企业的固定员工也由于企业在人才的投入力度不够而呈现出综合素质普遍较低的现象。当然，除了以上两点之外，企业培训的师资力量薄弱也是导致员工综合素质不够高的主要原因。浙江绍兴林江化工股份有限公司"6·9"爆炸事故、江西九江之江化工"7·2"爆炸事故、河北利兴特种橡胶公司"5·13"氯气中毒事故等都暴露出作业人员学历、素质不符合要求的问题。现场操作人员不了解化工安全知识、出现事故后不知道

如何处理，都十分容易导致事故扩大化。

（二）精细化工安全法律法规

国家关于安全生产的法律法规自下而上，包括地方政府安全生产规章、地方性安全生产法规、国家安全生产行政法规、国家安全生产法。其中，安全生产行政规章可分为部门规章和地方政府规章，部门规章通常指的是国务院有关政府部门依照安全生产法律、行政法规的授权，制定并发布的安全生产规章，其法律地位和效力低于法律和行政法规，高于地方政府规章。地方政府规章通常指的是地方政府安全生产规章，属于最低层级的安全生产法，其法律地位和效力低于其他所有的上位法，并不得与其他上位法相抵触。

国家对各行各业安全生产都建立健全了法律规定，安全生产法规是对安全生产的法律规定。《中华人民共和国安全生产法》[1]，强调生产经营单位的主要负责人，对本单位的安全生产工作全面负责。《中华人民共和国刑法》[2]，分析安全生产犯罪应承担的刑事责任，生产安全的犯罪主体、定罪标准及相关疑难问题，保护公民财产、相关权利，维护社会秩序，是保障社会主义革命和社会主义建设事业顺利进行的法律。《中华人民共和国行政处罚法》[3]，规范行政处罚的设定和实施，保障和监督行政机关有效实施，维护公共利益和秩序，并判断违法行为及应负的法律责任。《中华人民共和国行政许可法》[4]，分析行政许可的设定、实施机关和实施程序、监督检查等方面的有关法律问题，判断设定行政许可的条件和实施行政许可的合法性，并判断违法行为及应负的法律责任。《中华人民共和国职业病防治法》[5]，分析职业病前期预防、劳动过程中的防护与管理、职业病病人保障等方面的有关法律问题，控制和消除职业病危害，并判断违法行为及应负的法律责任。《中华人民共和国劳动法》[6]，分析劳动安全卫生、未成年工和女职工特殊保护、劳动安全卫生监督检查、社会保险和福利等方面的有关法律问题，保护劳动者的合法权益，调整劳动关系，并判断违法行为及应负的法律责任。《中华人民共和国劳动合同法》[7]，分析劳动合同中有关安全生产和职业病方面的法律问题，明确劳动合同双方当事人的权利和义务，并判断违法行为及应负的法律责任。

1. 安全生产标准

国家将安全生产标准作为生产经营单位必须执行的技术规范载入法律，安全生产标准的法律化[8-11]是我国安全生产标准立法的重要趋势。安全生产标准是我国法律规定必须执行的技术规范，是各生产经营单位必须强制执行的。法定的安全生产标准分为国家标准和行业标准，无论是国家标准，还是行业标准，两者对生产单位的安全生产具有同样的约束力。执行安全生产标准是生产经营单位的法定义务，在生产经营活动中，如果违反了法定安全生产标准的要求，需要承担相应的法律责任。

2. 普通法与特殊法

多年来，针对不同的安全生产问题，国家相继制定了对应的安全生产法律，主要分为普通法和特殊法，两种法规各有不同的适用范围，相辅相成、相互补充。普通法主要是针对安全生产领域普遍存在的基本问题和共性问题建立的，它不能解决某一领域存在的特殊问题和专业性较强的问题。特殊法主要是针对一些安全生产领域独立存在的特殊问题，或者专业性问题建立的，对特殊和专业性较强问题规定得更为具体，并具有很强的可操作性。

3. 综合法与单行法

安全的长效机制特别重要，建立长效的安全生产机制，不仅是企业生存发展的底线，更是企业增收创益、发展壮大的根基。由于不同化工行业的安全生产问题错综复杂，因此，相关的法律规范内容也不尽相同。考虑到安全生产立法需要确定的适用范围和相对具体的法律规范，针对安全生产，国家安全生产主管单位建立了综合法与单行法。原则上，综合法是不受法律规范层级限制的，而是将各个层级的综合性法律规范看成一个整体，适用于安全生产的主要领域，或者是某一领域的主要方面。后续，在综合法的基础上建立了单行法，单行法的内容仅仅涉及某一领域或者某一方面的安全生产问题。在一定条件下，综合法与单行法可以相对独立。

4. 安全生产法

《中华人民共和国安全生产法》（简称《安全生产法》）明确规定，生产经营单位的主要负责人，应该对本单位的安全生产工作负全面责任。安全生产是一个动态的管理过程，需要长期抓、经常抓，安全生产工作不是一朝一夕的事情，也不是一个人的能力所能解决的，它受多种因素的制约。安全生产应当以人为本，遵循"安全第一、预防为主、综合治理"的方针，防止和减少生产安全事故，提高安全生产水平。国家鼓励和支持安全生产科学技术研究和安全生产先进技术的推广应用。化工安全技术与工程研究，从实现本质安全的角度出发，研究本质不安全的影响因素，建立安全控制措施，有效提高我国化工安全技术水平，提升安全生产管控水平，在安全生产监督和管理方面，是国家、地方政府安全监管部门以及生产经营单位需要普适推广和应用的。

5. 加强化工过程安全管理的指导意见

化工过程伴随易燃易爆、有毒有害等物料和产品，涉及工艺、设备、仪表、电气等多个专业和复杂的公用工程系统。加强化工过程安全管理，是国际先进的重大工业事故预防和控制方法，是企业及时消除安全隐患、预防事故、构建安全生产长效机制的重要基础性工作。化工过程安全管理包含收集和利用化工过程安全生产信息；风险辨识和控制；不断完善并严格执行操作规程；通过规范管理，确保装置安全运行；开展安全教育和操作技能培训；严格新装置试车和试生产的安全管理；保持设备设施完好性；作业安全管理；承包商安全管理；变更管理；应急管理；事故和事件管理；化工过程安全管理的持续改进等方面的要求和内容。

6. 精细化工反应安全风险评估导则（试行）

为加强精细化工企业安全生产管理，进一步落实企业安全生产主体责任，强化安全风险辨识和管控，提升本质安全水平，提高企业安全生产保障能力，有效防范事故，国家安全监管总局出台了《国家安全监管总局关于加强精细化工反应安全风险评估工作指导意见的通知》，提出了开展精细化工反应安全风险评估的意义、评估范围和内容、相关工作要求等，希望通过开展评估，确定反应工艺危险度，改进安全设施设计，完善风险控制措施，提升企业本质安全水平，有效防范事故发生。

7. 化工和危险化学品生产经营单位重大生产安全事故隐患判定标准（试行）

《化工和危险化学品生产经营单位重大生产安全事故隐患判定标准（试行）》[12]（简称《判定标准》）依据有关法律法规、部门规章和国家标准，吸取了近年来化工和危险化学品重大及典型事故教训，结合《安全生产法》《危险化学品安全管理条例》[13]、《生产经营单位安全培训规定》[14]、《特种作业人员安全技术培训考核管理规定》[15]、《危险化学品生产、储存装置个人可接受风险标准和社会可接受风险标准（试行）》[16]、《石油化工企业设计防火标准》[17]、《建筑设计防火规范》[18]、《液化烃球形储罐安全设计规范》[19]、《危险化学品生产企业安全生产许可证实施办法》[20]、《危险化学品重大危险源监督管理暂行规定》[21]、《关于进一步加强危险化学品安全生产工作的指导意见》[22]、《关于危险化学品企业贯彻落实〈国务院关于进一步加强企业安全生产工作的通知〉的实施意见》[23]、《危险化学品输送管道安全管理规定》[24]、《关于印发淘汰落后安全技术装备目录（2015年第一批）的通知》[25]、《关于印发淘汰落后安全技术工艺、设备目录（2016年）的通知》[26]、《石油化工可燃气体和有毒气体检测报警设计规范》[27]、《国家安全监管总局关于加强化工过程安全管理的指导意见》[28]、《国家安全监管总局关于加强精细化工反应安全风险评估工作的指导意见》[29] 等法律法规、国家发文要求等，从人员要求、设备设施和安全管理三个方面列举了 20 种应当判定为重大事故隐患的情形。为进一步明确《判定标准》每一种情形的内涵及依据，便于有关企业和安全监管部门应用，规范推动《判定标准》有效执行。

8. 危险化学品生产储存企业安全风险评估诊断分级指南（试行）

为了加快完善安全风险分级管控和隐患排查治理工作机制，有效防范遏制重特大生产安全事故，国家应急管理部出台了《危险化学品生产储存企业安全风险评估诊断分级指南（试行）》[30]（简称《指南》）。《指南》中提出，要对危险化学品企业进行安全风险评估诊断分级，评估诊断采用百分制，根据评估诊断结果按照风险从高到低依次将辖区内危险化学品企业分为红色（60 分以下）、橙色（60～75 分）、黄色（75～90 分）、蓝色（90 分及以上）四个等级，对存在在役化工装置未经正规设计且未进行安全设计诊断等四种情形的企业可直接判定为红色；涉及环氧化合物、过氧化物、偶氮化合物、硝基化合物等自身具有爆炸性的化学品生产装置的企业必须由省级安全监管部门组织开展评估诊断；要按照分级结果，进一步完善危险化学品安全风险分布"一张图一张表"，落实安全风险分级管控和隐患排查治理工作机制。危险化学品企业安全风险评估诊断分级实施动态管理，原则上每三年开展一次。

（三）化工安全管理与评价

社会处于新的发展阶段，化工企业生产工艺有了一定水平的提升，但是安全管理与安全生产方面仍存在较多的隐患。比如，设计隐患，企业在没有开展化工安全技术与工程研究，设计缺乏有效可依的技术参数，设计上出现漏洞，导致安全事故；操作隐患，仔细分析化工企业发生安全事故的原因，其中很大部分是由于操作不当导致的，保障车间人员的操作规范是保障安全生产的重要前提。化工企业生产工艺一般均经过严格的论证审查，但是如果工艺风险性没有经过可靠性论证，反应放热速率、失控情形不清楚，连锁控制和安全设施不落实，在生产过程中一旦遇到反应失控，将会导致严重的设备安全事故，如果发生火灾、爆炸、中毒等事故甚至会危及工作人员的生命。因此，化工企业在生产过程中，要对生产工艺进行严格的审查和论证，按要求开展反应安全风险评估，落实安全设施，保障各项参数处于安全值范围内，防止出现反应失控进而引发爆炸事故的局面。

对于化工安全管理，企业传统的安全管理方法是"事后法"，即对已发生的过去事件进行分析，总结经验教训，采取措施，防止同类事件、事故重复发生，是对现行安全管理工作的指导。例如：对某一个事故分析原因，查找引起事故的不安全因素，根据分析结果，制定并实施防止此类事故再度发生的安全管理和安全技术措施，并按"四不放过"的原则对事故进行处理。此种方法也叫"问题出发型"方法。企业现代型的安全管理方法是"事先法"，这种方法是指从源头控制，根据企业的实际情况，应用系统论和过程控制方法，研究系统内各过程之间的关系，分析、预测可能会引起的危险及导致事故发生的原因，提出有效的安全对策措施。通过对这些原因的控制来消除、预防、减少危险和危害，从而使系统达到最佳的安全状态，人们也称为"问题发现型"方法。虽然现代型安全管理方法和传统型安全管理方法的工作步骤相同，但其工作效果大相径庭。陈旧型、传统型的安全管理方法是"事后法"，只能防止同类事故、事件的重复发生，但不具有预测性。现代型安全管理方法是采用"事先法"，即应用系统论和过程控制方法从整体出发，是从全过程控制出发去研究事物的一种理论，具有预测性，且可将事故消灭于萌芽状态。因此，现代型安全管理方法更具有先进性、实用性、预测性。进行安全评价则是现代型安全管理方法在先进性、实用性、预测性等方面具体的表现形式之一。

安全评价也称为风险评价，是以实现工程、系统安全为目的，应用安全系统工程的原理和过程控制方法，对工程或系统中存在的危险、有害因素进行识别与分析，判断工程、系统发生事故和急性职业危害的可能性及严重程度，提出安全对策和有效建议，从而为工程、系统制定防范措施，为管理的决策提供科学依据。安全评价的类型主要分为安全预评价、安全验收评价和安全现状评价。安全评价的目的是查找、分析和预测工程、系统中存在的危险、有害的因素及可能导致的危险、危害后果和程度，提出合理的、可行的安全投资效益。安全评价可以达到下述目的：提高系统本质安全化程度，实现全过程安全控制，建立系统安全最优方案，为决策提供依据，为实现安全技术、安全管理标准化和科学化创造条件。安全评价是对照国家安全方面的法律、法规、标准和规范的要求，判定工程、系统的设施、设备及装置是否符合相关规定，并确定危险源存在的部位及导致事故发生的原因，利用定性、定量的安全评价方法来预测工程、系统发生事故的概率和严重的程度，提出合理、可行的安全对策、措施和建议。随着社会的发展需求，安全评价作为安全管理的必要组成，正在逐渐被社会广泛认可，对安全生产所起到的技术支撑作用越来越显现出来，对安全管理模式的完善，更起到积极的促进作用，主要表现在以下几个方面。

1. 安全评价有助于提高企业的安全管理水平

安全评价可以使企业安全管理工作从事后处理变为事先预测、预防。传统型安全管理方法的特点是凭经验进行管理，多为事故发生后再处理。通过安全评价，可以预先识别系统的危险性，分析企业的安全状况，全面地对评价系统及各部分的危险程度和安全管理的状况进行分析，促使企业达到规定的安全要求。安全评价可以使企业安全管理从纵向单一管理变为全面系统管理，使企业所有部门都能按要求认真评价本系统的安全状况，将安全管理的范围扩大到企业各部门、各环节，使企业安全管理实现全员、全方位、全过程、全天候的系统化管理。

2. 安全评价有助于提高企业的安全管理效率和企业经济效益

实施安全预评价，可查找设计的缺陷，预先了解企业本身存在哪些危险、有害因素，并在设计过程中应采取哪些安全对策措施，可以有效减少项目建成后由于安全要求引起的调整和返工建设；可以在项目正式开工前消除潜在的事故隐患，并提出合理可行的整改建议和对策措施，把事故隐患消灭在萌芽状态；可以使企业了解可能存在的危险，进而为安全管理提供依据。对企业进行安全评价可以使企业在安全管理中打破以往"亡羊补牢"式的管理模式，而且使安全管理具有目的性、针对性，提高企业的安全管理水平，使企业真正地实现安全生产和经济效益同步增长。

3. 安全评价对实现企业安全管理标准化、系统化和科学化方面起到重要的指导作用

安全评价运用安全系统工程的原理和方法，对拟建或者已有工程、系统可能存在的危险性因素及可能产生的后果来进行综合评价和预测，并根据可能导致的事故风险大小，提出相应的安全对策措施。对工程、系统进行安全评价，是政府安全监督管理的需要，也是企业做好安全生产工作的重要保证。根据《国务院关于进一步加强企业安全生产工作的通知》（国发〔2010〕23 号）、《国家安全监管总局、工业和信息化部关于危险化学品企业贯彻落实〈国务院关于进一步加强企业安全生产工作的通知〉的实施意见》（安监总管三〔2010〕186 号）等文件精神，安全评价已是企业标准化建设的必备资料之一，同时也对企业标准化建设起着十分重要的作用。安全评价可以使企业安全管理由经验管理变为目标管理。安全评价可使各部门、全体职工明确各自的安全目标，并在明确的目标下，统一步调、分头进行，进而使安全管理工作做到科学化、系统化、标准化。

第二节　精细化工反应风险与控制简述

一、化工安全技术与工程

化工产品的生产过程绝大多数都需要使用或生成危险化学品，会遇到高温、高压等工艺条件，与矿山、建筑等其他工业生产相比较，化工生产具有易燃、易爆、毒性高、腐蚀性强等特点，具有更大的危险性，化工生产属于高风险制造业。在制造业里面，化工产业职业健康的危害比较严重，化工事故的占比也较高，火灾、爆炸、中毒、污染等事故时有发生，常常造成人员伤亡和财产损失。在《安全生产法》中，化工生产被列入较易发生危险的类别，并在很多方面提出了更为严格的要求。因此，化工安全技术与工程对化工行业尤为重要。在化工生产中，不同的产品采用不同的工艺路线，涉及不同的化学反应。化学反应使用不同的化工物料，生成不同化工产品，工艺过程的物料包括原材料、反应介质、中间体、产成品、副产物和废弃物，也包括尾气吸收、反应装置喷淋等涉及的吸收液、淋洗液等物料。合成工艺涉及的化学反应具有不同的工艺条件，包括温度条件、压力条件、pH 值要求、水分含量、金属离子含量等等，不同化学反应对工艺条件有不同的要求，不同的工艺条件生成不同的产物；此外，在目标产物获取的同时，副产物和废弃物生成的副反应和"三废"治理过程也是工艺过程的组成部分。研究的最终目标是实现产业化和商业化，化工产业化的工艺过程多种多样，包括管式或釜式连续工艺，间歇、半间歇釜式或管式工艺，微通道连续工艺等等，不同的装备设施应用到不同的工艺过程，从工艺到工程是产业化实施的必经之路，工艺安全、工程安全是产业实施的重中之重。绝大多数化学反应都是放热反应，尤其是氧化、过氧化、硝化等危险工艺。工艺过程大多数使用易燃、易爆危险化学品，其物料配比多数在爆炸极限范围以内。在反应失控的情况下，容易发生爆炸、燃烧等危险事故。某些氧化反应或过氧化反应，生成或使用危险性更大的过氧化物，其化学稳定性差，受热、摩擦或撞击便会分解，引发爆炸事故。对于硝化反应来讲，温度越高，硝化反应速率越快，快速的热量释放，极易造成温度失控导致爆炸事故，硝化反应的工程控制要有严格的温度控制及报警系统，温度、加料等实现联锁自控，设计安装应急超压泄爆系统，避免燃烧爆炸事故的发生。因此，对于放热化学反应，物料加入量及加入速度等工艺条件的控制，搅拌传质和热交换传热，温度控制、有害杂质控制、氧含量控制、水分控制等至关重要。加入惰性气体改变循环气的成分，缩小混合气的爆炸极限，增加反应系统的安全性并利用惰性气体较高的比热容，有效地实现热交换传热，可以增加反应系统的稳定性。

化工安全技术与工程充分考虑化工物料、工艺过程、装备设施的安全，以及应急风险控制。通过化工安全技术研究化工物料的操作安全条件、储运安全条件，以及在工艺过程中的动态安全条件；研究工艺过程的表观动力学和表观热力学，包括工艺过程的安全运行条件、安全边界条件，以及反应失控的控制条件和应急处置方法。化工安全技术研究获取的数据为工艺设计、工程控制，以及相应的风险控制措施提供技术参数，保证工艺设计符合工艺要求，满足过程安全条件。化工安全技术以工艺为基础，与化工工艺密不可分，产业化工艺设计、工程控制、应急处置离不开化工安全技术的实测参数。实验室到产业化，是实验室仪器装置到生产装备设施的规模放大，离不开安全工程。如果将反应工程分解成反应设施和工艺条件的控制两个主体部分，反应设施的选择主要考虑主体反应设备的能量转化与传递，需要以实验室获取的能量平衡数据为依据，并且应用试验测试获取的表观反应热；工艺条件的控制主要考虑参数的联锁和自控，联锁及控制点仍然离不开安全技术研究获取的参数，因此，化工安全技术与工程是实验室到产业化的重要学科领域。

二、反应风险研究

化工风险无处不在，包括化工原材料的储运和使用以及废弃物处理带来的物质风险，运行化学反应的工艺过程存在的风险，工厂选址、设计和建设潜在的风险，生产过程操作控制不当带来的风险，应急预案的制定、过程管理存在的风险等等。精细化工以间歇或半间歇操作为主，生产的主要风险来自于反应工艺单元操作热失控导致的爆炸风险。精细化学品的合成，大部分是有机合成反应，并且放热反应居多，即在反应过程中伴有热量或气体的放出。在化学反应进行过程中，一旦发生冷却失效或反应失控，就会导致反应体系的热量累积，规模化生产的热惯性因子接近于 1，冷却失效或反应失控条件下，体系近似于绝热，将造成体系温度的迅速升高，有可能达到反应物料的热分解温度，促使物料进一步发生分解反应，进一步放出大量热量或迅速放出气体，最终导致剧烈的分解反应发生，甚至导致爆炸事故的发生。此外，热交换失效的情况下，很容易达到反应体系溶剂或反应物的沸点，造成剧烈的沸腾或引起冲料，进一步引发爆燃事故。因此，开展反应风险研究，尤其是对化学反应的热风险进行研究和评估是实现工艺安全的首要条件。

　　虽然反应风险研究在我国处于起步或初始阶段，但是，国际社会对安全环保重视程度的不断提高，化工生产已经从注意力普遍集中在化学反应工艺的研究开发以及生产方面，从注重推进生产和追求短期效益，发展成普遍关注本质安全和绿色制造。化工产品的安全生产，从本质上建立反应风险研究方法和反应安全风险评估办法，识别工艺过程风险，建立有效的控制措施，并将反应风险研究结果融入工艺设计过程中，保证从根本上防止反应失控，提高工艺过程的本质安全性。安全问题已经正在发展成为一种内生动力的主动行为，反应风险研究、反应安全风险评估，以及风险控制得到了化工生产企业、研究院所、大专院校的高度重视。标准化的研究方法、评估办法和评估体系初具雏形。借鉴国际先进公司多年的研究和评估经验，化学反应风险研究和反应安全风险评估的内容主要包含对化学反应过程（包含二次分解）中的反应热测量、计算以及对工艺过程中气体逸出速率的测量和计算，工艺过程绝热温升的测试以及其他物理和化学性质参数的测试等。化学反应风险研究需要以工艺研究为基础，采用小试或中试规模，根据反应工艺条件进行相关反应风险的测试和研究，并充分考虑极端条件下和在反应失控条件下的潜在危险。开展化工反应风险研究和风险评估，必须以化工反应的工艺研究为基础，考虑从小试到中试，进一步开展生产以及工艺优化等开发过程。

　　化工反应风险研究与风险评估作为化学品开发生产的重要研究内容，是开展化工反应本质过程危险性研究的有效技术手段，是化工安全生产的技术保障。化工反应风险研究的主要任务是在工艺研究的基础上完成对相关工艺过程的反应风险研究，开展反应安全风险评估，提出安全可靠的工艺条件，同时进一步建立完善的风险控制措施。因此，开展反应风险研究和反应安全风险评估对于实现化工生产本质安全具有重要的意义。

　　反应风险研究的主要内容包括物质风险研究、工艺过程风险研究和反应失控风险研究。关注和研究化学物质的风险对化工安全生产非常重要，通过物质风险研究确定工艺所使用的各种化学物质的安全操作条件，并充分考虑工艺条件下和工艺偏离条件下对反应危险性的影响。物质风险研究是对反应中所涉及的所有原料、中间体、产成品、废弃物，以及工艺过程涉及的受热操作的所有蒸馏料液进行热性质研究，获取起始热分解温度、分解热、温升压升速率等数据，测试样品量由小到大，可以采用差示扫描量热、快速筛选量热、绝热加速量热、微量热等研究方法，进一步配合动力学仿真，预测放大规模下的热行为，为产业放大和储存运输提供安全技术参数。对化学品进行物理危险性测试，并考虑化合物的化学结构、氧平衡等情况，进行必要的爆炸性测试研究。

开展工艺过程风险研究，关注工艺过程的反应风险，同时关注物料本身具有的自催化性质，充分考虑物质自身发生分解反应的条件和温度范围，以及产生的后果情况等，并同时关注反应过程中气体产生的条件、气体的逸出速率和气体逸出量等。工艺过程风险研究主要是开展反应量热，确定热交换条件，获得表观反应热、放热速率、绝热温升，以及失控体系能够达到的最高温度等数据，可以根据工艺的不同选择反应量热、微量热、绝热量热。开展反应失控风险研究，考虑气体逸出情况、温度升高情况和压力升高情况，确定反应失控后可能导致的最坏后果，建立风险控制措施，为工艺优化、工艺设计和风险控制措施建立提供技术参数。

对于有机放热化工反应，开展反应风险研究，测量反应的放出热或者吸收热非常重要。表观反应热数据，如表观反应热的生成量、生成速率，以及热交换需要条件的获取和应用，对于研究反应的本质和规律，合理地进行工艺设计有着至关重要的意义。此外，对合成工艺的表观动力学研究也很重要，如研究反应速率、放热速率与反应物浓度和温度的关系，反应物料累积情况等，要建立反应的表观动力学方程，合理配备传质和传热条件；对于有气体释放的反应，需要清楚气体的生成量以及相应的气体逸出速率。要研究各种工艺条件对表观动力学和表观热力学的影响，例如：温度、催化剂、反应时间、物料配比、加料方式、pH条件等，还包括影响表观热力学与表观动力学的一些其他因素。

工艺研究和反应风险研究是分阶段进行的，研究由浅入深。目前，还没有单项的研究和单一的实验仪器，能够同时得到上述全部的工艺数据和安全性测试数据。即便是采用比较高端的实验仪器，也需要通过几种不同的实验手段，进行多种不同的测试，联合分析，才能得出比较全面的、有参考价值和实际应用意义的实验数据以及安全性操作数据。

反应风险研究重点关注反应的热风险和压力风险，尤其对于精细化工行业来说，大多数反应是有机合成反应，以放热反应居多，反应的热风险是一个非常重要的工艺风险。

反应风险研究以工艺研究为基础，始于工艺，反应风险研究结果用于工艺优化与工艺创新，终于工艺。通常在工艺研究实验的工艺条件基本确定，并进入小试稳定实验和在工程化放大研究之前，开展反应风险研究。研究结果用于工艺优化，优化后的工艺在进入工程放大之前，进一步开展反应风险研究，补充工艺条件变更后的风险研究数据。在产业化过程中，当遇到工艺变更时，也要进行必要的反应风险研究，以保证工艺变更合理，风险可知、可控。

三、反应安全风险评估

反应风险研究的目的是为了评估风险和控制风险。以反应风险研究获取的数据为基础，开展反应安全风险评估，主要包括热风险评估、压力扩展风险评估、毒物扩散风险评估，以及设备和管道腐蚀风险评估。通常情况下，热风险评估过程中同时考虑了气体释放的压力风险，评估方法普适性和科学性较强，评估结果应用的实际性和有效性显著。腐蚀风险评估根据装备材质和工艺条件，可以独成体系，随时开展，腐蚀风险评估主要依据腐蚀风险研究获得的具体数值，在设备选型和设计加工过程中，考虑合适的腐蚀裕量。随着技术进步，压力扩展和毒物扩散风险评估的复杂性将逐渐被人们所接受，尽管实际过程中并不多见，但是，将进一步补充热风险评估存在的不足，实现风险评估与控制技术完整。开展反应风险研究，首先是对工艺使用的化学物质进行物质风险研究，在物质风险研究的基础上，以工艺研究为基础，开展对合成工艺涉及的每一步过程开展风险研究，并对失控反应进行风险控制措施研究，为反应安全风险评估提供技术参数。

化工过程最严重的风险是燃烧和爆炸风险，因此，化学过程的燃烧和爆炸风险评估非常重要。物质发生燃烧和爆炸将导致非常严重的后果，随着体系的压力升高、体积增大以及物质燃爆和有害气体的释放，将造成严重的经济损失以及人员伤亡灾难。

燃烧和爆炸的基本原理如图 1-1 所示。

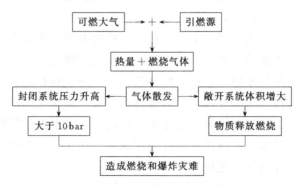

图 1-1　燃烧和爆炸的基本原理图

$1bar = 10^5 Pa$

化学过程燃烧和爆炸风险主要来自于有机溶剂使用风险、固体物质风险、静电风险和工艺反应风险。工艺过程所使用的有机溶剂的沸点、闪点、最高允许浓度、爆炸极限、刺激性和分解性等是风险的主要来源，风险评估的原则依据具体数据，这些数据通过风险研究获取，防范措施可以采取惰化操作原则，人为地消除或隔断"火三角"中的氧气一角，保证有机溶剂使用操作的安全，避免工艺过程由于使用有机溶剂导致的燃烧和爆炸风险的发生。固体物质风险主要来自可燃固体物质的燃烧和爆炸，同时，固体物质还存在粉尘爆炸性，固体物质风险与该类物质的最低引燃能量相关，风险规避措施是固体物质的操作严格遵循净化原则，周围泵类等电器设备根据固体物质的性质，选择符合相关标准要求的等级；操作区域安装必要的引风装置，避免粉尘积聚，从而避免由于粉尘引发的燃烧和爆炸。静电风险来自于静电荷的聚集，物质对电子的吸引力大小不同，可以发生电子转移，失去电子的带正电荷、得到电子的带负电荷。如果物体对大地绝缘，电荷停留在物体的内部或表面无法流动，呈相对静止状态，这种电荷称为静电荷。静电荷的聚集对于化学物质的运输、存储和使用带来巨大的燃烧和爆炸风险，1989年震惊全国的青岛油库爆炸就是因为油罐积聚电荷，在遭到雷击的时候，导致五个油罐连续爆炸燃烧，直接经济损失上亿元。静电导致燃烧和爆炸风险发生的防范原则是跨接和接地。装运易燃液体的槽罐车必须配备导除静电的装置；灌装易燃液体时，灌装管道应采用导电橡胶制成，并应将灌装管插到桶底或罐底；装料桶或装料罐一定要接地；操作人员要穿戴接地鞋，此外，静电对人体也有害。工艺过程的重要风险是燃烧和爆炸风险，因此化学过程的燃烧和爆炸风险评估非常重要，首先需要明确危险性较强的工艺过程的安全隐患，例如：工艺过程产生的易燃蒸气，工艺过程使用的具有粉尘爆炸性质的物质和热不稳定的物质，工艺经历的放热反应，如氧化反应、催化反应以及聚合反应等危险工艺过程，工艺过程中生成的有毒气体以及溢出情况，进而确定工艺过程潜在的主要危险源。工艺过程的风险防范，要遵循的安全原则是预防原则和保护原则。预防原则是指采取一些预防措施，控制工艺反应过程，消除不可控因素的存在。应该选择本身安全的工艺过程，最好选择风险小的工艺过程，同时预先周密地考虑工艺过程可能潜在的风险，并合理地进行工艺控制，例如：控制加料速度、控制物料配比、控制反应温度、控制气体排出速度、控制搅拌速度等。

　　以反应风险研究为基础，开展反应安全风险评估，首先需要明确项目概况，包括采取的工艺路线和生产规模等信息；要在满足化学品生产许可的情况下进行生产，包括危险化学品使用和生产的安全生产许可、国家应急管理部批准的生产许可、环境影响评价以及相关许可、地方环境保护部门的许可、建设和规划许可以及消防控制许可等；以物质风险研究为基础开展物质风险评估，要明确原料处理操作风险，确定各种原材料、中间体、产成品、废弃物的安全操作条件；在反应风险研究的基础上，对操作过程风险进行评估，研究测试包括表观反应热、绝热温升、分解反应以及二次分解反应风险等，反应安全风险评估内容包括数据信息、危险识别和控制信息，完成危险和可操作性评估；此外，要重视安全管理，要对操作人员进行严格的上岗前培训，操作人员需要明确政府法规须知、规章制度须知、设备调控须知、岗位调控须知，需要对操作人员进行操作技术培训、分析技术培训、安全设计培训、岗位技能培训和设备维护培训；对项目生产过程中可能造成的安全事故、健康和环境危害进行评估，清楚工艺过程中使用或产生的致敏物质、高毒性物质和粉尘排放物质、臭味释放物质、难降解物质的产生和处理方法，有毒气体的弥散、有毒待处理废物的产生及其处理方法，生产厂区应急系统的应急处理能力以及处理结果，确定各项安全的防范措施。

四、反应风险控制

保证化工生产的安全，最为重要的措施是预防措施，预防措施是化工安全生产的基础要求。为了保证化工安全生产，需要首先对工艺风险的发生条件进行确认，把事故消除在萌芽状态。预防的主要目的是研究风险和控制风险，确定保证安全的关键部位，评价各种危险的程度，确定安全的设计准则，提出消除或控制危险的措施。此外，预防措施还可以提供制定或修订安全工作计划信息，确定安全性工作安排的优先顺序，确定进行安全性试验的范围，确定进一步分析的方法，可以采用故障树分析方法，确定不希望发生的事件。例如：编写初始危险分析报告，进行分析结果的书面记录，确定系统或设备安全要求，编制系统或设备的性能及设计说明书等。安全操作的安全条件通过工艺设计和工厂建设来达到，并依据仪器条件、报警设施、系统控制等相关条件建立完善，此外，在操作规程中需要严格控制操作条件。化工生产中常见的风险预防措施及相关重要影响因子介绍如下。

1. 温度和压力控制

基本的风险控制方法是温度和压力控制，压力往往随温度的升高而升高，控制了温度将会有效地控制压力。各种化学反应都需要在一定的温度条件下完成，并具有其最适宜的反应温度范围，正确控制反应温度不但可以保证产品的收率和质量，而且也是防止危险情况发生、避免反应爆炸的重要条件，因此，温度是化学工业生产最重要的控制参数之一。对于特定的化学反应，如果反应超温，反应物有可能发生分解反应或二次分解反应，造成反应体系压力的升高，严重情况下，将导致剧烈的连锁分解反应，进一步导致爆炸危险的发生；也可能因为反应温度过高而引发副反应的发生，生成危险性高的副产物或过度反应产物。对反应体系升温过快、温度过高或当冷却设施发生故障时，都有可能引起剧烈的分解反应或二次分解反应的发生，导致冲料或引起爆炸。当然，反应温度并非越低越好，反应温度过低会造成反应速度减慢或停滞，反应时间延长，物料在体系中累积，一旦反应温度恢复至正常，往往因为反应原料的累积使反应浓度过高，导致反应加剧，有可能引起冲料或引发爆炸。温度过低还会使某些物料冻结，造成管道堵塞或破裂，致使易燃物料泄漏引发火灾或爆炸事故的发生。对于一个放热反应，为了防止未反应原料的积累，需要确定反应温度的上限和下限，需要清晰工厂生产条件下，有可能发生失控的最低温度，依据最低失控温度，确定安全操作温度。

生产过程中，风险控制的执行元件是仪表。仪表和控制系统是对合成工艺进行监控的主要工具，化工生产车间所有的仪表设备和控制系统必须具有防爆功能，仪表和控制系统的设计需要符合可以接受的最低标准，必须保证能够准确地指示温度、压力、搅拌速度等重要的工艺参数。在化工生产过程中，操作人员需要依据设计要求执行正确的仪表操作程序，正确的仪表设计与操作条件需要考虑反应失控的情况以及失控后的后果。为了使工艺以及仪表等设计能够满足相关的要求，在工艺设计初期，需要采用危险及可操作性分析（HAZOP）、事故树分析（FTA）、事件树分析（ETA）等方法，分析工艺过程可能发生的风险，并明确指示风险发生后可能导致的后果，明确当仪表失灵和系统失控的情况下，可能对人身安全及工厂造成威胁的严重程度，并采取适当的控制措施。要针对反应失控的情况考虑保护措施，保护措施建立的基本原则是考虑把可能造成的损失降低到最低点。保护措施建立的基本方法是以工艺研究和反应风险研究为基础，根据工艺研究结果和反应风险研究结果，对于反应危险性较高、容易发生分解反应和引发二次分解反应的工艺过程，要求在工艺设计初始过程中，就妥善考虑设计安装相应的保护措施，常用的保护措施包括停止加料、停止升温、终止反应、猝灭反应和应急释放等。在保护措施确认以及实施设计之前，需要对工艺风险进行全面的评估，尤其要对失控反应过程进行严格的评估，考虑到最坏的情况，保护系统必须能够妥善处理操作失控时的最坏情况。

对于化工过程自动化程度高、连续性强的生产装置，在温度控制上要求能达到自动测量、自动记录、自动调节、自动报警、自动切断等自动化功能。通常情况下，要求同时设置下限温度报警和上限温度报警。当达到极限温度时，系统将报警并自动切断进料或出料，停止化学反应或者停止卸料。温度超过极限安全温度时，要采取紧急冷却、应急卸料、紧急猝灭等措施。

控制温度的一个重要措施是紧急冷却，体系一旦发生失控，可使用紧急冷却代替正常冷却系统。因此，紧急冷却需要一个独立的冷却系统，避免正常冷却系统失效后紧急冷却系统无法正常工作，比较常用的方法是通过向反应器夹套或冷却盘管中加入冷却介质的方式达到冷却的效果。

紧急冷却措施的使用节点是在反应的放热速率高于系统冷却能力前。紧急冷却使用的冷却介质必须保证在降温过程中有较好的流动性；应用紧急冷却必须保证搅拌效果良好，一旦搅拌失效，体系传热能力下降，反应体系近似绝热，紧急冷却将无法起到控温作用。紧急冷却降低反应体系的温度不能低于体系物料凝固点，否则有可能导致物料凝固，影响传热，进一步导致恶性事故。

2. 紧急猝灭

精细化工以间歇或半间歇操作为主，应急风险控制的有效措施之一是紧急猝灭。紧急猝灭的主要目的是通过向反应体系中加入猝灭介质，稀释和冷却反应体系，通过降低反应物浓度或者温度减缓或者终止目标反应和分解反应，防止反应失控事故的发生，紧急猝灭的控制措施可以有效地阻止精细化工生产过程中事故的发生。紧急猝灭措施的建立涉及猝灭剂的选择、猝灭温度的确定、猝灭剂加入速度和加入量的确定等主要因素。猝灭剂是影响猝灭效果的重要因素。通常情况下，猝灭剂通过两种途径达到减慢或者停止反应的目的。途径一是猝灭剂通过与反应体系进行简单的热量交换，从反应体系中吸收热量，最终实现反应体系温度降低，包括猝灭剂在体系中通过蒸发回流带走体系的热量，实现安全的目的。途径二是猝灭剂作为特定的反应终止剂或反应抑制剂，实现反应猝灭的效果。通常状况下，水可以作为较好的猝灭剂，因为水的比热容为 $4.2kJ/(kg \cdot ℃)$，比热容较大，热交换过程中，水可以吸收更多的热量。另外，在化工园区内，水是一种常见的冷却介质，廉价易得。但是，在两种情况下，不能使用水作为猝灭剂。一是水能够参与反应，二是反应体系在反应温度或低温下能够析出固体。当水能够参与反应时，水的加入将引发副反应的发生，带来更为严重的后果。对于能够析出固体的反应，水的加入时常导致反应物料结块，降低传热系数，影响猝灭效果。上述情况下，应该选用特定的溶剂作为猝灭剂。此外，猝灭剂与反应物料的混合状态也对猝灭效果的影响较大，尤其是在聚合反应、发泡、高黏度反应物料中，不均匀混合将直接降低搅拌转速，影响猝灭效果。

紧急冷却、紧急减压和应急卸料都是风险控制的措施，紧急冷却要为需冷却的系统配备独立的冷源；紧急减压通过卸爆片和安全阀实现，属于常规的风险控制方法；应急卸料风险控制措施类似于紧急猝灭措施，区别在于反应容器内不停留反应物料，反应物料被转移到其他的安全容器内，安全容器内一般装有反应抑制剂或者稀释用的化合物。安全容器必须时刻做好接收反应物料的准备，转移物料的管路是应急卸料成功与否的重要因素，要绝对保证管道的通畅。设计时必须保证在公用工程出现故障的情况下仍然可以转移物料。

3. 加料控制

对于精细化工间歇或半间歇工艺，理想的合成工艺是加料控制型反应，对于动力学控制型反应，最好通过工艺创新，将动力学控制型反应转变成加料控制型反应。化工生产取决于化学物质之间的化学反应，通常来讲，各种反应物的加入有不同的要求，首先要保证加入正确的物料，其次要保证物料的加入量、加入节点和加入速度必须正确和准确。加料错误、加料量错误、加料时间错误和加料速度错误都会给合成工艺带来巨大的风险。要避免加料错误，就要保证原料存储及标识的准确无误。物料在使用前要进行严格的取样分析，保证物料的质量和加料量正确无误。加料后需要按照工艺要求进行取样跟踪测试分析，保证反应能正常进行，确保产物质量符合要求。为了保证操作人员的加料正确，依据冷却系统条件，需要对加料的最大速度给予限定，必要情况下，需要在加料管路上安装限流控制或定量加料设备，保证加料速度和加料量不能超过最大限量。

物料加入速度的控制不仅对保证化学工业的生产稳定进行非常重要，而且对保证安全生产也至关重要。特别是反应热明显、危险性较大的生产工艺，控制物料流量尤为重要。对于反应热量大、反应速度快的生产过程，如果反应物料的加入量控制不稳定，物料的快速加入将导致冲料事故，严重的情况下会造成爆炸、引起火灾等事故。目前，随着技术发展水平的不断提高，将反应器加料与温度联锁已经可以轻而易举地实现，通过反应器加料与温度的联锁自控设计，在反应温度过高或过低的情况下，均可以做到自动终止加料，避免物料的累积，还可以做到加料与搅拌的联锁，避免混合不充分造成物料累积，增加传质效果。此外，对放热明显和热累积大的反应过程，可以通过分段加料进行控制。分段加料把反应分成几个小部分进行，每次加入物料放出的热量都不足以把体系加热至超过安全温度，即减少了反应热累积的量。但是，使用分段加料需要确定每次加料后物料是否存在热累积，若存在，需通过反应风险研究等手段判断热累积有多大，是否可以接受等。

此外，要根据反应风险研究结果考虑失控反应风险的控制。在反应过程中，一旦发生冷却失效或控制失效的意外情况，体系将以无法控制的反应速率达到最大的反应速率，在类似于绝热的条件下，体系温度的升高有可能进一步引发分解或者二次分解反应。在二次分解反应过程中，最大反应速率到达时间（Time to Maximum Rate under Adiabatic Condition，TMR_{ad}）是一个非常重要的时间参数，TMR_{ad} 的长短直接关系到是否有足够时间来有效地控制风险，防止危险事故的发生。因此，在对工艺反应进行风险研究时，必须通过差示扫描量热（DSC）或加速度量热（ARC）给出工艺反应在绝热条件下的 TMR_{ad}。

4. 应急释放

风险控制的最后一道防线是应急释放。对于加压反应以及有气体放出的反应，在超压或失控情况下，采取应急释放措施是一种常用的保护方法。应急释放系统的设计要考虑设备材质、设备布局、辅助设施以及设备和管路的大小尺寸等。要正确计算应急释放排气管尺寸要求，计算过程中正确使用安全因子，并认真校正应急释放排气管的尺寸，充分考虑应急释放时可能对下游设备产生的影响以及妥善的处理措施。应急释放面积的计算比较复杂，为了确认应急释放泄压面积，首先要对系统需要应急释放的物质进行分类，分清楚在应急条件下需要应急释放的是原材料、中间产物、目标产物、副产物还是各种成分的混合物，释放的气体压力是溶剂蒸气压、气体生成压还是混合组分气体压力或者混合组分的蒸气压力。应急释放包括原料蒸气、中间体蒸气、产物蒸气以及溶剂蒸气的释放，生成气体的释放以及混合组分气体或蒸气的释放。如果应急释放不单纯是气相，同时还包含液相以及蒸气的多相物质，通常要求的应急释放面积比单纯气体或蒸气释放的面积要大。应急释放是针对失控情况而言的，在反应失控的情况下，发生分解反应以及二次分解反应，气体与液体形成的气泡共同释放，同时，液体中夹带大量的气泡，导致液体体积的剧烈膨胀和液位的大幅度升高，当达到排气口时，液体与气体共同排出。在应急释放系统设计手册里面，由于能形成泡沫的化学物质不是很多，通常不考虑泡沫的表现行为，仅考虑液位上涨的情况，适用于不形成泡沫的条件。然而，当液体夹带气体形成泡沫时，实际上是气、液两相的共同释放，因此，应急释放设计手册的使用需要慎重考虑。对于化学物质，可以采用小型测试泡沫生成的设备对生成泡沫的可能性进行测试。在没有泡沫生成的情况下，冷凝器可以起到冷却作用，而对于有泡沫生成的系统，由于大量气泡的存在，冷凝器通常不能起到很好的冷却作用。

大多数化学反应呈非均相状态，特别是固体催化反应，常常是固液混合体系。当体系内含有固体物质时，应急释放物将呈现三相混合状态。已经确认，少量固体物质的存在，对应急释放面积的大小影响很小，但需要注意固体物质可能对应急释放设备系统产生堵塞作用，设计时一定要妥善考虑如何保证应急释放设备系统的畅通无阻。

应急释放面积的计算在相关设计书籍中均可以查到，最新的规程和规定来自多个公司的最新研究结果。

释放面积计算需要考虑在反应失控情况下的压力数据、温度数据以及压力与温度的关系数据、热量释放数据、热量释放与温度的关系数据等。这些原始数据经过一些技术处理，就可以得到工艺设计需要的基础数据。例如：采用绝热压力杜瓦瓶量热仪以及其他特殊设备求取压力数据、温度数据、压力与温度的关系数据、热量释放数据、热量释放与温度的关系数据等，利用取得的数据，经过工程计算得到设计需要的基础数据。

对于仅仅需要考虑物质蒸气压应急释放的系统来说，反应釜中的压力完全产生于反应物质和反应溶剂的蒸气压，是化工生产中最常规的反应系统，大多数应急释放面积的计算方法都适用于该系统，释放面积可以通过能量释放速率与不同释放压力的关系得到。

对于气体应急释放系统来说，在反应失控时，系统压力由于气体的产生而升高，应急释放面积的计算方法与两相系统假定压力恒定的情况相类似，释放面积主要与过压情况下气体产生速率的峰值相关。

研究风险、评估风险、控制风险是化工安全技术与工程的关键技术，开展风险研究、风险评估与风险控制，对保障化工过程安全，实现风险可知、可控和化工绿色制造具有重要的科学价值，也是行业发展的必经之路。

第三节　小　　结

中国已经发展成为全球第一化工大国，正在发展成为精细化工强国。精细化工作为石油化工的主要下游产业，是我国国民经济的重要支柱产业。但是，精细化工工艺复杂多变，安全数据获取及应用缺失，事故多、污染重、损失大成为行业可持续发展的瓶颈和痛点。精细化工反应风险与风险控制是化工安全技术与工程的重要研究内容，化工安全技术与工程属于学科交叉的研究领域，在实现本质安全的同时，为工艺创新、工艺设计、风险控制和产业化提供科学依据，为政府监管和风险防控提供技术支撑。

化工安全技术与工程是近年来迅速发展且系统全面的一门新学科，是实现化工过程能量转化与传递的科学技术，是实验室到产业化技术链条上必不可少的重要组成部分。化工安全技术与工程充分考虑化工物料、工艺过程、反应失控和应急风险控制，研究化工物料的静态安全、在工艺过程中的动态安全以及在工艺偏离情况下可能带来的安全性改变；研究化学反应的表观动力学和表观热力学，并深入研究反应的机理和规律；研究反应安全风险评估方法和评估标准；研究失控反应机理及风险控制措施。化工安全技术与工程研究结果，为工艺设计提供技术数据，为工艺优化提供指导性参数，促进工程化放大和产业化的顺利实施，并为安全生产和降耗减排提供技术支撑，保障化工过程安全，实现工艺精确、设计精细和生产精准。

开展化工安全技术与工程研究，是保障化工过程安全，实现工艺精确、设计精细和生产精准的必经之路，对精细化工产业实现可持续发展，有效保护人类生命健康和生态环境具有重要的意义。

参考文献

[1]　中华人民共和国安全生产法（2014 年修订版），2014-12-01.
[2]　中华人民共和国刑法（修正版），2011-05-01.
[3]　中华人民共和国行政处罚法（修正版），2009-08-27.
[4]　中华人民共和国行政许可法，2004-07-01.
[5]　中华人民共和国职业病防治法（修正版），2011-12-31.
[6]　中华人民共和国劳动法（修正版），2009-08-27.
[7]　中华人民共和国劳动合同法，2008-01-01.
[8]　中华人民共和国标准化法（修订版），2018-01-01.
[9]　中华人民共和国消防法（修订版），2009-05-01.
[10]　中华人民共和国矿山安全法（修正版），2009-08-27.
[11]　中华人民共和国煤炭法（修正版），2016-11-07.
[12]　化工和危险化学品生产经营单位重大生产安全事故隐患判定标准（试行）：安监总管三〔2017〕121 号.
[13]　危险化学品安全管理条例（修正版），2011-12-01.
[14]　生产经营单位安全培训规定：国家安全生产监督管理总局令第 80 号，2015-07-01.
[15]　特种作业人员安全技术培训考核管理规定：国家安全生产监督管理总局令第 80 号，2015-07-01.
[16]　危险化学品生产、储存装置个人可接受风险标准和社会可接受风险标准（试行）：国家安全生产监督管理总局公告 2014 年第 13 号.
[17]　石油化工企业设计防火标准（2018 年版）：GB 50160—2008. 北京：中国计划出版社，2009.
[18]　建筑设计防火规范：GB 50016—2014.

[19] 液化烃球形储罐安全设计规范：SH 3136—2003.

[20] 危险化学品生产企业安全生产许可证实施办法：国家安全生产监督管理总局令第 41 号，2011-12-01.

[21] 危险化学品重大危险源监督管理暂行规定：国家安全生产监督管理总局令第 79 号，2015-07-01.

[22] 关于进一步加强危险化学品安全生产工作的指导意见：安委办〔2008〕26 号.

[23] 关于危险化学品企业贯彻落实〈国务院关于进一步加强企业安全生产工作的通知〉的实施意见：安监总管三〔2010〕186 号.

[24] 危险化学品输送管道安全管理规定：国家安全生产监督管理总局令第 43 号公布，2012-03-01.

[25] 关于印发淘汰落后安全技术装备目录（2015 年第一批）的通知：安监总科技〔2015〕75 号.

[26] 关于印发淘汰落后安全技术工艺、设备目录（2016 年）的通知：安监总科技〔2016〕137 号.

[27] 石油化工可燃气体和有毒气体检测报警设计规范：GB 50493—2009，2009-10-01.

[28] 国家安全监管总局关于加强化工过程安全管理的指导意见：安监总管三〔2013〕88 号.

[29] 国家安全监管总局关于加强精细化工反应安全风险评估工作的指导意见：安监总管三〔2017〕1 号.

[30] 应急管理部关于印发危险化学品生产储存企业安全风险评估诊断分级指南（试行）的通知：应急〔2018〕19 号.

第二章

反应风险研究

与西方发达国家相比较，我国化工产品的工艺研发和大规模生产起步较晚、相对落后，特别是化工本质安全研究，在我国处于起步或初始阶段。精细化工行业以间歇或半间歇操作为主，大多数反应是有机合成反应，并且以放热反应居多，在反应过程中伴随有热量和气体的放出，生产过程中的风险主要来自于反应工艺单元操作失控导致的爆炸风险。在化学反应进行过程中，一旦发生冷却失效或反应失控，就会导致反应体系热量的累积，此时，体系的移热能力可以忽略不计，近似处于绝热条件，将导致体系温度的迅速升高，有可能达到反应混合物料的热分解温度，促使物料发生分解反应，进一步放出大量的热量或迅速放出气体，最终导致体系发生剧烈的分解反应，甚至导致爆炸事故的发生。此外，在热交换失效的情况下，很容易就达到反应体系溶剂或反应混合物的沸点，造成体系剧烈的沸腾甚至冲料，遇空气、静电或明火后发生爆燃事故。因此，化工工艺开展反应风险研究，尤其是对化学反应的热风险和压力风险进行研究和评估是实现化工本质安全的首要问题。

反应风险研究的主要内容包括物质风险研究、工艺过程风险研究和反应失控风险研究，并重点关注反应的热风险和压力风险。通过物质风险研究确定工艺所使用的各种化学物质的安全操作条件，并充分考虑物料工艺条件下和工艺偏离条件下对反应危险性的影响。物质风险研究主要对反应过程中涉及的所有原料、中间体、产品、废弃物，以及工艺过程涉及受热操作的蒸馏物料等进行热稳定性研究，获取起始热分解温度、分解热、温升及压升速率等数据，测试的样品量由小到大，可以采用差示扫描量热、快速筛选量热、绝热加速量热、微量热等方法进行研究，并进一步配合动力学仿真，预测放大规模下的热行为，为产业放大和储存运输提供安全技术参数。对化学品的物理危险性进行测试，考虑化合物的化学结构、氧平衡等情况，并进行必要的安全性测试研究。工艺过程风险研究主要是研究并获取反应过程表观反应热，确定热交换条件，获得表观反应热、放热速率、绝热温升，以及失控体系能够达到的最高温度等数据，可以根据反应工艺的不同，选择反应量热、微量热和绝热量热等测试手段。开展反应失控风险研究，研究失控反应气体逸出情况、温度升高情况和压力升高情况，确定反应失控后可能导致的最坏后果，建立风险控制措施，为工艺优化、工艺设计和风险控制措施建立提供技术参数。

本章主要阐述反应风险研究体系，包括反应风险的相关概念和理论；反应风险研究涉及的物质风险的种类和研究方法；反应过程涉及的反应类型及其风险研究方法，以及工艺偏离和失控反应等风险研究。

第一节　相　关　概　念

一、危险和风险

1. 危险

对于化工生产来讲，危险（Hazard）是指产品在生产过程中，其生产系统、生产设备或者工艺操作的内部和外部存在风险的一种潜在状态，这种潜在风险的存在，可能导致人员的伤害、职业病、经济损失或作业环境的破坏，往往伴随确定性的损失。化工行业的危险主要来自以下几个方面：

① 在化工工艺初始设计阶段，初始设计审查时没有发现的工艺设计欠缺；

② 化工生产过程中出现人为操作失误，例如反应投料错误、投料次序颠倒、物料滴加速度过快等情况；

③ 化工生产过程中存在的其他外部影响因素，例如暴风雨、暴风雪等恶劣气候条件或者地震、台风、海啸等自然灾害；

④ 化工生产过程中使用的原料存在自身危险性高、不稳定等特性，能够发生自分解或储运条件苛刻等情况从而引发事故；

⑤ 化工生产过程中使用的设备自身具有缺陷，例如设备长时间停用、维护不当，设备被腐蚀，设备不能满足工艺要求勉强使用等情况而导致事故；

⑥ 在进行化工反应安全风险评估的过程中，系统故障未能识别出，包括因为变更或者缺乏维护导致逐渐偏离初始设计，对已识别出的风险所采取的控

制措施不够充分从而引发事故。

2. 风险

欧洲化学工程联合会（European Federation of Chemical Engineering, EFCE）对风险（Risk）进行了定义，认为风险为潜在损失的度量。风险与危险不同，风险存在客观性、偶然性、损害性、不确定性、相对性（或可变性）等特点。风险为某种危险情况发生的可能性，同时是这种危险情况发生后所造成伤害、财产损失等后果共同作用的结果。危险情况发生的可能性通常可以使用这种危险情况发生的概率加以描述。同样，对于化工生产中的风险[1~3]，可以用危险情况发生的可能性和严重度来进行定性的或定量的评价或比较风险对环境的破坏和对人员的伤害。

通常可以将风险表述为风险发生的可能性与严重度的乘积。

$$风险＝可能性×严重度$$

其中，风险发生的可能性是指危险事故发生的可能性概率；风险严重度是指这种危险情况发生后所造成后果的严重程度。可能性与严重度的乘积指的并不是数学上的简单乘积，而是一种组合，即风险是可能性和严重度的组合。风险本身是无法改变的，但人们可以在有限的空间内改变导致风险发生的潜在条件和诱导因素，从而降低风险发生的可能性和风险发生所带来的损失。规避风险首先要识别出事物存在的风险，并且加以精确地描述，明确各种风险发生的条件，对可能导致的后果进行深入分析，进而确定需要采取的策略和安全措施，这样才能确保化工生产的安全进行。

二、比热容

比热容（Specific Heat Capacity）又称为比热容量，简称为比热（Specific Heat）。比热容是指当改变单位温度时单位质量的物质所吸收或释放的能量，通常用符号 C_p（恒容热容）表示，单位为 kJ/(kg·K)。

常见物质的比热容 C_p 值如表 2-1 所示，水在不同温度下的比热容 C_p 值如表 2-2 所示。

比热容通常与温度相关，物质在不同温度下的比热容可以根据维里方程（Virial Equation）进行计算，见式(2-1)。

$$C_p＝a＋bT＋cT^2＋dT^3 \qquad (2-1)$$

对某一物质来说，a、b、c、d 均为常数，可以通过相关化工手册进行查询。

表 2-1 常见物质比热容 C_p 值

物质	C_p(15.6℃)/[kJ/(kg·K)]	物质	C_p(15.6℃)/[kJ/(kg·K)]
水	4.186	10% H_3PO_4	3.89
95%乙醇	2.51	95% HNO_3	2.09
90%乙醇	2.72	60% HNO_3	2.68
甲苯	1.76	10% HNO_3	3.77
苯	1.72	31.55% HCl	2.51
四氯化碳	0.88	10% HCl	3.14
100%丙酮	2.15	100% 乙酸	2.01
甘油	2.43	10% 乙酸	4.02
邻苯二甲酸酐	0.97	乙二酸	2.43
90% H_2SO_4	1.47	50% NaOH	3.27
60% H_2SO_4	2.18	30% NaOH	3.52
20% H_2SO_4	3.52	100% 氨	4.61
20% H_3PO_4	3.56	25% NaCl 水溶液	3.29

表 2-2 不同温度条件下水比热容 C_p 值

温度 T/℃	C_p/[kJ/(kg·K)]	温度 T/℃	C_p/[kJ/(kg·K)]
0	4.212	90	4.208
10	4.191	100	4.220
20	4.183	120	4.250
30	4.174	140	4.287
40	4.174	160	4.346
50	4.174	180	4.417
60	4.178	200	4.505
70	4.187	250	4.844
80	4.195	300	5.730

当物质的温度在较大范围内变化时，可以通过式(2-1)获得较为精确的结果。在通常情况下，绝热温升的计算采用较低工艺温度下的比热容值。

混合物的比热容可以通过测试得到，也可根据混合规则，由不同化合物的比热容计算得到，计算公式如下：

$$C_p = \frac{\sum\limits_i m_i C_{pi}}{\sum\limits_i m_i} = \frac{m_1 C_{p1} + m_2 C_{p2} + m_3 C_{p3} + m_4 C_{p4} + \cdots}{m_1 + m_2 + m_3 + m_4 + \cdots} \quad (2\text{-}2)$$

式中，m_i 为混合物中组分 i 的质量。

三、绝热温升

绝热温升（Adiabatic Temperature Rise）是指在绝热条件下进行的某一放热反应，当反应物完全转化时放出的热量导致物料温度的升高，用 ΔT_{ad} 表示。

ΔT_{ad} 可以通过反应热由下式进行计算得到。

$$\Delta T_{ad} = \frac{\Delta H_m}{m C_p} = \frac{n_A \Delta_r H_m}{m C_p} \quad (2\text{-}3)$$

式中　ΔT_{ad}——反应绝热温升，K；

　　　$\Delta_r H_m$——摩尔反应焓，kJ/mol；

　　　n_A——反应物物质的量，mol；

　　　m——物料质量，kg；

　　　C_p——物料比热容，kJ/(kg·K)。

当反应体系在绝热条件下，反应体系不能与外界进行能量交换，放热反应放出的热量全部用来提升反应体系自身温度，这是在冷却失效状况下，反应失控时可能达到的最坏情况。因此，反应的绝热温升与放热量成正比，一旦发生反应失控，反应的放热量越大，导致的后果就越严重。因此，可以使用绝热温升来间接地衡量一个放热反应失控后造成破坏的严重程度。

四、反应热

反应热（Reaction Heat）是指反应体系在等温、等压过程中发生的化学变化所放出或吸收的热量。反应热有诸多形式，例如，反应生成热、燃烧热、中和热等。精细化工行业中，大部分化学反应是放热反应，反应过程放出热量，一般用反应焓（$\Delta_r H$）或摩尔反应焓（$\Delta_r H_m$）来描述反应热。

物理化学中以环境为基准进行热计量（Q），$Q < 0$ 表示环境从系统吸热（系统向环境放热），$Q > 0$ 表示环境向系统放热（系统从环境吸热）。因此，放热反应的摩尔反应焓 $\Delta_r H_m$ 为负值，吸热反应的摩尔反应焓 $\Delta_r H_m$ 为正值。表 2-3 列举了一些典型化学反应的摩尔反应焓值。

表 2-3 典型化学反应的摩尔反应焓值

反应类型	$\Delta_r H_m/(kJ/mol)$	反应类型	$\Delta_r H_m/(kJ/mol)$
中和反应(HCl)	-55	环氧化反应	-100
中和反应(H_2SO_4)	-105	聚合反应(苯乙烯)	-60
重氮化反应	-65	加氢反应(烯烃)	-200
磺化反应	-150	加氢(氢化)反应(硝基类)	-560
胺化反应	-120	硝化反应	-130

关于反应热的获取，可以使用反应量热仪等仪器设备测试取得，也可以通过相关测试，然后采取相应的计算方法得到，常用的方法介绍如下。

1. 通过实验测试反应热 [4]

可以进行量热实验来测得反应热，通常使用高精确度的反应量热仪测量。例如：使用全自动反应量热仪测试反应热，通过量热实验，可以在线记录反应的瞬时放热速率，使用数据处理软件对反应热进行计算，获得反应热相关数据。例如：某放热反应的放热速率曲线图，如图 2-1 所示。

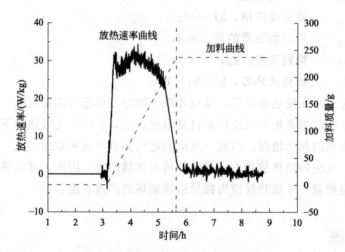

图 2-1 某放热反应的放热速率曲线

2. 通过绝热温升 ΔT_{ad} 计算反应热

反应的绝热温升 ΔT_{ad} 和摩尔反应焓 $\Delta_r H_m$ 有如式(2-4)的关系，可以求取反应的绝热温升，再通过计算得到反应热。

$$\Delta_r H_m = \frac{mC_p \Delta T_{ad}}{n_A} \qquad (2-4)$$

式中 ΔT_{ad}——反应绝热温升，K；

$\Delta_r H_m$——摩尔反应焓，kJ/mol；

n_A——反应物物质的量，mol；

m——物料质量，kg；

C_p——物料比热容，kJ/(kg·K)。

3. 通过键能计算反应热

通常人们把某化学键断裂所需要的能量作为该化学键的键能，以 1mol 物质需要的能量为单位。键能通常用符号 E 来表示，单位为 kJ/mol。在反应生成物明确、反应物的分子结构和平均键能数据都已知时，摩尔反应热为反应物的键能总和与产物键能总和之差。

$$\Delta_r H_m = \sum E(反应物) - \sum E(产物) \tag{2-5}$$

对于许多常规化学键的键能可以通过文献或相关手册进行查询。例如常见化学键的键能数据如表 2-4 所示。

表 2-4　常见化学键的键能

化学键	键能/(kJ/mol)	化学键	键能/(kJ/mol)	化学键	键能/(kJ/mol)
B—F	644	H—H	436	O=O	498
B—O	515	H—Br	366	P—Br	272
Br—Br	193	H—Cl	431	P—Cl	331
C—B	393	H—F	565	P—H	322
C—Br	276	H—I	298	P—O	410
C—C	332	I—I	151	P=O	—
C=C	611	K—Br	380	P—P	213
C≡C	837	K—Cl	433	Pb—O	382
C—Cl	328	K—F	498	Pb—S	346
C—F	485	K—I	325	Rb—Br	381
C—H	414	Li—Cl	469	Rb—Cl	428
C—I	240	Li—H	238	Rb—F	494
C—N	305	Li—I	345	Rb—I	319
C=N	615	N—H	389	S—H	339
C≡N	891	N—N	159	S—O	364
C—O	326	N=N	456	S=O	—
C=O	728	N≡N	946	S—S	268
C=O(CO$_2$)	803	N—O	230	S=S	—
C—P	305	N=O	607	Se—H	314
C—S	272	Na—Br	367	Se—Se	—
C=S	536	Na—Cl	412	Se=Se	—
C=S(CS$_2$)	577	Na—F	519	Si—Cl	360
C—Si	347	Na—H	186	Si—F	552
Cl—Cl	243	Na—I	304	Si—H	377
Cs—I	337	O—H	464	Si—O	460
F—F	153	O—O	146	Si—Si	176

4. 通过生成焓 $\Delta_r H_f$ 计算反应热

化学反应的反应热等于产物的生成焓与反应物的生成焓之差。通过生成焓 $\Delta_r H_f$ 计算反应热的公式如下：

$$\Delta_r H_m = \sum \Delta_r H_f(产物) - \sum \Delta_r H_f(反应物) \tag{2-6}$$

一些物质的生成焓 $\Delta_r H_f$ 可以通过文献或相关手册进行查询。

5. 根据盖斯定律计算反应热

根据盖斯定律[5,6]，一个化学反应不论是一步完成或是分几步完成，其反应热相同。也就是说，如果一个化学反应可以分成几步进行，则各步的反应热总和与该反应一步完成时的反应热相同，即化学反应的反应热只与该反应的始态和终态有关，与反应途径无关。

$$\Delta_r H_m = \Delta_r H_{m1} + \Delta_r H_{m2} \tag{2-7}$$

对于大部分放热的化学反应，事故造成损失的大小与反应能够释放出的能量的大小有着直接的关系。因此，准确获得反应热是规避反应风险成功与否的重要因素。

五、表观反应能

本征反应热可以通过键能、生成焓 $\Delta_r H_f$、基团贡献法、盖斯定律等进行估算，但是，在实际化学反应过程中，除了通常意义上的反应热释放，还经常伴随蒸发、冷却、结晶、机械搅拌、物料混合、摩擦等物理过程产生的能量，实际化学反应过程中的能量变化是这些能量综合作用的结果，我们把这种能量的变化统称为表观反应能，也可称为表观反应热。表观反应能为化学反应过程实际释放的能量，除了与化学反应的能量变化及反应过程中的物理状态变化相关之外，还与反应器形式、加料方式等相关。对同一反应，任何工艺参数发生变动，都可能使表观反应能不尽相同。因此，应结合实际工况，才可准确获取表观反应能。

通过键能、生成焓、基团贡献法、盖斯定律等进行估算的反应热是表观反应能的一部分，仅考虑理论上化学反应的能量变化行为，不考虑其他能量的释放，这种理论计算获得的结果往往与实际有较大差距，比如浓硫酸与水在宏观层面来讲并不会发生化学反应，但是两者接触后的混合热却很大，这可以认为仅仅是一种物理状态的变化。因此，通过理论计算的方式获取反应热，在多数情况下对于实际化工安全生产的参考价值有限，如果采用这种估算的数据进行化工厂安全设计或安全评价，所设计的安全控制措施有可能起不到应有的保护作用，甚至可能造成严重的后果。如在进行浓硫酸与氢氧化钠水溶液中和反应时，不考虑浓硫酸与水的混合热，仅考虑氢氧化钠和硫酸的中和热，那么，在进行换热面积设计时，可能导致换热面积设计过小，反应热不能及时移除而发生超温，进而引起沸腾冲料的危险事故。

六、化学反应速率

在我们考虑化工工艺热风险问题的时候，必须要考虑反应体系的热行为，而反应动力学在考虑反应体系热行为的过程中起着决定性的作用。为了避免反应失控的发生，控制反应进程就显得尤为重要，控制反应进程的关键之处在于控制反应速率。反应速率加快，放热反应的放热速率也随之加快，就容易造成反应失控。所以说化学反应速率是反应失控的原动力。

对于精细化工（包括制药）行业而言，化学反应大多数以间歇或半间歇反应为主，并属于液相均相反应。因此，本书只对均相反应的反应动力学进行介绍。均相反应的反应速率是指单位时间、单位体积反应体系中某一反应物的消耗量或某一生成物的生成量，其数学表达式如下。

$$r_i = \pm \frac{\mathrm{d}n_i}{V \mathrm{d}t} \tag{2-8}$$

式中　r_i——组分 i 的化学反应速率，mol/(L·s)；

　　　n_i——组分 i 的物质的量，mol；

　　　V——均相反应体积，L；

　　　t——反应时间，s。

由于化学反应速率总是正数，而反应物的量总是随着时间的增加而减少，即 $\mathrm{d}n_i/\mathrm{d}t < 0$，所以，此时反应速率表达式右端为"－"；对于反应产物的情况则相反，即 $\mathrm{d}n_i/\mathrm{d}t > 0$，所以，此时反应速率表达式右端为"＋"。

根据化学反应速率定义，对于某一单一反应 A→B，A、B 组分的反应速率可分别表示为：

$$r_A = -\frac{\mathrm{d}n_A}{V \mathrm{d}t}, \; r_B = \frac{\mathrm{d}n_B}{V \mathrm{d}t} \tag{2-9}$$

对于组分 A，由于 $n_A = Vc_A$，代入式(2-9) 中的第 1 式可得

$$r_A = -\frac{\mathrm{d}n_A}{V \mathrm{d}t} = -\frac{\mathrm{d}(Vc_A)}{V \mathrm{d}t} = -\frac{\mathrm{d}c_A}{\mathrm{d}t} - \frac{c_A}{V}\frac{\mathrm{d}V}{\mathrm{d}t} \tag{2-10}$$

对于恒容反应过程，反应速率可表示为

$$r_A = -\frac{dc_A}{dt} \tag{2-11}$$

对于变容反应过程，式(2-10)中等式右边$-\frac{c_A}{V}\frac{dV}{dt}$项不为零，此时的化学反应和反应物系体积变化均可引起组分浓度的变化。

在化学反应过程中，反应组分浓度、压力、温度以及催化反应发生时的催化剂性质均可影响化学反应速率。在压力、催化剂等因素一定的条件下，反应组分的化学反应速率方程可表示为

$$r_A = f(c, T) \tag{2-12}$$

对于多数反应来说，幂函数型的反应速率方程较多。对基元反应而言，反应物分子通过化学碰撞，可一步就转化为产物分子，所用的重要定律为质量作用定律和阿伦尼乌斯（Arrhenius）定律。质量作用定律指出，基元反应的反应速率与各反应物浓度的幂的乘积成正比，与反应产物无关。对目前绝大多数的反应而言，反应机理尚不清楚，仍以实验为基础确定反应速率方程。通常采用分离变量法来处理反应物浓度和温度对反应速率的影响，反应级数为α的A→B的化学反应，反应的微分速率方程可表示为：

$$r_A = -\frac{dc_A}{dt} = kc_A^\alpha = kc_{A0}^\alpha(1-X_A)^\alpha \tag{2-13}$$

式中 r_A——反应速率，mol/(L·s)；

    c_A——未反应的A组分的浓度，mol/L；

    k——速率常数，$(mol/L)^{(1-\alpha)}/s$；

    c_{A0}——A组分的初始浓度，mol/L；

    X_A——A组分的转化率；

    α——反应级数。

反应微分速率方程中的速率常数k与温度的关系遵循阿伦尼乌斯方程（Arrhenius equation）。

$$k = k_0 \exp\left(-\frac{E_a}{RT}\right) \tag{2-14}$$

式中 R——摩尔气体常数，8.314J/(mol·K)；

    k_0——指前参量或频率因子；

    E_a——活化能，J/mol。

七、热量平衡

对于放热的化学反应，反应过程中会有热量生成，使体系温度迅速升高，

为了使反应维持在工艺要求的温度条件，需要采取相应的冷却措施，以几乎相同的速度移出反应热，使体系维持一种热量平衡的状态，确保反应在一定的温度条件下进行。当考虑工艺热风险时，必须要充分考虑热量平衡问题，因为热量一旦失去平衡，反应体系达到失控的状态时，其产生的后果将不堪设想。因此，在化工生产和反应风险评估中必须充分了解热平衡[7~9]。

1. 热生成

放热化学反应的热生成速率即反应放热速率，与反应速率成正比例关系，可以描述如下：

$$Q_{rx} = r_A V \Delta_r H_m \tag{2-15}$$

式中 Q_{rx}——反应放热速率，W；

$\qquad r_A$——反应速率，mol/(L·s)；

$\qquad V$——反应体积，L；

$\Delta_r H_m$——摩尔反应焓，J/mol。

如果将式(2-13)和式(2-14)代入式(2-15)中，可得下式。

$$Q_{rx} = k_0 \exp\left(-\frac{E_a}{RT}\right) c_{A0}^\alpha (1-X_A)^\alpha V \Delta_r H_m \tag{2-16}$$

由式(2-16)可知，热生成速率主要与下列因素有关：

① 反应温度 T，热生成速率与温度成指数关系；

② 反应体积 V，热生成速率与反应体积成正比例关系，热生成速率随反应容器线尺寸的立方值（L^3）的变化而变化，在进行反应放大时，这一因素显得尤为重要；

③ 反应级数 α；

④ 反应物料的初始浓度 c_{A0}；

⑤ 反应转化率 X_A；

⑥ 摩尔反应焓 $\Delta_r H_m$。

除了上述的影响因素外，影响热生成速率的还有反应的加料方式，起始全加料方式还是滴加物料的方式；反应过程中原料的累积情况；热事件的发生情况，比如结晶、分解、相改变、气体放出等。

2. 热移出

对于放热反应来说，反应过程移出生成热常使用夹套或盘管冷却的方式，以及采用溶剂回流带走热量的方式，使体系热量平衡或温度恒定。化工生产中的冷源大多数为冷却水和冷冻液，反应热移出过程实际上是一个传热过程。根据传热机理，传热有三种基本方式，即热传导、热对流和热辐射。热传导指的是热量从物体的高温部分向该物体的低温部分传递，或者从一个高温物体向一个与其有直接接触的低温物体传递的过程。热对流指的是将热量由一处带到另一处的现象，化工生产中的热对流往往是流体与固体表面直接接触时的热量传递过程。热辐射指的是因热而产生的电磁波在空间中的传递，也可以直观地理解为冷源与热源没有直接接触的传热过程。精细化工生产中釜式反应器内反应的传热过程基本都属于热对流和热传导，本书中我们只考虑热对流的情况，热对流发生在热源和冷源的接触面上，满足下列关系：

$$Q_{ex} = KA(T - T_c) \tag{2-17}$$

式中　Q_{ex}——移出的热量，W；

　　　K——传热系数，$W/(m^2 \cdot K)$；

　　　A——传热面积，m^2；

　　　T——物料温度，℃；

　　　T_c——冷却温度，℃。

由式(2-17)可以看出，热移出速率主要与以下几个因素有关：

① 有效的传热面积 A。

② 夹套中冷却介质与体系物料的温差 $T - T_c$，这是热量传递的推动力，热移出速率与传热的温差成线性关系。

③ 反应物的物理化学性质、反应器壁情况、冷却介质的性质，都可以对传热系数 K 产生影响；物料的传质情况，如：釜式反应器的搅拌桨类型、形状以及搅拌速度，这些因素也会影响传热系数 K。

有效传热面积对于热移出速率是一个最大的影响因素，热移出速率与传热面积成正比，这意味着在进行工艺放大时，热移出速率的增加远不及热量的生成速率的增加。因此，对于较大的反应容器来说，需要高度重视有效传热面积对热平衡的影响。

假设某一反应的反应温度为 80℃，环境温度是 20℃，容器装料系数为80%。表2-5列举了使用几种实验室常见容器对某反应在空气环境中自然冷却情况的热移出速率测试数据，并使用了近似于绝热体系的杜瓦瓶反应器考察了反应的极限情况。从表2-5可以看出，随着容器体积增大，体系温度降低速率和热移出速率逐渐降低，按照上述规律，在进行反应放大时，要特别注意热移出速率降低的情况，这也就意味着，如果在实验室小试规模下进行的化学反应，如果没有发现反应放热效应，这并不代表着该反应不放热，也不能代表在放大规模条件下反应是安全的。表2-5中还显示出一个信息，对于相同体积的反应器，敞开体系与绝热体系的热移出速率的差异非常明显，体积同样为1000mL 的杜瓦瓶的热移出速率与烧瓶相比差了1个数量级。这对实际生产和设计也很重要，对于放大规模的放热反应，一旦出现冷却失效的突发情况，那么此时的反应体系近似于绝热状态，热移出速率将在瞬间减小，造成热量传递失去平衡，导致体系内温度陡然上升，有引起爆炸危险的可能。因此，在进行工艺放大时，要充分考虑冷却系统的移热能力，考虑冷却系统是否能够移出反应中生成的热量，保证化工生产能够安全地进行。

表 2-5　不同类型和体积容器的热移出速率

容器类型	体积 /mL	温度降低 1K 所需时间/s	温度降低速率 /(K/min)	热移出速率 /(W/kg)
试管	10	11	5.5	385
烧杯	100	20	3.0	210
烧瓶	1000	120	0.5	35
绝热杜瓦瓶	1000	3720	0.0161	1.125

3. 热累积

根据式(2-16)，热生成速率与温度成指数关系，并且随容器线尺寸的立方值（L^3）变化；根据式(2-17)，热移出速率与温度差成线性关系，且随容器线尺寸的平方值（L^2）变化。由上述两式可以看出，热生成和热移出二者存在差异性。而当反应器尺寸发生改变时（如工艺放大），反应热移出速率的增加远不及热生成速率的增加，这将导致反应器内物料的温度发生变化。

反应体系的热累积就源自于热生成和热移出二者之间的差异。在忽略其他热效应影响的条件下，反应体系内的热累积速率等于反应热生成速率与热移出速率之差，如式(2-18)所示：

$$Q_{ac} = Q_{rx} - Q_{ex} \tag{2-18}$$

反应热累积情况在实验室小试规模的情况下，并没有很明显的体现，但是当工艺规模逐渐放大时，热累积情况将会表现得非常明显，并呈逐渐增大的趋势。这主要是由于反应体系内热生成速率的增加会远大于热移出速率的增加。在进行工艺反应放大时，要充分考虑反应热累积情况，并注意提高冷却系统的冷却能力，保证热量能够及时移出，防止反应失控的发生。

第二节　化工过程本质安全研究技术

一、本质安全概念

本质安全概念最初起源自第二次世界大战结束后的世界宇航技术界，当时主要是指电气系统具备防止可燃物燃烧时释放能量的安全性。英文中的本质安全（inherent safety）具有"本质的""内在的""固有的"等含义，所以本质安全也常被称作内在的安全、固有的安全。不同于依靠人员管理来实现安全，本质安全强调机械设备、工艺过程、生产装置等生产方面上的安全。化工生产中化学反应种类繁多、生产工艺复杂，实际上是本质不安全，但可以通过工艺设计、工程控制及应急处置等手段，使生产设备或生产系统本身具有安全性。

实现本质安全，同时要保证工艺安全、设备安全和管理有效。人们通常把安全事故归因于管理问题，认为管理问题是引发事故的关键因素。我们在追求先进技术方法的同时，也需要提高管理水平，特别是重视变更管理。本质安全需要关注的两种技术措施分别为安全设计和安全防护。安全设计作为实现本质安全的一种技术理念，在各个技术工程领域得到了广泛应用。在进行本质安全设计时，首先要辨识系统中可能存在的危险源，然后针对辨识出来的危险源，选择消除、控制等效果最好的技术方法，并体现在后续的工程设计中。由于不同系统中存在的危险源不同，因此采取的具体技术措施也不尽相同。

通过本质安全设计，可以消除或控制系统中的危险源，从而达到降低系统危险性的目的，然而在系统中仍然存在着"残余危险"。系统中的残余危险经常会高于可接受的危险水平，此时就需要通过进一步采取安全防护措施，降低系统存在的危险性直至达到可接受的水平为止。从发挥作用的原理上区分，安全防护措施可以分为被动防护措施与主动防护措施两种。被动防护措施主要是指一些没有动作的部件被动地减缓、限制能量释放或者危险物质意外释放的物理屏蔽；主动防护措施则是指检查非正常状态并使系统处于安全状态的报警、联锁，甚至紧急停车等控制措施。

二、化工过程本质安全及研究技术

化工行业作为国民经济的基础行业，为社会的发展和进步提供了重要的物质基础，但同时它也是高危行业。由于化工生产通常具有有毒有害、易燃易爆、高温高压等危险特性，火灾、爆炸、泄漏和中毒等安全事故频繁发生，不仅造成了人员伤亡和财产重大损失，同时也对环境造成了持久的破坏。在世界范围内，化学工业生产规模不断扩大，化工生产过程中的潜在危险也随之增加，化工生产过程中存在的危害也被广泛的关注，促进了全世界对安全技术的研究。

传统上通过在危险源与人、物及环境之间建立保护层等技术方法和手段达到控制危险的目的，这种依靠附加安全系统的传统方法在一定程度上改善了化工行业的安全状况，但该方法在实施过程中也存有诸多弊处。首先，在建立保护层及后期维护过程中投入很高，包括最初的设备装置投入、安全培训、维修保养费用等；其次，保护层在失效后其自身也有可能成为新的危险源，一旦发生事故，后果可能更加严重；最后，保护层只起到限制危险的作用，但危险仍然存在，在某种诱因的作用下，仍然有可能会引发事故，这就增加了事故发生的突然性。面对这种现状，人们亟需找到一种新的安全技术手段，从源头上尽可能地消除危险，即"本质"安全化。20 世纪 70 年代，英国教授克莱兹（Trevor Kletz）首次提出了化工过程本质安全化的概念，赋予了过程安全的新含义。他指出，避免化学工业中重大事故发生最有效的手段，不是通过依靠更多、更可靠的附加安全设施，而是在根源上消除或者减少系统内发生重大事故的可能性，通过工艺设计，达成减少或者消除工艺过程中潜在危险的目的，使之达到可接受的水平。在 1985 年，克莱兹把化工工艺过程中的本质安全归纳为五条基本原理：最小化/强化、替代、缓和、后果影响控制和简化。1991 年克莱兹又提出了六条基本原则来定义"本质安全化"，内容如表 2-6 所示。1997 年，欧盟的 INSIDE 项目探讨了欧洲本质安全技术在过程工业中的应用情况，并验证了在化工行业中本质安全设计方法的应用是可行的。2001 年，Mansfield 提出了关于本质安全的健康环境分析方法工具箱（INSET）理论，其中包含多达 31 种本质安全设计的方法，在总体上可分为四个过程：化学路线选择、化学路线的具体评估分析、工艺过程设计及工艺设备设计。

表 2-6　本质安全化通则

通　则	释　义
最小化	尽可能减少系统中危险物质的数量
替换	使用安全或危险性小的物质或工艺替代危险的物质或工艺
缓和	采用危险物质的最小危害形态或者是危害最小的工艺条件
限制影响	通过改进设计和操作，限制或减小事故可能造成的破坏程度
简化	通过设计来简化操作，减少安全防护装置的使用，进而减少人为失误的可能性
容错	使工艺、设备具有容错功能，保证设备能够经受扰动、反应过程能承受非正常反应

化工行业中，大多数原材料及工艺过程都具有危险性，想要完全消除这些危险是不可能的，但可以通过合理地利用本质安全相关理论，并使之能够与化工过程更好地结合，做到在最大程度上减少或消除化工生产过程中存在的潜在危险。

在化工本质安全设计中，先进的设计技术在保障安全生产方面具有重要作用，主要体现在原料路线、反应路线及反应条件三个方面，特别是针对化学反应过程中的危险性进行深入和透彻的分析，例如：化学物质的危险性评估、化学物质的不稳定性分析、反应放热预测、反应过程的压力变化、爆炸性气体的形成、爆炸范围分析等。本质安全设计目的是要从根本上减少或消除危险源[5]，长远来看，本质安全设计不仅减少了对外部安全装置的使用及维护费用，同时降低了事故的危害及事故发生所造成的经济损失、社会影响和环境污染，具有一定的经济优势。在化工技术不断发展的今天，仍然有一些本质上不太安全的技术在广泛使用，作为研究者应该不断寻找本质上更为安全的替代方法。探索本质上更安全的工艺也许需要很大的投资，但是，本质安全化新技术的研发和应用，会给化学工业带来更可靠、更经济的前景。

第三节　物质风险研究

反应风险研究与反应安全风险评估是保障化工生产安全的重要技术体系，也是化工产品开发、生产过程中的重要研究内容。化工生产过程中的主要风险来自于物质风险和反应过程风险。物质风险研究需要收集大量的安全性数据，例如通过文献获得一些化学物质的稳定性[7]、燃烧性、闪点、爆炸极限、毒性等数据，但当没有相应的安全数据做参考时，就需要进行必要的安全性测试，包括物质的热稳定性测试、爆炸性测试等。综合物质风险研究的结果，明确化学物质在合成、分离、精制、储存、运输过程中的危险因素，确定相应的安全措施，保证化工生产安全。

一、物质的类型

自然界中的物质可以分为纯净物和混合物两大类，纯净物由单一物质构成，混合物由两种或两种以上的物质混合而成。在化工工业生产中，涉及原料的预处理、化学反应、反应后料液的后处理、产物提纯等步骤，有些过程涉及单一物料，但绝大多数情况都是混合物料。因此，在开展反应风险研究过程中，除了考虑纯净物的安全性，还要重点考虑混合物的安全性。

1. 混合物

混合物没有固定的化学式，无固定的组成和性质，各组分之间化学性质稳定。混合物按照其状态可以分为气态混合物、液态混合物和固态混合物。典型的气态混合物如空气，其中包括氮气、氧气、二氧化碳以及稀有气体。典型的液态混合物有海水、牛奶、石油等。典型的固态混合物有土壤、矿石等。

混合物存在均相和非均相之分，均相混合物组成均一，如溶液。而非均相混合物组成不均一，存在分层、颜色不均匀等特点。非均相混合物通常包括悬浊液、乳浊液和胶体。

悬浊液通常由粒径大于 100nm 的固体颗粒悬浮于液体中形成，如泥浆，悬浊液通常呈不透明状态，性状不均一，静置后有分层现象产生。利用悬浊液性质不均一的特性，工业上常使用沉降和过滤的方式进行分离。

胶体由分散相和连续相构成，分散相中的分散质粒径为 1～100nm，胶体是一种较为均一的分散系，典型的胶体有氢氧化铁胶体、硅酸胶体、氢氧化铝胶体等。按照胶体中分散相的状态，胶体可以分为气溶胶、液溶胶和固溶胶。常见的云、雾都属于气溶胶，常见的固溶胶如有色玻璃。胶体能够发生丁铎尔效应，光线垂直入射胶体时能观察到胶体内部出现光亮的通路，可用于区分胶体与溶液。此外胶体还具有聚沉、盐析、电泳、渗析等性质，工业污水处理过程中，通过沉降和过滤操作，去除污水中较大粒度的颗粒，但是有些较小的颗粒在水中不能沉降却能悬浮在水中形成胶体，通常利用胶体聚沉的性质，在污水中加入絮凝剂，将此类颗粒去除。

乳浊液是由两种不互溶的物质组成的体系，通常所说的乳浊液由水和油的体系组成，油分散在水中，称为水包油（O/W）型乳浊液，反之则为油包水（W/O）型乳浊液。简单地将水相和油相混合在一起，进行振荡，并不能获得状态均一的乳浊液，需要引入乳化剂才能完成，常见的乳化剂如肥皂，能够将水与易溶于油的污渍混合成为乳浊液，进而达到去污的目的。

2. 纯净物

相对于多种物质构成的混合物，纯净物由单一物质构成，状态均一，性质稳定。纯净物按照元素组成分为单质和化合物，单质仅由一种元素构成，化合物则由多种元素构成。单质按照元素性质的不同可分为金属单质和非金属单质。常见的金属单质有铜、铁、锌等，常见的非金属单质有碳、磷、硫、氧气、氮气等。无论是金属单质还是非金属单质，很少能独立地存在于自然界，往往需要工业或实验室的分离提纯，供后续使用。

化合物是纯净物中的一大类别，是自然界中广泛存在的物质，也是化学工业及基础研究的重点。按照化合物的组成，可以分为无机化合物和有机化合物两大类。无机化合物通常指不含碳元素的化合物，也包括少数含碳的氧化物、碳酸盐、氰化物等。按照组成来分主要有酸、碱、盐、氧化物等，酸是在水中可以电离出氢离子的物质，根据电离能力的强弱分为强酸和弱酸，如盐酸、硝酸、硫酸都是强酸，而碳酸则为弱酸。与酸对应的物质是碱，由阳离子和氢氧根离子构成，常见的碱有氢氧化钠、氨水等。酸与碱反应可生成盐，根据盐的酸碱性，可以将盐分成酸式盐、碱式盐和正盐，盐由阳离子和阴离子构成，所以可溶性盐具有导电性，通常可以作为电解质。此处需要提到两种特殊的盐，熔盐和离子液体，熔盐是盐类熔化后形成的熔融体，标况下以固态形式存在，高温下是液态，广泛用于冶金工业中活泼金属的冶炼，熔盐在高温下导电性好且能够承受较高的工况温度，因此广泛应用于燃料电池、核电等电化学领域。离子液体是室温下呈液态，完全由阴、阳离子构成的盐，离子液体主要应用于从绿色化学角度优化合成反应、回收溶剂、制催化剂，能够减少"三废"排放，也同样应用于电化学领域。

氧化物也是重要的无机化合物，同样分为金属氧化物和非金属氧化物，常见的金属氧化物有氧化钙、氧化锌等，常见的非金属氧化物有二氧化碳、二氧化硫等。氮化物、碳化物此处统称为其他无机化合物，不做过多介绍。

化合物中很重要的一个分支是有机化合物，也是化工反应风险研究主要针对的物质，主要是由于有机化合物中的碳链长短、官能团对物质本身的安全性质有很大影响，如含硝基的有机化合物，在高温下易发生分解，释放出大量的热，且反应速度快，危险性高。因此，研究有机化合物的类型与性质对化工反应风险研究有相当大的意义。

烃类化合物是最基础的有机化合物，烃分子中碳原子连接成链状的为脂肪烃，连接成环状的称为脂环烃。饱和烃是最简单的烃，碳骨架为开链的为烷烃，碳骨架为环状的为环烷烃。烷烃中的氢原子易被卤素原子取代，生成对应的卤代烃，卤代是烷烃的重要化学性质。

含有碳碳双键或碳碳三键的烃统称为不饱和烃，含有碳碳双键的称为烯烃，含有碳碳三键的称为炔烃。同样的，碳骨架开链的不饱和烃为链状烯烃（炔烃），环状的为环状烯烃（炔烃）。烯烃和炔烃易发生加成反应，因此在通常状况下，烯烃和炔烃是较难稳定存在的。含有两个碳碳的不饱和烃为二烯烃，按照双键相对位置分类，二烯烃分为隔离二烯烃、累积二烯烃、共轭二烯烃，共轭二烯烃容易发生聚合反应，生成聚合物，发生聚合反应是共轭二烯烃的重要化学性质。

另外一类重要的烃是含苯环的芳香烃，按照结构可将芳香烃分为单环芳烃、多环芳烃、稠环芳烃，多环芳烃中含有两个或两个以上独立苯环，稠环芳烃中的两个或两个以上苯环且通过共用两个相邻碳原子稠合而成。在考虑芳香烃的化学性质时，需要考虑苯环碳原子的化学性质和取代基碳原子的化学性质，例如苯环上的碳原子易发生亲电取代反应，如卤化反应、硝化反应、磺化反应、Friedel-Crafts 反应等，Friedel-Crafts 反应是在三氯化铝或其他催化剂作用下，芳环上的氢原子被烷基或酰基取代的反应，酰基化反应是合成芳酮的重要方法，烷基化反应常常能够生成多元取代物。芳环上烃基的化学性质与烷烃类似，能够发生取代及氧化反应，生成相应的卤代烃和羧酸。

烃类化合物分子中的氢原子如果被其他原子取代，生成的物质为烃的衍生物，卤代烃是非常重要的烃类衍生物，卤代烃根据烃基结构的不同分为饱和卤代烃、不饱和卤代烃和卤代芳烃，按照分子中卤素原子的多少分为一元卤代烃、多元卤代烃。与醇钠的反应是卤代烃的重要化学性质，卤代烃与醇钠在相应的醇溶液中反应，卤代烃中的卤素原子被烷氧基取代生成醚，这是制备醚尤其是混醚的重要方法。卤代烃另一个重要的化学性质是与镁的反应，卤代烃与镁在无水乙醚或四氢呋喃中进行反应，生成烷基卤化镁，即 Grignard 试剂，Grignard 试剂能与醛、酮、酯等化合物反应生成有用的化合物，在有机合成过程中有着重要的应用。Grignard 试剂的制备和 Grignard 反应过程，放热大、危险程度高，在生产过程中尤其值得关注，关于 Grignard 试剂的制备和 Grignard 反应在化工反应风险研究与反应安全风险评估过程中经常遇到，关于 Grignard 试剂的制备和 Grignard 反应的典型案例会在后面的章节中做详细的介绍。

羟基与烷烃中的碳原子直接相连生成醇，与苯环上的碳原子相连生成酚，醇按照所含羟基数的不同分为一元醇、多元醇，按照羟基所连接的烃基的不同，分为脂肪醇、脂环醇和酚。醇能够被氧化生成醛和羧酸，醇和酚都能够与酸反应生成酯。醇能与氢卤酸反应生成相应的卤代烃，与亚硫酰氯反应生成氯代烷。酚的化学性质更为活泼，能与氢氧化钠反应生成酚钠，酚易与卤素、硫酸、硝酸发生取代反应，且容易发生 Friedel-Crafts 烷基化反应。

醛和酮以羰基为官能团，醌分子中也含有羰基，羰基可以与亚硫酸氢钠、醇、氢氰酸以及 Grignard 试剂发生加成反应。在稀酸或稀碱的催化下，两分子醛发生羟醛缩合反应生成对应的 β-羟基醛。醛能进一步氧化生成相应的羧酸。

羧酸按照分子中碳骨架的不同可以分为脂肪族羧酸、脂环族羧酸、芳香族羧酸和杂环族羧酸。按照分子中所含的羧酸的数目分为一元羧酸和多元羧酸。工业上可用腈水解和 Grignard 试剂与二氧化碳的反应来制备。羧酸常用于与无机酸的酰氯反应制备羧酸的酰氯，如与亚硫酰氯的反应，副产物氯化氢和二氧化硫容易分离，酰氯的产量也较高。

以上提及的仅是基础的有机化合物，此外还有含氮、含磷、含硫、含硅、杂环以及其他复杂化合物。以上物质共同构成化学领域的基础，为化学反应、化工工艺研究提供理论支撑，也是反应风险研究的主要内容。

二、物质的稳定性

本部分内容涉及的物质的稳定性通常是指物质的热稳定性，即为物质在受热条件下是否稳定，能否发生分解反应。物质的热稳定性研究是物质风险研究的重要组成，对反应中所涉及的所有原料、中间体、产成品、混合物、废弃物，以及工艺过程涉及受热操作的蒸馏料液进行热温度研究，获取起始热分解温度、分解热、温升和压升速率等数据，测试样品量由小到大，可以采用差示扫描量热、快速筛选量热、绝热加速度量热、微量热等方法进行研究，进一步配合动力学仿真，预测放大规模下的热行为，为产业放大和储存运输提供安全技术参数。

据世界著名的 Ciba Geigy 公司对 1971～1980 年十年间工厂事故进行统计，其中 56％的事故是由反应失控造成的。而大部分失控反应都与工艺过程中的原料、中间体、产品的分解反应相关，分解反应放出热量而使体系温度升高，反应体系发生"放热反应加速-温度再升高"以至超过了反应器冷却能力极限的恶性循环，分解的同时大量气体生成，压力急剧升高，最后导致喷料、反应器破坏，甚至燃烧、爆炸等事故。因此，全面了解工艺过程中涉及物料的热稳定性对化工过程安全至关重要。

1. 分解热

分解反应通常都是放热反应，分解热是物质发生分解时所释放的能量，但是大部分分解反应产物为气体，具体产物往往很难确定，因此，很难通过标准生成焓、键能等方式计算求得分解反应放热量。Grewer 基于汇总结果编制了官能团的标准分解热，但是该方法与真实测试结果往往存在很大偏离。例如，2,5-二氯苯胺，分子中有不同的官能团，就很难判断采用哪种官能团的标准分解热进行估算。因此，通过实验手段进行测试才是获取分解热最直接、最准确的方法。

此外，在分解反应过程中，杂质可能有催化作用，且反应过程中涉及的物料多数为混合物，测试时应尽量使用工况条件下的物料，保证测试结果具有参考意义。

2. 起始分解温度

对于分解反应，并没有确切的起始分解温度，分解反应速率与反应温度呈指数关系，温度越低，分解反应速率越慢，分解过程放热功率越小。测试仪器的检测限、样品量及测试方法对起始分解温度的测试结果影响很大。

例如，对于同一物质，当测试仪器的检测限为 10W/g、样品量为 5mg 时，检测到的起始分解温度为 189℃；当测试仪器的检测限为 1W/g、样品量为 100mg 时，检测到的起始分解温度为 174℃；当测试仪器的检测限为 0.1W/g，样品量为 5g 时，检测到的起始分解温度为 153℃。

3. 分解动力学

由于分解反应没有明确的起始温度，测试得到起始分解温度不能用于确定工艺安全操作条件，如蒸馏温度、蒸馏时间等。因此，引入一个更加科学的概念：绝热条件下，最大反应速率到达时间[10]（TMR_{ad}），可通俗地理解为绝热条件下的致爆时间，是化工安全技术领域广泛应用的参数。TMR_{ad} 是温度的函数，也是一个衡量时间的尺度，用于评估失控反应最坏情形发生的可能性，也可用于判断当工艺过程处于危险状态时，能否有足够的时间来采取相应措施，同时也可作为判断工况条件下，物料是否稳定的依据。TMR_{ad} 与物料体系温度相关，温度越高，TMR_{ad} 越小，反之，TMR_{ad} 越大，见图 2-2。

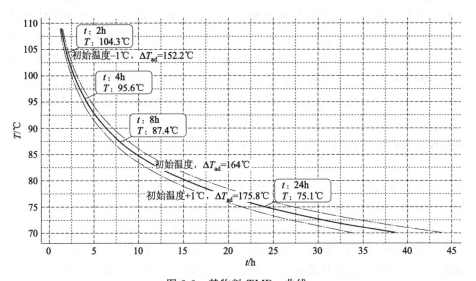

图 2-2 某物料 TMR_{ad} 曲线

计算 TMR_{ad} 则需要用到该物料的比热容、不同温度下的放热速率、分解反应速率及分解活化能。这些参数中，分解反应速率及分解活化能都需要通过动力学研究方法获得。动力学研究方法有很多种，包括传统动力学法、Friedman 法、Ozawa 法、Coats-Redfern 法、Kissinger 法、热惰性因子法，每种动力学方法都有不同的假设和限制条件，根据物料特性、测试类型及测试特点选择不同的研究方法至关重要。

此外，分解反应会产生气体，并可能伴随蒸气压升高，导致反应器内压力增大，最终可能导致反应器破裂，因此，还需要对分解反应的压力效应进行研究，获得分解过程放气量、起始放气温度等数据，从而判断反应物质分解剧烈程度，为反应安全风险评估提供依据。

三、静态安全

化工生产相对于其他制造行业来说，危险性比较高，由于使用大量的有机化工原料，特别是低沸点、低闪点、热稳定性差、毒性高的化工原料及中间体，存在各种各样潜在的风险，这种由物料本身的物理危险性和其他危险性带来的安全性问题称为静态安全。物质的静态安全主要体现在易燃、易爆、有毒、有害等危险性，生产过程中涉及危险性高的化工原料在存储、运输和使用过程中存在较大的风险，可能引发严重的事故。

因此，为了保证化工企业的安全生产，首先需要了解生产所用的各种化工原材料的静态安全，获得原材料的稳定性、燃烧性、爆炸性、毒性等特性数据，进一步需要对工艺过程的风险进行合理的研究和评估。在化工过程前期的实验研究过程中，尽量选择相对安全的原材料，如选择闪点高、不易挥发、稳定性好的物料作为反应原料，能够有效地减少或避免生产过程中的燃烧和爆炸风险。但是，完全使用闪点高、不易挥发且稳定性好的物料是比较困难的，大部分物料都具有闪点低、挥发性强和易燃烧等危险性。针对使用了低闪点、强挥发性及易燃性物料的工艺过程，需要在实验室工艺研究的基础上，开展反应风险研究，明确反应中涉及的原料、中间产品、反应产物及其他物料的危险性，以及反应过程的安全风险，并依靠优化工艺过程制定详尽的生产操作规程，控制过程风险，将风险降至可接受的范围。

物质的静态安全关键性数据包括稳定性、燃烧性、闪点、自燃温度、最低引燃能量、爆炸极限、毒性、氧化性、自反应性，以及固体的撞击感度和摩擦感度等。本书中涉及的物质稳定性主要是热稳定性，相关内容在本章第二节中涉及，此处不做赘述。以上提到的参数一部分可以通过查询物质安全数据表（Material Safety Data Sheet，MSDS）得到，一些特殊的化工物料、中间体以及相关杂质的安全性数据则需要通过实验测试获得。下文将介绍几种较为普遍的静态安全性参数及其应用。

（一）氧平衡

氧平衡通常用 OB（%）表示，有机化合物氧平衡的研究[11]，可以对有机化合物的爆炸性研究起到指导作用。

有机化合物中通常包含碳、氢、氧、氮这四种元素，以燃烧性质对元素进行分类，有机化合物中的碳和氢是可燃元素，氧则是助燃元素。对于易爆炸的物质，其爆炸过程实质上就是可燃元素与助燃元素发生了极其迅速和猛烈的氧化还原反应，反应的结果是氧和碳生成了二氧化碳或一氧化碳，氢和氧生成了水，这两种反应都会放出大量的热。当物质发生了燃爆反应，物质中的碳、氢均被氧化成二氧化碳和水时，其放热量最大。

每一个有机化合物分子里都含有一定数量的碳原子和氢原子，可能还含有一定数量的氧原子，在进行物质氧平衡计算时，通常把有机化合物分子中的氮、氯、硫等其他杂原子忽略不计。

物质的氧平衡就是物质本身所含有的氧原子数与可燃元素被完全氧化需要的氧原子数的平衡关系。当有机化合物发生爆燃反应时，其分子中本身存在的碳、氢和氧原子的数量不一定能够完全匹配，可以根据物质中所含氧原子数的多少，将物质的氧平衡划分为下列几种情况。

1. 零氧平衡

当 OB＝0 时，为零氧平衡，零氧平衡的有机化合物分子本身含有的氧原子可以使可燃元素完全氧化。

2. 正氧平衡

当 OB＞0 时，为正氧平衡，正氧平衡的有机化合物分子本身含有的氧原子可以使可燃元素完全氧化，并有剩余。

3. 负氧平衡

当 OB＜0 时，为负氧平衡，负氧平衡的有机化合物分子本身含有的氧原子不足以使可燃元素完全氧化。

当有机化合物中含有—NO，—NO_2，—N_3，—N＝N—，—NX_2，NX_3，ClO_3^-，ClO_4^-，OCl^-，—O—O—，—O—O—O—等不稳定基团时，会增加物质的不稳定性，爆炸危险性增强，这时就需要充分考虑物质的氧平衡。

假设某物质分子式是 $C_X H_Y O_Z$，该化合物与氧气的反应式如下：

$$C_X H_Y O_Z + \left(2X + \frac{Y}{2} - Z\right)O \longrightarrow XCO_2 + \frac{Y}{2}H_2O \tag{2-19}$$

氧平衡值计算式如下：

$$OB = -\frac{16}{M} \times \left(2X + \frac{Y}{2} - Z\right) \times 100 = -\frac{1600}{M} \times \left(2X + \frac{Y}{2} - Z\right)$$

式中　　X——物质中碳原子数目；

Y——物质中氢原子数目；

Z——物质中氧原子数目；

$(2X+Y/2)$——可燃元素碳、氢完全氧化所需的氧原子数；

M——物质的摩尔质量，g/mol；

16——氧的摩尔质量，g/mol。

【例 2-1】 计算乙二醇二硝酸酯（$C_2H_4N_2O_6$）的氧平衡值（OB/%）。

解 乙二醇二硝酸酯的分子式为：$C_2H_4N_2O_6$，其摩尔质量 M 为 152.0 g/mol，碳原子数 X 为 2，氢原子数 Y 为 4，氧原子数 Z 为 6。

$$OB = -\frac{1600}{M}\left(2X + \frac{Y}{2} - Z\right)$$

$$= -\frac{1600}{M}\left(2\times2 + \frac{4}{2} - 6\right)$$

$$= 0$$

所以，乙二醇二硝酸酯的氧平衡值 OB 为 0，即零氧平衡物质。

通过物质氧平衡值的计算，可以初步证明化合物的危险程度。可以认为，绝大部分能够发生爆炸反应的化合物的氧平衡值均在 $-100\%\sim+40\%$ 之间。依据物质的氧平衡来评估物质危险程度，通常的原则是如果该物质的氧平衡值达到 -200% 以上，则认为该物质具有潜在的燃爆危险性，需要通过进一步的爆炸性测试确定其危险度。需要注意的是，单独的氧平衡值计算并不足以作为物质危险性评估的主要依据，还需对物质的危险性质进行爆炸性测试、热稳定性安全测试等。

(二) 燃烧性

化工企业所发生的大多数重大事故来自可燃化工物料的燃烧甚至爆炸，更为严重的是燃烧和爆炸过程通常伴随较强的放热效应，在反应失控状态下引发分解反应或者是二次分解反应，最终导致冲料、燃烧甚至爆炸。因此，为了给化工生产提供有力保证，了解生产过程中各种化工原材料的物理性质以及化学性质成了首要任务，并进一步明确原材料的稳定性及其发生燃烧和爆炸的可能性，从而对工艺过程的热风险进行合理的预判和规避。

可燃物质能够与空气中的氧气或其他氧化剂发生燃烧反应，具有可燃性的物质是非常广泛的，包括气体、蒸气、液体、固体以及粉尘。燃烧需要具备三个必要条件，即可燃物质、助燃物质和引燃能源，三者共同存在时，才能发生燃烧，这三个条件通常用危险"火三角"来表示，如图 2-3 所示。对于可燃物质而言，物质单独存在并不能构成燃烧和爆炸，其燃烧和爆炸还需要有点火源和助燃物质同时存在。因此，避免可燃物质燃烧的关键是去除或切断"火三角"的任意一个或两个要素。在通常情况下，助燃物质通常是空气中的氧气，因此，可燃物质的安全操作原则即采取惰化方法[12]，有效隔绝空气、氧气，以达到避免发生燃烧和爆炸危险的要求。

图 2-3　燃烧"火三角"

燃烧通常是指可燃物质在较高的温度下与助燃物质发生发光、发热的剧烈氧化反应。但是，某些特殊的情况下，燃烧也能够在没有氧气的情况下进行，一些剧烈的发光、发热的化学反应，同样属于燃烧。例如：金属钠（Na）和氯气（Cl_2）反应生成氯化钠（NaCl）的反应，$2Na + Cl_2 = 2NaCl$；氢气在氯气中燃烧生成氯化氢气体的反应，$H_2 + Cl_2 = 2HCl$；镁条在二氧化碳中燃烧生成氧化镁的反应，$Mg + CO_2 = MgO + CO$，等等。上述反应虽然都没有氧气参与，但是也同样属于燃烧的范畴。

可燃物质发生燃烧的过程与物质的物理性质和化学性质有关。对于大部分固体和液体来讲，其燃烧都要经历熔化、汽化等过程才能进行燃烧。气体的燃烧是能够直接发生的，并不需要经历熔化和汽化等过程。因此，气体物质的燃烧通常比液体和固体物质的燃烧进行得更容易和更充分。相对于同一种可燃物质而言，物质燃烧的表面积与体积的比值越大，则与助燃物质产生接触的面积越大，燃烧速度越快。因此，在化工实际生产中，对于粉末状固体、颗粒状固体而言，在其储存、运输以及使用过程中，应建立有效的控制措施，避免火灾和爆炸事故的发生。另外，可燃物质的化学组成对其燃烧也有很大的影响。物质成分中碳、氢、磷、硫等可燃元素的含量越高，其燃烧速度越快。例如：乙醇中碳元素为 52.2%，氢元素占 7.7%；甲苯中碳元素为 91.3%，氢元素占 8.7%，因此，甲苯的燃烧速度比乙醇的燃烧速度快得多。

明确物质的燃烧性，需要了解燃烧的条件。

1. 可燃物质

能与空气中的氧气或其他氧化剂发生燃烧化学反应的物质称为可燃物质。

可燃物质在与助燃剂同时存在时，可以被引燃能源点燃，并且当移去引燃能源后仍然能保持燃烧，直至燃烧完全。可燃物质的种类繁多，根据可燃物质组成的不同，可以将可燃物质分为无机可燃物和有机可燃物两大类。单质无机可燃物质包括氢气、钠、镁、钾、硫、磷、钙等；无机化合物可燃物质包括一氧化碳、氨、硫化氢、磷化氢、联氨、氢氰酸等。有机物中由于碳和氢元素的存在，大部分有机物都容易燃烧，根据有机可燃物质分子量的大小，可以将有机可燃物质分为低分子可燃物质和高分子可燃物质。

2. 助燃物质

燃烧是一种氧化反应，在燃烧过程中，助燃物质充当氧化剂的角色，助燃物质能够帮助和支持可燃物质燃烧。通常情况下助燃物质是空气中的氧气，此外，诸如氟、氯、高锰酸钾等具有较强的氧化性的物质，也可以作为燃烧反应的氧化剂。因此为了保证安全生产，避免燃烧和爆炸危险的发生，在使用易燃、易爆的有机溶剂等物质前，需要向反应釜中通入氮气对反应系统进行惰化，并基于体系溶剂和反应原料的性质，将系统内的氧含量降至8％或5％以下，在"火三角"中有效地切断氧气一角，达到避免发生燃烧和爆炸的目的。

3. 引燃能源

引燃能源通常是指供给可燃物质与氧气或其他助燃剂发生燃烧的能量来源。最常见的引燃能源是热能，除了热能以外，诸如电能、静电能、机械能、化学能、光能等能量也能引起燃烧反应的发生。根据能量产生方式的不同，通常将引燃能源分成以下几种。

(1) 明火焰　明火焰是最为常见的引燃能源，煤炉火焰、工业蒸汽锅炉火焰、气焊切割火焰都是常见的明火焰。化工设备在生产过程中处理的都是带有易燃或易爆性质的物料，在进行设备检修维护时，动火作业是不可避免的。因此在进行设备维修动火作业之前，必须将反应釜及管路内残留的物料清理干净，并进行充分的清洗，确保反应釜及管路内没有物料残留方可进行操作。

(2) 高温物体及高温表面　化学工业生产中常见的高温物体及高温表面主要是指无焰燃烧或载热体的热能，也构成了燃烧反应能量的主要来源。加热装置、蒸汽锅炉表面、加热后的金属表面、高温物料输送管路都是常见的高温物体及高温表面。因此，化工生产过程中，严禁超温操作，避免高温物体及高温表面达到易燃物质需要的最低引燃能量，否则，在氧气存在的条件下，将引起物料的燃烧甚至爆炸，造成火灾和爆炸事故。

(3) 电火花　常见的电火花包括高电压条件下的火花放电、漏电产生的电火花、开关电闸时引起的弧光放电、电线绝缘层老化或破损导致的电线短路产生的火花等。在化工生产车间，为了避免产生电火花，必须使用防爆电气设备，且防爆等级应满足实际生产需求。

（4）撞击与摩擦 撞击与摩擦属于物体间的机械作用，当两种易燃、易爆物质相互发生摩擦和撞击时，由于这种机械作用产生的可燃粉尘或易燃气体、易燃蒸气形成爆炸性混合物，在摩擦和撞击的机械能作用下，将产生火花或火星，进而发生燃烧。因此，在化学品物料的存储、装卸以及运输的过程中需格外注意避免易燃、易爆物质的摩擦和撞击，控制由此造成的火灾和爆炸事故的发生。

（5）静电 化工过程中产生静电的情况有很多，如气动输送、泵送料液，液体的高速流动引起静电荷的聚集，高速喷出的气体，物料储罐的接地设施不完备等。静电在日常生活中十分常见，因此人们常常会忽视静电对于化工生产带来的影响。静电产生的能量虽然不大，但是，静电产生的电压很高，非常容易发生放电。对于存有易燃、易爆物质的场所，尤其需要注意静电对工作环境造成的影响，做到化工设备合理接地、装运易燃液体的罐（槽）车必须配备导除静电装置、进入工作场所的人员严格进行静电检查和除静电工作，防止静电产生，控制事故的发生。

（6）化学反应热 化学反应以放热反应居多，化学反应释放的热量可以提高反应体系的温度，当反应体系的温度超过体系内可燃物质的自燃点时，将发生可燃物质自燃，引起火灾或爆炸事故。因此，在放热化工反应过程中，应选择合适的冷却系统，保证合适的冷却能力以及冷却效率，有效移出反应热，实现放热化学反应的安全生产。

（7）光线照射与聚焦 光线照射与聚焦是光敏性物质由光照引发的连锁反应，是将光能转变为热能的一种能量转换方式，在某些情况下光照可以引发或加速化学反应，如甲烷与氯气的反应。

根据燃烧反应的条件，就可以进行火灾的预防和控制，只要有效控制燃烧三要素中的任何一个要素，就可以实现化工生产中火灾和爆炸事故的有效预防，保证化工生产的安全进行。

（三）闪点

易燃液体指的是在常温下易于挥发和燃烧的液态物质，易燃液体通常闪点不大于93℃。易燃液体挥发时，在液体表面上形成易燃液体蒸气与空气的混合气，如果易燃液体蒸气浓度刚好达到其爆炸下限时，会发生一闪即灭的燃烧现象，这种现象称为闪燃。易燃液体发生闪燃时对应的温度称为闪点，闪点也是易燃液体发生闪燃现象的最低温度。按照闪点测定方法的不同，闪点分为开杯式闪点（open cup，OC）和闭杯式闪点（close cup，CC）两种。闪点的单位用℃表示，在通常情况下，能够从文献及手册中查到的闪点是闭杯式闪点，除非特殊说明，否则都是指闭杯式闪点。闪点越低，燃爆的危险性越大。

根据易燃液体闪点不同，易燃液体分为低闪点液体、中闪点液体和高闪点液体三类。

1. 低闪点液体

低闪点液体指的是闪点小于－18℃的液体。典型的低闪点液体如汽油、乙硫醇、乙醚、丙酮、二乙胺等。低闪点液体的操作危险性很高，需要严格进行惰化处理，保证应用过程安全。

2. 中闪点液体

中闪点液体的闪点在－18～23℃之间。典型的中闪点液体如苯、甲苯、乙酸乙酯、乙酰氯、丙烯腈、硝基清漆及磁漆等。中闪点液体的操作危险性仍然较高，跟低闪点液体一样，严格执行惰化操作原则。

3. 高闪点液体

高闪点液体的闪点在23～61℃之间。如二甲苯、氯苯、正丁醇、糠醛、松节油、环氧清漆等。同低闪点和中闪点液体相比，尽管高闪点液体的操作过程相对安全，但是，同样需要对系统进行惰化操作以确保安全生产。

在空气中，易燃溶剂蒸气火焰开始传播的最低浓度和最高浓度，分别称为易燃溶剂蒸气的最低可燃浓度和最高可燃浓度。二者的差值称为可燃范围。例如：丙酮、甲醇的可燃范围分别是2.5%～12.8%、6%～36%。闪点是液体可燃物发生燃烧的最低温度，在有氧气的情况下，当温度达到大于物质的闪点时，增加浓度、提高温度或增加氧气含量，都会使易燃溶剂蒸气在空气中的浓度达到可燃范围，变得更加危险；相反，降低物质浓度、减少氧气含量、降低温度都会减少易燃溶剂蒸气在空气中的含量，使其降到可燃范围以外，有助于提高系统安全性。

易燃液体除了具备闪点低的性质，还有如下几方面的性质需要特别注意：

（1）易燃液体具有易挥发性　绝大部分易燃液体都是有机化合物，有机化合物多为非极性分子，通常情况下，易燃液体有机化合物黏度都较小，流动性好。由于存在渗透、浸润及毛细现象等作用，易燃液体很容易渗出到容器壁外，进而持续不断地挥发，导致空气中易燃液体蒸气的浓度逐渐升高，当易燃液体蒸气与空气混合的浓度达到爆炸极限时，易引起爆炸危险。

（2）易燃液体具有受热膨胀性　易燃液体物质的膨胀系数通常比较大，也就是说易燃液体受热后体积较容易膨胀，与此同时蒸气压也会升高。因此，密闭容器内装满易燃液体，往往会由于受热导致容器内部压力显著增大，造成容器膨胀、破裂甚至泄漏，严重时可能导致爆裂事故的发生，在容器爆裂过程中产生的火花则会引起更为严重的燃烧和爆炸事故。因此，易燃液体物质的包装容器需要留有充足的膨胀余位（预留容积）。一般规定桶装的易燃液体物质体积余位为5％，不允许灌满。对于一些膨胀系数较大的易燃液体，其膨胀余位需要相应增大，特别是遇到运输过程中温差变化较大的情况，要求留有更充分的膨胀余位。

（3）易燃液体具有毒性　大多数易燃液体及其蒸气都具有不同程度的毒性，在操作的过程中，通过呼吸道吸入或通过皮肤接触都可能引起中毒，严重的可致人死亡。

（4）易燃液体易产生静电　大多数易燃液体都是非电介质，容易产生静电，尤其是烃类物质，如苯、汽油、石油醚、乙酸乙酯等电阻率较大的有机化合物，在转料、运输、装卸过程中，通过震动、摩擦的作用容易产生静电，如果不能及时导出静电，当静电累积到一定程度时，就会产生静电火花，严重时将引起火灾或爆炸事故。

（四）自燃温度

自燃是一类特殊的燃烧。空气中的可燃物在没有外来明火源的条件下，靠热量的积累达到一定温度而发生自行燃烧的现象称为自燃。如果物质自身产生生物性和化学性变化导致热量积累、物质温度升高，进而引起物质的自燃，称为本身自燃；如果物质外部的物理性变化导致热量积累、物质温度升高，引起物质的自燃，称为受热自燃。无论是哪种自燃，都需要达到一定的温度，这个温度称为自燃温度，即自燃点，是指规定条件下，不需任何引燃能源而达到自燃的最低温度。自燃点越低，说明物质越容易发生自燃，发生火灾的风险越高。常见的容易自燃的物质有油脂类、煤等，像磷、磷化氢则是自燃点低的物质，储存、运输及使用的过程中需格外注意。一些常见物质的自燃温度如表2-7所示。

表 2-7 常见物质的自燃温度

物质	自燃温度/℃	物质	自燃温度/℃
甲醇	385	乙醛	175
乙醇	365	丙酮	465
异丙醇	399	乙炔	306
甲烷	537	环氧乙烷	429
丙烷	450	氯甲烷	632
丁烷	287	乙酸乙酯	427
戊烷	260	乙醚	170
异丁烷	462	乙胺	472
环己烷	245	赤磷	200~250
正己烷	225	锌粉	360
正庚烷	204	丁酮	515
乙烯	449	一氧化碳	607
氯乙烯	472	硫化氢	260
1,1-二氯乙烯	570	煤油	240~290
苯乙烯	490	汽油	280
氢气	400	氨	651
丙烯	455		

在自燃物质的储存、运输及使用过程中，要尽量将其隔绝空气，如采用溶剂密封或惰性气体保护等措施。

(五) 最低引燃能量

易燃固体在常温下以固态形式存在，受热以后，易燃固体状态发生改变，经过熔化、蒸发、气化、再到分解氧化等变化过程达到燃点发生燃烧。易燃固体的易燃性在一定程度上受到熔点的影响，熔点较低的固体在较低的温度下就能熔化，进行接下来的蒸发或气化，挥发出来的气体与空气形成爆炸性混合物较容易燃烧，而且燃烧速度较快。因此，很多低熔点的易燃固体都有闪燃现象。

易燃固体的粉尘具有粉尘爆炸性，可燃性粉尘与空气形成混合物（粉尘云）后，在明火或者高温的条件下，能够发生爆炸，爆炸过程中火焰能够瞬间传播至整个混合空间，同时释放热量及有害气体，破坏力很强。

粉尘爆炸容易伴随二次爆炸。粉尘爆炸产生的气浪，能够将沉积在设备表面或地面的粉尘再次扬起，并在一次爆炸的基础上发生二次爆炸，且破坏力较一次爆炸更强。同其他爆炸一样，粉尘爆炸同样需要粉尘与空气的混合物达到一定的浓度，即爆炸极限。但是在生产加工过程中，粉尘之间发生相互碰撞能够使粉尘带有静电，当静电积累到某一值时便会发生爆炸。

能够使粉尘云燃烧的最小火花能量称为最低引燃能量，即最小点火能（Minimum Ignition Energy，MIE），是用来衡量可燃气体、蒸气、粉尘爆炸危险性的重要参数。最小点火能与粉尘的浓度、体系温度、压力有关，通常情况下，最小点火能随着压力的增大而降低，随着氮气浓度的增加而增大。

粉尘爆炸通常发生在铝粉、锌粉、有机药品中间体、煤尘、药草粉尘的生产加工场所，因此，在易发生粉尘爆炸的危险场所进行作业时，需合理进行通风除尘及惰化操作，严禁明火和电火花，并配备完整的消防及泄爆装置。另外，需通过实验手段，获得物质的最小点火能信息，进行有针对性的处理，杜绝粉尘爆炸事故的发生，保证化工过程安全生产。

(六) 爆炸极限

爆炸是物质在短时间内发生的一种剧烈的物理或化学的能量释放或转化的过程，爆炸过程中，瞬间形成的大量能量在有限体积和极短时间内发生释放或转化。爆炸[13] 常伴随发热、发光、高压、真空、电离等现象，并且破坏力巨大，其范围之大、破坏力之强远超火灾。爆炸是在化工生产过程中最为可怕的事故，化工车间发生爆炸后，飞散的设备碎片、泄漏的化学品以及爆炸过程中产生的有毒物质，会对现场操作人员造成严重的人身伤害，同时造成巨大的财产损失。

爆炸物是指能够通过化学反应在内部产生一定速度、一定温度和压力的气体，且对周围环境具有破坏作用的一类物质。爆炸物并不是在任何混合比例下都具有燃爆性，要在一定氧气浓度的环境下，并要求爆炸物也达到一定的浓度，只有在一定浓度范围且与空气混合时，才可能发生燃爆。而且燃烧或爆炸的速率也与混合比例的变化有关，混合比例不同，爆炸的危险程度亦不相同。表 2-8 为一氧化碳（CO）与空气构成的混合物，在火源作用下的燃爆实验情况。

表 2-8　CO 的燃爆情况表

CO 在混合气中所占体积分数/%	燃爆情况
＜12.5	不燃不爆
12.5	轻度燃爆
＞12.5～＜30	燃爆逐渐加强
30	燃爆最强烈
＞30～＜74.2	燃爆逐渐减弱
74.2	轻度燃爆
＞74.2	不燃不爆

CO 在与空气的混合气中体积分数为 12.5％发生轻度燃爆，CO 体积分数为 30％时发生剧烈燃爆，当 CO 在与空气的混合气中体积分数＞74.2％时体系不发生燃爆，说明可燃性混合物与空气混合有一个发生燃烧和爆炸的浓度范围，即一个最低浓度、一个最高浓度，混合物中可燃物浓度在这两个浓度之间，才会发生燃爆。可燃物质，包括可燃气体、可燃蒸气和固体粉尘，当与空气或氧气混合至一定的浓度时，通过引燃能量的作用，能造成爆炸的浓度范围称为爆炸极限，也可以称为爆炸浓度极限。混合气体能发生燃烧爆炸时物质的最低浓度，称为爆炸下限，反之则称为爆炸上限。爆炸上限与爆炸下限之差为爆炸范围，物质的爆炸下限越低，或者爆炸范围越大，说明发生爆炸的可能性越大。爆炸下限越低，形成爆炸的条件越容易达到，物质发生爆炸危险的概率越大。当爆炸物在与空气形成的混合物中的浓度低于爆炸下限或高于爆炸上限时，物质既不发生爆炸，也不会燃烧，爆炸下限以下以及爆炸上限以上是物质安全的浓度区间。当易燃物浓度低于爆炸下限时，由于空气过量，可燃物浓度不足，过量的空气形成了对易燃物的冷却作用，阻止火焰蔓延，不能引起物质燃爆。当易燃物的浓度高于爆炸上限时，氧气量不足，由于易燃物浓度过高且氧气含量的不足，亦不能支撑火焰蔓延。然而当可燃物的浓度相当于燃烧反应的当量浓度时，此浓度值称为浓度等当点，易燃物在浓度等当点具有最大的爆炸威力，可以导致最高的燃爆温升。

当 CO 在与空气形成的混合物中浓度为 30％时，其燃爆威力最大，此时对应的浓度即浓度等当点。可燃气体或可燃蒸气的爆炸极限用其与空气形成的混合物中所占的体积分数（％）来表示，如前文所提到的 CO 与空气形成的混合物的爆炸极限为 12.5％～74.2％。而可燃粉尘的爆炸极限则是以固体粉尘物质在其与空气形成的混合物中所占体积的质量比（g/m³）来表示，如铝粉的爆炸上限为 $40g/m^3$。

1. 爆炸上限和爆炸下限的计算

可燃气体和可燃蒸气的爆炸极限数据可以通过实验测试获得，当有些物质在实验室条件下的爆炸极限尚不明确时，可以通过经验公式的计算获得物质的爆炸极限。计算得到的爆炸极限值仅仅是近似值，并未考虑实际情况中其他因素对爆炸极限的影响，但是却能为实际的爆炸极限数值提供参考，具有非常重要的意义。爆炸极限的计算主要依据物质完全燃烧所需要的氧原子数、化学当量浓度等参数进行计算，常用的几种经验公式如下：

（1）根据完全燃烧反应所需的氧原子数计算爆炸极限　通式为 $C_X H_Y O_Z$ 的可燃气体或蒸气，燃烧 1mol 该物质所必需的氧物质的量为 n，在完全燃烧的情况下，燃烧反应式如下：

$$C_X H_Y O_Z + \frac{1}{2}\left(2X + \frac{Y}{2} - Z\right)O_2 \longrightarrow XCO_2 + \frac{Y}{2}H_2O \tag{2-20}$$

$$n = \frac{1}{2}\left(2X + \frac{Y}{2} - Z\right) \tag{2-21}$$

爆炸上限和爆炸下限的计算公式为：

$$L_下 = \frac{100}{4.76(n-1)+1} \tag{2-22}$$

$$L_上 = \frac{4 \times 100}{4.76n+4} \tag{2-23}$$

式中　　$L_下$——可燃气体或蒸气爆炸下限，%；

　　　　$L_上$——可燃气体或蒸气爆炸上限，%；

　　　　n——每摩尔可燃气体或蒸气完全燃烧所需要的氧原子数。

【**例 2-2**】 根据完全燃烧反应所需要的氧原子数，求甲烷在空气中的爆炸下限和爆炸上限。

解 甲烷完全燃烧的反应式如下：$CH_4 + 2O_2 \longrightarrow CO_2 + 2H_2O$

$$n = 4$$

爆炸下限：$L_下 = \dfrac{100}{4.76(n-1)+1}\% = \dfrac{100}{4.76(4-1)+1}\% = 6.5\%$

爆炸上限：$L_上 = \dfrac{4 \times 100}{4.76n+4}\% = \dfrac{4 \times 100}{4.76 \times 4 + 4}\% = 17.4\%$

因此，甲烷的爆炸下限为 6.5%，爆炸上限为 17.4%，爆炸极限为 6.5%～17.4%。

（2）根据可燃混合气体完全燃烧时的化学计量浓度计算爆炸极限

当空气中氧气浓度为 20.9%，空气中的可燃气体化学计量浓度 X（%）为：

$$X = \frac{1}{1 + \dfrac{N}{0.209}} \times 100 = \frac{100}{1 + \dfrac{N}{0.209}} = \frac{20.9}{0.209 + N} \tag{2-24}$$

在此基础上，爆炸极限的经验公式为：

$$L_下 = 0.55X \tag{2-25}$$

$$L_上 = 4.8\sqrt{X} \tag{2-26}$$

式中，X 代表可燃气体或蒸气在空气中的化学计量浓度，%。

【例 2-3】 根据化学当量浓度，求甲烷在空气中的爆炸下限和爆炸上限。

解 甲烷完全燃烧的反应式为：$CH_4 + 2O_2 \longrightarrow CO_2 + 2H_2O$

$$X = \frac{20.9}{0.209 + N}\%，其中 N = 2$$

所以：

爆炸下限：$L_{下}(\%) = 0.55X = 0.55 \times \frac{20.9}{0.209 + 2} = 5.2$

爆炸上限：$L_{上}(\%) = 4.8\sqrt{X} = 4.8\sqrt{\frac{20.9}{0.209 + 2}} = 14.8$

所以，甲烷的爆炸极限为 5.2%～14.8%。

上述经验公式适用于链状烷烃爆炸极限的计算，计算值与实验值的误差小于 10%，参考价值很高。但是，在估算 H_2、C_2H_2 以及含 N_2、CO_2 等可燃气体的爆炸极限时，计算值与实测值的差别则很大。

（3）根据含碳原子数计算爆炸极限的方法 适用于脂肪族饱和烃类化合物爆炸极限的计算，可燃气体中的含碳原子数用 n_C 表示，其爆炸上限 $L_{上}$（%）、爆炸下限 $L_{下}$（%）的经验计算公式如下：

$$\frac{1}{L_{下}} = 0.1347 \times n_C + 0.04343 \tag{2-27}$$

$$\frac{1}{L_{上}} = 0.01337 \times n_C + 0.05151 \tag{2-28}$$

【例 2-4】 利用分子中所含碳原子数，计算丙烷 C_3H_8 的爆炸极限。

解 $L_{下} = 1/(0.1347 \times 3 + 0.04343)\% = 2.23\%$

$L_{上} = 1/(0.01337 \times 3 + 0.05151)\% = 10.91\%$

因此，丙烷的爆炸极限为 2.2%～10.9%。

（4）根据闪点计算爆炸下限 经验计算公式如下：

$$L_{下} = 100 \times \frac{P_{闪}}{P_{总}} \tag{2-29}$$

式中 $L_{下}$——爆炸下限，%；

$P_{闪}$——在闪点下液体的饱和蒸气压，mmHg（1mmHg = 133.322Pa）；

$P_{总}$——混合气体总压力，通常取 760mmHg。

【例 2-5】 苯（C_6H_6）闪点是 −14℃，查得 −14℃时苯（C_6H_6）的饱和蒸气压为 11mmHg，利用闪点计算苯的爆炸下限。

解 苯（C_6H_6）的爆炸下限为：

$$L_{下} = 100 \times \frac{P_{闪}}{P_{总}} = 1.45\%$$

因此，苯的爆炸下限为 1.45%，实验数据为 1.4%。

2. 爆炸极限的影响因素

爆炸极限不是一个固定的数值，它与很多因素相关，并且随着各种因素的变化而变化。尽管外界条件的变化对爆炸极限能够产生影响，但是，在一定条件下，通过实验测得的爆炸极限数值，仍具有普遍的参考价值。影响爆炸极限的主要因素有以下几点：

（1）温度　温度对爆炸极限的影响较大，提高爆炸物的初始温度，能够降低爆炸下限，并提高爆炸上限，换言之，提高温度能够增大爆炸范围，增加爆炸发生的可能性。因为在温度升高的情况下，物质分子内能增加，导致物质可燃性变化，所以提高温度可以导致爆炸危险性增加。温度对丙酮爆炸极限的影响实验结果如表 2-9 所示。

表 2-9　温度对丙酮爆炸极限的影响

混合物温度/℃	爆炸下限/%	爆炸上限/%
0	4.2	8.0
50	4.0	9.8
100	3.2	10.0

（2）压力　压力对爆炸极限的影响同温度类似，影响也是非常显著的。当系统压力增大时，爆炸极限范围也会随之增大；反之，系统压力减小时，爆炸范围也随之缩小。从微观上来看，当体系压力增大时，分子间距离减小，碰撞概率增大，反应更容易进行；同理，当体系压力降低时，分子间距离变大，碰撞概率降低，爆炸范围随之缩小。值得注意的是，当体系压力减小到某一数值时，物质的爆炸上限与爆炸下限无限接近，甚至重合，此压力值称为临界压力。处于临界压力下的爆炸物爆炸风险降低，因此，在密闭容器内对易爆物进行负压操作更加安全，能够尽量保证操作的安全性。

以甲烷为例说明压力对爆炸极限的影响，如表 2-10 所示。

表 2-10　压力对甲烷爆炸极限的影响

压力/MPa	爆炸下限/%	爆炸上限/%	扩大范围/%
0.1	5.6	14.3	8.7
1.0	5.9	17.2	11.3
5.0	5.4	29.4	24.0
12.5	5.7	45.7	40.0

压力对爆炸极限的影响也有特例，如磷化氢，通常情况下磷化氢与氧气不

发生反应，但是当压力降至一定值，反而会引起爆炸。

（3）惰性介质　惰性介质的加入是易爆物安全操作的必要保障。在易爆物中添加适当的惰性介质，能够缩小易爆物的爆炸极限，当惰性介质含量达到一定浓度后，可以避免发生爆炸，惰性介质的影响如表 2-11 所示。

表 2-11　可燃气体在空气和纯氧中的爆炸极限范围

物质	在空气中		在纯氧中	
	爆炸极限/%	极限范围/%	爆炸极限/%	极限范围/%
甲烷	4.9~15	10.1	5~61	56.0
乙烷	3~15	12.0	3~66	63.0
丙烷	2.1~9.5	7.4	2.3~55	52.7
丁烷	1.5~8.5	7.0	1.8~49	47.2
乙烯	2.75~34	31.25	3~80	77.0
乙炔	1.53~81.23	79.7	2.8~93	90.2
氢	4~75	71.0	4~95	91.0
氨	15~28	13.0	13.5~79	65.5
一氧化碳	12~74.5	62.5	15.5~94	78.5
丙烯	2~11.1	9.1	2.1~53	50.9
氯乙烯	3.8~31	27.2	4.0~70	66
环丙烷	2.4~10.4	8.0	2.5~63	60.5
乙醚	1.95~36.5	34.65	2.1~82	79.9
1-丁烯	1.6~10	8.4	1.8~58	56.2

从上表中不难发现，惰性介质的存在能够缩窄爆炸极限范围，并对爆炸上限的影响更为明显。当物质处于爆炸上限时，氧气的浓度很小，此时，惰性气体含量越大，氧气在混合物中占比越小，因此爆炸上限显著下降。因此，在处理易爆化学品时可以通过体系惰化，提高过程的安全性。

（4）容器的直径及材质　容器直径对爆炸极限的影响可以用最大灭火间距，或者临界直径来解释。当容器的直径较小时，容器表面的散热量多于燃烧放出的热量，燃烧产生的火焰不能通过容器，因此火焰自行熄灭，此管径称为临界直径。实验证明，容器的直径越大，爆炸极限范围越宽；反之，容器的直径越小，爆炸极限的范围也就越窄。

（5）其他因素　除了之前提到的影响因素外，其他一些因素也对爆炸极限产生一定的影响。比如光照的影响，氢气和氯气在黑暗环境下反应十分缓慢，但是在强光照的条件下，氢气和氯气剧烈反应，甚至发生爆炸。因此对于易爆物的处置需要格外注意，避免使用不当造成意外。

（七）毒性

凡是能够对正常有机体造成影响或产生破坏的物质都称为毒性物质，由毒性物质侵入机体造成的病理状态称为中毒。大多数化学物质属于毒性物质，对人、畜都有不同程度的毒性，并容易造成环境污染。一些化学物质进入机体后，能够与机体发生作用，这种作用可以是物理化学作用，也可以是生物化学作用，能够扰乱甚至破坏机体的正常生理功能，给机体带来损伤，严重时甚至威胁生命。在化学工业生产中，毒性物质的存在是十分广泛的，例如工艺过程原料、催化剂、溶剂等；有机合成过程中产生的中间体、产品、副产物以及化学工业产生的废弃物等。

1. 化学工业毒物的分类

化学工业毒物的分类方法有很多种，国标 GBZ 230—2010 中使用的危害程度等级，是以毒物的急性毒性、扩散性、蓄积性、致癌性、生殖毒性、致敏性、刺激与腐蚀性、实际危害后果与预后等 9 项指标为基础的定级标准。

按照毒物对人体的作用对毒物进行分类，可分为刺激性物质、窒息性物质、麻醉性物质、溶血性物质、腐蚀性物质、致敏性物质、致癌性物质、致畸性物质、致突变性物质等。毒物的种类非常多，这里仅讨论化学工业中使用的毒物。在使用具有毒性的化学品时，需根据其危害特性采取适当的防护措施，避免造成人身伤害。

化工工业生产是将原料转化成产品的过程，要对各个环节的原材料、中间产品进行加热、粉碎、燃烧、混合等操作，在这些过程中，毒物可能会以固体、液体、气体形式存在，更具体的还可能以蒸气、烟雾、粉尘形式存在，对于固体和液体，人们往往容易重视，能够根据物质的性质进行防护，尽量避免伤害，而人们往往容易忽略大气中存在的毒物，大气中存在的毒物分为以下五类：

（1）粉尘 粉尘通常指的是悬浮于空气中的固体颗粒，这些固体颗粒有些是由于固体颗粒本身粒度较小，逸散在空气中，如淀粉等；另一部分则是由于生产加工过程的机械粉碎、研磨甚至爆破时形成的。粉尘的直径大于 $0.1\mu m$。根据粉尘性质的不同，将粉尘分为无机粉尘、有机粉尘和混合性粉尘。

（2）烟尘 烟尘又称为烟雾，与粉尘不同，烟尘是烟状的固体微粒，比粉尘的颗粒小，通常直径小于 $0.1\mu m$。烟尘可以是燃烧或金属冶炼、焊接过程中产生，在空气中被凝聚形成的。例如：某些农药或中间体在熔化精制等工艺过程中产生的有机化合物蒸气或有机化合物烟尘。

（3）雾　雾是悬浮于空气中的微小液滴，雾的形成来自于物质蒸气的冷凝或液体的喷散。化工工业中使用很多有机物，特别是有机溶剂的蒸馏、回流及后处理过程中，能够形成雾，因此，应配备完善的冷却系统阻止物质微小液滴——雾的形成，保证化工生产安全及人员健康。

（4）蒸气　蒸气由液体蒸发或固体升华形成，一般物质都具有一定的沸点，在通常情况下，物质在达到沸点温度时，发生汽化转化成气体。例如：常见的有机溶剂二氯乙烷、苯、甲醇、乙醇等，在汽化时都可以形成蒸气。但是，有些物质能够发生升华，从固体直接变为气体，不必先转化为液体。物质的升华和汽化，都能够形成蒸气毒物。

（5）气体　有毒气体在化工过程中经常使用，如作为还原气的氢气，作为氯化反应原料的氯气，常作氧化剂的氧气以及反应产生的尾气等。像一氧化碳、氯气这种本身带有毒性的气体，在工艺过程中常常受到关注，但是如氮气、氧气这种，本身没有毒性的气体，工作环境中的合理使用浓度容易被忽视。以氮气为例，空气中 78% 都是氮气，但是当氮气含量过高，会降低空气中的氧分压，引起人缺氧窒息，当氮气浓度超过 84%，人体已经不能进行正常呼吸。因此，即使是无毒的气体也需要特别重视，避免造成人身伤害。

2. 毒物毒性及其评价指标

毒物在生物体中达到一定的浓度才会发生中毒，引起中毒反应，毒性物质的剂量与毒害作用之间的关系通常用毒性来表示。在研究化学物质的毒性时，以试验动物的死亡作为终点，测定毒物引起动物死亡的剂量。经口服或皮肤吸收进行试验时，剂量的常用单位是每千克体重毒物的质量，单位用 mg/kg 来表示。吸入的浓度则用单位体积空气中的毒性物的质量来表示，单位为 mg/m^3 或为 mg/L。

常用半数致死剂量或半数致死浓度来描述急性经口、经皮肤和吸入毒性，半数致死剂量和半数致死浓度用 LD_{50} 或 LC_{50} 表示，是指引起全组染毒动物半数（50%）死亡的毒性物质的最小剂量或浓度。

国标 GB 30000.18—2013 将化学品的急性经口、经皮肤和吸入毒性划分成五类危害，如表 2-12 所示。

表 2-12　急性毒性危害分类和定义各个类别的急性毒性估计值

接触途径	单位	类别 1	类别 2	类别 3	类别 4	类别 5
经口	mg/kg	5	50	300	2000	
经皮肤	mg/kg	50	200	1000	2000	
气体	mg/L	0.1	0.5	2.5	20	5000
蒸气	mg/L	0.5	2.0	10	20	
粉尘和烟雾	mg/L	0.05	0.5	1.0	5	

GBZ 230—2010 中规定危害程度等级，分级原则依据急性毒性、影响毒性作用的因素、毒性效应、实际危害后果等 4 大类 9 项分级指标进行综合分析、计算毒物危害指数。每项指标均按照危害程度分 5 个等级并赋予相应分值（轻微危害：0 分；轻度危害：1 分；中度危害：2 分；高度危害：3 分；极度危害：4 分）；同时根据各项指标对职业危害影响作用的大小赋予相应的权重系数。依据各项指标加权分值的总和，即毒物危害指数，确定职业性接触毒物危害程度的级别。毒物危害指数计算公式为：

$$THI = \sum_{i=1}^{n} k_i F_i \tag{2-30}$$

式中　THI——毒物危害指数；

　　　 k——分项指标权重系数；

　　　 F——分项指标积分值。

危害程度分级范围：

轻度危害（Ⅳ级）：THI<35；

中度危害（Ⅲ级）：THI≥35～<50；

高度危害（Ⅱ级）：THI≥50～<65；

极度危害（Ⅰ级）：THI≥65。

3. 工业毒物的最高容许浓度（MAC）

工作场所工业毒物的最高容许浓度（MAC），单位用 mg/m^3 表示，指工作场所中对气体、蒸气或者粉尘所能允许的最大平均浓度，但这是平均值，存在一定的个体差异，所以当现场浓度值低于 MAC 时不能保证对任何人都没有影响。GBZ 1—2010《工业企业设计卫生标准》中，规定了生产车间空气中有害物质的 MAC 值，在生产过程中，化工企业需要按照毒物的毒性以及最高容许浓度对化学品的使用进行控制，保证人员的人身安全，提高安全生产水平。

（八）氧化性

氧化性是指物质的得电子能力，处于高价态的物质和活泼单质（如氯气、氧气）通常具有氧化性。具有氧化性的物质，本身未必易燃烧，但却可以进行氧化反应，促进其他物质的燃烧。这类物质对于环境条件比较敏感，有些氧化剂在受热或见光的条件下，易发生分解，如双氧水、高锰酸钾等，这类物质应严格控制储运或使用条件；有些氧化剂遇酸易发生爆炸，如氯酸钾、过氧化苯甲酰等，这类物质应避免与酸类物质接触；过氧化钠等氧化性物质，在有水的环境下，能够发生放热分解，并释放出氧，引起可燃物的燃烧，这类氧化剂在存储及使用的过程中不能受潮，在发生燃烧或爆炸时，不可用水灭火。很多氧化剂均易发生爆炸，如氯酸盐、硝酸盐，特别是有机过氧化物，在摩擦、撞击、震动等条件下，均能够引起爆炸，危险性极高。

基于氧化性物质的危险性，此类物质在进行仓储、运输的过程中，需要保持包装的完好，不能出现撒漏的情况，并且储存环境需保持良好通风，避免热源及光照，并在储存场所配备二氧化碳、干粉或泡沫灭火器。尤其需要注意要与不相容物质隔离存放，不相容物质包括爆炸物、卤素、酸、碱、还原性物质等，避免引起燃烧和爆炸。

四、动态安全

化工生产过程复杂，涉及的物质种类繁多，这些物质始终处于动态运转过程中，一般情况下会按照工艺要求进行目标反应，而由于工艺操作偏离等原因，某些物质在特定状态下会发生相互作用，发生副反应、分解反应或其他未知反应，从而导致反应热失控、反应器腐蚀等未知风险。对于反应过程而言，还存在许多随机可变的因素，物质在反应体系中始终处于动态过程，且处于动态变化的物质风险信息较少，其危险性往往远高于物质在存储、运输等静态过程的危险。本部分内容主要针对物质在化工操作过程中的风险和腐蚀风险等方面来介绍物质的动态安全性。

（一）物质的混合风险

反应过程中通常存在多种物质，各种物质间会发生相互作用，它们之间存在的相互作用可用矩阵的形式进行分析，在矩阵的行列交叉处标注可能发生的目标反应和其他非目标反应。如"—"表示无安全问题，"E"表示爆炸，"F"表示火灾，"R"表示温和反应，"H"表示放热反应，"G"表示释放气体，"T"表示有毒性，"C"表示有腐蚀性等。

表 2-13 给出了一个对安全数据和相互作用进行小结的示例矩阵。

表 2-13　物质相互作用矩阵

序号	物质	a	b	c	d	e	f	g	h	i	j
1	a										
2	b										
3	c										
4	d										

续表

序号	物质	a	b	c	d	e	f	g	h	i	j
5	e										
6	f										
7	g										
8	h										
9	i										
10	j										

除两种物质之间在相互接触作用过程中可能存在危险性以外，多种物质在混合后的安全性也需要考虑。各种物质在发生化学反应并处在动态变化过程中时，其危险性往往远高于物质在静置状态时的危险性。在一定的条件下，可能引起危险的因素很多，尤其是处于高温、高压等特殊条件时，工艺过程的危险性会进一步加大。对于物质混合后的风险可以采用差示扫描量热、绝热加速量热、常压反应量热、高压反应量热等测试手段来进行研究。

在工艺研发阶段，必须对工艺过程中所用的化学物质及其混合物的安全性进行研究，因为这些化学物质既可以按设定路线发生反应，也可能在混合后产生新的风险。对于已投产的工艺，也要对反应后料液进行安全性研究，明确反应后料液的稳定性情况，为确定合适的操作、储运条件提供合理建议，保证化工生产的顺利进行。

除了需要考虑化学物质在混合过程中的风险，对于不同流体（如载热体）、反应废液以及构件材料之间的相互作用也必须充分考虑。如果某些特定状态下，单一物质在工况条件下较为稳定，混入另外一种或几种稳定物质后，混合物整体的稳定性下降，在工况条件下变得相对不稳定，这种情况在化工操作过程中尤其需要重视，在考虑体系稳定性的同时，不能忽视物质间的相互作用。

（二）腐蚀风险

化工生产企业中腐蚀破坏随处可见，由于腐蚀导致的事故频频发生，与一般行业相比，化工行业所使用的机械设备腐蚀较为严重。因此，腐蚀风险是化工生产过程中的一个重要风险，下面将对腐蚀风险进行简单介绍。

1. 腐蚀的定义与分类

在化工生产中，经常会用到各种具有不同物理性质和化学性质的化工原料，有些物质容易对生产设备产生腐蚀，在设备选型时需要选择适宜的设备材质。发生腐蚀主要是因为金属或其他设备材质与所处环境介质之间发生了化学或电化学作用而引起的变质或破坏现象。因此，化工生产过程存在许多潜在的腐蚀风险。

腐蚀的基本分类方法一般有以下 3 种：按腐蚀过程的历程对腐蚀分类；按腐蚀形式的不同对腐蚀分类；按腐蚀环境的不同对腐蚀分类。

（1）按腐蚀过程的历程分类　依据腐蚀过程的相关特点，金属的腐蚀可以分为化学腐蚀、电化学腐蚀及物理腐蚀三类。

① 化学腐蚀。化学腐蚀指的是金属表面与非电解质之间发生纯化学反应所引起的腐蚀，化学腐蚀会对设备造成严重的损坏。

② 电化学腐蚀。电化学腐蚀指的是金属表面与电解质溶液之间发生电化学反应而产生的腐蚀，其结果与化学腐蚀相同，电化学腐蚀也会使设备发生严重损坏。从腐蚀原理来看，在电化学腐蚀反应过程中有电流产生。

③ 物理腐蚀。物理腐蚀指的是金属或其他设备材质，由于发生了单纯的物理溶解作用所引起的腐蚀，同样，物理腐蚀也会使设备发生比较严重的损坏。例如：使用钢质容器来盛放熔融锌原料，由于铁被液态锌所溶解而造成了腐蚀损坏。

（2）按腐蚀的形式分类　依据腐蚀形式的不同，腐蚀可以分为全面腐蚀与局部腐蚀两大类。

① 全面腐蚀。腐蚀发生在整个金属表面上，它可以是均匀的或不均匀的，通常，全面腐蚀是不均匀的，但是，碳钢在某些强酸或强碱中发生的腐蚀反应为均匀腐蚀。

② 局部腐蚀。腐蚀主要发生在金属表面的某一区域，发生了局部损坏，但金属表面的其余部分则几乎未被损坏。局部腐蚀可以细分为很多类型，主要包括孔蚀、缝蚀、沿晶腐蚀、选择性腐蚀等。局部腐蚀不一定会发生，可以通过保证设备材质质量方面来进行预防。

（3）按腐蚀的环境分类　依据腐蚀的环境对腐蚀进行分类，通常可以将腐蚀分为干腐蚀与湿腐蚀两种类型。

① 干腐蚀。干腐蚀是指金属等设备材质在干燥的环境中发生的腐蚀。

② 湿腐蚀。湿腐蚀是指金属等设备材质在潮湿的环境中发生的腐蚀。湿腐蚀还可以进一步分为自然环境中的湿腐蚀与工业环境中的湿腐蚀两种，自然环境中的湿腐蚀有大气腐蚀、土壤腐蚀、海水腐蚀及微生物腐蚀等；工业环境中的腐蚀有酸性腐蚀、碱性腐蚀、盐介质腐蚀、工业水中的腐蚀及生物环境下的腐蚀等。

2. 常见的腐蚀因素

腐蚀因素有很多，常见的有气体腐蚀、液体腐蚀、固体腐蚀等，具体可分为以下几种腐蚀因素：在工艺过程中生成或使用了腐蚀性气体而产生的腐蚀；工艺过程中使用或生成了腐蚀性液体而产生的腐蚀；工艺过程中使用或生成了腐蚀性固体而产生的腐蚀；工艺过程中生成了具有其他腐蚀性的物质而产生的腐蚀。

3. 腐蚀的表示方法

金属或其他设备材质被腐蚀以后，其质量、尺寸、组织结构、力学性能、加工性能等都会发生一定程度的变化。通常可以根据腐蚀破坏的不同形式对腐蚀程度进行评价，对腐蚀的评价方法主要包括以下几种：

（1）电流密度法　电流密度法是以电化学腐蚀过程中阳极电流密度的大小来评价金属腐蚀速率的大小，以 A/cm^2 表示。

1mol 物质在发生电化学反应时所需要的电量定义为 1 法拉第（1F），如果通电时间为 t，电流为 I，则通过的电量就为 It，根据法拉第定律可把电流指标和质量指标关联起来，从而得到阳极电流密度 i_a（A/cm^2）：

$$\Delta W = \frac{MIt}{Fn}, \quad i_a = V \times \frac{n}{M} \times 26.8 \times 10^4 \tag{2-31}$$

式中　M——金属的原子量；

　　　ΔW——金属阳极溶解的质量；

　　　n——转移电子数；

　　　F——法拉第常数 $[F=(96485.3383 \pm 0.0083)C/mol = 26.8A \cdot h/mol]$；

　　　V——腐蚀速率，$g/(m^2 \cdot h)$。

（2）腐蚀深度法　腐蚀深度法是通过试样因为腐蚀而减少的重量来作为腐蚀评价的方法，以腐蚀深度来表示。腐蚀深度是将质量损失换算为腐蚀深度的方法，计算方法如下：

$$V_L = \frac{V \times 24 \times 365}{1000\rho} = \frac{8.76V}{\rho} \tag{2-32}$$

式中　V_L——以腐蚀深度表示的腐蚀速率，mm/a；

　　　ρ——金属密度，g/cm^3。

（3）失重法与增重法　失重法与增重法是以金属在被腐蚀后的质量变化换算为在金属单位表面积与单位时间内的质量变化来表示。其腐蚀程度的大小可以根据试样在腐蚀前后质量变化情况，选取失重或增重来表示，计算方法如下：

$$V = \frac{g_0 - g_1}{St} \tag{2-33}$$

式中　V——失重时的腐蚀速率，$g/(m^2 \cdot h)$；

　　　g_0——试样的初始质量，g；

　　　g_1——试样腐蚀后的质量（失重），g；

　　　S——试样的表面积，m^2；

　　　t——腐蚀的时间，h。

失重法适用于试样表面的腐蚀产物能够较好地被清除时的腐蚀情况。若腐蚀后的产物吸附在试样表面，可采用增重法，公式如下：

$$V = \frac{g_2 - g_0}{St} \tag{2-34}$$

式中　V——增重时的腐蚀速率，$g/(m^2 \cdot h)$；

　　　g_0——试样的初始质量，g；

　　　g_2——试样腐蚀后的质量（增重），g；

　　　S——试样的表面积，m^2；

　　　t——腐蚀的时间，h。

4. 腐蚀产生的风险

当设备被腐蚀后，轻则导致设备的强度发生改变，严重的会导致设备损坏，进一步引起内部化学物质的泄漏。如果设备内存有易燃、易爆的危险品，一旦发生泄漏，有可能引起进一步的燃烧、火灾、爆炸等事故。如果发生高毒性物质的泄漏，可能导致发生毒性事故，也可能污染环境和破坏自然资源，毒性物质的危害还与有毒物质本身所固有的特性及有毒物质的泄漏量、人员暴露于危险环境中的程度等因素有关。此外，在设备受到腐蚀、导致化学物质发生泄漏以后，还需要投入人力和物力对损坏的设备进行更换或维修，并对环境进行清理。事故处理期间，由于设备装置处于停工状态，必然给企业造成一定的经济损失，包括直接经济损失与间接经济损失。直接经济损失指的是更换被腐蚀的结构、机械和其他零部件所产生的费用，例如：对机械、装置构件进行更换的费用；管道的保护或更换过程涉及的工程设施费及其维护费；更换材质或采用耐蚀合金而增加的额外费用；有时还包括添加缓蚀剂而产生的费用；设备零件的保存与干燥费用。间接经济损失包括：由于设备腐蚀造成的停产、停工与更换设备造成的损失；因泄漏而造成的产品、溶剂、原料等损失；由于腐蚀泄漏而引起的产品污染，致使产品报废等费用；生产效率降低，腐蚀产物堆积、附着造成管线堵塞、热传递效率降低，而提高泵功率等费用；为了延长设备的使用寿命，对设备、构件、装置进行过度设计，预留量加大，管壁厚度增加等发生的费用。

5. 腐蚀风险评估

为了预防腐蚀，需要对腐蚀以及腐蚀风险进行研究与评估，常规的研究及评估程序如下：对腐蚀机理进行研究，明确腐蚀原理，并进行防范与控制；详细分析设备材料的腐蚀原因，选择适合的设备材质，避免腐蚀现象的发生；对因腐蚀而引起的风险及其产生的后果进行评估，采取适当的预防与控制措施；对因腐蚀造成的损失进行评估，建立合理的应急处理预案；确定风险等级，并采取相应的防范措施，使腐蚀风险降至最低。需要说明的是，金属腐蚀性研究的全部内容较为复杂，一般情况下仅考虑金属的常规性腐蚀，对于金属设备的应力腐蚀、晶间腐蚀等，还需要借助专业部门和专业研究人员开展研究与评估。

五、物质自加速分解及使用安全

对于具有反应性的化学物质，在生产、运输、储运等过程中都可能发生分解，造成内部热量不断积累，最终导致热失控或热爆炸。目前，国际上普遍采用自加速分解温度最为评价反应性化学物质的热危险性指标，也是判断其储存安全性的重要依据[14,15]。自加速分解温度（Self Accelerating Decomposition Temperature，SADT）是化学物质在 7d 内，在一定的包装尺寸和包装材料的条件下，发生自加速分解的最低环境温度。

在生产、储运过程中，自反应性化学物质发生分解反应产生的能量在包装表面产生对流散热，但是，当环境温度升高时，物料无法再向环境散热，内部热量不断累积，导致物料温度升高，最终导致失控。在实际使用过程中，评价自反应性化学品热危险性不仅与物料的物理性质、化学性质有关，还与物料的包装尺寸、包装材料及所处的环境温度密切相关。

自加速分解温度是衡量环境温度、分解动态、包装大小、物质和包装的散热性质的综合效应尺度，可以为物料的储运提供安全性数据。目前，国际上采用 SADT 作为衡量自反应性化学物质热稳定性的方法之一。

化学物质 SADT 的获得方法主要有两种，为实测法和估算法。

（一）实测法

实测法是采用该物料的标准包装或模拟标准包装，在 7d 内物料温度超过环境温度并持续升高的最低环境温度即为 SADT。联合国《关于危险货物运输的建议书》中推荐了 4 种 SADT 的实测方法。

1. 美国自加速分解温度试验（试验 H.1）

本方法用于确定在特定包装中发生自加速分解的最低恒定环境温度，适用于容器中运输 220L 以下的包装。

试验过程使用恒温炉，必须能够提供循环空气，且不会点燃分解产物，炉内恒温有可控加热和制冷的元件。恒温炉热电偶应设在空气进出口或烤炉顶部、底部和中部；包装中插入测量样品中心的热电偶，不得降低包装的强度和排气能力。

试验时对样品及包装称重，并将热电偶插入样品中心；加热试样并连续记录温度，及试样温度达到比电炉温度低 2℃的时间，继续进行 7d，或直到试样温度上升到高于电炉 6℃或更高为止。试验完成后，将试样冷却；如果试样温度并未升高至高于炉温 6℃，则需将炉温提高 5℃重新测试。

在该方法中，自加速分解温度是试样中心温度超过炉温 6℃或更高的最低炉温。如果每次试验中，均未超过炉温 6℃，则自加速分解温度高于所使用的最高炉温。

2. 绝热储存试验（试验 H.2）

本方法确定试样随温度变化的放热功率，结合包装的热损失数据计算自加速分解温度，适用于各种类型的容器，测试温度范围为 −20～220℃，本方法为非绝热测试，但是热损失小于 10mW。

测试仪器由可控温炉体及杜瓦瓶组成，杜瓦瓶（1L 或 1.5L）承装样品，并带有聚四氟乙烯毛细管，防止瓶内压力升高；控温装置能够控制炉体温度与样品温度一致；恒定功率加热器，用于加热和校准，典型测试装置如图 2-4 所示。

测试过程分为校正和试验两步，校正时杜瓦瓶中装入惰性物质（如氯化钠、酞酸二丁酯或硅油等），并置于电炉内；使用已知功率的内部加热系统按间隔 20℃进行加热，并确定不同温度下的热损失。试验时对试样和包装称重，装入杜瓦瓶；用内部加热器将试样加热至预设温度；停止内部加热后，记录温度，如 24h 内未观察到自加热引起的温度升高，需将预设温度提高 5℃，重复上述操作至检测到由于自反应放热引起的温度变化时为止，并进行冷却。

测试结束后，利用校准程序中的各不同温度下的降温速率 A（℃/h），绘制降温速率 A 与温度的关系曲线。

计算杜瓦瓶热容量 H

$$H = \frac{3600E_1}{A+B} - (M_1 \times C_{p_1}) \tag{2-35}$$

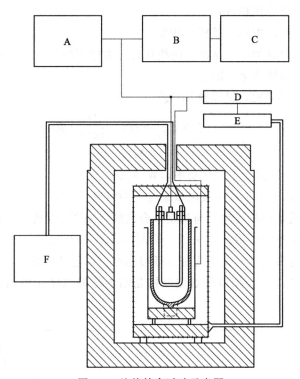

图 2-4 绝热储存试验示意图

A—多点记录器和温度控制器（10mV）；B—外部零位调整装置；C—最大精确度记录器；
D—控制器；E—继电器；F—内部预热器

式中 H——杜瓦瓶热容量，J/℃；

E_1——内部加热（校准物质）功率，W；

A——计算温度下的降温速率，℃/h；

B——内部加热（校准物质）曲线在该温度下的斜率，℃/h；

M_1——校准物质质量，kg；

C_{p_1}——校准物质比热容，J/(g·℃)。

计算热损失 K 并绘制温度与热损失关系曲线。

$$K = \frac{A \times (H + M_1 C_{p_1})}{3600} \tag{2-36}$$

式中 K——预设温度下的热损失，W。

计算试样比热容 C_{p_2}

$$C_{p_2} = \frac{3600 \times (E_2 + K)}{C M_2} - \frac{H}{M_2} \tag{2-37}$$

式中 C_{p_2}——试样比热容，$J/(g \cdot {}^{\circ}C)$；

      E_2——内部加热（试样）功率，W；

      C——内部加热（试样）曲线在计算温度下的斜率，${}^{\circ}C/h$；

      M_2——试样质量，kg。

计算每间隔 $5{}^{\circ}C$ 时，试样放热功率

$$Q_T = \frac{(M_2 \times C_{p_2} + H) \times \dfrac{D}{3600} - K}{M_2} \qquad (2\text{-}38)$$

式中 Q_T——计算温度下放热功率，W/kg；

      D——自加热阶段曲线在该温度下的斜率，${}^{\circ}C/h$。

    绘制单位质量的放热功率与温度拟合曲线，如图 2-5 所示，确定包装、中型散货箱或罐体单位质量热损失 L，绘制一条斜率为 L 并与放热曲线相切的直线，该直线与横坐标的交点为临界环境温度，即包装中物质不显示自加速分解的最高温度 T_{NR}。自加速分解温度则是临界环境温度化整到下一个更高的 $5{}^{\circ}C$ 的倍数。

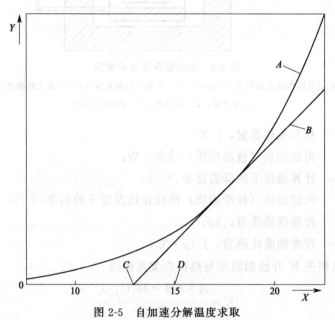

图 2-5   自加速分解温度求取

A—放热曲线；B—斜率等于热损失率并与放热曲线相切的直线；C—临界环境温度，热损失与横坐标交点；D—自加速分解温度，临界环境温度化整到下一个更高的 $5{}^{\circ}C$ 的倍数

3. 等温储存试验（试验 H. 3）

本方法用于确定物质在恒温条件下随温度变化的放热功率，结合包装的热

损失数据计算自加速分解温度。测试温度范围为 $-20 \sim 200℃$，适用于每一种类型的容器，也适用于自催化分解的物料。

测试仪器主要包括可加热、制冷的炉体以确保炉体能够在任意温度保持恒温，并配有参比池和样品池及热流检测器；参比池和样品池体积均为 $70cm^3$，分别能够承装试样和惰性物质约为 $20g$，典型测试装置如图 2-6 所示。

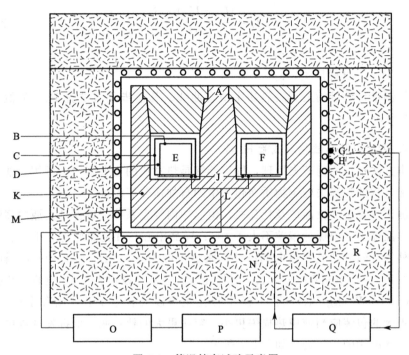

图 2-6 等温储存试验示意图

A—铂电阻温度计；B—试样容器；C—圆柱形支座；D，M—空隙；E—试样；F—惰性物质；
G—控温铂电阻传感器；H—安全控制铂电阻传感器；J—珀尔帖元件；K—铝块；L—电路；
N—加热金属线；O—放大器；P—记录器；Q—温度控制器；R—玻璃棉

测试过程分为校正和试验两步，校正时将测试装置调节至试验温度；在样品、参比容器内均装入惰性物质（如氯化钠等）；确定空白信号；使用不同电功率，确定热流检测器的灵敏度；测试时对试样及包装称重，装入样品容器内，升温至预设温度，测量放热功率；从平衡时间过后继续记录至少 24h，直至放热功率从最大值下降或大于 $1.5W/kg$；每间隔 $5℃$ 重复上述测试。

利用校准数据计算不同功率下的灵敏度

$$S = \frac{P}{U_d - U_b} \tag{2-39}$$

式中　S——灵敏度，mW/mV；

　　　P——电功率，mW；

　　　U_d——假信号，mV；

　　　U_b——空白信号，mV。

利用灵敏度和试验数据计算不同温度下的最大放热功率 Q

$$Q=\frac{(U_s-U_b)\times S}{M} \qquad (2-40)$$

式中　U_s——试样信号，mV；

　　　M——试样质量，kg。

绘制单位质量的最大放热功率拟合曲线，其他步骤与试验 H.2 类似，如图 2-5 所示。

4. 热累积储存试验（试验 H.4）

本方法根据西门若夫原理，即容器壁是热对流的主要阻力，可用于通过模拟运输过程的热损失确定物质在包装中的自加速分解温度。

测试装置包括恒温炉及杜瓦瓶，恒温炉内控温系统应确保杜瓦瓶内惰性液体试样温度 10d 内保持偏差不大于 1℃；样品中心与杜瓦瓶底部、中部、顶部及瓶外侧空间分别放置热电偶；杜瓦瓶容积应大于 0.5L。装有 400mL 样品、热损失为 80～100mW/(kg·K) 的杜瓦瓶，通常可以代表 50kg 包装；热损失为 16～34mW/(kg·K) 的 1L 球形杜瓦瓶可以代表中型散货箱和小型罐体；对于更大的包装应当使用热损失更小、容积更大的杜瓦瓶。低挥发性或中等挥发性液体所用的封闭装置如图 2-7 所示。

调节测试炉体至储存温度，将测试样装入杜瓦瓶容积的 80%，记录重量；加热试样，并连续记录试样温度及炉内温度。记录试样温度到达比炉温低 2℃的时间，连续进行 7d，或直至试样温度高于炉温 6℃或更多。或记录试样温度比炉温低 2℃升高至最高温度的时间；在间隔 5℃的不同储存温度下，用新试样重复测试。

如为确定是否需要温度控制，则应该进行足够次数的测试以便确定自加速分解温度至最接近 5℃的倍数，或确定自加速分解温度是否大于等于 60℃。如果为了确定测试物是否符合自反应物质的自加速分解温度标准，则应当确定50kg 包装的自加速分解温度是否小于等于 75℃。

自加速分解温度是 7d 内试样中心超过炉体温度 6℃或更高的最低温度，如果每次测试试样温度均未超过炉体温度 6℃或更高，则自加速分解温度即为大于测试过程的最高储存温度。

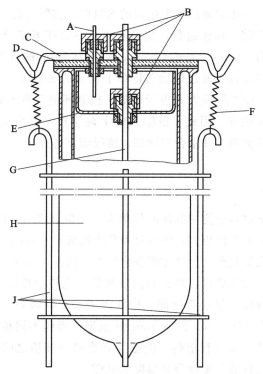

图 2-7 液体和水浸润固体的杜瓦瓶及其密封装置

A—聚四氟乙烯毛细管；B—带有 O 形圈的特质螺纹；C—金属条；D—玻璃盖；

E—玻璃烧杯底；F—弹簧；G—玻璃保护管；H—杜瓦瓶；J—钢夹持装置

由于试验过程可能引起样品不稳定，测试完毕后需将试样立即冷却后取出，如包装完整可确定质量损失率和成分变化，并及时处理，以确保测试样品不能继续发生变化。

联合国《关于危险货物运输的建议书》中指出通过实测法或其他相同作用的试验，确定该物质装在 50kg 包装中时自加速分解温度是否小于或等于75℃，进而可以确定该物质是否为自反应性物质。通过 SADT 的测试结果，也可以推算运输包装的控制温度及紧急温度，如表 2-14 所示。

表 2-14 控制温度及紧急温度

储存类型	自加速分解温度 SADT/℃	控制温度/℃	紧急温度/℃
单个包装	≤20	比 SADT 低 20℃	比 SADT 低 10℃
中型散货箱	>20～≤35	比 SADT 低 15℃	比 SADT 低 10℃
便携式罐体	>35	比 SADT 低 10℃	比 SADT 低 5℃
	<50	比 SADT 低 20℃	比 SADT 低 5℃

但是，通常实测法均测试单个包装的 SADT，实际过程大多采用多个包装堆叠的方式进行存储、运输过程，测试获得的 SADT 没有代表性。例如某化学物质采用大小为 20cm×20cm×20cm，壁厚为 2mm 的纤维材料进行包装，单个包装质量为 7.5kg，通过试验获得单个包装的 SADT 为 55℃；但是实际运输过程采用 3×3×3 堆叠方式进行运输，控制环境温度不高于 55℃，仅 4d 试验样品就发生了爆炸。因此，根据 SADT 确定控制温度及紧急温度时，必须选择合适的测试类型，并结合实际储运情况慎重选择。

（二）估算法

实测法在测试过程中使用的样品量很大，一般在 200～400kg 范围内，可能导致测试样品的破坏性很大，测试过程危险性极高；其次，实测法测试周期很长，通常需要几周甚至几个月才能获得结果。因此，很多学者开始尝试采用热分析仪器，如微量量热仪、差式扫描量热仪、绝热量热仪等小样品量测试，获得动力学相关数据，包括活化能、指前因子及反应级数，并结合 Semenov 模型、Thomas 模型及 Frank-Kamenetskii 模型，得到不同模型下该物料热平衡方程，通过对热平衡方程求解，能够得到物料与环境之间热量及温度的关系，从而得到该物料的自加速分解温度 SADT。

1. Semenov 模型

Semenov 模型是一个比较理想化的模型，适用于流动性较好的气体、液体物系及导热性很好的固体物系，在模型中假设体系内部温度分布一致，不存在温度梯度；体系与环境间的热交换均发生在体系表面。

根据 Arrhenius 方程，化学反应速率为

$$\frac{da}{dt} = A \exp\left(-\frac{E}{RT}\right)(1-a)^n \tag{2-41}$$

式中　E——分解反应活化能，kJ/mol；

　　　A——指前因子；

　　　T——体系内部温度，K；

　　　a——分解反应转化率；

　　　n——反应级数。

分解反应转化率为

$$a = \frac{M_0 - M}{M_0} \tag{2-42}$$

式中　M_0——反应物起始浓度，mol/L；

M——反应过程中任意时刻反应物浓度，mol/L。

进一步整理得到分解反应放热功率为

$$q_G = \frac{\mathrm{d}H}{\mathrm{d}t} = \Delta H \times M_0 \times A \exp\left(-\frac{E}{RT}\right)\left(\frac{M}{M_0}\right)^n \tag{2-43}$$

此时，体系散热功率为

$$q_L = US(T - T_0) \tag{2-44}$$

式中 U——表面传热系数，W/(m² · K)；

S——表面积；

T_0——环境温度。

将式(2-43) 和式(2-44) 对温度作图，如图 2-8。当散热曲线和放热曲线相切时，散热曲线与温度轴交点所对应的温度，为该自反应性物质发生自加速分解时的最低环境温度，即 SADT。

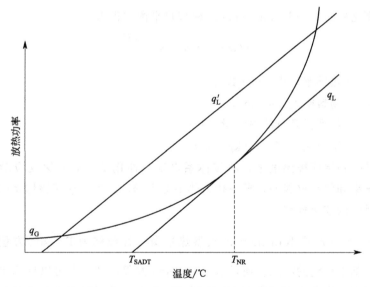

图 2-8 Semenov 模型中的 SADT 示意图

2. Thomas 模型

Thomas 模型综合考虑了物料内部温度随时间和空间的变化，以及环境与物料温度随时间的突变情况。

Thomas 模型基本模型如下

$$\frac{\mathrm{d}\theta}{\mathrm{d}\eta} + B_i\theta = 0 \tag{2-45}$$

先对温度及几何形状的数学模型进行无量纲处理

$$\theta = \frac{T - T_a}{RT_a^2/E_a}, \ \eta = \frac{r}{a_0} \tag{2-46}$$

式中 T_a——分解反应特征温度，K；

      E_a——分解反应活化能；

      B_i——影响系统边界条件的常数，由物质本身性质决定；

      r——几何形状的数学参数；

      a_0——反应物特征尺寸。

3. Frank-Kamenetskii 模型

Frank-Kamenetskii 模型考虑了体系的温度分布情况，假设体系内温度随时间及空间的变化而变化。由于体系内部空间变化复杂，利用该模型求解 SADT 具有一定的难度。一般将实际体系的空间构造简化，用无限球或柱坐标来求解 SADT。

经简化后的 Frank-Kamenetskii 模型热平衡方程为

$$\lambda(\Delta T)^2 + q = \rho C_V \frac{\partial T}{\partial t} \tag{2-47}$$

式中 λ——热导率，W/(m·K)；

      ρ——物料密度，g/cm^3；

      q——体系任意点的热流量，W；

      C_V——定容比热容，J/(kg·℃)。

在某一初始环境温度下，将该体系自反应性化学物质分解反应动力学参数、热导率和包装材料的热导率代入热平衡方程后，可以求解该体系的温度随空间和时间的变化规律。

$\frac{\partial T}{\partial t} = 0$，Frank-Kamenetskii 模型热平衡方程被称为 Poisson 方程，此时物料处于基本稳定的状态。通过求解 Poisson 方程，理论上可以计算得到自加速分解温度。当考虑到温度和空间的关系，可以考虑选择典型的几何形状如平面、球体、圆柱等来简化热平衡。$\frac{\partial T}{\partial t} > 0$ 时，物料体系温度降不断升高，最终导致热失控。当体系发生热失控时，所对应的最低环境温度为该体系的自加速分解温度。

通过对比可以发现估算法便于测试且测试过程更加安全，随着估算模型的不断完善及更新，估算法获得的 SADT 也逐渐被接受。

第四节 反应过程风险研究

反应过程风险研究[16~18]主要是研究并获取反应过程的表观反应热和放热速率、绝热温升，以及失控体系能够达到的最高温度等数据；研究失控反应，获取失控反应气体逸出情况、温度升高情况和压力升高情况，确定反应失控后可能导致的最坏后果，建立风险控制措施，为工艺优化、工艺设计和风险控制措施建立提供技术参数[19]。此外，化学反应过程涉及各种反应，使用不同的反应器，在进行反应过程风险研究时，需针对不同的反应过程建立相应的研究模型，选择合适测试手段，有针对性地进行反应过程风险研究。

一、化学反应过程简述

化学工业在全球各国都占有重要地位，化工行业渗透各个方面，是国民经济中不可缺少的重要组成部分。由于化学工业门类繁多、产品多样，化学反应过程也是工艺复杂、种类繁多，通常按照反应物和生成物的类型可分为化合反应、分解反应、置换反应、复分解反应。化学反应还有很多复杂的过程，但基本都可以归纳为上述 4 种类型，下面介绍几种化工行业重要的化学反应过程。

1. 石油化工反应过程

石油化工主要是在石油炼制的过程中得到石油馏分，根据馏分中组分的沸点不同，可以分为四个阶段，通常将沸点小于 200℃的馏分称为汽油馏分，沸点在 200～350℃之间的称为煤油、柴油馏分或中间馏分，沸点在 350～500℃之间的馏分为减压馏分或高沸馏分，沸点大于 500℃的馏分为渣油馏分，对上述馏分经过进一步加工生成石油产品。不同馏分的一次加工主要是常压蒸馏或常减压蒸馏等物理过程；二次加工主要以催化、加氢裂化、延迟焦化、催化重整、烃基化、加氢精制等工艺为主；三次加工是通过裂解工艺等制取乙烯、芳烃等化工原料。

石油化工生产过程一般可概括为五个主要步骤：即原料（原油）处理、常减压蒸馏、催化裂化、加氢裂化、催化重整。

① 从地底开采出的原油中含有水、无机盐等物质，原油的预处理需要在原油中加入水和破乳剂，混合均匀，在脱盐罐中于高压电场和破乳剂的作用下，将水及其中溶解的无机盐从原油中脱除。

② 脱盐、脱水后的原油在不同温度下，经过常压、减压蒸馏，分离出不同温度段的油品。

③ 催化裂化是在热和催化剂的作用下，使重质油发生裂化反应的过程，催化裂化产物为裂化气、汽油和柴油等，直接从石油中分离汽油产量较低；辛烷值不能满足使用需要的重质油，可以通过催化裂化的方式，将分子量大、沸点高的烃裂化为分子量小、沸点低的汽油。

④ 加氢裂化的目的是将重油进行轻质化，以减压馏分油为原料，与氢气混合，在压力为 6.5～13.5MPa、温度为 340～420℃ 及催化剂作用下进行裂化反应，产品为液化石油气、轻石脑油、重石脑油、航空煤油等。加氢裂化根据反应压力不同，可分为高压加氢裂化和中压加氢裂化。根据原料、产品及操作方式的不同，可分为一段加氢裂化和两段加氢裂化。

⑤ 催化重整是以石脑油为原料，在催化剂的作用下，烃类分子重新排列成新的分子结构的工艺过程。通过催化重整，可产出高辛烷值的汽油组分，进而为化纤、橡胶、塑料和精细化工提供原料。

2. 煤化工反应过程

煤化工主要是用煤炭为原材料，通过化学加工将煤炭转化为气体、液体、固体等燃料和化学品的工业过程。主要产品包括有机化工和精细化工原料、水溶性高分子聚合物、氯乙烯聚合物等多种化工产品，应用于医药、农药、染料、电子等多个行业。

煤化工主要的三条工艺路线有煤焦化、煤气化和煤液化。

(1) 煤焦化路线　又叫作煤炭高温干馏，是以煤为原料，在隔绝空气的加热过程中发生物理化学变化，第一阶段（室温～300℃）煤的外形无变化，第二阶段（300～600℃）煤黏结成半焦，第三阶段（600～1000℃）形成焦炭，同时获得焦炉煤气、煤焦油和其他化工产品。它的主要产品为焦炭，是一种常用的商品，广泛应用于电石和冶金等领域。副产品为焦炉煤气、粗苯和煤焦油，焦炉煤气可以提取苯、甲苯、二甲苯，煤焦油可以提取萘、蒽醌和吡啶等芳香烃或稠环烃，也可以加氢生产燃料油品和石脑油。焦炉煤气主要成分为一氧化碳，可以用来合成氨和甲醇等下游化工品。

(2) 煤气化路线　煤气化是指煤与载氧化剂之间的一种部分氧化还原反应的过程，工业上称为合成气。煤的气化过程是在煤气发生炉（又称气化炉）中进行的，发生炉是由炉体、加煤装置和排灰渣装置等三大部分构成，气化原料煤由上部加料装置进入炉膛，原料层及灰渣层由下部炉栅支撑，含有氧气与水蒸气的气化剂由下部送风口进入炉膛，经炉栅均匀分配入炉，与原料层接触发生气化反应，生成的煤气由原料层上方引出，气化反应后残存的炉渣由下部的灰盘排出。气体中主要成分为一氧化碳、氢气、二氧化碳等，可以用来合成相关的化学品，煤气化的核心产品是甲醇、二甲醚及煤制烯烃等。

（3）煤液化路线　即将固体煤炭转变成液体燃料，将煤中的有机大分子转化为中等分子的液态产物，其目的就是来生产发动机用液体燃料和化学品，用作石油燃料的替代品。煤液化技术分为直接液化和间接液化两种方法。直接液化法是煤通过加氢裂化转化为液体燃料的工艺，又称加氢液化，但加氢液化的条件非常苛刻，对煤的种类依赖性强，主要工艺有煤的热解、对自由基"碎片"的供氢、脱氧、脱硫、氮杂原子反应、缩合反应等。间接液化是煤在高温下与氧气和水蒸气反应，使煤全部气化、转化成合成气，然后再催化合成烃类、醇类等液体燃料的工艺过程。在煤液化的工艺中，我们广泛应用间接液化法。

现阶段，煤气化朝着更精细化的方向发展，在煤化工三条工艺技术路线中，技术壁垒最高的是煤液化技术，发展比较成熟、应用范围最广泛的是煤气化技术，煤气化衍生出的产业链产品覆盖广泛，目前是煤化工发展的主要方向。

3. 精细化工反应过程

精细化工是综合性较强的技术密集型工业，它的产品种类多、产业关联度大，生产过程也较为复杂。现阶段对于化工行业主要的生产过程分为连续生产、间歇生产和半间歇生产，精细化工主要采用间歇反应和半间歇反应的生产方式。

（1）连续反应过程　必须在工艺条件稳定的基础上，在反应过程中连续加入原料、连续排出反应物，各个环节操作连续、同时进行，不间断地生产、输出产品。当操作达到定态时，反应器中任何位置上的物料的组成、温度等状态参数不会随时间的变化而变化。连续反应一般选择连续流反应器、裂解炉等设备，连续生产过程只适用于少数精细化工工艺，并且一般情况下不允许停车。

（2）间歇反应过程　是将反应物料按照一定的比例，按规定的反应顺序，在一个或多个反应设备中进行，一般选用反应釜作为反应器，生产操作步骤逐级向下传递，经过进料、反应、出料、清洗、再进料等一系列循环过程。所以间歇反应过程有很强的线性特点，操作条件随时间的变化而变化，操作人员也必须随时间的变化而改变操作条件，在整个反应过程中，操作人员的技能水平、设备设施的稳定性、公用工程辅助条件都是反应能否顺利进行的决定因素，因此，间歇反应操作具有很多不确定因素。

（3）半间歇过程　介于上述两者之间，通常是将部分反应物一次性加入，然后连续加入另一种或几种反应物，反应完成后，停止操作并卸料，反应过程是可以间断的。与间歇反应有所不同，半间歇反应可以控制加料速度、反应浓度等反应条件，并且在不同的反应阶段，可以根据情况进行相应的调整，得到最终合格的产品。半间歇反应操作灵活，适用于不同操作条件和产品，主要针对批量小、品种多、工艺复杂且反应时间较长的反应类型。

精细化工过程涉及多领域、多学科的专业知识，其中包括多种合成反应（含 18 种危险工艺）、分离技术、分析测试、性能筛选、复配技术、剂型研制、商品化加工、应用开发和技术服务等。

石油化工工业以生产燃料油品为主，煤化工以能够实现高效洁净利用煤炭为目的，精细化工工业则是以合成精细化学品为核心。石油化工和煤化工都属于燃料化工、能源化工，精细化工的原材料来自于石油化工和煤化工，虽然研究对象不同，但是研究领域有所交叉，因此，精细化工和煤化工、石油化工有着密切的联系，三者密不可分，在进行化工过程安全研究时，需进行综合考虑，整体提高化工生成行业的安全管理水平

二、化学反应器的形式

化学反应器是化工生产的核心设备，反应器的形式对化工生产有着十分重要的影响，能够直接影响生产安全和产品的质量。根据反应器的形式特点，主要可以分为釜式反应器、管式反应器、塔式反应器、床式反应器、微反应器等。

1. 釜式反应器

釜式反应器又称反应釜、锅式反应器。它是各类反应器中结构较为简单且应用最为广泛的一种反应器，被广泛应用于石油、化工、橡胶、农药、染料、医药等领域。它可用来进行均相反应或者以液相为主的非均相反应，如液-液相、液-固相、气-液相、气-液-固相等。

釜式反应器具有较宽的适用温度和压力范围、适应性强、操作弹性大、连续操作时温度浓度容易控制、产品质量均一等特点。通常在操作条件比较缓和的情况下，如常压、低温且低于物料沸点时，应用此类反应器最为常见。反应条件较为苛刻时（如高温、高压、强腐蚀性等），也可采用专用釜式反应器进行生产。

釜式反应器的主体结构主要由釜体、搅拌装置、传动装置、轴封装置和换热装置组成。

釜式反应器按操作方式可分为：

（1）间歇釜　又称间歇釜式反应器，其主要特点是操作灵活，能适应不同

操作条件和产品品种，对于小批量、多品种、反应时间较长的产品生产尤为适用。间歇釜的缺点是需有装料和卸料等辅助操作过程，产品质量不易稳定。但有些反应过程，如发酵反应和聚合反应等，实现连续生产尚有困难，目前仍然采用间歇釜进行生产。

（2）连续釜　又称连续釜式反应器，由多个反应釜串联组成。与间歇釜相比，连续釜能够节省加料和卸料时间，生产连续，产品质量比较稳定。连续釜的缺点是由于搅拌的作用易造成物料返混，影响产品的转化率。

（3）半连续釜　又称半连续釜式反应器，指一种或多种原料一次性加入，另一种或多种原料连续加入的反应器，其特性介于间歇釜和连续釜之间。反应釜按照搅拌方式的不同又可以分为立式容器中心搅拌、偏心搅拌、倾斜搅拌、卧式容器搅拌等类型，其中以立式容器中心搅拌反应器是最为常用。

2　管式反应器

管式反应器通常长径比较大，外形呈管状，是一种连续操作反应器，属于平推流反应器，多用于均相反应过程。管式反应器具有返混小、比表面积大、容积效率（单位容积生产能力）高等特点，对要求转化率高或有串联副反应的工艺尤为适用。但对于慢速反应，则需要的管路更长，导致反应器内压降较大，影响反应效果。此外，管式反应器还可分段实现工艺条件控制，创造适宜的温度梯度、压力梯度、浓度梯度。因此，管式反应器具有转化率高和选择性高等特点。

在连续操作的生产过程中，长径比较大的管式反应器可以近似看成理想置换流动反应器。它既适用于液相反应，又适用于气相反应。由于管式反应器承受压力较高，因此，适用于加压反应。与釜式反应器相比，管式反应器热交换面积大、冷却能力强，所以管式反应器可适用于强放热反应过程。

管式反应器按照结构可分为：

（1）水平管式反应器　水平管式反应器由无缝钢管与 U 形管或法兰连接而成，其特点是制造简单、维修方便，能承受较高的压力。

（2）立管式反应器　立管式反应器在工业生产中使用广泛，目前在液相氨化、液相加氢、液相氧化等反应中都有应用。它包括单程式立管反应器和多程式立管反应器。

（3）盘管式反应器　盘管式反应器将管式反应器做成水平盘管的形状，设备紧凑、节省空间，但不利于检修维护和管道清洗。

（4）U 形管反应器　U 形管反应器的管内设有多孔挡板或搅拌装置，以强化传热与传质过程。U 形管反应器的管路直径大，物料停留时间长，可应用于反应速率较慢的化学反应。如带多孔挡板的 U 形管反应器已经被广泛应用于己内酰胺的聚合反应。带搅拌的 U 形管反应器适用于非均相反应或液固相悬浮反应，如甲苯连续硝化和蒽醌连续磺化等反应类型。

(5) 多管并联式反应器　由于管式反应器结构比较灵活，在工业生产中为满足不同工艺的生产需要，经常采用多管并联结构的管式反应器。如气相氯化氢和乙炔在多管并联装有固相催化剂的反应器中反应制备氯乙烯，气相氮和氢气混合物在多管并联装有固相催化剂的反应器中合成氨。

3. 塔式反应器

塔式反应器除广泛用于精馏、吸收、萃取等工艺外，还可用作反应器进行化学反应，如加氢、磺化、卤化等。

常见的塔式反应器主要分为以下几种：

(1) 填料塔反应器　填料塔反应器主要用于气液相参与的化学反应，是以塔内的填料作为气液两相传质的设备。液体从塔顶经液体分布器喷淋到填料上，并沿填料表面下流，在填料表面形成液膜。气体从塔底送入，经气体分布器（小直径塔也可不设气体分布器）分布后，与液体形成逆向流动，连续通过填料层的空隙。在填料表面上，气液两相密切接触，进行传质。填料塔属于连续接触式气液传质设备，两相组成沿塔高连续变化。一般情况下，气相为连续相，液相为分散相。

填料塔反应器的结构简单，压降小，适用于有腐蚀性物料参与或生成的反应。但是在填料塔反应器中，各相物料接触时间较短，对于快速和瞬间反应过程，能够获得较大的产品转化率，但对于较慢的化学反应并不适用。另外，塔式反应器热交换效果差，对于放热量较大的反应，只能采取增加液体喷淋量来降低反应器内部的温度。

(2) 鼓泡塔反应器　鼓泡塔反应器是塔内充满液体，气体从反应器底部连续进入，分散成气泡，沿着液体上升，与液相接触进行反应的同时，搅动塔内液体以增加传质速率。这类反应器适用于液相参与的中、慢速反应和放热量较大的反应。如各种有机化合物参与的氧化反应等。

鼓泡塔反应器结构简单、造价低廉、使用和维护比较方便，参与反应的气液两相接触面积大，混合充分。但是，在鼓泡时消耗的压降较大，塔内物料返混严重，很难在单一连续反应器中获得较高的液相转化率。

(3) 板式塔反应器　板式塔反应器是液体横向流过塔板后经溢流堰溢流进入降液管，液体在降液管内释放夹带的气体，从降液管底部间隙流至下一层塔板。塔板下方的气体穿过塔板上的气相通道，如筛孔、浮阀等，进入塔板上的液层鼓泡，气液接触进行传质。气相离开液面层而奔向上一层塔板，进行多级的接触传质。

板式塔反应器具有逐板操作的特点，采用的塔板数越多，轴向返混越小，从而获得较高的液相转化率。另外，塔板间可设置传热装置，用来移出和移入热量。

（4）喷淋塔反应器　喷淋塔反应器结构较为简单，液体经喷淋后，以细小液滴的形式分散于气体中，气体为连续相，液体为分散相，具有接触面积大和气体压降小等优点。适用于瞬间、界面和快速反应过程，特别适用于有污泥、沉淀和生成固体产物的反应体系。但喷淋塔反应器持液量小，传质系数小，气液两相返混严重。

4. 床式反应器

床式反应器主要适用于固相物料或固体催化剂参与的化学反应。常见的床式反应器可以分为以下几种：

（1）固定床反应器　固定床反应器又称填充床反应器，反应器内部装填有固体催化剂或固体反应物用于实现多相反应过程。固体物通常呈颗粒状，堆积成一定高度或厚度的床层，床层静止不动，流体通过床层发生反应。

固定床反应器有以下几种基本形式：

① 轴向绝热式固定床反应器。流体沿轴向自上而下流经床层，床层同外界无热交换。

② 径向绝热式固定床反应器。流体沿径向流过床层，可采用离心流动或向心流动的方式，床层同外界无热交换。

径向反应器与轴向反应器相比，流体流动的距离较短，截面积大，流体的压降较小。但径向反应器的结构较为复杂。以上两种形式都属绝热反应器，适用于反应热效应不大，或反应系统能承受绝热条件下由反应热效应引起的温度变化的反应过程。

③ 列管式固定床反应器。由多根反应管并联构成。管内或管间布置催化剂，冷热载体流经管间或管内进行加热或冷却。列管式固定床反应器适用于反应热效应相对较大的反应。

④ 多级固定床反应器。是根据反应过程中不同的工艺条件的需要，将上述基本形式的反应器串联起来，组合而成的反应器。如：当反应热效应大或需分段控制温度时，可将多个绝热反应器串联成多级绝热式固定床反应器，反应器之间设换热器或补充物料以调节体系温度，以便于反应在最佳工艺条件下进行。

固定床反应器结构简单，物料不易返混，催化剂机械损耗小，流体同催化剂可进行有效接触。但固定床反应器传热差，热移出效果不好，当反应放热量很大时，易导致热失控，超过工艺最大允许温度范围，从而影响生产安全。另外，固定床反应器操作过程中催化剂不能更换，催化剂需要频繁再生的反应一般不适用，此种情况通常以流化床反应器代替固定床反应器。

（2）流化床反应器   流化床反应器主要是指气体在由固体物料或催化剂构成的沸腾床层内进行化学反应的设备。气体以一定的流速将堆积成一定厚度（床层）的催化剂或固体物料强烈搅动，使之像沸腾的液体一样并具有液体的一些特性，如对容器壁有压力的作用、能溢流、具有黏度等。反应器顶部有扩大段，装有旋风分离器，回收被气体带走的催化剂或固体物料。底部设置原料进口管和气体分布器，中部为反应段，装有冷却水管和导向挡板，用以控制反应温度和改善气固两相接触条件。

流化床反应器已在石油、化工、冶金、核工业等领域得到广泛应用。与固定床反应器相比，流化床反应器具有以下优点：

① 可以实现固体物料的连续输入和输出；

② 流体的运动使床层具有良好的传热性能，床层内部温度均匀，而且易于控制，特别适用于强放热反应；

③ 便于催化剂的连续再生和循环使用，适用于催化剂失活速率高的反应过程。

（3）移动床反应器   移动床反应器适用于固体颗粒或固体催化剂参与的反应，与固定床反应器相似，不同之处是固体物料或固体催化剂自反应器顶部连续加入，液相或气相通过固体床层以进行反应。随着反应的进行，固体物料逐渐下移，最后由底部卸出。

与固定床反应器及流化床反应器相比，移动床反应器的主要优点是可以控制固体和流体的停留时间，液相返混较小；缺点是控制固体颗粒的均匀下移比较困难。

5. 微反应器

微反应器又称微通道反应器，主要是指用微加工技术生产制造的装置，适用于化学反应研究。微反应器结构较为复杂，是一种集换热、混合、分离和控制等功能于一体的微反应系统。

在科研工作中，微反应器主要应用于催化剂评价和动力学研究，也可用作反应热分析，有较高的灵敏度。随着微反应器技术的日渐发展，根据其自身的性能特点，也可用于以下化学反应过程：

（1）放热剧烈的反应。对于反应热较大的化学反应，常规反应器一般采用滴加物料的方式，滴加物料瞬时，由于局部浓度过高，容易发生局部剧烈反应，产生较大的反应热，生成一定量的副产物。微反应器能够及时地导出热量，能够实现反应温度的精准控制，消除局部热效应大的弊端，提高产品的转化率。

（2）反应物或产物不稳定的化学反应。某些化学反应，由于反应物或产物不稳定，长时间停留在反应器中易发生分解，从而影响产品的收率。微反应器是连续流动的反应体系，且可以精准控制反应物或生成物的停留时间，从而避免因停留时间过长而产生的物料分解，保证产品收率及安全生产。

（3）要求反应物配比精准的化学反应。对于要求配比精准的反应体系，微反应器可以在很短的时间内达到均匀混合，避免局部过量，减少副产物的生成量。

（4）危险化学反应及高温高压反应。对于一些危险化学反应，生产过程中易发生失控，导致温度急剧升高、压力急剧增大，容易引起冲料甚至爆炸。微反应器能够迅速移出反应热，且能承受较高的压力，使用微反应器进行此类反应更加安全。

随着微反应器技术发展的逐渐成熟，微反应系统已在科研工作中得到广泛应用。但是，微反应器体积小，生产能力低，工业生产需要的设备基数大，监测和控制过程繁杂，反应器内部通道尺寸小、易堵塞，且难以清理，工业化成本高。这些因素都制约了微反应器在工业生产中的规模化使用。

除上述介绍的反应器形式外，还有涓流床反应器、旋流反应器、环流反应器、生物膜反应器等。化工生产涉猎广泛，工艺过程复杂，反应器又是化工生产中的核心设备，选择合适的反应器不但能提高生产效率和产品转化率，也可以使化工生产过程更稳定，而且对化工生产过程安全具有极其重要的意义。因此根据物料及工艺特性，以满足工艺条件和符合实际生产需要为准则，科学合理地选择反应器形式至关重要。

三、表观反应能研究

如前文所述，表观反应能是结晶、机械搅拌、物料混合、蒸发、化学反应等物理、化学变化的综合效应，用公式表示如下：

$$Q = Q_r + Q_{crystallize} + Q_{stir} + Q_{dose} + Q_p + Q_{mix} + \cdots \qquad (2\text{-}48)$$

式中　Q_r——表观反应热，J；

　　$Q_{crystallize}$——结晶热，J；

　　Q_{mix}——混合热，J；

　　Q_{stir}——搅拌过程产生的热能，J；

Q_p——物料发生相变反应产生的热能，J；

Q_{dose}——加料过程引入的显热，J。

一般情况下，可通过反应量热仪等设备获取表观反应能，再根据不同形式的能量特征建立特定的试验方案获取结晶、机械搅拌、混合、相变等过程的能量数据，下文将对不同形式能量的求取进行简要介绍。

1. 结晶热

绝大多数情况下，结晶热为溶液结晶过程中，溶质析出放出的热量，可通过不同的途径获取结晶热。一方面，可以通过热力学计算或查阅文献获得少量结晶热数据；另一方面，可以构建相应试验方案，通过反应量热仪测试获取相关数据，如某溶质在溶剂中50℃全部溶解，当降温至0℃时，溶质全部析出，通过反应量热仪设置降温速率，获取降温过程放热曲线，就可获得该物质析出过程的结晶热。

2. 机械搅拌热

机械搅拌过程会有部分机械能消耗，转化为摩擦能，最终转化为体系热能，对于黏性较大的反应体系，需要考虑搅拌过程产生的热能。除了采用相关量热设备获取机械能外，还可以由下式进行估算：

$$Q_{stir} = N_e \rho n^3 d^5 t \qquad (2-49)$$

式中　Q_{stir}——搅拌过程产生的热能，J；

N_e——搅拌器功率数；

ρ——液体密度，kg/m^3；

n——搅拌桨转速，r/min；

d——搅拌桨直径，m；

t——时间，s。

表 2-15 为一些常用的搅拌器功率数。

表 2-15　常用的搅拌器功率数

搅拌器形式	功率数	流动类型
桨状搅拌器	0.35	轴向流动
圆盘式搅拌器	4.6	径向流动,具有强烈剪切效应
推进式搅拌器	0.2	径向及轴向流动,但仅作用于容器底部
锚式搅拌器	0.35	贴近壁面,以切线方式流动

3. 加料显热

显热效应是加料过程向体系引入的能量变化，主要是因为待加入物料与打底物料温度不同，在分析各种能量形式时需要考虑进料的热效应，公式表示如下：

$$Q_{dose} = m_{dose} C_p (T_{dose} - T_r) \qquad (2-50)$$

式中　Q_{dose}——加料显热，J；

　　　m_{dose}——加料质量，g；

　　　C_p——所加物料比热容，J/(g·℃)；

　　　T_{dose}——所加物料温度，℃；

　　　T_r——反应温度，℃。

　　加料显热多见于半间歇、连续流反应，如果反应底物和待加入物之间的温差大，或者加料速率过快，可能会使显热占主导作用，对于反应温度高于待加料温度的工艺，显热是有助于反应体系的冷却。在这种情况下，如果一旦停止加料，可能会使反应器内温度瞬间升高，引发危险，因此，在进行工艺过程反应风险研究时，必须充分考虑显热因素。

4. 相变热

　　相变热为物质在某一温度下由某一相态转变为另一相态过程所吸收或放出的热量，主要包括蒸发热、冷凝热、熔化热、凝固热、升华热、凝华热六种。有些化学反应存在相变过程，因此，需要考虑相变热，如高温下气、固相反应，某一反应物进入反应器前为液体，进入反应器后在高温条件下，先转变为气体，然后再参与反应。相变热可以通过查阅物理化学手册获得，也可以通过一些经验计算式获得，如 Watson 式、Pitzer 式、张克武式等，可计算液体在不同温度下的汽化热，除此之外，可通过一些特殊功能的量热设备获取相变热。

5. 混合热

　　混合热是指两种或多种物质混合形成均一体系过程产生的热量，包括溶解、稀释等物理行为。影响混合热的因素有很多种，如混合过程温度、压力、溶质/溶剂的性质、溶质/溶剂相对含量、混合时的体积变化等。混合热也可以用反应量热仪 RC1 实验测试得到，如要获取水与浓硫酸在某一温度下的混合热，可以采用恒温热流模式，水作为底物，向其中滴加浓硫酸。这种半间歇法测得水与浓硫酸过程的放热速率曲线，可获得滴加浓硫酸过程总放热量（Q_{total}），扣除机械搅拌产生的热能（Q_{stir}）、加料过程引入的显热（Q_{dose}），即可得到该温度下水与浓硫酸的混合热。计算公式如下：

$$Q_{mix} = Q_{total} - Q_{stir} - Q_{dose} \qquad (2-51)$$

　　此外，表观反应能还包括非目标反应热、吸附热、热损失等多种形式的热，在此不一一赘述。实际上，对于反应过程风险研究而言，只需关注最终的表观反应能即可。通过反应量热测试即可获得实际工艺过程表观反应能。反应过程表观反应能测试的基本原理如下：

$$\frac{dQ}{dt}+\frac{dQ_{cal}}{dt}=\frac{dQ_{flow}}{dt}+\frac{dQ_{accum}}{dt}+\frac{dQ_{dose}}{dt}+\frac{dQ_{loss}}{dt}+\frac{dQ_{add}}{dt} \quad (2-52)$$

式中　Q——表观反应能，J；

　　Q_{cal}——校正时，加热器热能，J；

　　Q_{flow}——反应体系向夹套传递的热能，J；

　　Q_{accum}——热累积，J；

　　Q_{dose}——加料显热，J；

　　Q_{loss}——反应器上部装置热损失，包括热辐射及热传导，J；

　　Q_{add}——自定义的其他种类的热损失，J。

其中，

$$\frac{dQ_{flow}}{dt}=KA(T_r-T_j) \quad (2-53)$$

式中　K——传热系数，$W/(m^2 \cdot ℃)$；

　　A——传热面积，m^2；

　　T_r——反应釜温，℃；

　　T_j——夹套内介质温度，℃。

反应体系热累积为：

$$\frac{dQ_{accum}}{dt}=mC_p(dT_r/dt) \quad (2-54)$$

式中　m——反应物总质量，g；

　　C_p——比热容，$J/(g \cdot ℃)$。

通过获取等式右边相关参数，即可获得表观反应能。表观反应能贴近实际生产过程，用表观反应能进行反应风险评估更为精准，对于指导化工本质安全设计及防护措施体系建立具有非常重要的意义，所得数据可直接用于工程设计及反应风险评估，可对化学反应过程提供切实、安全、可行的指导。

四、间歇、半间歇和连续流过程风险研究

化学反应是化工生产过程的核心，化学反应过程种类繁多，按其操作方式的不同大体上可分为间歇反应、半间歇反应和连续流反应。反应过程的操作方式不同，则其存在的风险也有所区别，在反应过程风险研究时需要根据不同的反应过程操作方式建立不同的、有针对性的研究模型[20~23]，为开展反应安全

风险评估，建立风险控制措施提供充分的理论依据。

（一）间歇反应过程风险

理想的间歇反应可以理解为在密闭的反应器内、反应期间没有任何物料的进入或移出的反应，后来将间歇反应范围扩大，允许部分产物（如气体产物）在反应期间部分气体产物移出反应器。间歇反应过程是在操作初期，将反应物全部加入反应器，然后加热至反应温度，在该温度下保持至反应完成。

对于放热反应而言，重点在于控制反应速率，由于间歇反应的操作特殊性，加料过程一次性完成，加料结束后或未达到反应温度前，目标反应尚未开始，物料累积量及热量累积最大，并且反应物浓度无法通过外界手段进行控制。一旦工艺过程升温过快或冷却系统发生故障，将有可能导致反应在短时间内剧烈放热，如果反应放热功率大于冷却系统的移热能力，将引发反应失控。因此，间歇反应过程比较危险，其风险主要来自于原料的大量累积；反应过程也必须严格控制体系温度，起始加料温度、升温速率及冷却系统的冷却能力等都对反应过程的安全性有着至关重要的影响。同时，在间歇反应过程中，必须保证加料过程的准确性，反应物的种类、加入量及纯度都必须严格遵守操作规程，一旦发生加料错误，就相当于发生能量输入错误，会给合成工艺带来巨大的风险。

进行反应过程风险研究，可以通过反应量热、绝热量热、微量热等设备测试合并求取反应过程的表观反应能、放热速率、绝热温升等相关数据，确定热交换条件，保证产业化设计能够满足工艺要求的冷却能力，保证安全生产。

此外，对于精细化工生产过程而言，理想的合成工艺是加料控制型反应，间歇工艺优先通过工艺创新、工艺优化，将其转变成半间歇工艺，保证工艺安全。

（二）半间歇反应过程风险

半间歇反应[24,25]是指在反应过程中至少加入一种反应物的反应过程，半间歇反应是精细化工行业常见的工艺操作过程。根据半间歇操作的特性，可以通过控制加料速度和反应温度来控制反应物浓度及反应放热速率。因此，必须保证物料的加入量、加入节点和加入速度正确和准确，同时也需要选择合适的反应温度，精准地控制反应的进行。

1. 加料控制

对于加料控制型反应，加入的反应物可以迅速转化为生成物，体系无明显的物料累积，一旦体系发生失控，可以通过调节加料速度甚至停止加料来控制反应进程。对于动力学控制型反应，加入的反应物不会立即转化为生成物，体系与间歇过程类似，物料累积很大，加料对反应进程影响很小，一旦发生失控，即使停止加料，反应仍然持续进行。因此，动力学控制型的反应可控性差、危险性较高，可通过提高反应温度、延长加料时间或加入适合的催化剂等方式来降低物料累积，将其转化为加料控制型反应，提高反应安全性。

常见的加料方式有匀速加料及分段加料。加料速率是匀速加料过程的关键参数，合适的加料速率能够提高反应的选择性，也会对放热速率、物料累积、反应温度、过程安全性等方面产生至关重要的影响，反应量热则是优化加料速率最有效的手段。分段加料也是一种常见的控制累积的方法，但这种方法需要明确物料转化情况和反应的动力学等信息，结合化学分析、反应量热等测试，确定分段加料的工艺条件。

此外，在工业化设计过程中，可以通过加料与温度、搅拌自控联锁等来实现安全生产。

2. 温度控制

大多数半间歇反应都是在恒温条件下进行的，通常通过控制夹套冷却介质的温度、流速来保持体系温度恒定，对于放热反应，热交换系统必须能够移出反应过程放出的热量。大部分加料控制型反应，在起始加料阶段，反应体系物料最少、体积最小、换热面积最小，反应放热速率会表现出较高值。因此，需要通过反应量热等测试手段，明确反应过程放热速率的变化情况，为反应器冷却系统设计提供重要依据。

对于一些较为复杂特殊的反应，可以通过变温或变速加料模式来控制反应。例如，在较低的温度或以较慢的加料速率开始加料，以降低起始阶段反应放热速率，加料后期逐渐升温至目标温度。这种控温模式对体系的换热系统要求很高，需要将反应量热和动力学仿真相结合，优化加料速率、初始温度、升温速率及冷却系统的冷却能力等，保证生产安全。

(三) 连续流反应过程风险

连续流反应与间歇、半间歇反应有着明显区别，连续流反应过程中体系与外界存在不断的物料交换，物料连续不断地进入反应体系，反应产品连续不断地离开反应体系。连续流反应多为稳态操作，生产过程始终连续进行，反应体系中各点物料性质不随时间改变。正是由于连续流反应的诸多特性，其反应过程的风险与间歇、半间歇反应有着很大不同。

根据连续流反应器形式不同，将其分为连续釜式反应和连续管式反应。

1. 连续釜式反应

与间歇、半间歇釜式反应不同，连续釜式反应[26]是在反应物持续进入反应釜的同时，通过溢流或液位控制装置将生成物移出，反应过程体系体积恒定、进出物料流速恒定、物料停留时间恒定。考虑最危险情形，当反应进、出料停止时，它相当于一个间歇反应器，反应体系危险性与间歇反应类似。但对于反应正常运行的情况，由于反应转化率通常较高，原料与产物持续进入与排出，所以物料累积较低，失控时体系绝热温升也相对较低。但是，在设计反应器控温系统及冷却系统时，必须考虑体系在开车、停车时的不稳定状态，可以将体系的能量平衡、质量平衡与目标反应的反应热相结合，进行工程化设计。

2. 管式反应

典型的管式反应中反应物从管式反应器的一端流入，产物从另一端流出，反应器内流体沿着流动路径进行反应。管式反应的物料停留时间短、反应转化率高，并且反应器可承受压力高。与间歇、半间歇反应器相比，管式反应器换热面积更大，冷却能力更强，反应器质量又远大于物料质量。在发生失控时，虽然反应会在短时间内快速放出热量，但是反应放出的热量被反应器内物料与反应器同时吸收，反应体系在短时间内并不能维持在"绝热状态"，体系绝热温升相对较低。因此，管式反应安全性更高。由于管式反应物料停留时间较短，导致其仅仅适用于反应速率较快的反应，对于反应速率较慢的反应需要结合工程条件，适当延长管长，或者改变反应器形式。

表 2-16 中总结了各反应器的安全特性。

表 2-16　不同类型反应器的安全特性比较

比较内容	间歇反应	半间歇反应	连续釜式反应	管式反应
容积	大	大	中等或小	小
冷却能力	差，尤其是大容积反应器	差，但可以通过加料进行一些调整	差，但对流冷却可以增加冷却能力	高，由于比传热面积大
反应控制	危险，只能通过反应器温度进行控制	较安全，可以通过控制进料做到一定程度控制	较好，如果能克服开、停车时的不稳定性	很好，具有出色的移热能力
累积情况	反应开始时 100% 累积	取决于加料速率与反应速率之间的关系	如果转化率高，累积很小	进料段高，沿着反应器逐渐降低
潜在温升	高	优化后，温升小	小	小
冷却失效时行为	危险，需要紧急处理	如果采取了相应的联锁措施，可保证安全	如果转化率高，则相对安全	安全

相比于间歇、半间歇反应，连续流反应还具有设备利用率高、易于实现自动化操作、工艺参数及产品质量相对稳定等特点，但是并不意味着所有工艺过程都可以采用连续流工艺，需要结合具体产能、经济实力等各方面综合考虑，实现安全生产与经济效益的最大化。

五、工艺偏离过程风险研究

化工生产过程中，各种工艺条件的偏离都会影响目标反应进程，带来反应的突发放热、大量物料累积或是产品质量降低，一旦处理不当，极易引发安全事故。常见的工艺偏离包括但不限于下述因素：温度、压力、催化剂、浓度、水分、溶剂、pH 值、搅拌速度、光照、微量的杂质、反应物颗粒大小、反应物之间的接触面积和反应物状态等。因此，在开展反应风险研究过程中，需要根据实际工况，考虑可能存在的工艺偏离，并进行测试研究，获得工艺偏离条件下的安全性数据，为工程化放大提供技术依据。

1. 浓度偏离

在化学反应过程中，能够发生化学反应的碰撞，叫作有效碰撞；能够发生有效碰撞的分子，称为活化分子。当反应的其他条件一致时，增加反应物浓度就增加了单位体积内活化分子的数目，从而增加了有效碰撞，通常情况下，反应的速率会随着反应物浓度的提高而加快。

投料偏差是造成浓度偏离的重要因素，在反应风险研究过程中，主要考虑两个方面，一是偏离工艺规定的物料量，多投料或是少投料；二是投料速度高于或是低于工艺规定的速度，投料过快或是过慢，尤其是投料过快，导致反应体系局部浓度过高，发生突发反应，引发安全事故。

2. 温度偏离

对于化学反应，只要升高温度，就能提高反应物分子获得能量，使一部分原来能量较低的分子变成活化分子，增加了活化分子数量，使得有效碰撞次数增多，故反应速率提高。当然，由于温度升高，使分子运动速率加快，单位时间内反应物分子碰撞次数增多反应也会相应加快。其他条件相同时，升高温度，可以加快反应速率，对绝大多数化学反应进行统计分析，温度每升高10℃，化学反应速率通常增大到原来的 2～4 倍，导致反应放热速率增高。此外，对于化学反应来说，如果反应温度超过工艺温度，反应物可能会发生分解反应或二次分解反应，导致体系温度和压力的升高，严重的将会导致剧烈连锁的分解反应，进一步发生爆炸危险；也可能因为温度过高而引起副反应，生成危险性高的副产物或不稳定的中间体。通过研究温度偏离对工艺过程风险的影响，明确反应温度的上限与下限，获得生产条件下有可能发生失控的最低温度，并依据最低失控温度进一步来确定安全操作温度。

3. 压力偏离

对于有气体参与的化学反应，当其他条件不变时，通过加入气体反应物增大反应压力，相当于增大气体反应物浓度，则单位体积内活化分子数增多，单位时间内有效碰撞次数也相应增多，反应速率加快；反之，反应速率则减小。当其他条件不变时，若加入不参加此化学反应的气体增大反应压力，反应速率一般不变。这是因为，体系压力虽然增大，但是参与反应的气体浓度没有发生变化，即单位体积内活化分子数不变。严格来讲，压力偏离也是一种浓度偏离。开展反应风险研究，要考虑压力偏离对反应放热速率的影响，设置合适的压力控制措施，避免因超压导致的突发反应。

4. 溶剂偏离

溶剂对反应的影响是一个极其复杂的问题，溶剂的种类可能会对反应机理产生影响，溶剂的多少也可能会对反应速率及表观反应能产生一定的影响。溶剂的偏离通常会造成如下几种影响：向反应器中加入非指定的溶剂，形成了错误加料，这种情况下，需要明确溶剂与反应原料间的相容性，可能造成反应原料在错误溶剂中不能按照指定动力学途径发生化学反应，得到的产品收率、含量都比较低；有一种常见的后果是降低了反应体系的热稳定性，构成工艺条件下反应体系的不安全性；对于一个目标反应，化工操作过程较为常见的溶剂偏离情况是加入溶剂量偏离，如果溶剂量较少，可能造成体系的传质效果差，进而影响反应性，如果溶剂量过大，反应体系的稀释程度高，反应物的浓度相对较低，可能会影响到反应的周期及产品的质量。

通常情况下，在工艺研发的早期阶段，一方面可通过一些量热设备研究溶剂与反应体系的相容性问题，选择对反应性较为合适的溶剂；另一方面，通过一些量热试验数据建立溶剂量与表观反应能间的数据关系，获得与工业化生产冷却能力相匹配的溶剂使用量，降低体系的热失控风险。

5. 微量杂质偏离

反应过程进入微量杂质，如铁锈、设备腐蚀等产生的金属离子可能会对反应或是物料产生催化作用，如有双氧水参与的反应，一定浓度金属离子的存在，将会加快双氧水的分解，产生氧气，使反应进程偏离目标反应，也可能会造成反应体系氧气浓度过高，引发爆炸事故。另外，微量杂质的引入，可能会导致体系或物料的稳定性变差。因此，在开展反应风险研究过程中，需要考虑可能的微量杂质引入情形，提前预防，必要的时候，可以通过添加抑制剂的方式避免微量杂质的影响。

六、失控反应

对于化学反应来说，任何情况下都潜在发生失控的风险，特别是放热的化学反应，一旦发生失控，温度上升导致放热反应的反应速率急剧加速，如果反应系统的传热效果及移热效果不好，热生成和热转移不能均衡，必将造成热量累积，从而导致反应体系温度急剧升高，反应速率明显增加，进一步加速反应速率或热生成速率，将有可能进一步引发副反应和二次分解反应，若同时伴有分解反应发生和气体生成时，潜在反应失控导致爆炸的风险[27]。1988 年，在瑞士巴塞尔举办的第 10 届国际化学反应工程（ISCRE10）研讨会上，参会专家对化工生产中存在的热危险，作了较为翔实的描述，专家们认为化工企业的热失控发生，最终都与反应的放热功率超过工艺设备的热散失能力有关，控制热风险的重要因素是有效移出反应热。

热失控可以分为以下三种类型。

① 工艺使用的物质本身具有的热不稳定性导致热失控。许多化学物质都具有热不稳定性，这类物质在运输、储存和使用的过程中，由于外界热量、摩擦生热、分解放热等热因素，都可能引起热失控，破坏体系的能量平衡。在体系仅具有较低的散热能力的情况下导致热失控，热失控的主要原因就是在于物质本身热稳定性较差。

② 反应性化合物混合导致失控。相互之间具有反应性的化合物不能混合，不然将导致化学物质混合事故的发生，这一类的事故属于意外的失控事故。例如：遇水发生分解的物质必须严格与水隔离，一旦有少量的水混入物质中，就可能导致物质的快速分解；对于遇水分解的化学反应，引入少量的水就会引起反应的失控，此类反应失控的原因与化工生产本身没有关系，主要的原因是意外的化学因素影响。

③ 化学反应过程中的反应失控。化学反应引发的热失控对化工安全生产的影响最大，这类热失控与工艺过程中的固有因素相关。工艺过程中具有较高的敏感性的一些杂质会引起反应的失控，基于错误的动力学假设建立了不恰当的设计易导致反应失控，反应过程中的误操作等因素将引发反应的失控。例如：操作条件的偏离将会导致反应物不能充分混合；加料速度过快导致传质不好、造成物料累积和热量累积；反应温度过高或过低导致反应不能按预期进行；搅拌故障引起物料的传质不好，进而导致局部超温等。在这些

失控的条件下，反应放出大量热量，一旦冷却能力不足或者冷却系统失效，反应放热速率以及体系温度将持续升高，造成反应系统中剩余的能量进一步快速释放，并可能达到近似绝热的极限情况，最终导致反应热失控的发生，引发事故。

（一）冷却失效

对于大多数的放热化学反应，反应过程中最主要的危险来自于反应失控。大量反应物的累积和反应温度的升高会导致反应速率的快速升高，造成反应瞬间放出大量热量，引发反应失控。一般来说，放热化学反应最为严重的情形在于反应过程中突然发生的冷却失效，在冷却失效的情形下，反应放出的热量无法经过正常的热交换移去，反应体系的热生成速度远远大于热移出速度，导致体系热量的严重失衡，使反应体系温度短时间内大幅度升高，导致失控反应发生。R. Gygax 首先提出了冷却失效模型，失控情形如图 2-9 所示。

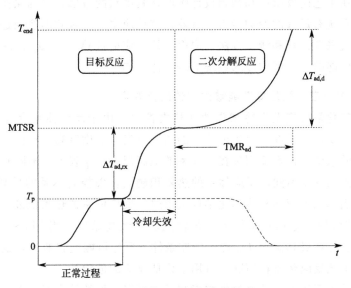

图 2-9　放热反应冷却失效情形

图 2-9 描述了放热化学反应由正常状态到失控状态下的反应温度随时间的变化情况。在准备进行反应时，对反应体系的物料进行升温，温度升至工艺要求的温度 T_p 时反应开始。正常的冷却情况下，冷却系统会维持反应体系内的热量移出和热量生成平衡，使反应维持在工艺要求温度 T_p 下进行，

直到反应结束。但是，如果在反应过程中的某一时刻，突然发生冷却失效，可以把整个反应体系近似看成绝热体系，考虑极限情况，反应器中尚未反应的物料将继续反应，进一步使得反应体系温度上升到最高温度（Maximum Temperature of the Synthesis Reaction，MTSR），这一温度下可能会引发反应体系内物料的二次分解反应。在绝热体系内，分解反应的放热促使体系温度迅速升高，达到最终温度 T_{end}。如图 2-9 所示，$\Delta T_{\text{ad,rx}}$ 表示目标反应发生冷却失效后，反应的绝热温升；$\Delta T_{\text{ad,d}}$ 表示二次分解反应带来的绝热温升；TMR$_{\text{ad}}$（Time to Maximum Rate）表示失控反应体系在绝热条件下达到最大反应速率的时间。

归纳总结冷却失效带来的反应风险，可以从以下六个关键问题入手，考虑进行反应安全风险评估和反应风险控制。

1. 考虑反应所采用的冷却系统是否能够满足控制工艺反应温度的要求

正常的生产条件下，我们必须保证冷却系统的冷却能力能够移出反应体系内所释放出的热量，以保证冷却系统能够达到有效控制反应温度的目的。这个问题必须在工艺研发阶段和初始设计阶段认真细致的考虑，以确保在生产过程中，冷却系统有足够的冷却能力，有效控制反应温度。有效的途径是在工艺研发过程中就采取计算和测试方法，取得目标反应的放热速率 Q_{rx}，从而在工艺设计过程中能够充分考虑冷却系统的冷却能力 Q_{ex}。

2. 考虑反应失控后体系能够达到的最高温度

当放热化学反应发生冷却失效和热失控时，由于反应体系存在热量的累积，使整个反应体系在一个近似绝热的情况下发生温度升高，使体系温度达到一个较高的数值，该数值用失控后体系的最高温度 T_{cf} 表示。不同时间发生热失控所达到的 T_{cf} 不同，反应体系的热累积越大，失控后体系的最高温度 T_{cf} 也越高。当加入反应物料达到化学计量点时，反应体系的热累积最大，此时的 T_{cf} 称为热失控（绝热）条件下工艺合成反应最高温度，用 MTSR 表示。通过热失控后体系最高温度 T_{cf} 和热失控条件下反应可能达到的最高温度 MTSR 能够看出工艺反应热累积情况，可用于评估反应的危险性。

可以采用下述方法计算热失控工艺反应可以达到的最高温度 MTSR：

（1）热失控后体系最高温度 T_{cf} 对于半间歇操作，在反应进行过程中不断加入一种反应物料，工艺温度和不同时刻发生热失控所达到的 T_{cf} 有以下关系：

$$T_{\text{cf}} = T_{\text{p}} + X_{\text{ac}} \Delta T_{\text{ad}} \frac{m_{\text{rf}}}{m_{\text{r(t)}}} \tag{2-55}$$

式中 X_{ac}——热累积度；

    m_{rf}——加料结束时反应物混合物总质量；

    $m_{r(t)}$——反应物瞬时总质量。

对于间歇操作，一次性加入全部反应物料，反应过程中没有任何组分加入或被移出，$m_{rf}=m_{r(t)}$，$X_{ac}=1$，工艺温度和不同时刻发生热失控所达到的 T_{cf} 可以简化为下述关系：

$$T_{cf}=T_p+\Delta T_{ad} \tag{2-56}$$

（2）热失控（绝热）条件下工艺反应最高温度 MTSR

$$MTSR=\left(T_p+X_{ac}\Delta T_{ad}\frac{m_{rf}}{m_{r(t)}}\right)_{max} \tag{2-57}$$

（3）热累积度 X_{ac} 热累积度 X_{ac} 是指未反应部分所占的百分数，即

$$X_{ac}=1-X=\frac{\int_t^\infty Q_{rx}d\tau}{\int_0^\infty Q_{rx}d\tau}=1-\frac{\int_0^t Q_{rx}d\tau}{\int_0^\infty Q_{rx}d\tau} \tag{2-58}$$

热累积度 X_{ac} 反映了放热反应物料热累积情况，计算如下：

对于间歇操作，$X_{ac}=1$。

对于半间歇操作，按着下述不同情形考虑：

① 化学计量点之前：

$$X_{ac}=X_{fd}-X=\frac{\eta t}{t_{fd}}-X \tag{2-59}$$

式中 X_{fd}——加料比例；

    X——热转化率；

    η——过量比，例如过量 25% 则 $\eta=1.25$；

    t——瞬时时间；

    t_{fd}——加料总时间。

② 化学计量点之后：

$$X_{ac}=1-X \tag{2-60}$$

热失控（绝热）条件下，计算工艺合成反应最高温度（MTSR）所需要的相关数据，可以通过实验室全自动反应量热仪测试获得。例如：热转化率 X(%) 和绝热温升 ΔT_{ad}(K) 等。

通过计算获得的 T_{cf}、X_{ac} 等数据对反应时间作图（如图 2-10），能够比较直观地体现整个反应过程的热量累积情况。

由图 2-10 中可以看出，反应发生热失控后，反应的热累积程度很小，工艺合成反应最高温度 MTSR 为 38.63℃。

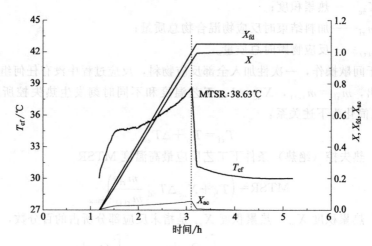

图 2-10　T_{cf}、X、X_{fd}、X_{ac} 曲线

3. 考虑反应失控后体系能达到的最高温度 MTSR

当反应发生失控后，由于体系物质存在明显的热不稳定性，将进一步导致分解反应的发生，考虑极限情况的绝热温升，体系温度可能达到的最高数值用 MTSR 表示，体系在 MTSR 下，有可能进一步引发物料发生二次分解反应，二次分解反应的发生将导致反应体系温度进一步升高，体系温度达到的最终值，用 T_{end} 表示，MTSR 和 T_{end} 的关系如下：

$$T_{end} = \text{MTSR} + \Delta T_{ad,d} \tag{2-61}$$

4. 考虑由于发生冷却失效而导致的最严重后果的时间

对于釜式反应，常采用两种不同的投料操作方法，包括起始全投料的间歇操作方法和物料滴加的半间歇操作方法。对于放热量较大的化学反应，大多数都采用物料滴加的操作方法，并且需要严格控制反应温度，避免失控情形的发生，保证操作安全。

不同化工反应的反应速率有所不同，大致可以分为快速反应和慢速反应。对于快速反应，一般要求反应速率接近于加料速率，以减少物料在体系中的累积现象，此类型的反应一旦出现异常现象，操作人员可以通过控制加料速率来控制反应速率，在极端的情况下，可以通过停止加料来停止反应的进行，有效控制反应失控。相比较于快速反应，慢速反应的加料速率可能远超过反应速率，易造成反应体系内的大量物料累积，即存在热量累积的情况。慢速反应的反应危险性比快速反应的反应危险性大。在进行慢速化学反应过程中，什么时间会发生冷却失效并不确定，因此，在进行反应风险研究时，必须要考虑冷却失效发生的最坏情况，假设冷却失效发生在最糟糕的时刻，即冷却失效发生在反应混合物料的热稳定性最差或是物料热累积达到最大的时候。对于慢速反应，物料的累积多少取决于反应体系中浓度最低的物料，反应原料的转化率受浓度最低的物料的控制。

为了说明反应物料累积最严重的时刻，分析一个 A+B ——→C 的化学反应。在实际生产过程中，为了保证反应充分，往往会使用一个物料配比过量的概念。如果物料 A 是关键的组分，物料 B 则可以考虑为过量的组分。操作过程中，先把物料 A 加入到反应釜中，物料 B 采取滴加的方式，在二者反应化学计量点之前，物料 B 的浓度低，反应的转化率受物料 B 浓度限制，随着物料 B 的不断加入，反应速率也相对较快；在接近化学计量点时，物料 A 和物料 B 的浓度相当，反应速率较慢，物料存在累积；而在化学计量点之后，随着物料 B 的不断滴入，物料 A 浓度不断降低，使得物料 A 起主导作用，可加速反应的进行。

综上所述，化学反应在达到化学计量点时，物料的累积最严重。对于放热化学反应来说，物料累积最严重的时刻也是热量累积最严重的时刻，一旦在此时发生冷却失效，后果将是最严重的。在工艺设计的时候，要充分考虑此时发生冷却失效后的控制措施。除此之外，还需要考虑反应混合物料的热稳定性最差时的情况，可以通过对反应物料进行差示扫描量热或绝热反应量热测试，获取物料的热稳定性，根据物料热稳定性进行工艺设计。

5. 考虑目标反应发生失控时的最快速度

对于一个放热化学反应，如果在反应过程中突然发生冷却失效，尚未反应的物料会继续发生放热反应，此时，再进行的反应已经是体系热失控的情况，体系将产生绝热温升，随着反应釜内物料温度持续不断的升高，在一段时间内，体系温度将达到 MTSR。在实际的反应过程中，温度升高会加速反应，体系温度达到 MTSR 的时间通常都很短，这可以通过反应初始放热速率和最大反应速率到达时间（TMR_{ad}）来估算。

$$TMR_{ad} = \frac{C_p R T_p^2}{Q_{T_p} E_a} \tag{2-62}$$

式中　　C_p——反应体系比热容，kJ/(kg·K)；

　　　　R——气体常数，8.314J/(mol·K)；

　　　　T_p——工艺反应温度，K；

　　　　Q_{T_p}——T_p 温度下的反应放热速率，W/kg；

　　　　E_a——反应的活化能，J/mol。

6. 考虑二次分解反应发生的最快速率

发生冷却失效时，体系温度在短时间内就达到 MTSR，这是目标反应发生热失控的结果。如果 MTSR 能够达到物料发生二次分解反应的温度，将进一步发生二次分解反应，反应体系的温度会持续升高，达到最终值 T_{end}。从 MTSR 到 T_{end} 也需要经历一段时间，这个时间段对实际的工艺过程非常重要，它能够直接反映出事故是否能够发生。

按照与目标反应发生失控相类似的考虑方式，从 MTSR 到 T_{end} 经历的时间也可以用 TMR_{ad} 来估算。

$$TMR_{ad}=\frac{C_{p}RT_{MTSR}^{2}}{Q_{MTSR}E_{a}}$$ （2-63）

式中 C_{p}——反应体系比热容，kJ/(kg·K)；

R——气体常数，8.314J/(mol·K)；

T_{MTSR}——工艺合成反应的最高温度，K；

Q_{MTSR}——T_{MTSR} 温度下的反应放热速率，W/kg；

E_{a}——反应的活化能，J/mol。

（二）Semenov 热温图

化学反应发生失控的主要原因是由于反应体系发生了热失控，破坏了体系热平衡所致。反应体系的热平衡可以通过 Semenov 热温图来体现，如图 2-11 所示。

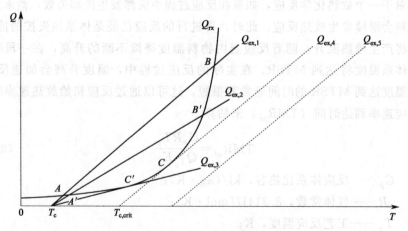

图 2-11 Semenov 热温图

根据热生成速率表达式可以看出，热生成速率是温度的指数函数，如 Semenov 热温图中热生成速率曲线 Q_{rx} 所示。依据热移出速率的表达式，热移出速率为温度的线性函数，斜率为 KA，如 Semenov 热温图中热移出速率曲线 Q_{ex} 所示。在斜率 KA 不变的情况下，热移出速率的曲线随冷却介质温度而平行移动，如 Semenov 热温图中 $Q_{ex,4}$ 和 $Q_{ex,5}$ 所示。

在热平衡的情况下，热生成速率与热移出速率相等，即 $Q_{rx}=Q_{ex}$。Semenov 热温图中热移出速率曲线 $Q_{ex,1}$ 与热生成速率曲线 Q_{rx} 有两个交点，分别为 A 点和 B 点，在这两个点上，满足 $Q_{rx}=Q_{ex}$，此时反应体系内处于热量平衡状态。不同的是，若在 A 点操作，反应体系温度稍有波动，就会立即恢复到 A 点，例如：当体系温度升高时，热移出速率大于热生成速率，使体系温度下降，降至 A 点；当温度低于 A 点对应的温度时，热生成占主导地位，会使温度再次回到 A 点。因此，A 点就是一个稳定的平衡点。若在 B 点进行操作，当温度低于 B 点对应的温度时，热移出占主导地位，会使体系温度回到 B 点，一旦体系温度高于 B 点对应的温度，热生成就占主导地位，此时热移出速率的增加远小于热生成速率的增加，冷却系统已没有能力将体系温度降下来，进而导致反应热失控。

然而在 A 点的反应温度低，反应速率慢，生产周期长，经济性差。为了解决这一问题，一种有效的办法是降低冷却介质循环量使得热移出速率曲线斜率 KA 减小，如图 2-11 中 $Q_{ex,2}$ 所示。此时，反应体系的稳定工作点 A 移到 A' 点，不稳定工作点 B 移到 B' 点。随着反应进行一段时间后，换热系统和反应器内可能会产生结垢，这都可以使得 KA 减小。但也不能使 KA 无限制减小，当 KA 减小到 A' 点与 B' 点重合于 C' 点时，即热生成速率曲线与热移出速率曲线相切时，会形成一个不稳定的体系。保持 KA 不变是提高体系操作温度的另外一种办法，提高了冷却介质的温度 T_c，但是，冷却介质的温度 T_c 也不能无限制的提高，当热生成速率曲线与热移出速率曲线相切时，二者相交于 C 点，C 点也是一个不稳定的工作点，相对应的冷却系统温度称为冷却临界温度 $T_{c,crit}$。若冷却介质的温度大于 $T_{c,crit}$，热移出速率曲线 Q_{ex} 与热生成速率曲线 Q_{rx} 没有交点，意味着热平衡状态不存在，失控不可避免会发生。因此，$T_{c,crit}$ 是化工过程中热风险的一个重要参数。综上所述，若要保证化工反应过程安全进行，必须使热移出速率曲线 Q_{ex} 和热生成速率曲线 Q_{rx} 有两个交点，较低温度下的交点即是稳定平衡点。

化学反应的热风险知识对反应风险研究和反应风险评估非常重要，通过工艺反应的热风险分析以及冷却失效模型建立的系统分析方法，充分考虑上述的六个关键问题，将有助于对工艺热风险进行评估，建立相应的评估准则。

参考文献

[1] Stoessel F. Thermal Safety of Chemical Processes: Risk Assessment and Process Design. Wiley-VCH, 2008.

[2] Lucerne. Loss of Containment. ESCIS, 1996, 12.

[3] Sroessel F. What is your thermal risk. Chemical Engineering Progress, 1993 (10): 68-75.

[4] Thomas H. Use Reaction Calorimetry for Safer Process Designs. Chemical Engineering Progress, 1992 (12): 70-74.

[5] Gygax R. Thermal Process Safety, Data Assessment, Griteria, Measures. ESCIS Lucerne, 1993, 8.

[6] Gygax R. Chemical Reaction Engineering for Safety. Chemical Engineering Science, 1988, 43 (8): 1759-1771.

[7] Cox J D, Pilcher G. Thermochemistry of Organic and Organometallic Compounds. London: Academic Press, 1970.

[8] Cruise D R. Notes on the rapid computation of chemical equilibrium. J Phys Chem, 1964, 68: 3979.

[9] Gordon S, McBride B J. Computer program for calculation of complex equilibrium composition, rocket performance, incident and reflected shocks, and chapman-jouguct detonations [R]. NASA, SP-273, Cleveland: NASA Lewis Research Center, 1971.

[10] Frank-Kamenetskii D A. Diffusion and Heat Transfer in Chemical Kinetics. 2nd edition. London: Plenum Press, 1989.

[11] Pantony M F, Scilly N F, Barton J A. Safety of exothermic reaction: a UK strategy. Int Symp on Runaway Reactions, 1989: 504-524.

[12] Frank P. Loss Prevention in the Process Industries: Hazard Identification, Assessment and Control. Oxford: Butterworth-Heinemann, 1996.

[13] Gray P, Lee P R. Thermal explosion theory, Oxidation and combustion reviews. New York: America Elsevier, 1967.

[14] Recommendation on the transport of dangerous goods, manual of tests and criteria, section 28, 4 revised ed. United Nations, ST/SG/AC. 10/11/Rev. 4, United Nations, New York and Geneva, 2003.

[15] Frank-Kamenetskii D A. Diffusion and Heat Exchange in Chemical Kinetics. 2nd ed. New York: Plenum Press, 1969.

[16] Gibson S B. The design of new chemical Plant using hazard analysis. Process Industry Hazards, Symposium Series, 1976, 47: 135.

[17] Fauske H K, Grolmes M A, Clare G H. Process safety evaluation applying DIERS methodology to existing plant operations. Plant/Op Progress, 1989: 8.

[18] Nolan P F, Barton J A. Some lessons from thermal runaway incidents. Journal of Hazardous Materials, 1987, 14: 233-239.

[19] Maddison N, Rogers R L. Chemical runaways, incidents and their causes. Chemical Technology Europe, 1994 (11-12): 28-31.

[20] [瑞士] 施特塞尔. 化工工艺的热安全: 风险评估与工艺设计. 陈网桦, 彭金华, 陈利平, 译. 北京: 科学出版社, 2009: 40.

[21] Majer V, Svoboda V. Enthalpies of vaporization of organic compounds. Boston: Blackwell Scien-

tific Publications，1985.

[22]　Poling B E，Prausnitz J M. The Properties of Gases and Liquids. 5th ed. New York：McGraw-Hill，2001 .

[23]　Reid R C，Prausniz J M，Poling B E. The Properties of Gases and Liquids. 4th ed. New York：McGraw-Hill，1987.

[24]　张克武，张宇英 . 黑龙江大学自然科学学报，2004，21（1）：94-99.

[25]　张宇英，张克武 . 化工学报，2005，12：2259-2264.

[26]　于婷婷 . 连续与间歇化工工艺过程特点与流程 . 民营科技，2013（2）：23-24.

[27]　Schneider M A，Stoessel F. Determination of the kinetic parameters of fast exothermal reactions using a novel microreactor-based calorimeter. Chemical Engineering Journal，2005，115：73-83.

第三章

反应安全风险评估

风险研究、风险识别、风险评估是控制风险的基础。本书第二章对风险研究已经进行了详细的介绍，本章将对风险识别和风险评估进行介绍。目前，国际上在风险识别方面已经开发了很多成熟的方法，例如，检查表法、事故树分析、事件数分析、危险与可操作性分析等。在完成化工反应风险研究和过程风险识别工作之后，可以列出相关工艺过程的风险，进一步对识别出的风险进行评估，确定不同风险的优先次序或等级，进而按照风险级别的高低采取不同的措施进行防范与控制。

风险评估的方法是多种多样的，每种评估方法都有其适用的范围、相应的限制条件及局限性，其中对已识别出的风险进行评估的方法主要有定性评估方法、半定量评估方法和定量评估方法三种。

定性评估方法主要是根据长期以来所积累的经验对整个化工生产系统的工艺、设备装置、人员、管理、周围和工作环境等各方面进行定性评估。常见的定性评估方法往往也是风险识别方法，主要有安全检查表法、故障类型和影响分析法、危险与可操作性分析等。这类方法相对比较简单直观，但这些方法要求评估人员在化学工艺和化工设备等方面要具有相当丰富的经验。

半定量评估方法以化工生产系统中的危险物料和工艺作为主要评估对象，把影响事故发生的频率与后果的各种因素转化成一系列指标，再利用相应的数学模型及相关工具进行分析和处理，从而评估整个系统的危险程度。英国帝国化学公司蒙德工厂的蒙德评价法、日本的六阶段安全评价法、美国陶氏化学公司的火灾爆炸指数法及我国化工厂的危险程度分级法都属于这类方法。这一类方法评估时所需的原始数据较少、评估成本相对较低。因此，许多国家和企业在开发设备风险评估分析技术的初期都从半定量评估法开始。目前，设备风险评估大多数仍然处于半定量评估的技术水平，但是，各项指标的取值方法很大程度依赖于主观意识和经验成分，并且各指标的层次关系与综合方法还缺乏足够的数学依据。化工反应尤其是放热化学反应，在获得必要的相关热风险数据之后，可利用获得的热风险数据对反应的风险性进行半定量的评估，例如：利用 DSC 或 ARC 测试获得的二次分解反应最大反应速率到达时间 TMR_{ad}，可间接地评估反应发生危险事故的可能性，并给出相应的等级标准。

定量评估方法是用化工生产系统发生事故的概率和后果评估化工生产的危险程度的方法，事故树分析法就属于这类分析方法。这类方法需要有充足的理论依据，所得到的结果必须准确可靠。定量评估方法在航空、航天、核能等高端领域有着广泛的应用。定量评估方法对数据的要求很高，不但要有大量的数据，还要求数据的高度精确性，能充分描述系统的不确定性，通常要投入大量的人力和财力。对于放热化工工艺反应，可以利用获得的热风险数据对工艺反应的风险性进行定量的评估。例如：利用反应量热实验获得的绝热温升的大小可以评估工艺反应的危险严重度，并给出相应的等级标准。

风险的等级一般由两个方面组成，一是风险发生的可能性；二是风险所能导致的最坏并可以确定的严重程度。因此，需要对工艺偏差的可能性和严重度进行相应的评估。但是，对于精细化工行业来说，由于工艺过程大多数在多功能的设备上进行，由一步工艺到另一步工艺，设备的运行条件可能差异很大，因此，对精细化工工艺进行评估只能是定性或半定量，很难做到完全定量。

本章关注精细化工，首先阐述常见的风险识别方法，进一步针对反应过程涉及的热风险和压力风险进行评估，并从分解热评估、严重度评估、可能性评估、矩阵评估、反应工艺危险度评估、压力参数和毒物扩展评估等方面开展反应安全风险评估。

第一节 化工反应风险识别

随着科学技术的发展，各行各业的生产技术都得到了很大的进步，现阶段，在我国的化工行业中，生产过程连续性不强、整体操作烦琐，化工生产过程中存在的安全隐患就更多，导致事故频繁发生。为避免事故的发生，在风险事故发生之前，人们运用各种方法系统地、连续地认识所面临的各种风险以及分析风险事故发生的潜在原因及后果，做好辨识工作。下面，结合欧洲先进的风险识别方法[1]，本节介绍几种用于精细化工的反应风险识别的分析方法。

一、检查表法

检查表（Check List）法是按照系统工程的分析方法，在对一个系统进行科学分析的基础上，找出各种可能存在的风险因素，然后以提问的方式将这些风险因素列成表格，通过检查发现系统中存在的安全隐患，提出改进措施的一种方法。检查表法是在化工生产过程中，不断地总结经验并加以完善，逐步形成的一种最基本的方法。检查表法适合间歇式或半间歇式化工生产操作，可以将整个生产工艺过程看作一个系统，再把系统分成若干个子系统，找出各个子系统存在的风险因素，针对各个项目风险因素，查找有关的控制标准或规范，然后根据项目的风险因素依次列出问题清单并重点填写预防及控制措施。

我们通常用行和列组成的矩阵来表示检查表，每一行注明要检查的对象，每一列表示一个工艺操作，编制简单易于了解的标准化图形，人员只需填入规定的检查内容，再加以统计汇总其数据，即可用于量化分析或比对检查。以简单的数据，用容易理解的方式，制成图形或表格，必要时标上检查记号，并加以统计整理，作为进一步分析或核对检查之用。化工风险分析中没有通用的检查表，可根据以往的经验制定符合工艺所需的检查表。通常在精细化工中，检查表应包含公用工程（表 3-1）和工艺过程状态（表 3-2）。在一个已知的工艺条件下，分别查找出公用工程设备、仪表发生故障和工艺操作发生偏差可能导致的危害。检查表法要对工艺过程中的每一个动作进行详细的分析，检查工艺条件是否符合工艺设计，是否存在不足及遗漏。检查表法需要将工艺过程描述清楚准确，按操作先后顺序依次排列，避免在事故分析中遗漏重要环节。为了更加准确地分析出潜在的风险，我们可以采用 What if——"如果……会怎样……"的提问方法辨识危险情况，辨识出的风险可在其位置上标记出来，例如：在 A16 处标记，说明在工艺步骤 A 的时候，加料速度的偏差会产生危险，具体可能产生的危险性、后果及控制措施可以汇总到表（表 3-3）中，并详细描述。

表 3-1　公用工程检查表

偏差	工艺步骤							
	A	B	C	D	E	F	G	...
1. 电源								
2. 水								
3. 蒸汽								

续表

偏差	工艺步骤							
	A	B	C	D	E	F	G	...
4. 冷冻盐水								
5. 氮气								
6. 压缩空气								
7. 真空								
8. 通风								
9. 吸收								

表 3-2 工艺过程状态检查表

偏差	工艺步骤							
	A	B	C	D	E	F	G	...
10. 清洁								
11. 设备检查								
12. 清空								
13. 设备通风								
14. 设备更换或保养								
15. 物料量、流速								
16. 加料速度								
17. 加料次序								
18. 反应物的混合								
19. 静电危险								
20. 温度								
21. 压力								
22. pH								
23. 加热或冷却								
24. 搅拌								
25. 与载热体反应								
26. 催化剂、惰化剂								
27. 杂质								
28. 分离								
29. 连接								
30. 废物清除								
31. 工艺中断								
32. 取样分析								

表 3-3　偏差危险性分析表

工艺步骤	序号	危险性	后果	控制措施	备注
A	A16	…	…	…	…
…					

　　检查表法可以在化工反应风险研究的基础上对工艺风险进行评估。检查表法的优势在于覆盖的危险范围广，且相对容易应用，不需要很多的前期培训，不足之处在于容易导致分析不充分、分析的深度有限。所以检查表的编制应由具有丰富经验的人员来完成，编写时思路不受局限，开放性强。要求编写者系统完整地罗列出工艺步骤及偏差情况，尽可能不遗漏重要可能导致风险的因素。检查表法能够做到定性分析，不能做出定量的评价，而且检查表法只能在已知的工艺条件下进行分析。

二、事件树分析

　　事件树分析（Event Tree Analysis，ETA）是一种运用图形进行演绎的逻辑分析方法。事件树分析主要运用逻辑思维的规律和形式，进行事故的起因、发展和结果以及全部过程的分析。利用事件树分析事故的发生过程，以"人、机、料、法、环"等综合系统为对象，来分析各环节事件发生的成功与失败两种情况，从而来预测系统可能出现的各种结果。事件树分析的基本原理是指分析任何事物从初始到最终结果所经历的每个环节，分出成功（或正常）或失败（或失效）两种可能情况作为两种途径的分支。若将成功记为 Y，并作为上分支，将失败记为 N，并作为下分支；然后再分别从这两个状态开始，仍然将成功记为 Y，并作为上分支，将失败记为 N，并作为下分支的两种可能持续地分析下去。这样一直分析到最后结果为止，就形成一个水平放置的树状图（如图3-1 所示）。

　　从事故发生的过程来看，任何事故的瞬间发生，都是由于在事物的一系列发展变化环节中，接二连三地出现"失败"所致。因此，利用事件树的原理对事故的发展过程进行分析，不仅可以掌握事故过程的规律，而且还可以识别导致事故发生的危险源。

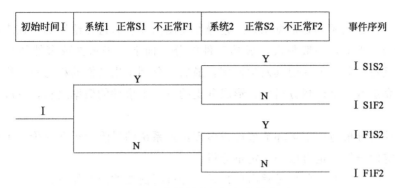

图 3-1 事件树分析的分支树状图

完整的事件树分析通常包括六个步骤。首先是确定初始事件，在对消除事件安全设计功能进行识别后，编制事件树，描述导致事故发生的顺序并确定事故顺序的最小割集，最后编制分析结果。

（1）确定初始事件 事件树分析首先是要确定初始事件，确定初始事件是事件树分析的重要环节。初始事件指可能引发系统安全性后果的系统内部故障或者外部的事件，例如：设备故障、系统故障、工艺异常或是人为的操作失误。如果所确定的初始事件能够直接导致一个具体的事故发生，事件树分析就能够较好地确定事故原因。

（2）识别能消除初始事件的安全设计功能 设计初始事件的安全功能可以看作是为防止初始事件发生，并造成后果的预防措施。安全功能通常包括以下5个方面：

① 系统能够自动对初始事件做出相应保护性反应，包括自动停车系统；

② 当初始事件发生时，联锁报警器能向操作人员发出警报信号；

③ 操作人员按照设计要求或操作规程对报警信号做出相应反应；

④ 启动冷却和压力释放等应急系统，以减轻事故可能造成的严重后果；

⑤ 设计限制初始事件可能会造成影响的围堰或封闭方法。

（3）编制事件树 所谓的事件树是指由初始事件开始，展开事故序列，来确定由初始事件引起的有可能发生的事故。分析人员应按事件顺序列出安全功能动作或安全措施。有些情况下，几个事件有可能会同时发生。在估计安全系统对异常状况反应时，分析人员应该仔细考虑正常工艺的控制对异常状况的反应。

（4）编制分析结果 编制分析结果是指分析人员将事件树分析研究的结果进行汇总，进而列出不同的事故后果，并且从事件树分析中得到一些建议和控制措施。

事件树建立原则是根据系统工艺操作简图由左至右进行绘制的。在表示各个事件的节点上，一般是表示成功事件的分支向上，表示失败事件的分支向下，并且每个分支上注明其发生概率，最后，分别求出它们的积与和，作为系统的可靠系数。事件树分析中，形成分支的每一个事件的概率之和，一般都等于1。

事件树分析适用于多环节事件或多重保护系统的风险分析和评价，不仅可以用于定性分析，也可以用于定量分析。

对事件树的整个分析过程简单列举，并进行简要的说明如下。

根据图 3-2 的反应装置流程，对提取出的原料 A 的输送泵与阀门系统进行事件树分析，如图 3-3 和图 3-4 所示。

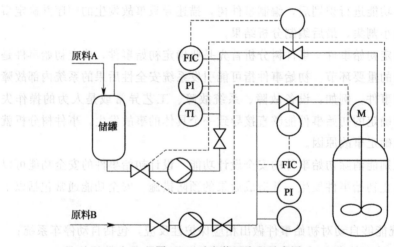

图 3-2 反应装置流程示意图

FIC—流量调节；TI—温度测量；PI—压力测量

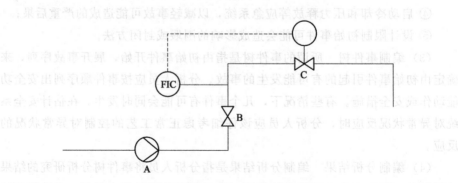

图 3-3 原料 A 输送系统示意图

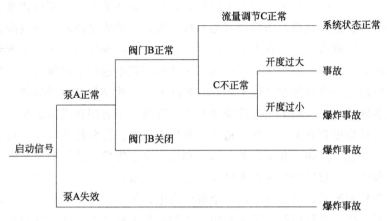

图 3-4 原料 A 输送系统事件树

由图 3-4 可以看出，导致事故的危险源包括三个方面：一是泵 A 失效；二是阀门 B 关闭；三是流量调节阀 C 开关不正常。

三、事故树分析

事故树分析（Fault Tree Analysis，FTA）是安全系统工程中常用的一种事故分析方法。1961 年，事故树分析的概念由美国 Bell 电话研究所的 H. A. Watson 首先提出，并应用于研究民兵式导弹发射控制系统的安全性评价中。美国波音飞机公司 Hassle 等人对这个方法又作了重大改进，使之便于应用电子计算机来进行辅助定量分析。目前，事故树分析方法已应用于化工、机械、电子、电力和交通等领域之中，事故树分析方法可以进行故障诊断，对系统薄弱环节进行分析，指导系统安全运行。

事故树分析方法是一种演绎的安全系统推理的分析方法，这种方法是通过带有逻辑关系的图形符号，把系统可能发生的某种事故与导致事故发生的各种因素连接了起来，形成类似树一样的事故图，并对事故树进行定性的和定量的分析，找出导致事故发生的主要原因，并为确定安全措施降低事故发生概率提供可靠依据。事故树分析方法能对事故进行定性分析，识别导致事故发生的主次原因与未曾考虑的潜在风险；还能进行定量分析，用以预测事故发生概率。事故树分析方法是把系统可能发生的事故放在了图的最上面，称为顶上事件，按照系统构成要素之间的关系，分析与灾害事故的有关原因。这些原因可能是其他一些原因的结果，称为中间原因事件（或中间事件），需要持续地往下分析，直到找出不能进一步往下分析的原因为止。这样就能够构建出各事故原因的层次，每一个中间原因事件与上下层原因的关系清晰明了。事故树理论上可以被分解得很细，然而，通常没有必要这么做，只要将事故树分解到能满足分析需要的深度就可以了。在大多数情况下，对于分析深度的要求是分析到能找到风险降低措施的程度。例如，在化工生产的工艺中进行事故树分析，只是能分析到发现泵出现故障就可以了，进一步深入地查找导致泵出现故障的原因并没有太多现实意义，就工艺过程安全而言，准备一个备用泵或增加泵的维修率可能会显得更有意义。因此，通常在利用事故树进行分析的时候，只需分析到基本的装置，例如，分析到泵、阀门和控制仪表等发生故障的层次即可。在事故树分析中，如果所有基本事件全都发生，那么，顶上事件必然要发生。但是，大多数情况下，只要一个或几个事件发生，那么顶上事件也会发生，在这种情况下，基本事件的集合称为割集，能够使顶上事件发生的最低限度的基本事件集合称为最小割集。事故树中每个最小割集都是对应一种顶上事件发生的可能性。

事故树分析法的特殊性，还表现在不同事件之间逻辑关系的连接上。事故树通常是含有两种逻辑途径的，分别为"与门"和"或门"。例如，假设考虑 A、B、C 三种原因导致了事件 X，如果是三种原因必须同时存在，才能够导致 X，在事故树上与 X 的连接就要通过"与门"的途径，而 A、B、C 的逻辑运算称作事件 X 的"与"，也可称为逻辑积，表达式为

$$X = A \cdot B \cdot C \tag{3-1}$$

相对应的，如果单一的 A、B 或 C 能导致事故 X 的发生，则是"或门"的途径，此时 A、B、C 的逻辑运算称作事件 X 的"或"，也可称为逻辑和，表达式为

$$X = A + B + C \tag{3-2}$$

事故树分析的步骤如下。

(1) 前期准备　前期准备包括下述三个方面内容。

① 确定所要分析对象的范围。在分析过程中，合理地处理好所要分析的范围与外界环境及其边界的条件，明确影响整个生产系统安全的主要因素。

② 熟悉分析对象。对已确定的分析范围要进行深入调查研究，收集有关的资料，包括生产过程的设备、工艺流程、操作条件和环境因素等情况。而这一步是事故树分析的基础和依据。

③ 调查确定的分析对象曾经发生过的事故，以及将来可能会发生的事故，并收集相关资料。

(2) 事故树的编制　事故树的编制包括以下四个方面内容。

① 确定事故树的顶上事件。

②　调查分析引起顶上事件的各种原因。直接原因可以是机械故障、人的因素或环境原因等。因此，我们可以从这几方面进行调查导致事故树顶上事件发生的所有事故原因，可以通过以往一些经验来确定导致顶上事件发生的原因，并进行影响分析。

③　绘制事故树。找出造成顶上事件的各种原因之后，可以采用一些规定的事件符号和适当的逻辑门，按照一定的逻辑关系，从事故树顶上事件开始，从上到下分层连接起来，层层向下，直至最基本的原因事件，这样就构成一个反映因果关系的事故树。

④　审查绘制事故树。绘制成的事故树是事件之间的逻辑模型表达。既然是逻辑模型，那么各个事件之间的逻辑关系就应当合理并且严密。否则在后续的计算过程中会出现许多问题。在绘制过程中，一定要进行反复的推敲、修改。有时，除了局部做修改外，有的甚至需要重新绘制，直至符合实际情况为止。

（3）事故树分析　事故树分析包括定性分析和定量分析两方面内容。

①　定性分析。事故树定性分析主要是按照绘制的事故树，进行求取事故树的最小割集，根据定性分析结果，经过讨论确定并提出防止事故发生的安全措施。

②　定量分析。事故树定量分析，主要是根据引起顶上事件发生的各种基本事件发生概率，计算事故树顶上事件发生概率。根据事故树定量分析结果及事故发生后可能会造成的危害程度，对系统进行风险分析。

（4）事故树分析结果的总结和应用　在经过事故树的详细绘制和分析后，要及时对事故树分析结果进行评价和总结，整理出事故树定性和定量分析的相关资料和数据，并提出改进意见和相应的预防措施。

四、危险与可操作性分析

危险与可操作性分析（Hazard and Operability Analysis，HAZOP）是以系统工程为基础的一种可用于定性分析和定量评价的危险性评价方法，是目前世界上通用的一种安全评价方法，用于探明生产装置和工艺过程中的危险及其原因，寻求相应的对策。HAZOP一词是20世纪70年代早期提出的，由英国帝国化学公司首先开发应用，经过不断改进与完善，现已广泛应用于各类工艺过程和项目的风险评估工作中。有些国家，如英国，已通过立法手段强制其在工程建设项目中推广应用，而在我国HAZOP技术正处于起步阶段。HAZOP是高度专业化的作业程序，是一种对项目做定性的风险分析和风险管理的技术方法。目前，各相关企业已经开始认识HAZOP的重要性，深刻地了解开展和建立 HAZOP 的必要性，同时将开展 HAZOP 作为 PID 设计审批的标志之一。

HAZOP 能够系统地分析所有超出最初设计意图范围的偏差，非常适合新技术和新工艺，它是针对化工工艺而设计的，同时也可适用于其他工艺类型。在项目的系统生命周期中，HAZOP 方法适用于全过程，包括但不局限于以下5 个阶段：

（1）概念和定义阶段　在这一阶段，由于开展 HAZOP 所需的详细设计资料尚未形成，可以使用其他一些较为简单的危害分析方法（如检查表，"如果……怎么样"等）辨识出主要危害，以利于随后进行的 HAZOP。

（2）设计和开发阶段　在这一阶段，形成详细的设计方案，并确定操作方法，编制完成设计文档，设计趋于成熟，基本固定。属于开展 HAZOP 的最佳时机。HAZOP 完成后，给评估设计造成影响，应建立设计变更管理办法。

（3）制造、安装和试运行阶段　在这一阶段，如果工艺相对复杂或危险性高，对操作的要求较高，试运行存在一定危险，或者在详细设计后期出现了设计的较大变动时，建议开车前再进行一次 HAZOP。

（4）生产和维护阶段　在这一阶段，主要强调对于那些影响系统安全、可操作性或影响环境的变更，应考虑在变更前进行 HAZOP。在进行 HAZOP时，应确保在分析中使用最新的设计文档和操作说明。

（5）停用和处理阶段　对于这一阶段，当可能发生正常运行阶段不会出现的危险时，需要进行危险分析。在系统整个生命周期都应保存好分析记录，以确保能迅速解决停用和处理阶段出现的问题。

现阶段在精细化工行业中，主要对主体设备进行 HAZOP。可通过对反应过程中加料、反应和放料三方面进行分析，利用分析关键词找出工艺过程和工艺设备在整个周期中可能出现的偏差，系统、全面地进行评估。

HAZOP 的主要方法是分析偏差，找出原因，分析后果，提出对策及措施。在分析进行前，工艺流程图应尽量完善。分析开始时，工艺工程师对整个装置设计作详细介绍，并讲解每一段细节的设计目的和作用。简单来说，HAZOP 主要是研究应用系统的分析方法，对项目进行查询，努力发现任何可能潜在的问题。

HAZOP 一般包括以下 5 个步骤：

① 定义危险和可操作性分析所要分析的系统或活动；

② 定义分析所关注的问题；

③ 分解被分析的系统并建立偏差；

④ 进行 HAZOP 工作；

⑤ 用 HAZOP 的结果决策。

引导词在 HAZOP 中代表偏离设计意图和正常操作范围的失常问题，常用的引导词通常包括无、多于、少于、反向、部分的、以及、此外等，实际上是运行参数或运行条件的高度概括，包括流量、压力、温度、组分、液位、物相、操作等。

关于某个研究节点的某个引导词提出来以后，按照以下顺序进行讨论：

① 原因：就是找出研究节点发生该引导词所代表的失常问题的原因；

② 结果：就是讨论发生上述失常问题时可能产生的后果；

③ 已到位的安全措施：就是检查是否已经采取了相应的保护措施；

④ 后续行动：就是讨论应补充或应改进的措施，并作为后续行动记录下来；

⑤ 行动执行单位：就是建议由哪个单位负责完成相应的后续行动；

⑥ 优先等级：就是明确表明需要落实的后续行动的缓急程度。

通常的做法是该组人员以"有组织的自由讨论"形式一起工作。在评审过程中，首先将被研究的系统或设施分解成 HAZOP 的最小研究单位——研究节点。并把每个研究节点的设计意图向研究小组成员进行解释，然后对 PID（管路和仪表流程图）上表示的设计内容进行系统分析，并以此来识别危险。具体方法是用引导词进行系统的识别，找出因不符合设计意图而可能出现的潜在危险性或可操作性问题，最后把这种偏差问题或失常问题的可能原因和与其有关的后果、现有的保护措施以及该研究小组的有关建议等一起列在工作表上。

HAZOP 是通过对工艺图纸、操作条件、反应过程进行的危险分析，所以在 HAZOP 前一定要做好相应的准备，确保工作的顺利进行。前期准备工作包括以下 5 点：

1. 组建 HAZOP 小组

由于 HAZOP 技术的全面性、系统性和细致性，HAZOP 小组（以下简称小组）成员的知识、技术与经验对分析结果的质量至关重要。HAZOP 对团队成员要求较高，团队内所有成员都应是本专业领域内有丰富经验的专家，团队成员人数至少为 4~7 人，包括工艺、设备、仪表等各个领域的人员同时组成多元化的团队。分析组长应在 HAZOP 方面受过训练，富有经验。HAZOP 的成功与否，在很大程度上取决于分析组长的能力和经验。同时，也取决于小组成员的知识、经验和合作。在系统生命周期不同阶段，适合 HAZOP 的小组成员也可能是不同的。

2. 资料准备

HAZOP 的资料清单视所要分析系统的具体情况而定，通常包括：管道和仪表流程图（PID）、工艺原理流程图（PFD）、物料数据表或物料平衡图、装置及设备平面布置图、工艺说明及操作规程、控制及停车原理说明、管道数据表、设备数据表、危险化学品安全技术说明书、联锁因果关系图、安全泄压系统方案以及装置历次安全评价报告（包括 HAZOP 报告）、相关的技改技措记录和检维修记录、历次事故（事件）记录及事故调查报告、装置的操作规程、相关规章制度资料、设备检定报告等。

3. 会议场地的准备

HAZOP 会议的地点应根据项目工作开展的具体情况决定，在役装置通常选择在距离项目装置较近的地方，以方便获取装置的资料文件及现场验证，且便于装置相关人员参加 HAZOP 工作。

4. 分析工具的准备

为了保证 HAZOP 工作的顺利进行，需要准备适当的分析表格。根据准备好的技术资料，针对各个节点的不同反应类型，事先设计好用于节点分析的偏差表。

5. HAZOP 培训

在 HAZOP 会议开始前，由小组的主持人负责对小组成员进行 HAZOP 方法的培训，培训内容包括：HAZOP 理论部分、练习部分和 HAZOP 工具软件的使用等。

随着前期所有材料准备齐全后，HAZOP 小组进行分析讨论会，开始分析工作。讨论会以连续多次的方式进行，可以一次解决一个节点，直到整个项目分析完成。具体分析步骤如图 3-5 所示。

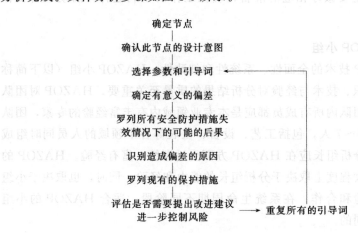

图 3-5　HAZOP 步骤

HAZOP 过程中应根据分析讨论过程提炼出恰当的结果，将所有重要意见全部记录下来，并应当将记录内容及时与分析小组人员沟通，以避免遗漏和理解偏离，并编制分析报告，跟踪落实建议措施。

HAZOP 工作从工艺设计开始，由引导词驱动，对每一个节点进行详细的分析。常用的引导词通常包括无、多于、少于、反向、部分的、以及、此外等，将引导词（表 3-4）运用到工艺参数上，找到存在的风险，建立如流量、时间（表 3-5）的偏差矩阵，在引导词和不同工艺参数的指引下，对各种可能发生的事件进行分析，找到行之有效的补救措施，建立并填写 HAZOP 记录表，用于对整体项目的辨识、预测、评价及事故隐患控制。

表 3-4 选择参数和引导词

引导词	工艺参数
None/无	流量
More of/多于	温度
Less of/少于	压力
Reverse/反向	时间
Part of/部分	液位
As well as/以及	
Other than/此外	

表 3-5 偏差矩阵——流量、时间

参数	引导词						
	无	多于	少于	反向	部分	以及	此外
流量	无流量	流量偏高	流量偏低	回流	浓度错误	污染物	材料错误
时间	缺少步骤	时间偏长太慢	时间太短太快	反向步骤	缺少部分行动	采取多余的行动	时间错误

按照 API750 的规定，HAZOP 定期分析的频率是 3～10 年，美国 OSHA 29CFR1910.119 规定不超过 5 年。一般在项目初步设计完后可进行一次 HAZOP 评估，项目投产前可进行一次 HAZOP 评估，投产后每 5 年左右进行一次，如遇有重大改造、变更后必须进行一次 HAZOP 评估。

第二节　反应安全风险评估

在反应风险研究和反应风险识别完成之后，可以根据相关的工艺过程，对识别出的风险进行评估。依据风险评估结果，可以对不同的工艺过程采取不同的控制措施，进而提升本质安全水平，有效防范事故的发生。

为强化安全风险辨识和管控，提升本质安全水平，提高精细化工企业安全生产保障能力，有效防范事故，中华人民共和国国家安全生产监督管理总局于2017年颁布了《国家安全监管总局关于加强精细化工反应安全风险评估工作的指导意见》（简称《指导意见》），编者参与起草了《精细化工反应安全风险评估导则（试行）》。《指导意见》中指出评估试行范围包括：①国内首次使用的新工艺、新配方投入工业化生产的以及国外首次引进的新工艺且未进行过反应安全风险评估的；②现有的工艺路线、工艺参数或装置能力发生变更，且没有反应安全风险评估报告的；③因反应工艺问题，发生过生产安全事故的。涉及上述情形的重点监管的危险化工工艺和金属有机合成反应均要开展反应安全风险评估。

《指导意见》提出"开展精细化工反应安全风险评估，要根据《精细化工反应安全风险评估导则（试行）》的要求，对反应中涉及的原料、中间物料、产品等化学品进行热稳定测试，对化学反应过程开展热力学和动力学分析。"《精细化工反应安全风险评估导则（试行）》主要包括反应安全风险评估方法、反应安全风险评估流程及评估标准，其中的评估标准主要分为分解热评估、严重度评估、可能性评估、矩阵评估和工艺危险度评估。

通过反应安全风险评估，确定反应工艺危险度，并采取有效管控措施，以此改进安全设施设计，完善风险控制措施，提升企业本质安全水平，有效防范事故发生，对于保障精细化工企业安全生产意义重大。

一、分解热评估

对某个化学物料进行评估，首先对所需评估的物料进行试验测试研究，获取评估所需要的技术数据。这些数据主要包括起始分解温度、分解热、绝热条件下最大反应速率到达时间为24h对应的温度等。然后依据不同的参数，开展工艺条件下热稳定性评估和分解燃爆性评估[2]。

评估流程如图3-6所示。

其中，绝热条件下最大反应速率到达时间为24h对应的温度（T_{D24}）是物料热稳定性评估的重要参数。实际应用过程中，要通过风险研究和风险评估，分析物料分解导致的危险性情况，对比工艺温度和物料稳定性要求，如果工艺温度（T_p）低于T_{D24}，则工艺基本没有危险性；如果工艺温度等于或者高于T_{D24}，则物料在工艺条件下不稳定，需要优化已有的工艺条件，或者采

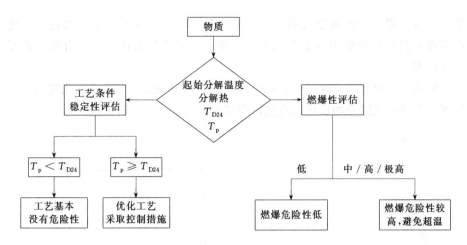

图 3-6　物料热稳定性风险评估流程图

取一定的技术控制措施，保证物料在工艺过程中的安全和稳定。分解热是进行物料燃爆危险性评估的重要参数，它指的是物料分解释放出的能量，分解放热量越大的物料，分解过程的绝热温升就越高，潜在的燃爆危险性也就越大。

分解热评估见表 3-6。

表 3-6　分解热评估

等级	分解热/(J/g)	说明
1	分解热<400	潜在爆炸危险性
2	400≤分解热≤1200	分解放热量较大,潜在爆炸危险性较高
3	1200<分解热<3000	分解放热量大,潜在爆炸危险性高
4	分解热≥3000	分解放热量很大,潜在爆炸危险性很高

二、严重度评估

严重度是指失控反应[3] 在不受控的情况下能量释放可能造成破坏的程度。由于精细化工行业的大多数反应是放热反应，反应失控的后果与释放的能量有关。反应释放出的热量越大，失控后反应体系温度的升高情况越显著，容易导致反应体系中温度超过某些组分的热分解温度，发生分解反应以及二次分解反应，产生气体或者造成某些物料本身的气化，而导致体系压力的增加。在体系压力增大的情况下，可能致使反应容器的破裂以及爆炸事故的发生，造成企业财产损失、人员伤亡。失控反应体系温度的升高情况越显著，造成后果的严重程度越高。反应的绝热温升是一个非常重要的指标，绝热温升不仅仅是影响温度水平的重要因素，同时还是失控反应动力学的重要影响因素。

绝热温升与反应热成正比，可以利用绝热温升来评估放热反应失控后的严重度。不同绝热温升的反应温度随时间变化曲线如图 3-7 所示。

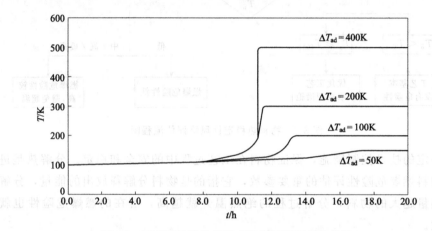

图 3-7　不同绝热温升的反应温度随时间变化曲线

当绝热温升达到 200K 或 200K 以上时，反应物料的多少对反应速率的影响不是主要因素，温升导致反应速率的升高占据主导地位，一旦反应失控，体系温度会在短时间内发生剧烈变化，并导致严重的后果。而当绝热温升为 50K 或 50K 以下时，温度随时间的变化曲线比较平缓，体现的是一种体系自加热现象，反应物料的增加或减少对反应速率产生主要影响，在没有溶解气体导致压力增长带来的危险时，这种情况的严重度低。

根据所需评估的工艺，通过试验测试获取反应过程绝热温升，考虑工艺过程的热累积度为 100%，利用失控体系绝热温升，对失控反应可能导致的严重程度进行反应安全风险评估。根据严重度评估失控反应的危险性，可以将危险性分为四个等级，评估准则参见表 3-7。

表 3-7　失控反应严重度评估

等级	$\Delta T_{ad}/K$	后果
1	$\Delta T_{ad} \leqslant 50$ 且无压力影响	单批次的物料损失
2	$50 < \Delta T_{ad} < 200$	工厂短期破坏
3	$200 \leqslant \Delta T_{ad} < 400$	工厂严重损失
4	$\Delta T_{ad} \geqslant 400$	工厂毁灭性的损失

绝热温升为 200K 或 200K 以上时，将会导致剧烈的反应和严重的后果；绝热温升为 50K 或 50K 以下时，如果没有压力增长带来的危险，将会造成单批次的物料损失，危险等级较低。

三、可能性评估

可能性是指由于工艺反应本身导致危险事故发生的可能概率大小，是一种对失控反应发生可能性的半定量分析方法。利用时间尺度可以对事故发生的可能性进行反应安全风险评估，可以设定最危险情况的报警时间，便于在失控情况发生时，在一定的时间限度内，及时采取相应的补救措施，降低风险或者强制疏散，最大限度地避免爆炸等恶性事故发生，保证化工生产安全。图 3-8 为不同化学反应失控后体系温度随时间的变化情况。

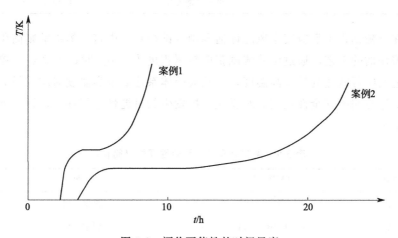

图 3-8　评价可能性的时间尺度

在案例 1 中，目标反应热失控后，体系温度升高，在短时间内即引发了体系的二次分解反应，导致体系温度继续迅速升高，人为处置失控反应的时间不足，无法采取控制应急措施控制风险，使体系不能恢复到安全状态，事故发生的概率较高；在案例 2 中，目标反应热失控后，体系温度升高，但是在经历了较长的一段时间后，引发了体系的二次分解反应，人为处置失控反应的时间较为充足，能够采取控制应急措施控制风险，使体系恢复到安全状态，事故发生的概率较低。

对于工业生产规模的化学反应来说，如果在绝热条件下失控反应最大反应速率到达时间大于等于 24h，人为处置失控反应就有足够的时间，导致事故发生的概率较低。如果最大反应速率到达时间小于等于 8h，人为处置失控反应的时间不足，导致事故发生的概率升高。采用上述的时间尺度进行评估时，还取决于许多其他因素，如操作人员操作水平和培训情况、化工生产自动化程度、生产保障系统的故障频率等，工艺安全管理也非常重要。

传统失控反应可能性的评估，通常遵守六等级准则，如表 3-8 所示。

表 3-8 失控反应发生可能性评估（六等级准则）

简化三等级分类	扩展六等级分类	TMR_{ad}/h
高级	频繁发生	$TMR_{ad} \leqslant 1$
	很可能发生	$1 < TMR_{ad} \leqslant 8$
中级	偶尔发生	$8 < TMR_{ad} < 24$
	很少发生	$24 \leqslant TMR_{ad} < 50$
低级	极少发生	$50 \leqslant TMR_{ad} \leqslant 100$
	几乎不可能发生	$TMR_{ad} > 100$

在《精细化工反应安全风险评估导则（试行）》中将六等级准则简化，根据所需评估的工艺，通过试验测试获取热累积度为 100％时，体系热失控情况下工艺反应可能达到的最高温度，以及失控体系达到最高温度对应的最大反应速率到达时间等安全性数据。对反应失控发生的可能性进行评估，评估准则参见表 3-9。

表 3-9 失控反应发生可能性评估（简化）

等级	TMR_{ad}/h	后果
1	$TMR_{ad} \geqslant 24$	很少发生
2	$8 < TMR_{ad} < 24$	偶尔发生
3	$1 < TMR_{ad} \leqslant 8$	很可能发生
4	$TMR_{ad} \leqslant 1$	频繁发生

$TMR_{ad} \geqslant 24h$ 时，失控发生的可能性属于"1级"，一旦发生热失控，人为处置失控反应的时间较为充足，事故发生的概率较低；$TMR_{ad} \leqslant 8h$ 时，失控发生的可能性属于"3级"或"4级"，为很可能发生，人为处置失控反应的时间不足，事故发生的概率较高。

四、矩阵评估

严重度评估和可能性评估都是单因素反应安全风险评估。根据风险的定义，风险可以表述为严重度与可能性的乘积，即风险＝严重度×可能性。风险矩阵是以失控反应发生后果严重度和相应的发生概率进行组合，进行混合叠加因素反应安全风险评估，得到不同的风险类型，从而对失控反应的反应安全风险进行评估，将风险分为可接受风险、有条件接受风险和不可接受风险，并按照不同的风险等级分别用不同的区域表示，具有良好的辨识性。综合失控体系绝热温升和最大反应速率到达时间，对失控反应进行复合叠加因素的矩阵评估，判定失控过程风险可接受程度。如果为可接受风险，说明工艺潜在的热危险性是可以接受的；如果为有条件接受风险，则需要采取一定的技术控制措施，降低反应安全风险等级；如果为不可接受风险，说明常规的技术控制措施不能奏效，已有工艺不具备工程放大条件，需要重新进行工艺研究、工艺优化或工艺设计，保障化工过程的安全。

以最大反应速率到达时间作为风险发生的可能性，失控体系绝热温升作为风险导致的严重程度，通过组合不同的严重度和可能性等级，对化工反应失控风险进行评估。风险评估矩阵参见图 3-9。

I级风险为可接受风险：可以采取常规的控制措施，并适当提高安全管理和装备水平

II级风险为有条件接受风险：在控制措施落实的条件下，可以通过工艺优化及工程、管理上的控制措施，降低风险等级

III级风险为不可接受风险：应当通过工艺优化、技术路线的改变，工程、管理上的控制措施，降低风险等级，或者采取必要的隔离方式，全面实现自动控制

图 3-9　风险评估矩阵

失控反应安全风险的危险程度由风险发生的可能性和风险带来后果的严重度两个方面决定，风险分级原则如下：

　　Ⅰ级风险为可接受风险：可以采取常规的控制措施，并适当提高安全管理和装备水平。

　　Ⅱ级风险为有条件接受风险：在控制措施落实的条件下，可以通过工艺优化及工程、管理上的控制措施，降低风险等级。

　　Ⅲ级风险为不可接受风险：应当通过工艺优化、技术路线的改变，工程、管理上的控制措施，降低风险等级，或者采取必要的隔离方式，全面实现自动控制。

　　目标反应风险发生可能性和导致的严重程度评估流程见图 3-10。

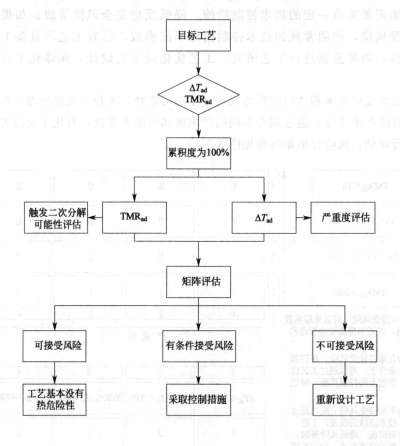

图 3-10　目标反应风险发生可能性和导致的严重程度评估流程图

五、工艺危险度评估

　　工艺危险度评估是精细化工反应安全风险评估的重要评估内容。工艺危险度指的是工艺反应本身的危险程度，危险度越大的反应，反应失控后造成事故的严重程度就越大。

温度作为评价基准是工艺危险度评估的重要原则。试验测试获取包括工艺操作温度 T_p、技术最高温度 MTT[4]、失控体系最大反应速率到达时间 TMR_{ad} 为 24h 对应的温度 T_{D24}，以及失控体系可能达到的最高温度 MTSR 等数据。

① 工艺操作温度 T_p：冷却失效情形体系的初始温度。

② 技术最高温度 MTT：对于开放体系而言，MTT 为体系沸点；对于封闭体系而言，MTT 为体系允许的最大压力（一般指安全阀或泄爆片设定压力）对应的温度。

③ 失控体系最大反应速率到达时间 TMR_{ad} 为 24h 对应的温度 T_{D24}：衡量反应物料能否发生二次分解反应的重要参数，与物料本身的性质相关。

④ 失控体系可能达到的最高温度 MTSR：很大程度上由工艺本身、物料性质等决定。

在反应发生热失控后，对失控反应进行反应工艺危险度评估，四个温度数值大小排序不同，形成不同的危险度等级；根据危险度等级，有针对性地采取控制措施。紧急冷却、减压等安全措施均可以作为系统安全的有效保护措施。对于工艺危险度较高的反应，需要对工艺进行优化或者采取有效的控制措施，降低危险度等级。常规控制措施不能奏效时，需要重新进行工艺研究或工艺优化，改变工艺路线或优化反应条件，减少反应失控后物料的累积程度，实现化工过程安全。

考虑四个重要的温度参数的评估准则见表 3-10。

表 3-10 反应工艺危险度等级评估

等级	温度	后果
1	$T_p \leqslant MTSR < MTT < T_{D24}$	反应危险性较低
2	$T_p \leqslant MTSR < T_{D24} < MTT$	潜在分解风险
3	$T_p \leqslant MTT \leqslant MTSR < T_{D24}$	存在冲料和分解风险
4	$T_p \leqslant MTT < T_{D24} < MTSR$	冲料和分解风险较高,潜在爆炸风险
5	$T_p < T_{D24} < MTSR < MTT$ 或 $T_p < T_{D24} < MTT < MTSR$	爆炸风险较高

当 $T_p \leqslant MTSR < MTT < T_{D24}$ 时，反应工艺危险度等级为"1 级"。在反应发生热失控后，体系温度升高并达到热失控时工艺反应可能达到的最高温度

MTSR，但 MTSR 低于技术最高温度 MTT 及体系在绝热过程中最大反应速率到达时间为 24h 时所对应的温度 T_{D24}。此时，体系将不会引发物料发生二次分解反应，也不会引起由于反应体系剧烈沸腾而导致冲料的现象。体系热累积产生的部分热量，也可以通过反应混合物的蒸发、冷却等方式带走，为系统安全提供一定的保障条件。只有当反应物料长时间停留在失控体系可能达到的最高温度 MTSR 时，才会发生二次分解反应并导致体系温升。因此，需要避免反应物料在热累积状态下停留时间过长，以免达到技术最高温度 MTT。反应危险度等级为 1 级的工艺过程不需要采取特殊的处理措施，只要保证工艺设计得当，采取常规的应急泄压以及反应混合物的蒸发、冷却等，均可以作为系统的安全屏障。

当 $T_p \leqslant \text{MTSR} < T_{D24} < \text{MTT}$ 时，反应工艺危险度等级为"2 级"。在反应体系发生热失控以后，体系温度会迅速升高，达到热失控时工艺反应可能达到的最高温度 MTSR，但是，MTSR 低于技术最高温度 MTT 和体系在绝热过程中最大反应速率到达时间为 24h 时所对应的温度 T_{D24}，此时，如果反应物料持续长时间地停留在热累积状态，那么将很有可能会导致物料发生二次分解反应，如果二次分解反应继续放热，最终将使体系达到技术最高温度 MTT，对于开放体系有可能会导致反应体系剧烈沸腾，引发冲料，对于密闭体系有可能导致体系超过设备允许的最大压力，甚至导致爆炸等危险事故。

当 $T_p \leqslant \text{MTT} \leqslant \text{MTSR} < T_{D24}$ 时，反应工艺危险度等级为"3 级"。在反应发生热失控后，工艺反应达到热失控时工艺反应可能达到的最高温度 MTSR 大于技术最高温度 MTT，而 MTSR 小于体系在绝热过程中最大反应速率到达时间为 24h 时所对应的温度 T_{D24}，此时，容易引起反应体系剧烈沸腾导致冲料，甚至可能导致反应体系压力瞬间显著升高，引起爆炸等危险事故的发生。但是，体系温度并未达到体系在绝热过程中最大反应速率到达时间为 24h 时所对应的温度 T_{D24}，不会引发反应物料发生二次分解反应，不会导致危险情形进一步恶化。此时，反应体系的安全性取决于体系达到技术最高温度 MTT 时反应放热速率的快慢。

当 $T_p \leqslant \text{MTT} < T_{D24} < \text{MTSR}$ 时，反应工艺危险度等级为"4 级"。反应失控后，反应可能达到的最高温度 MTSR 大于体系技术最高温度 MTT 和体系在绝热过程中最大反应速率到达时间为 24h 时所对应的温度 T_{D24}。此时的 MTT 低于 T_{D24}，也就是说，体系的温度不能够在技术最高温度 MTT 的水平维持稳定，从理论上来说将会引发物料发生二次分解反应。在这种情况下，在

技术最高温度 MTT 时的目标反应和二次分解反应的放热速率决定了整个工艺的安全性和稳定性情况。反应混合物的蒸发、冷却和降低反应系统压力等措施有一定的安全保障作用，但是一旦发生技术措施失效，则会引发反应物料发生二次分解反应，导致整个反应体系变得更加危险。

当 $T_p < T_{D24} < MTSR < MTT$ 或 $T_p < T_{D24} < MTT < MTSR$ 时，反应工艺危险度等级为"5级"。反应失控后，反应体系技术最高温度 MTT 大于或小于可能达到的最高温度 MTSR，并且 MTT 和 MTSR 均大于体系在绝热过程中最大反应速率到达时间为 24h 时所对应的温度 T_{D24}，此时，反应体系一旦发生热失控，就会引发物料发生二次分解反应。由于二次分解反应不断放出热量，在放热过程中能够使体系达到极限工艺温度。当体系达到技术最高温度 MTT 时，二次分解反应放热速率更快，反应所释放的大量能量不能及时移出，将会导致反应体系处于更危险的情形。单纯依靠物料蒸发、冷却和降低反应体系压力等措施，不能完全满足保障体系安全的要求。因此，当工艺危险度为 5 级时，是一种非常危险的情形。

综合反应安全风险评估结果，考虑不同的反应工艺危险度等级，明确安全操作条件，从工艺设计、仪表控制、报警与紧急干预（安全仪表系统）、物料释放后的收集与保护，厂区和周边区域的应急响应等方面需要建立相应的风险控制措施。

对于反应工艺危险度为 1 级的工艺过程，应配置进料切断和爆破片、安全阀等泄放减压设施，以及冷却控制系统，对反应参数进行集中监控及自动调节（DCS 或 PLC）。

对于反应工艺危险度为 2 级的工艺过程，应设置偏离正常值的报警和联锁控制系统，设置进料切断；设置爆破片、安全阀等泄放减压设施，以及冷却控制系统，对反应参数进行集中监控及自动调节（DCS 或 PLC）；应根据安全预评价和危险与可操作性分析要求，设置相应的安全仪表系统。

对于反应工艺危险度为 3 级的工艺过程，应设置偏离正常值的报警和联锁控制系统，设置进料切断；设置爆破片、安全阀等泄放减压设施，以及冷却控制系统，对反应参数进行集中监控及自动调节（DCS 或 PLC）；设置紧急终止或紧急卸料系统；应根据安全预评价和危险与可操作性分析要求，设置相应的安全仪表系统。

对于反应工艺危险度被确定为 4 级及以上的，企业要优先通过开展工艺优化或改变工艺路线降低安全风险。应设置偏离正常值的报警和联锁控制系统，设置进料切断和紧急冷却，设置紧急终止或紧急卸料系统，对反应参数进行集中监控及自动调节（DCS）；在全面开展过程危险分析（如危险与可操作性分析）基础上，通过风险分析（如保护层分析）确定安全仪表的安全完整性等级，并依据要求配置安全仪表系统，设计超压泄爆设施。对于反应工艺危险度被确定为 5 级的，相关装置应设置在由防爆墙隔离的独立空间中，反应过程中操作人员不应进入隔离区域。

【反应安全风险评估过程示例】

工艺描述

标准大气压下，向反应釜中加入物料 A 和 B，升温至 50℃，滴加物料 C，滴完后 50℃保温反应 1h。体系沸点为 64℃。此反应对水敏感，要求体系含水量不超过 0.3%。

研究及评估内容

根据工艺描述，采用联合测试技术进行热特性和热动力学研究，获得相关安全性数据，开展反应安全风险评估，同时还考虑了反应体系水分偏离为 1% 时的安全性研究。

研究结果

① 反应放热，最大放热速率为 108.8W/kg，物料 C 滴加完毕后，反应热转化率为 78.2%，摩尔反应热为 -65.7kJ/mol，反应物料的比热容为 2.2kJ/(kg·K)，绝热温升为 75.4K。

② 目标反应料液起始放热分解温度为 108℃，分解放热量为 150J/g。放热分解过程中，最大温升速率为 6.3℃/min，最大压升速率为 5.2bar/min（1bar=10^5Pa）。含水达到 1% 时，目标反应料液起始放热分解温度为 95℃，分解放热量为 236J/g。放热分解过程最大温升速率为 9.5℃/min，最大压升速率为 9.9bar/min。

③ 目标反应料液自分解反应初期活化能为 72kJ/mol，中期活化能为 45kJ/mol；反应料液热分解最大反应速率到达时间分别为 2h、4h、8h、24h、168h 对应的温度 T_{D2} 为 120.3℃，T_{D4} 为 93.1℃，T_{D8} 为 86.6℃，T_{D24} 为 68.6℃，T_{D168} 为 59.2℃。

反应安全风险评估

根据研究结果，目标反应安全风险评估结果如下：

此反应的绝热温升 ΔT_{ad} 为 78.2K，该反应失控的严重度为 2 级；最大反应速率到达时间为 1.2h 对应的温度为 125.4℃，失控反应发生的可能性等级为 3 级，一旦发生热失控，人为处置时间不足，极易引发事故；风险矩阵评估的结果：风险等级为 Ⅱ 级，属于有条件接受风险，需要建立相应的控制措施；

工艺危险度等级为 4 级（T_p＜MTT＜T_{D24}＜MTSR）。合成反应失控后体系最高温度高于体系沸点和反应物料的 T_{D24}，意味着体系失控后将可能爆沸并引发二次分解反应，导致体系发生进一步的温升。需要从工程措施上考虑风险控制方法；自分解反应初期活化能大于反应中期活化能，样品一旦发生分解反应，很难被终止，分解反应的危险性较高。该工艺需要配置自动控制系统，对主要反应参数进行集中监控及自动调节，主反应设备设计安装爆破片和安全阀，设计安装加料紧急切断、温控与加料联锁自控系统，并按要求配置独立的安全仪表保护系统。建议：进一步开展风险控制措施研究，为紧急终止反应和泄爆口尺寸设计提供技术参数。

六、压力及毒物参数扩展评估

目前我国精细化工企业对反应安全风险认识不足，对工艺控制要点不掌握或认识不科学，开展基于温度参数反应安全风险评估是提高我国工艺安全水平的第一步。但是对于失控情形而言，反应放热过程通常都伴随气体或蒸气逸出，进而导致体系压力升高，如果逸出的气体或蒸气有毒或易燃，则可能还会导致二次破坏，并且二次破坏的后果往往更加严重。因此，随着《精细化工反应安全风险评估导则（试行）》的不断推广和执行，考虑对压力或毒物参数进行扩展评估也将逐渐开展[5]，相应的反应安全风险评估方法、反应安全风险评估流程及评估标准也将不断补充和完善。

（一）严重度扩展评估

反应释放出的热量越大，失控后反应体系温度的升高情况越显著，更容易导致反应体系温度超过某些组分的热分解温度，引发分解反应以及二次分解反应，产生气体或者造成某些物料本身的气化，而导致体系压力的增加。体系压力增大时，可能导致反应容器的破裂甚至爆炸事故。

反应体系的压力变化也与反应体系本身性质相关。在密闭体系中，反应失控将导致反应器压力升高；在开放体系中，气体或蒸气将从反应器释放出来。根据不同的体系特征，进行评估所需考虑的参数不同。

1. 密闭体系特征
通常，密闭体系反应过程压力升高主要有三个原因：
a. 反应器内初始压力随温度升高的变化；
b. 各组分饱和蒸气压；

c. 目标反应生成的气态产物及二次分解反应产生的气体。

密闭体系可分为密闭蒸气体系和密闭气体体系，密闭蒸气体系又称密闭调节体系，指溶剂蒸气释放于密闭反应器中的反应体系。密闭气体体系指在失控时，目标反应及二次分解反应产生气体，并释放于密闭的反应器内部。

密闭体系总压力计算方法如下：

$$p = p_i + p_v + p_g \tag{3-3}$$

式中 p_i——备压，即反应器初始时 T_{mes} 对应的压力，bar；

p_v——T_{mes} 时体系的蒸气压力，bar；

p_g——产气压力，即目标反应和二次分解反应产生的气体在 T_{mes} 时所对应的压力值，bar；

T_{mes}——失控时体系所能达到的最高温度，K。

对于反应工艺危险度为 2 级的工艺过程失控时体系所能达到的最高温度 T_{mes} 为 MTSR；对于反应工艺危险度为 3 级或 4 级的工艺过程的 T_{mes} 为 MTT；对于反应工艺危险度为 5 级的工艺过程的 T_{mes} 为 T_{D24}，包括目标反应及二次分解反应导致的最终温度。

此时，需要采用温度 T_{mes} 对压力进行修正。

对于高压反应过程（如加氢、聚合等）体系备压 p_i 随温度升高而明显升高，备压变化不能忽略，根据理想气体方程，能够得到

$$p_i = p_o \frac{T_{mes}}{T_o} \tag{3-4}$$

式中 T_o——初始温度，通常为反应温度，K；

p_o——初始温度 T_o 下体系的压力，Pa。

同一物质在不同温度下饱和蒸气压不同，并随着温度的升高而增大；获得体系最终温度 T_{mes} 下体系的饱和蒸气压 p_v 的常规计算方式存在如下两种：

第一种是 Clausius-Clapeyron 方程：

$$p_v = p_{v,o} \exp\left[\frac{-\Delta H_v}{R}\left(\frac{1}{T_{mes}} - \frac{1}{T_o}\right)\right] \tag{3-5}$$

式中 $p_{v,o}$——初始温度 T_o 下体系的饱和蒸气压，Pa；

ΔH_v——反应体系的蒸发焓，kJ/mol；

R——理想气体常数，8.3145J/(mol·K)。

第二种是 Antoine 方程：

$$\lg p = A - \frac{B}{C+T} \tag{3-6}$$

式中，A、B、C 是物性常数，不同物质对应于不同的 A、B、C 的值。

采用上述两种常规计算方式求取蒸气压需要较多基础参数，而很多混合物体系与纯净物的基础参数不能完全匹配，就会导致计算结果与真实的失控情形相比存在一定的误差。因此，可通过反应量热、绝热加速量热等测试方法获得相对准确的混合物饱和蒸气压。

对于热失控伴随气体或蒸气产生的过程，产生的气体或蒸气也将导致体系压力的显著升高，可以采用绝热量热仪、反应量热仪等设备进行测试，获得目标反应和二次分解反应产生的气体在温度 T_{mes} 下所对应的压力 p_{mes}，但是由于测试体系与实际生产体系的装载量可能不同，需要通过放大规模进行修正，则产气压力 p_g 为：

$$p_g = k p_{mes} \frac{T_{mes}}{T_o} \times \frac{V_r}{V_{r,g}} \qquad (3-7)$$

式中　　k——放大系数，指反应体系的放大规模；

$\quad p_{mes}$——测试过程目标反应和二次分解反应产生的气体在温度 T_{mes} 下所对应的压力，Pa；

$\quad V_r$——反应测试装置（绝热量热仪、反应量热仪等设备测试）中气体的自由体积，m^3；

$\quad V_{r,g}$——放大规模后反应器中气体的自由体积，m^3。

在密闭蒸气体系中，通常无明显气体产生，密闭蒸气体系的压力升高主要取决于挥发性化合物的蒸气压及备压。在密闭气体体系中，热失控伴随明显气体生成，密闭气体体系的压力升高由产气压力、饱和蒸气压及备压同时决定。根据不同体系，分析反应过程产生压力所能达到的最坏结果，并以此作为密闭体系扩展严重度评估的判据。

在密闭体系中，根据设备的特征压力限制，扩展压力严重度评估的重要判据，包括泄压系统的设计压力（Set Pressure of Pressure Relief System，p_{set}）、最大允许工作压力（Maximum Allowable Working Pressure，p_{max}）、试验压力（Test Pressure，p_{test}）。

泄压系统的设计压力 p_{set} 是指设定的压力容器顶部的最高压力，通常指安全阀或爆破片的泄放压力，与相应的设计温度一起作为设计载荷条件，其值不得低于工作压力。

最大允许工作压力 p_{max} 是指在设计温度下，容器顶部所允许承受的最大表压力。最大允许工作压力的作用是设定容器超压限度的最低压力，充分利用容器的厚度，尽量拉大工作压力与安全阀或爆破片泄放压力之间的压力差，使压力容器的工作更为平稳。当采用最大允许工作压力作为设定容器超压限度的最低压力时，应考虑以最大允许工作压力代替设计压力进行压力试验。

试验压力 p_{test} 即是在进行耐压试验或泄漏试验时，容器所能承受的最大压力。

将体系能够达到的最大压力与设备特征压力相比，就可以进行基于温度、压力的密闭体系严重度评估，也是对表 3-7 失控反应严重度评估的补充。

2. 开放体系特征

开放体系中，失控反应过程产生的蒸气、气体都将从反应器中释放出来。开放体系可分为开放蒸气体系和开放气体体系。

开放蒸气体系又称开放可调节体系，开放体系在常压条件下达到沸点，产生蒸气从反应器中释放，可以利用汽化潜热来阻止温度升高从而调节温度的体系。开放气体体系指目标反应、分解反应或二次分解反应产生气体，并从反应器中释放出来。

开放体系蒸气或气体释放严重程度取决于所释放蒸气或气体的性质。根据毒气云体积和相应的危险阈值，可以估算毒物的危险区域或范围；对于毒性气体而言，可以根据立即威胁生命和健康浓度（Immediately Dangerous to Life or Health Concentration，IDLH）判断毒气云体积；对于易燃气体或蒸气而言，可以根据爆炸下限（Lower Explosive Limit，LEL）判断易燃气体或蒸气体积。与体积相比，距离更易于比较及评估。因此，建议采用计算半球半径来表征气体或蒸气的扩散影响范围。

立即威胁生命和健康浓度（IDLH）指有害环境中空气污染物达到可以引起致命、永久损害健康或使人立即丧失逃生能力等危险水平时对应的浓度。

爆炸下限（LEL）指可燃气体在空气中遇明火产生爆炸的最低浓度。

$$V_{\text{tox}} = \frac{V}{\text{IDLH}} \tag{3-8}$$

$$V_{\text{ex}} = \frac{V}{\text{LEL}} \tag{3-9}$$

$$r = \sqrt[3]{\frac{3V_{\text{tox}}/V_{\text{tex}}}{2\pi}} \tag{3-10}$$

式中　V——开放气体体系产生的气体体积或开放可调节体系释放的蒸气体积，m^3；

　　　V_{tox}——有毒气体体积，m^3；

　　　V_{ex}——可燃爆气体体积，m^3；

　　　r——气体或蒸气的扩散影响范围。

对于开放可调节体系，根据汽化潜热和特征温度可以计算体系释放蒸气的质量：

$$M_v = \frac{(T_{mes} - MTT)C_p M_r}{\Delta H_v} \quad (3\text{-}11)$$

式中 M_r——反应体系的质量，kg；

$\quad\quad C_p$——反应物的比热容，J/(g·K)；

$\quad\quad \Delta H_v$——汽化潜热，kJ/kg。

根据理想气体方程，蒸气体积为：

$$V_v = \frac{M_v RT}{M_g p_o} \quad (3\text{-}12)$$

式中 M_g——蒸气的摩尔质量，g/mol；

$\quad\quad p_o$——体系的压力，Pa。

对于开放气体体系，反应体系产生的气体体积 V_g 可以通过反应量热、绝热量热等测试方法获得。该方法简单易得，不使用复杂的模型和气相信息，也未考虑传播等效应，可以给出气体或蒸气释放时可能影响区域的几何参数的数量级，对于开放体系气体释放影响范围严重度评估非常有效。

将计算获得的气体或蒸气扩散影响范围与设备、车间和现场的特征尺寸（如生产场所一般大于 50m，车间一般为 10～20m）相比较，来评估开放体系气体释放影响范围严重度。

3. 扩展严重度评估判据

结合表 3-7 失控反应严重度评估，基于失控反应绝热温升、密闭体系压力或开放体系气体释放影响范围的严重度评估标准见表 3-11。当需要运用多个判据进行严重度评估时，需要选择最严重的情形，即严重度等级更高的结果作为评估结果。

表 3-11　密闭体系的压力及开发体系的气体释放影响范围的扩展严重度评估判据

严重度等级	$\Delta T_{ad}/K$	密闭体系压力(p)[①]	气体释放影响范围(r)[②]	后果
1	$\Delta T_{ad} \leqslant 50$	$< p_{set}$	设备	可忽略的
2	$50 < \Delta T_{ad} < 200$	$p_{max} - p_{set}$	车间	中等的
3	$200 \leqslant \Delta T_{ad} < 400$	$p_{test} - p_{max}$	生产场所	严重的
4	$\Delta T_{ad} \geqslant 400$	$> p_{test}$	>生产场所	灾难的

① 密闭体系压力适用于密闭体系。

② 气体释放影响范围适用于开放体系。

当密闭体系压力超过系统允许的最大工作压力甚至反应器的试验压力时，迅速增长的压力将导致反应器出现严重的后果；当密闭体系压力低于泄压系统的设定压力时，反应产生的气体或蒸气的压力效应在可控制的范围内，这种情况的严重度较低。当开放体系气体释放影响范围超过车间或生产场所范围时，将对周边环境造成影响，出现严重的后果；当开放体系气体释放影响范围未超过设备范围时，所释放的气体或蒸气的扩散效应在可控制的范围内，这种情况的严重度较低。

（二）扩展可能性评估

对于刚刚发生的失控反应，主要需要考虑失控时是否具有能够控制的可能性，也就是反应失控时终止反应的可能性。该方法的核心原理是评估在给定温度（如 MTT 时）反应的热特性（如反应热、分解热），并通过反应的热特性推测在该给定温度下反应体系的放热、放气及蒸发汽化等其他放热、放气行为。

1. 目标反应放热速率

反应失控后，体系温度将逐渐升高，根据 Arrhenius 定律，在体系温度升高的过程中，反应速率逐渐加快；但同时，反应体系原料逐渐被消耗，反应物浓度逐渐降低，反应速率又逐渐降低。因此，失控后，反应速率和放热速率处于比较复杂的状态。

假设某反应级数为 1 级，结合 Arrhenius 方程和温度与转化率的关系，在 MTT 下的目标反应放热速率可估算为：

$$q_{\text{MTT}} = q_{T_p} \exp\left[\frac{E}{R}\left(\frac{1}{T_p} - \frac{1}{\text{MTT}}\right)\right]\frac{\text{MTSR} - \text{MTT}}{\text{MTSR} - T_p} \tag{3-13}$$

式中 q_{MTT} ——在 MTT 下的反应放热速率，W/kg；

         q_{T_p} ——工艺温度下的反应放热速率，W/kg；

         T_p ——工艺温度，K。

工艺温度下的反应放热速率可以通过微量热、反应量热等测试手段获得；如果放热速率未知，则可用反应器的冷却能力来代替，因为对于等温工艺，反应的放热速率显然必须低于冷却系统的冷却能力。

但是实际反应过程的动力学方程都比较复杂，通过假设反应级数估算和利用冷却能力计算的结果可能误差都比较大，建议对目标反应进行反应动力学研究，获得如反应级数、活化能、指前因子及反应动力学常数等关键的动力学参数，进而能够得到在给定温度下目标反应的放热速率。

2. 二次分解反应放热速率

二次分解反应通常用失控体系达到最高温度对应的最大反应速率到达时间 TMR_{ad} 来表征。TMR_{ad} 越长，意味着可以用来采取措施降低风险的时间越长，说明在该温度下失控反应可控性较好；TMR_{ad} 较短，意味着可以用来采取措施降低风险的时间较短，说明在该温度下失控反应可能无法停止。

TMR_{ad} 等于24h时所对应的温度下的放热速率，可根据下式计算得到：

$$q'_{D24} = \frac{C_p R T_{D24}^2}{24 \times 3600 \times E_{dc}} \tag{3-14}$$

式中　q'_{D24}——TMR_{ad} 等于24h时所对应的温度下的放热速率，W/kg；

T_{D24}——最大放热速率到达时间为24h所对应的温度，K；

E_{dc}——T_{D24} 温度下分解反应的活化能，kJ/mol。

因为放热速率是温度的指数函数，需要进行迭代求解。给定温度 T 时二次分解反应的放热速率为：

$$q'_T = q'_{D24} \exp\left[\frac{E_{dc}}{R}\left(\frac{1}{T_{D24}} - \frac{1}{T}\right)\right] \tag{3-15}$$

与目标反应放热速率类似，由于式(3-13)及式(3-14)计算都进行了假设和简化，可能导致计算结果与实际二次分解反应过程放热速率存在一定的偏差，因此，建议对二次分解反应进行反应动力学研究，除了能够获得如活化能、指前因子及反应动力学常数等关键的动力学参数，也能得到如 T_{D24}、T_{D8} 等关键的分解数据，进而能够得到在给定温度下二次分解反应的放热速率。

3. 气体释放速率

假设气体释放速率与放热速率都取决于所有反应过程放出的能量总和，包括目标反应及二次分解反应，将总放热量与在确定的温度条件下的放热速率结合，就能够得到在确定的温度条件下的气体释放速率。

气体释放速率可用如下公式计算：

$$v_g = V_g M_r \frac{q_T}{Q} \tag{3-16}$$

式中　Q——反应放热量，kJ；

q_T——温度为 T 时的反应放热速率，W/kg。

这里的放热速率及放热量均为所有反应的放热速率及放热量的总和，当反应工艺危险度为3级时仅指目标反应；当反应工艺危险度为5级时指目标反应和二次分解反应。

通过下列方法可以计算得到设备中气体的流速：

$$u_g = \frac{v_g}{S} \tag{3-17}$$

式中 S——管道系统如气体泄放系统中最窄部分的截面积，m^2。

4. 蒸气释放速率

蒸气释放的质量流速与放热速率成正比，结合蒸气密度，可得到开放体系蒸气流速为：

$$v_v = \frac{q_T M_r}{\Delta H_v \rho_v} \tag{3-18}$$

式中 ρ_v——蒸气的密度，$\mathrm{kg/m}^3$。

与式(3-17)类似，装置中蒸气的流速为：

$$u_v = \frac{v_v}{S} \tag{3-19}$$

需要注意的是，释放的气体或蒸气经过容器中液体表面时，可能会导致液位上涨。对于填装系数高的反应器，释放的气体或蒸气经过容器中液体表面时，除可能会导致液位上涨，也可能会导致在冷凝器中形成两相流，则需要根据容器的截面积和管路的横截面积来进行可能性评估。此外，评估装置设备的蒸气流量时，还需要考虑比较冷凝器的冷却能力和体系放热速率。

5. 扩展可能性评估依据

结合表3-8失控反应发生可能性评估，基于失控体系达到最高温度对应的最大反应速率到达时间、体系放热速率或气体、蒸气的释放速率进行的扩展可能性评估标准见表3-12。当需要运用多个判据进行严重度评估时，需要选择最严重的情形，即严重度等级更高的结果作为评估结果。

表3-12 反应失控时中止失控可能性的评估判据

可控性等级	$\mathrm{TMR_{ad}/h}$	$q/(\mathrm{W/kg})$		$u/(\mathrm{m/s})$		可控性
		搅拌	未搅拌	管路中	容器中	
1	>100	<1	<0.1	<1	<1	容易的
2	50~100	1~5	0.1~0.5	1~2	1~5	没问题的
3	24~50	5~10	0.5~1	2~5	5~15	可行的
4	8~24	10~50	1~5	5~10	15~20	临界的
5	1~8	50~100	5~10	10~20	20~50	困难的
6	≤1	>100	>10	>20	>50	几乎不可能的

① 对于密闭体系，不涉及气体或蒸气释放效应，气体或蒸气的释放速率判据并不适用；扩展可能性评估时可以考虑用特征压力参数代替释放速率，但是，当设备的装载量较高时，即使释放气体或蒸气的量不大，也可能导致压力

的急剧升高。因此，使用特征压力参数局限性很大，目前可以单独考虑搅拌或未搅拌状态下体系的放热速率作为判据即可。

② 对于开放体系，可以将气体或蒸气的释放速率作为评估判据，因为可能性评估的目的是在失控反应进一步恶化之前将其控制住，这种评估方法就不适用于应急泄压时的气体流速。对于液体膨胀情形的评估，需要确定管路中气体流速和容器中液体表面的气体流速。

（三）反应工艺危险度扩展评估

对于反应工艺危险度为 1 级的工艺过程，发生热失控后，体系温度既不能达到技术最高温度 MTT，也不会引发物料二次分解反应。只有当反应物料长时间停留在失控体系可能达到的最高温度 MTSR 时，才会发生二次分解反应并导致体系温升。考察此时体系气体的产生情况，需要考虑可能引起密闭体系压力升高，或开放体系气体及蒸气释放。但是由于技术最高温度 MTT 低于失控体系最大反应速率到达时间为 24h 对应的温度 T_{D24}，通常情况下，气体释放速率较小，二次分解反应产生的影响可以忽略。

对于反应工艺危险度为 2 级的工艺过程，与 1 级类似，不同的是此时技术最高温度 MTT 高于失控体系最大反应速率到达时间为 24h 对应的温度 T_{D24}，有可能发生二次分解反应，所以二次分解反应不可以忽略。体系发生二次分解反应后就有可能引起体系压力升高或气体及蒸气的释放。但是，只有当反应体系长时间停留在技术最高温度 MTT 时，才会导致危险。评估时，需要重视气体、蒸气的流速。

对于反应工艺危险度为 3 级的工艺过程，发生热失控后，首先达到技术最高温度 MTT，此时，不会引起二次分解反应。只需要考虑目标反应放热情况对潜在的体系压力升高的影响以及气体、蒸气的释放情况，根据体系在 MTT 的放热速率可以获得气体和蒸气的释放速率及流速，就可以进行相关评估。

对于反应工艺危险度为 4 级的工艺过程，与 3 级类似，不同的是此时失控体系可能达到的最高温度 MTSR 高于失控体系最大反应速率到达时间为 24h 对应的温度 T_{D24}，如果温度不能在技术最高温度 MTT 稳定，就很有可能引发二次分解反应。因此，在相关评估中就必须考虑二次分解反应。计算产生气体的体积和体系最终温度时，也必须考虑二次分解反应。此时，应确认二次分解反应的气体释放速率是否可以接受，结合气体、蒸气的流速就可以进行相关评估。

此外，反应工艺危险度等级为 3 级或 4 级的工艺过程，技术最高温度

MTT 起到了安全屏障的作用，在开放体系中技术最高温度 MTT 即为体系沸点。在设计蒸馏或回流系统的过程中，其能力必须能够完全适用于热失控情形下体系的蒸气流速；也就是说当所产生的全部蒸气都能从反应器传至冷凝器，并在冷凝器中完全冷凝时，体系蒸馏或回流系统的能力才能满足要求。值得注意的是，汽化-冷凝过程可能出现蒸气管溢流，或者反应物膨胀导致液面升高等现象，而这两种现象都会导致体系压力显著升高。此外，设计时冷凝器也必须采用独立的冷却介质，避免与其他冷却系统同时发生故障。在封闭体系中，技术最高温度 MTT 为体系允许的最大压力（一般指安全阀或泄爆片设定压力）对应的温度。此时，在体系压力达到设定压力之前，通过对反应器进行减压，就可以在温度可控的情况下，对失控体系进行调节。如果反应体系压力为超压卸爆对应的设定压力，体系压力升高速率将足够导致两相流及很高的释放流速。因此，超压卸爆体系的设计，必须由专业人员和专业部门进行。

　　对于工艺危险度为 5 级的工艺过程，发生热失控后，将会引发二次分解反应。因此，与工艺危险度为 4 级的工艺过程的工艺类似，需要同时考虑目标反应、二次分解反应的放热情况。不同的是，技术最高温度 MTT 高于失控体系最大反应速率到达时间为 24h 对应的温度 T_{D24}，意味着到达技术最高温度 MTT 时，体系已经发生了二次分解反应，几乎不可能在技术最高温度 MTT 维持稳定。这种情况下，目标反应和二次分解反应之间没有 MTT 作为安全屏障，失控反应将进一步恶化，只能采用应急冷却或应急卸料等措施来减轻失控所带来的影响。但是由于大多数二次分解反应放热量都很大，所以必须特别关注安全措施的建立。为了降低失控反应发生的可能性及工艺危险度，必须考虑进行工艺优化，如采用半间歇反应方式代替间歇反应方式并优化加料速度；或选择适合的催化剂，将反应由动力学控制型转换为加料控制型，并实现温度、搅拌与加料自控联锁等方式。还可以通过降低反应浓度来优化工艺，但是该方法需要与工艺的经济效益综合考虑；也可以通过改变反应器形式，使用连续化反应器或微反应器等方式进行工艺优化。

参考文献

[1]　Jose-Manuel Z，Jordi B，Fernanda S，et al. Early warning detection of runaway initiation using non-linear approaches. Communications in Nonlinear Science and Numerical Simulation，2005，10 (3)：299-311.

[2]　Roduit B，Borgeat Ch，Berger B，et al. Advanced kinetic tools for the evaluation of decomposition

reactions. Journal Thermal Analysis and Calorimetry，2005，80（1）：229-236.

［3］ McIntosh R D，Nolan P F. Review and experimental evaluation of runaway chemical reactor dispos-al design methods. Journal of Loss Prevention in the Process Industries，2001，14（1）：17-26.

［4］ Jacques W，Stoessel F，Gerard Kille. A Systematic Procedure for the Assessment of the Thermal Safety and for the Design of Chemical Processes at the Boiling Point. CHIMIA International Journal for Chemistry，1993，47（11）：417-423.

［5］ Center for Chemical Process Safety. Guidelines for Pressure Relief and Effluent Hanlding Systems. 2013.

第四章

反应风险控制

　　工艺研发的最终目标是实现实验室到工厂产业化的成果转化，为企业创造效益，也为国家经济效益增长做出贡献。对于化学工业过程来说，将实验室的研究成果实现产业化放大，需要开展工艺研究和反应安全风险研究与评估，依据反应风险研究与评估结果，有针对性地开展风险控制，实现安全生产。开发生产化工产品，使用不同的化工原料，生成不同的中间产物以及不同的产品，并经历不同的工艺过程。不同化学物质的运输、储存和应用都存在风险；不同的化学反应，经历的工艺过程不尽相同，也存在不同程度的风险。物质风险源自原材料、中间体、产物以及废弃物本身的静态安全和在工艺过程中的动态安全，过程风险则来源于各种不同化学反应的工艺操作条件，尤其是具有热效应、腐蚀性和某些具有催化性质的化学反应。多种危险源的并存导致了种类繁多的物质风险和过程风险。

　　危险源是发生各种化工生产事故的起源，危险源在一定的条件下可以发展成为事故隐患，事故隐患在防范不利的条件下，将引发危险性事故。作业场所、物料、设备和设施的不安全操作、不安全储运以及不安全状态，操作人员的不安全行为和安全生产管理上的某些缺陷，都是引发化工生产安全事故发生的直接原因。如果事故隐患进一步发生失控，将导致事故的升级，引发火灾、爆炸、毒物泄漏等重大事故，从而导致生产中止、厂房破坏、设备损坏、人员伤亡等安全事故，有可能导致重大人身伤亡和经济财产损失，给国家和人民群众带来巨大的灾难与损失。加强对重大事故隐患的管理和控制，对预防重特大事故的发生、保证化工生产的安全进行具有重要的意义。因此，对化工产品的开发与生产来说，一旦发生失控，就有可能导致危险事故，造成惨重的经济损失和人员伤亡。反之，如果危险在受控的情况下，化工生产就能够得到安全保证并顺利开展，操作人员的人身安全得到保障，企业和国家的财产安全免受损失。

实现安全生产，首先需要开展反应风险研究，并以反应风险研究为基础，对风险进行分析和评估，明确风险源，确定控制和规避的方法。化工生产过程中，需要从物质风险与过程风险两个方面来考虑。在固定的工艺条件下使用特定的化学物质，物质风险基本可以确定。但是，生产过程中还存在着许多随机可变的因素，所以，固定物质使用条件下的物质风险仍存在许多不能确定的因素。此外，固定的工艺技术尽管确定了一定的化学反应的工艺条件，过程风险基本能够明确。但是，由于化学反应本身存在的复杂性，特别是分解反应以及二次分解反应的复杂性，化学反应过程的危险性大小和危险程度高低是难以确定的。

化学反应的原料、中间体、目标产物以及废弃物，大多数都是有机化合物，有机化合物基本都具有易燃、易爆、有毒、有害等危险性。有机化合物在化工生产过程中发生反应并处于动态变化过程时，其危险性往往比在存储、运输等处于静置状态时要大很多，其危险性的大小决定了事故后果严重性程度。在一定的条件下，化学反应千变万化，造成化学合成工艺过程的错综复杂，可能引发危险的因素也很多。此外，一些化学反应过程需要高温、高压、深冷等特殊且苛刻的工艺条件，进一步导致化学反应过程的不安全因素增加，工艺的危险性也进一步加大。

本质安全的工艺属于理想化的合成工艺，理想化的合成工艺不但要求工艺本身安全，而且还要求工艺过程中不存在能够引发危险性事故的不安全因素。化学反应工艺过程本身就是一个动态变化过程，不确定性因素多种多样，因此，绝对安全的反应工艺可以说是不存在的。如今，随着科技的不断进步，一些新材料的合成、新工艺的开发和新制备技术的应用，会给化工工艺过程带来新的危险性，使得化工工艺过程面临着从未经历过的新操作环境的考验，各种潜在的危险性需要进一步充分辨识。在经过充分的工艺研究与风险研究的基础上，对工艺过程的危险性进行定性、半定量与定量研究的评价和评估，根据评价和评估结果得到优化的安全操作条件和控制措施。通过对化学物质的安全性研究，明确物质可能存在的动态及静态操作不稳定因素，明确操作风险及其相关的安全控制措施；通过对化学反应原理及化工工艺过程进行细致的工艺研究和反应风险研究，明确在特定的工艺流程条件下，各工艺过程操作的复杂性和反应的危险性，采取有效的监测和控制手段。必要的工艺监控、分析控制和有效测量，能够最大限度地减少不安全因素，保障化学工业的安全生产。尤其是在工艺研发阶段、反应风险研究阶段、工程化放大阶段和工厂基础设计的初始阶段，需要进行细致的研究，确认潜在的风险，为预防风险、建立有效的监控方法，并采取可行的监控、控制措施。

保障化工安全生产，要坚持广泛的安全生产原则，一些必须坚持的基本原则简要汇总如下：

1. 坚持反应风险最小化的安全性原则

在物质风险明确的情况下，保证安全生产的重要因素是化学工艺过程的风险研究和风险控制。化工生产牵涉到多种反应，对于绝大部分目标产物的合成，常常有很多条可以选择的工艺路线。选择不同的工艺路线，目标产物合成经历的工艺过程不同，所需要的工艺条件也不同，采用的化学原材料也不相同。不同的工艺路线对反应时间、反应温度以及反应过程所需要的其他工艺条件也不同，例如：反应对体系酸性、碱性或中性等 pH 值条件的要求不同。因此，不同工艺路线涉及的化学反应潜在的危险程度不同。对于多种可以选择的合成工艺路线，最小化反应风险的原则，就是要求选择不含有引发反应风险的不确定因素和危险程度高的工艺路线。在统一考虑反应收率、原材料消耗等重要因素的同时，必须要以化学反应风险的最小化为基本原则，对于一些低消耗和高收率的反应，如果找不到有效的办法控制反应风险，不能实现化学反应风险的最小化，再高收率的工艺路线也不适合应用到化工放大生产中。

2. 坚持反应工艺合理控温的安全性原则

大多数化学反应都需要在一定的温度下完成，控温的方式对完成整个化学反应和安全操作起着举足轻重的作用，尤其是使用对温度高敏感性的化工原料或者对温度高敏感性的化学反应，选择合理的控温方式，是保证工艺过程安全进行的重要因素。对于不同的工艺过程，控温的方式有多种选择，如蒸汽加热、水加热、油加热或电加热，要求加热介质的最高使用温度必须比化工工艺过程中反应物质的分解温度低，以防止反应体系加热温度过高，引发物料发生热分解反应以及二次分解反应，产生大量的热和气体，导致爆炸事故的发生。同时，还需要依据反应物质的热敏感度和腐蚀性要求选择合理的反应设施材质和传质方式，以达到有效传质和热交换的目的。对于传质较差的反应体系，还需要根据要求和工程计算配置相应的特殊搅拌装置。而对于水敏感性高的物质，要尽可能避免采取蒸汽或热水的加热方式，避免因为设备或夹套泄漏，导致蒸汽或水进入反应体系，引发意外事故的发生；需要选择非水和惰性的加热介质，保证工艺过程的安全进行。例如：当工艺过程中使用遇水发生剧烈分解的氯化亚砜时，常选择硅油、氯苯等耐热有机物质作为反应的加热介质。

3. 坚持加料方式选择的安全性原则

对于大多数间歇或半间歇工艺过程来说，采取起始全加料或关键物料滴加的方式来完成整个化学合成过程。对于化学反应放热明显的合成工艺过程，因为化学反应本身对物质的加入量和加入速度都很敏感，加料速度太快将会导致反应速度加快和反应放热速度加快，形成物料累积以及热量累积状况，有导致体系温度迅速升高和化学反应热失控的可能性。因此，对于化学反应放热明显的工艺过程，其安全操作方式不但要求半间歇加料，而且还要求在加料管路上安装限量的控制设施，预防加料控制阀门失灵，避免加料速度失去控制时引发反应风险。此外，有些化学反应对物质的加入顺序也有一定的要求，物质的加入顺序必须严格按着化工工艺要求进行。对反应热影响最大的反应物料的加料设备体积大小应采取适当最小化的控制措施，合理限定加料容器的体积大小，把关键物料的加料量尽可能控制在安全限量以内。坚持加料方式选择的安全性原则，是有效避免加料方式不当导致化工生产事故的重要措施。

4. 坚持控制仪表的安全性原则

目前，精细化工生产能够实现全自动化控制的企业较少，化学工艺过程的控制，大多数采用人工控制和 DCS 集成控制系统相结合的控制措施。要求按规定定期校验化工生产工艺过程中涉及的反应温度、反应 pH 值、反应压力等现场控制仪表，确保各种仪表都能准确显示工艺过程的实际情况，避免因为仪表显示失灵而导致反应过程出现异常情况或意外事故的发生。对于实现自动化控制的化学工艺过程，其自控系统必须按照要求定期检查和校准，确保自控系统能够正常工作，同时，还需要对操作人员进行相应的培训，让操作人员能够了解仪表的操作性能和自控或非自控的操作方法，准确进行操作并能有效地控制操作系统，进一步确保化学反应的顺利进行。

5. 坚持阀门的安全性原则

化工生产操作多是通过阀门的开启和切断来实现的，系统设备上各个阀门的选择、安装和测试至关重要，尤其是系统上的放空阀门，必须确保控制有效和畅通无阻。保证在应急情况下，应急措施能够准确无误的实现，并且在充分考虑系统安全的前提下，需要在设计中体现各种安全性阀门的选择方案。对于热敏感性高的关键性物料的加入与切断，通常还要考虑双重阀门。此外，必须对系统上的所有阀门进行必要的安全性测试，特别是在泄爆阀门上安装的防爆膜，必须保证能够在一定的压力条件下正常起爆。

6. 坚持测试的安全性原则

预防原则和保护原则是化工安全生产需要坚持的两个重要原则，预防测试和保护测试是预防原则与保护原则的重要工作内容，预防测试和保护测试是最常用的两种安全性测试方法。

预防测试指的是在每项生产活动开始之前，尤其是在工艺设计的初始阶段，要以工艺研究和反应风险研究作为基础，对化工生产过程整个系统存在的危险情况、危险情况可能发生的条件、危险情况出现后可能导致的后果等进行全面详细的分析，划分清楚危险的类别，同时考虑一些不可控制的反应条件，以及相关控制措施可能存在的不可操作性，并对相应的化工生产系统潜在的危险性做出全面的评价。工厂的机械设备、工艺设计、工程设计、控制系统以及操作途径都需要包含在预防测试之中。预防测试方法可以看作是实现系统安全危险分析的初步行动与初始计划，要求在工艺方案确定的初期阶段或初始设计阶段完成。

保护测试方法通常考虑的是失控反应发生后，针对可能导致的事故及后果而采取的缓解和补救措施，保护系统主要是为了减少经济损失和避免人员伤亡而设计的，保护测试的方法通常不能单独使用，常用的保护测试方法包括设计安装必要的防爆膜实现应急释放，安装强大有效的冷却系统进行急速冷却，选择可行的终止反应试剂实现快速的猝灭反应，建设必要的围堰进行围堵等。

预防测试与保护测试原则是化工安全生产中最为优先的安全性生产原则，预防原则需要全面考虑各种潜在的反应危险性和可能出现的危险状况，并针对各种可能出现的危险情况设计相应的应对措施，最大限度地保证化工生产安全和顺利进行。保护测试原则是对反应失控后可能导致的危险性后果进行分析测试，并建立必要的处理措施。处理反应失控后可能导致的一些不良后果，不仅仅需要浪费巨大的人力、财力和物力，还会影响到生产的进度，并且有可能会带来人员的伤亡。因此，对化工生产来说，预防原则是比保护原则具有更为优先地位的安全性措施。在化工生产全面开展的条件下，预防原则和保护原则都是必要且重要的安全生产原则，对生产企业来说，可以选择的安全措施很多，但是，无论选择了哪种安全措施，最重要的是保证操作人员的人身安全和保障企业的生产安全。

第一节　安全基础的选择

化工安全生产需要坚持反应风险最小化的安全性原则，要坚持反应工艺合理控温的安全性原则，要坚持加料方式选择的安全性原则，要坚持控制仪表的安全性原则，要坚持阀门的安全性原则和测试的安全性原则。但在对安全措施进行选择之前，安全基础的选择至关重要，这将对安全生产产生重要影响。

安全过程的选择通常有下述七个方面的重要因素需要考虑：

① 化学工艺过程所用的原材料的选择；

② 化学工艺过程工艺路线的选择；

③ 工艺过程中物料滴加方式的选择；

④ 工艺过程里最坏情形的确认；

⑤ 失控反应及其避免和预防反应失控的方法；

⑥ 安全措施的选择及其操作的有效性和兼容性；

⑦ 工艺的安全控制条件及其工厂的优化条件。

对上述七个方面的重要因素分别阐述如下。

一、工艺物料的选择

化工生产过程依据工艺路线的不同，所需要使用的工艺原料也不尽相同，对于已选定的工艺路线条件，工艺原料的选择已经基本得到确定。因此，首先应该根据工艺所用物料的物理性质、化学性质以及危险特性进行详细的分析与评估[1]，并对一定的工艺过程可能经过或者产生的中间体作出总体的考虑与评价。

工艺过程使用的物料依据作用的不同可以被划分为主要物料和辅助物料两大类别。工艺过程的主要物料是指从工艺路线中的初始原料开始，直至达到目标产品的整个工艺流程上的所有物料，这包括反应使用的原料、催化剂、反应过程中生成的中间体、目标产物、副产物以及整个工艺过程使用到的各种溶剂、尾气吸收系统中使用的吸收试剂和反应过程中的添加试剂等等。生产工艺过程的辅助物料是指在实现整个化工工艺的过程使用到的辅助物料，其中以公用工程物料为主，同时也包括能够在燃烧区有效地破坏燃烧条件，能够抑制燃烧或终止燃烧的物质。例如：冷冻系统使用的冷冻剂、系统加热和冷却使用的流体、消防系统使用的灭火剂、重复使用的冷热循环气液介质等。常用的冷却剂有空气、水、盐水、乙烯、丙烯、液氨、氟利昂等；常用的灭火剂有水、泡沫、干粉、二氧化碳、卤代烷等。

在工艺设计过程中，依据工艺条件要求、工艺研究结果与反应风险研究结果，首先需要编写工艺过程使用的物料目录，并建立物料安全性数据卡，还要做出工艺过程的物料平衡，记录工艺过程中全部物料在工艺条件下的有关性质资料，作为工艺过程危险评价与安全设计的重要依据。

对于化工工艺过程的物料，典型的资料建立如下：

1. 一般性说明资料

一般性说明资料需要包括化工物料的名称与别名，分子式、分子结构式，分子量，物料的物理状态，纯度要求，存储条件要求，外观性质，气味或味道，化学稳定性，主要用途，重要的腐蚀性参数，危险性和污染因素，必要的防护措施，等等。

2. 基础物性资料

基础物性资料包括物质的相对密度、固体物料的熔点与粒度及其分布状况、玻璃化温度，液体物料的沸点与闪点、pH情况、在水中以及相关溶剂中的溶解性、黏度、临界参数、蒸气密度，等等。此外，为了确保工艺物料的安全使用，尤为重要的是获得物料的易燃性资料。在一般情况下，易燃性物料指的是闪点在21~55℃之间的液体物质或制剂，大多数溶剂和许多石油馏分都是易燃性物料。对于易燃性物料，通常以其闪点、着火点、爆炸极限、最低引燃能量等作为主要的评价指标。

对于固体物料来说，还要关注其粉尘爆炸方面的性质。固体物质的粉尘爆炸性指的是能够引起物质粉尘发生爆炸的物理及化学性质。

影响固体物质发生粉尘爆炸的因素包括以下几个方面：

（1）物质的物理及化学性质　物质的燃烧热越大，则能够导致其粉尘发生爆炸的危险性也就越大。例如：煤、炭、硫等易燃的化学物质具有较高的燃烧热，那么其粉尘也同样具有相对较高的粉尘爆炸性。

物质越容易被氧化，则其粉尘就越容易发生爆炸。例如：镁、染料、氧化亚铁等物质，在空气中容易被氧化，具有相对不稳定的性质，因此其粉尘也具有很强的粉尘爆炸性。

物质的粉尘越容易带电，其粉尘就越容易发生粉尘爆炸。在生产过程中，由于物质粉尘存在互相摩擦、碰撞等相互作用，在这些作用下产生的静电不易散失，造成了静电积累，当静电的累积量达到一定数值时，就容易出现静电放电现象，当静电不能及时导出或导出不良时，静电就会产生电火花，从而引起粉尘爆炸和火灾事故。

（2）物质的粉尘颗粒大小　粉尘发生爆炸的原因是粉尘物质与氧气产生接触及粉尘表面吸附了空气中的氧气，所以有一定量的氧气存在是粉尘发生爆炸的先决条件。粉尘物质的颗粒越细、比表面积越大，能够吸附的氧气就会越多，发生粉尘爆炸的可能性也就越大，而且粉尘物质的着火点越低，其爆炸下限也相应降低。随着粉尘颗粒的精细化及粉尘物质粒径的减小，不仅粉尘物质的化学活性会提高，而且静电富集的可能性也随之增加，粉尘发生爆炸的危险性增强。

（3）粉尘的浓度　与可燃气体的情况类似，粉尘爆炸也需要具有一定的浓度范围，粉尘物质同样也存在爆炸上限与爆炸下限。在文献报道中，多数只列出了粉尘爆炸的爆炸下限，这是因为粉尘爆炸的爆炸上限往往较高，通常情况下不容易达到。

3. 化学反应性资料

物质的化学反应性资料是化工生产过程中必须要关注的重要资料，化学反应性资料通常包括物质操作风险资料与工艺过程风险资料。就物质的化学反应性资料而言，一般包括工艺过程中使用的各单一物质的热分解试验数据、自燃性测试数据等主要的物质化学安全性数据。对于化工工艺过程中的化学反应性资料，就需要考虑相应工艺过程反应的热稳定性试验数据、反应量热数据、反应绝热温升数据、反应腐蚀性试验数据等，同时还需要考虑爆燃引起的爆炸扩散等危险情况。

4. 物质的毒性资料

化学物质通常都具有一定的毒性，一般来说，有机化合物的毒性与其成分、结构和性质有着密切联系，这是人们已经熟知的事实。例如：当卤素原子加入到有机化合物的分子中以后，几乎都能使有机化合物的毒性得到加强。对毒性反应能够起重要作用的化学键的基本类型通常包括共价键、离子键和氢键，除此之外，还有范德华力等。化合物分子中官能团的引入通常也会增加物质的毒性作用。例如：有机化合物分子中引入氨基、硝基、亚硝基官能团后，化合物的毒理学性质会被剧烈地改变，而羧基的存在或化合物的分子被乙酰化后则可能会降低化合物的毒性。目前，大多数常规的化工原料的毒性资料比较全面，但对于非常规的化学物质和反应中间体的毒性资料则需要在工艺研究过程中进行补充与完善。物质的毒性资料通常包括物质毒性的危险等级、物质的卫生标准、吸入或食入危险性、环境中的最大允许浓度、皮肤刺激测试数据和眼刺激测试数据、急性经口毒理学测试数据、致敏性测试数据、急性经皮毒理学测试数据、微核试验数据、亚慢性试验数据、慢性毒性试验数据以及细菌回复突变 Ames 测试数据等。Ames 测试是检测物质是否具有细胞突变性和致癌性的一种测试方法，能提供非常重要的物质毒理学测试数据。此外，还包括具有特殊放射性化学物质的放射性试验数据等。

化学物质的毒性通常可以被简单划分为以下五种情况，这五种情况的简要说明如下：

（1）未知毒性的物质　对于毒性不明确或未知的物质，通常用字母"U"表示，是英文单词 Unknown 的首字母。化学物质标识为"U"的情况，一般用于以下几种类别的化学物质。

a. 该类物质为创新化合物，在当前的文献报道中查找不到该物质的任何毒性信息，人们目前对该物质的毒性资料一无所知；

b. 该类物质很新颖，尽管已经具有基于动物试验的一些信息，但对于详细的物质毒性信息的研究和报道并不多；

c. 该类物质很新颖，已经研究、报道及公开的毒性数据信息存在着疑点，需要进一步研究与完善。

（2）无毒性物质 可以认为绝对没有毒性的物质是不存在的，化学意义上没有毒性的物质通常使用"0"来表示，表示物质的毒性为"0"级。化学物质标识为"0"级毒性的情况，一般用于以下几个类别的化学物质。

a. 该类物质的毒性资料齐全，在任何条件下使用该物质都不会对操作人员造成中毒性伤害；

b. 该类物质的毒性资料齐全，仅仅在超大的剂量下或最不寻常的条件下使用，才可能对操作人员造成一定的毒性伤害。

（3）轻度毒性物质 具有轻度毒性的物质用"1"标识，轻度毒性情况通常包括慢性局部中毒、慢性全身中毒、急性局部中毒和急性全身中毒。轻度毒性的具体情况如下：

a. 慢性局部中毒指的是物质经过连续或重复暴露持续数日、数月甚至数年的情况下，无论暴露的程度是大或小，对相关人员的皮肤或黏膜造成了轻度伤害；

b. 慢性全身中毒指的是物质经过连续或重复暴露持续数日、数月甚至数年的情况下，毒性物质通过呼吸或皮肤吸收的方式进入相关人员体内，无论暴露的程度是大或小，对相关人员造成了轻度伤害；

c. 急性局部中毒指的是化学物质在一次性连续暴露了几秒、几分钟或者几小时的情况下，不论暴露的程度如何，都对操作人员的皮肤或黏膜造成了轻度伤害；

d. 急性全身中毒指的是相关化学物质一次性连续暴露了几秒、几分钟或者几小时的情况下，毒性物质通过呼吸或皮肤吸收的方式进入相关人员体内，或者毒性物质被人员一次性服入，不论毒性物质的暴露程度如何，也无论吸收或服入者吸收或服入的剂量多少，仅对相关人员产生了轻度影响。

一般而言，被列为"轻度毒性"类的物质在人体中的变化往往是可逆的，中毒者会随着化学物质暴露的结束，经过医治或无需医治而逐渐消除中毒症状，恢复到健康状态。

（4）中度毒性 具有中度毒性的物质用"2"标识，中度毒性情况同样包括慢性局部中毒、慢性全身中毒、急性局部中毒和急性全身中毒，中度毒性往往发生于毒性物质一次性连续暴露几秒、几分钟或者几小时的过程中，对皮肤或黏膜造成了中度中毒影响。上述影响可以来自于几秒的强暴露或几小时的中度暴露。被列为"中度毒性"类的物质往往会在人体中产生不可逆的中毒症状，但有时也会有可逆的变化发生。需要说明的是，这些不可逆的中毒症状或可逆的变化并不会严重到危及人的生命或对身体造成严重的、永久性的伤害。

（5）重度毒性　具有重度毒性的物质用"3"标识，重度毒性情况同样也包括慢性局部中毒、慢性全身中毒、急性局部中毒和急性全身中毒，重度毒性也同样常常发生于物质一次性连续暴露几秒、几分钟或者几小时的过程中，对皮肤或黏膜造成了重度中毒影响。上述影响可以归因于几秒的强暴露或者几小时的中度暴露。被列为"重度毒性"类的物质会对人体产生不可逆的中毒影响，有时也可能有可逆的变化发生。需要说明的是，这些不可逆的中毒症状或可逆的变化会危及生命或对人体造成严重的、永久性的伤害。

二、工艺路线的选择

化工产品的合成通常可以采用多条不同的化学工艺路线，通过多种不同的化学反应来完成。工艺路线的选择一般在合成工艺的探索研究时开始，工艺路线的确定则需要在进入正式工艺研究阶段之前和进入正式工艺设计的最初阶段完成，与此同时，还需要依据已确定的工艺路线，完成相对应的反应风险研究。工艺路线选择主要依据工艺路线的安全性评价，包括充分考虑工艺过程本身是否具有潜在危险性，工艺过程中为了合成目的的产物所要进行的相关操作：物料加入、移出、转移和储存等过程中潜在的危险性的考虑以及其他危险性因素是否能够在工艺过程中有所加强等的考虑。

1. 具有潜在危险性的工艺过程

任何化学工艺过程都是具有潜在危险性的，具有潜在危险性的合成工艺过程在一般情况下是指化学合成过程潜在的危险性，一旦失去了控制就有可能会造成灾难性后果的工艺过程[2]，比如：放热反应过程在热失控的情况下有可能发生飞温、冲料、爆炸、火灾、毒性气体的释放等事故。

现将具有潜在危险性的工艺过程简要地总结归纳如下：

① 工艺过程使用的液体化学物质的沸点与闪点较低，具有一定的燃烧性与燃爆性，特别是工艺反应条件为在物料的爆炸极限范围附近进行操作的工艺过程；

② 工艺反应本身有气体生成，潜在爆炸危险性；

③ 工艺反应本身是放热反应，特别是剧烈放热反应；

④ 工艺反应条件较为苛刻，工艺需要在高温、高压或深度冷却等条件下进行的操作；

⑤ 工艺过程中使用了一些固体物质，这些固体物质的最低燃爆能量较低，具有一定的粉尘爆炸性；

⑥ 工艺过程使用的物料具有热不稳定性，容易引起分解反应、二次分解反应或爆炸反应；

⑦ 工艺过程使用的原料、生成的某些中间产物或副产物具有较高的毒性。

对于任何确定了的工艺过程，如果具备上述危险条件中的一种或几种，那么该工艺过程则具有潜在的高风险，需要认真开展工艺研究与反应风险评估，并要全面开展反应过程的安全性分析，确保工艺过程中的风险能够得到全面的评估及有效的控制，保障化工生产安全进行。

2. 反应过程的安全性分析

化工生产的目的是实现物质之间的转化。物质间的转化过程通常较为复杂，化学反应过程常常会因为反应条件的微小变化而导致反应结果偏离了预期的反应途径，严重的会导致分解反应或二次分解反应的发生，甚至引发灾难性后果，同时，工艺过程存在较多的危险特性，开展反应风险研究与评估，充分评估化学反应工艺过程存在的危险性，将有助于保证化工生产的安全。

化学反应过程的安全性分析通常包括以下内容：

（1）化学物质及其反应的安全性分析　工艺过程涉及的化学反应是化工生产中最主要的风险源，需要认真分析生产过程中发生的所有的反应，包括副反应，并对潜在的具有热不稳定性的反应物、中间产物、目标产物和相应的反应与副反应进行全面的分析，辨明潜在的风险。例如：要对具有自燃性质和燃爆性质的物质的使用进行认真分析，对相关反应潜在的危险性进行全面考察，并考虑如果反应物的相对浓度或其他操作条件发生改变的情况下，是否会减小或加剧反应的危险程度等。

（2）物料混合风险分析　化学物质之间进行混合，常常因为物料之间产生相互作用，带来新的风险，因此对于工艺涉及的所有化学物质，应该采取建立矩阵列表的形式来充分考虑物质之间的相互作用，考虑物质间在混合过程中可能会导致的风险，考虑反应物与热源的配置以及加热方式的选择，考虑可能会发生的冷却失效、反应失控等操作故障，这就要求在工艺设计方面要充分考虑可能发生的失误和失控，考虑到由于化学物质间的混合导致的各种潜在风险。

（3）物质理化性质风险分析　工艺过程中使用到的所有化学物质，包括溶剂与添加剂，都需要充分了解其物理及化学性质，考虑各种物质是否能够吸收空气中的水分吸潮或发生潮解，是否具有因为发生了吸潮或潮解而引起表面黏附从而形成了具有毒性或具有腐蚀性的液体或气体的特性。要认真地评价工艺过程可能会发生的反应及副反应，考虑是否能够生成有毒物质，反应或副反应发生是否会产生大量的气体，甚至导致爆炸事故，要充分考虑工艺过程中所有使用的危险性物质，尤其是对于痕量可燃物、痕量不凝性的有毒易燃物、有毒易燃性中间体或积累的副产物，等等。此外，还需要充分考虑工艺过程中是否会形成具有危险性的垢层，垢层的形成会影响热传递的正常进行，从而导致热量累积、引发风险等各种情况。要明确工艺过程中存在的杂质对化学反应及工艺过程的影响，要明确设备的材质与选型、管道材质与选型对化学反应及工艺过程的影响。此外，对于涉及使用催化剂的工艺过程，还需要对催化剂各个方面的催化性质进行严格考察，例如：催化剂的活化、再生、老化、中毒及催化剂粉碎等情况。

3. 潜在危险性较高的工艺操作

在经过细致的工艺研究、反应风险研究与工艺安全风险评估之后，确认了一些危险程度相对较高的或具有潜在高危险性的工艺过程。在实施危险性相对较高的或具有潜在危险性的工艺过程操作之前，需要认真分析研究具体操作过程将会面临的危险性，确定出安全操作方案，这是过程安全评价的重要内容。

下面列举出了一些常见的具有潜在较高危险性的操作过程：

① 含有可燃、有毒固体的过滤、干燥、粉碎的操作过程；

② 含有易燃、有毒液体或气体的蒸发过程、反应过程；

③ 易燃物质与强氧化剂的混合反应操作过程；

④ 含有易燃、具有强氧化性的氧化剂的操作过程；

⑤ 含有不稳定性物质的升温、升压操作过程；

⑥ 具有热敏性的化学物质与工艺过程中使用的不参与反应的组分的分离操作过程，例如：具有热敏性的物质与溶剂或催化剂的分离操作过程[3]。

三、间歇和半间歇操作

精细化工的生产与石油化工生产的最大区别在于前者生产过程复杂，不容易实现全面的连续化生产，而以石油化工为代表的连续工艺过程通常适用于自动化控制操作，属于大批量的连续化操作。从经济性的角度来看，连续化的操作过程明显优于间歇的操作过程。在连续化操作过程中，反应物能够连续不断地加入到反应器中，经过相互连通的各个操作单元完成反应，产物也连续不断地移出反应体系。由此可知，在连续化的生产工艺中，尽管产能相对较大，但工艺原料在系统内的累积存在量相对较少，未反应的原料也较少，所以，连续化过程的稳定性更好，周期性波动较小。

在化工工艺的设计中，反应风险的来源主要体现在工艺过程的选择上，需要在连续工艺与间歇工艺之间做出选择。对于大规模连续化的生产模式而言，多数采取自动控制，开、停车相对较少，因此，潜在的反应风险是相对固定的。精细化工合成反应能够全面实现连续化操作的工艺过程不多，其中绝大部分需要采用间歇操作或者半间歇操作的模式来完成。化工间歇操作过程重大风险取决于安全技术措施的复杂性、延展性及任意时间内反应器中的化学物质量的多少。在任意时间内，反应器内的化学物质的量越少，工艺过程的安全性越高。

虽然连续化工艺过程的产能较大，技术上也比较容易控制，容易实现稳定操作，同时经济优势显著。但是，连续化反应器及连续化操作工艺的应用与实施具有一定的局限性，连续化生产对设备的自动化程度要求较高，固定资产的一次性投资相对较大，就这些方面而言，连续自动化的生产模式并不能完全满足精细化工生产的需要，间歇操作和半间歇操作仍旧是当今精细化工行业在生产上采用的主要生产模式。

向反应器内滴加物料的操作模式称作为半间歇操作，而预先一次性投入物料的操作模式称作为间歇操作。与半间歇操作过程相比[4,5]，间歇操作方式可能具有较大的风险，一旦由于超温引发反应体系热失控，反应器中大量的原料在温度升高的过程中快速发生化学反应，释放出大量的能量，释放的能量加剧体系的升温，在这种情况下，没有有效的风险控制措施能够阻止体系温度的持续升高，最终可能会引发反应体系的二次分解反应，造成火灾、爆炸等事故。相比之下，采用半间歇操作方式相对安全，可以通过控制物料的加入量及加入速度，控制反应过程的能量释放，达到安全生产的目的。尤其对于强放热反应而言，采取半间歇操作模式可以更有效地控制反应的放热量与放热速率，减小由于反应热失控造成的风险。但是，对于一些间歇或半间歇的操作过程，有时需要在两个或几个连续操作批次之间清洗反应器，有可能存在设备清洗程序不完善、清洗准备不充分、清洗不彻底或没有完全移除清洗液的问题，从而引入了新的危险源，从这一点上看，考虑新危险源的引入，间歇、半间歇操作相对于连续操作来说具有较高的工艺危险性。此外，在间歇或半间歇操作中，如果对化学工艺、化学反应热、物质热稳定性等认识不足，缺乏足够的过程数据，将会进一步影响工艺设计的合理性，造成安全控制系统配置的不匹配，以及操作程序的不完备，给工艺带来更多的风险。

对于半间歇操作模式来说，尽管主要反应物料采用滴加的方式逐渐加入到反应体系中，但也存在着一定的风险性。该工艺风险主要来自于物料的滴加速度及加入量，物料的加入速度要与反应系统的移热能力相匹配[6,7]，物料加入速度不能超过反应设备的移热能力，否则就会导致反应热在反应体系内大量累积、体系温度持续上升。当体系温度升高到一定程度时，将会引发偏离目标工艺的副反应，甚至引起体系中不稳定物料的分解或反应体系的沸腾，最终导致意外事故。如果当物料的加入温度低于反应体系温度时，供热能力不足，反应不能够及时发生，也会造成物料的累积，当体系温度快速达到反应温度时，积累的原料将会以较高的浓度发生突发反应，这时，如果生成的热量不能被及时移出反应体系，体系内的温度将会持续上升或突然升高，也有可能引起反应体系中物料发生分解反应或二次分解反应。对于有气体生成的反应，反应的快速引发还将会造成体系内压力的急剧升高，可能导致爆炸事故。例如：某产品的合成过程，按照工艺要求应在不低于 75～80℃的温度条件下进行，原料 A 要在 4h 内滴加完。但由于操作过程出现偏差，操作人员没有按照工艺要求的温度加入原料 A，其滴加时反应釜内温度为 70℃，在此温度条件下，目标反应的反应速率较慢，加之投入的是低温物料，造成滴加过程体系温度降低至55℃，在如此低的温度条件下，操作者又人为地加快了原料 A 的滴加速度，于 1h 10min 内投入了全部的原料 A，并随后对反应体系进行了加热。当体系温度上升至反应温度时，发生了剧烈反应，大量放热，由于反应热来不及被移出而造成体系温度的骤升，仅在 10min 内体系温度就升高至 200℃以上，导致釜内的物料进一步分解，产生了大量的气体，最终造成了爆炸事故的发生。

对于有气体产生的放热半间歇操作，物料的加入速度对反应也会有一定影响，除了影响反应速度以外，也会影响体系产气的速度，尾气的排放速度如果超过反应器排放管路的设计限值，可造成反应器憋压及气体的逸出。例如：某农药生产工艺中的取代三唑生产岗位，反应过程中会生成甲硫醇气体，由于原料滴加速度太快，反应生成的甲硫醇气体来不及被完全吸收而产生外逸，造成了严重的环境污染事故。因此，工艺控制会对工艺安全产生至关重要的影响，对于在工艺操作过程中遇到的任何异常现象，首先是要搞清楚引起这一异常现象的原因，不能盲目地使用补加反应物、提高反应温度或加快物料滴加速度的方法，对于需要在一定温度条件下完成的放热反应，要充分考虑反应热的传递和移除效应。对于放热显著的化学反应，还需要考虑采取在反应温度条件下将关键的反应物料逐渐滴加的方式，没有足够安全性数据的情况下，绝不能采取预先投入大量物料，之后再进行加热升温的间歇式操作方式。在投料过程中，还需要严格注意物料的投入顺序并保证设备合理的利用率，确保温度探头、热电偶等温度测量装置能够浸入到反应料液内部，使测温装置能够显示出反应体系的真实温度，避免因温度不准确而导致危险性事故。

四、确认最坏的局面

对于工艺风险，可以简单地理解为一个事物的发展过程所具有的不确定性，只要在一个事物的发展过程里能够出现几种不同的结果，且各种结果都会伴随有一定的危险性情况的出现，我们就可以认为此事物的发展是处于风险之中。通过风险在发生后造成的危害结果的严重程度就可以对工艺风险的危险性进行分析和评估，以此来确认最坏的局面。对于可能发生的危险情况可以通过最坏局面的确认，提前采取一定的预防及保护措施，有助于降低工艺风险的危害程度。例如：反应系统安全阀的安全性评估及选用，不仅需要满足在系统超压时能够把介质迅速排放的要求，还要能够保证承压设备的压力不能超过设备允许的限值，因此，选择系统的安全阀门，要同时考虑压力容器的工作温度、工作压力、目标介质特性以及危险发生时可能会发生的情况等。由于压力反应其本身具有相对较大的危险性，因此，许多标准、法规都对设计标准进行了规定，在设计过程中，除了需要严格执行这些标准、法规，还要考虑压力容器或压力设备的结构、材料、设计强度、制造方法、金属厚度等诸多因素。例如：对于压力不高的承压设备大多数可选用杠杆式安全阀；需要在高压条件下完成反应的压力容器多数可以选择弹簧式安全阀；对于压力高、流量大的承压设备最好选择全开式安全阀；如果压力反应使用的介质为易燃、易爆或有毒有害的有机溶剂，建议选择封闭式安全阀。对于系统的设计温度及设计压力，应该参考工艺过程中的最高限值来确定。压力容器通常造价昂贵，为了便于后期维修、检查和保养，压力容器上必须留有一定尺寸、一定数量的检查孔。在操作或处理具有腐蚀性的反应原料、产品时，除了要充分考虑设备、容器、管道的耐腐蚀性以外，还要考虑安装完善的排液系统，并要严格注意防止压力容器的放空口和安全阀门由于排出的危险物质产生滞留而带来的二次危险性。此外，对于有泄压阀的反应系统，必须要进行严格的工艺研究、反应风险研究及工艺风险评估。

事实上，安全系统仅仅适用于某些特殊的情形，往往在最坏的局面下，常规的设计不能够提供全面的防护措施，只有在反应风险研究和反应安全风险评估后，对安全系统设计进行完善，才能在任何情形下都能提供保护措施。

在进行安全系统设计时需要考虑各方面的因素，例如：原料因素、搅拌传质因素、温度控制因素等，如果对主要的控制因素不了解、不清楚，控制不到位或控制发生了偏离，都可能会导致严重后果。

1. 原料因素

对原料的物理及化学性质，包括熔点、沸点、闪点、燃点、蒸气压、酸碱度、自燃温度、热稳定性、毒性等方面的性质了解不够全面，使用了错误的原料、原料吸水受潮、原料中混有杂质、原料的加入速度太快或太慢、原料的投料量过多或过少、原料在金属或其他材质的设备内长期的存储质量发生了的改变，均会带来一定的工艺风险。

2. 搅拌因素

搅拌是保证反应体系传质、传热的重要手段，如果对搅拌设计不当，对搅拌器或搅拌速度的选择存在缺陷，当搅拌在工艺过程中出现意外情况，没有考虑任何的补救措施，例如：停电或者其他设备出现故障导致搅拌失灵等，最终都可能会导致危险事故的发生。

3. 温度控制因素

反应温度会对化学反应速度产生重要影响。反应温度的控制与冷却设备、冷却介质、冷却系统的移热能力以及系统中各设备与部件的正常运行密切相关。如果冷却系统的移热能力不足、供冷失灵、冷凝器阻塞、仪表失灵、温度设置错误、泵失灵、停电、阀门故障及其他相关机械出现故障，都将导致反应温度的失控，引发反应风险。例如：某一放热反应，反应物 A 与 B 以摩尔比4∶1 的比例加入到反应釜内，初始设计时，物料通过各自的加料罐滴加到混合釜中，经过混合后再加入到反应器，当物料全部混合完毕后，混合器出料阀门全开，将混合物料全部加入到反应釜内。实际上，反应物 A 和 B 的反应过程较为缓慢，并且放热不剧烈，在室温条件下反应放热需要几小时才能达到体系的沸腾温度，在常规操作条件下，原料滴入混合器混合完成后会被迅速排净，没有潜在风险。但是，当停电或计算机失灵等意外故障发生时，有可能导致反应物在混合器中发生存积，此种异常现象如果持续时间较长，最终可导致温度升至 150℃、压力升至 1MPa 的情况发生，此时会超过混合器的设计压力，造成喷料或爆炸等事故。为了规避此类风险可以考虑在混合器上加设应急泄压装置。而更好的解决方法是取消混合过程，将反应物 A 和 B 以一定的速度直接加入到反应釜，这样做不仅有利于节约资源，更有利于保证安全生产。

五、不同情形的过压问题及其安全方式

化工生产过程中，除了有常压条件、真空条件的反应外，还经常会遇到高

压反应。例如：高压加氢还原、催化空气氧化、催化水解、高压聚合等。一般情况下，与常压反应相比，高压反应对设备的要求较为严格，潜在的危险性相对较高，但大多数的压力反应由于其工艺过程没有或很少有废水、废渣和废液产生，其原子经济性通常较高，因此，压力反应过程既经济又环保，例如：高压催化加氢反应可以称为是绿色的化学过程。对于高压反应而言，反应过程的重要风险来自于反应压力过高，一旦反应压力超出了预定压力值，有可能引起副反应或二次分解反应的发生，造成体系内连锁分解反应的发生，并且会对反应设备造成一定威胁。设备过压问题不仅仅针对压力容器，而是所有的常压反应设备、化工容器等，都有一定的耐压要求。为了有效地预防过压问题可能带来的风险，在所选择的化工设备上安装压力释放装置是重要和必需的安全措施。

对于所有的化工设备和化工容器来说，如果没有配备合理的压力释放装置，一旦反应过程出现过压，不仅可能会引发副反应，而且还可能会因体系过压引起罐体的破裂及相应设备的损坏。造成体系过压问题的原因各有不同，包括来自外界因素造成的设备过压、反应进行过程中引起的过压以及操作失误造成的反应体系过压等。

下面介绍三种主要的过压情况：

1. 超常吸热导致的过压

压力容器的安装和使用都有相应的规范要求[8]，需要相对隔离并远离火源与热源。当化工生产装置近距离接触热源或者火源时，都将致使设备温度升高，从而导致设备内压力的迅速升高。如果容器内存有的物质需要低温的条件进行保存，在装有低于环境温度流体的设备保温失效时，同样也会引起体系温度的升高，最终将导致设备压力的快速升高。对于没有夹套的设备或液体储罐而言，当完全暴露于无约束燃烧的火焰中或者处于其他热源中时，其液体润湿表面的热吸收速率可以达到 $390000kJ/(h \cdot m^2)$。在发生上述危险情况时，极易造成储罐内液体的沸腾、膨胀而导致蒸气爆炸。对于含有低温流体的管线或容器，当发生保温失效时，尽管其吸热速率比在火焰中暴露形成的吸热速率低，但也会形成比较高的吸热速率。最终，均会由于超常吸热引起过压，进而带来危险。

2. 化学反应引起的过压

对于反应物为气体的或生成物为气体的化学反应，溶剂为低沸点、低闪点物质的化学反应，以及反应速度较快的工艺过程，由于有气体或蒸气产生的不稳定性质，往往会给选择反应设备的压力释放装置带来困难，难以遵循绝对的标准。在上述反应体系中，反应生成的气体和反应体系内的溶剂蒸气会同时释放，有时还会存在液体的夹带释放，释放出口的确定就会变得很复杂，如果严格按气体或蒸气负荷大小来确定压力释放装置就很有可能与实际产生偏离。因此，对于具有潜在风险的化学反应来说，安全的控制原则是选择适当的终止剂，一旦发生紧急情况，立即向反应体系内加入终止剂，及时终止反应，防止过压情况的发生；对于溶剂为低沸点、低闪点的反应体系，要求自始至终保持惰性气体氛围，实施有效的惰性气体保护措施，避免发生副反应，避免因过压产生危险。

3. 故障或失误引起的过压

生产过程中常会遇到设备故障，有时还会出现人为操作失误的情况。设备故障或人为操作失误有时会导致反应设备、化工容器、气体或液化气钢瓶以及管道出现过压现象，造成爆炸或燃爆等事故。在化工生产过程中，一般情况下全部装置流程中的设备之间都会采用安装阀门或管道的方式进行连接，在关闭阀门的情况下，各工艺过程装置的每个部分都会与其他部分做到相对隔绝，因此，每个不同生产单元内的主要设备都必须配备独立的泄压装置，保证在工艺过程中每个不同的操作步骤都可以做到独立的应急泄压，避免在其他环节操作失误的情况下，造成连锁效应，导致反应系统出现过压的情况。此外，为避免操作系统过压需要对设备故障及操作失误的各种情况进行详尽的分析，做到在不同的实际操作条件下，准确预测各个系统所需要的泄压能力与泄压部位，建立相应的规避措施及解决方案，有效地避免在设备发生故障和人为操作失误的情况下，进一步导致反应系统出现过压现象。

目前，化工生产的每个过程尽管都设计有压力应急释放系统，但由于应急释放系统的设计往往比较复杂，没有固定的设计标准与设计方案，因此，压力应急释放系统并不是适用于所有的反应[9]，设计应急释放系统应该遵循能妥善处理事故的原则。对于特殊的化学反应过程，如果应急释放的相关气体为有毒有害的，不允许直接排入大气，通常还需要设计安装尾气吸收装置，必要时安装吸收塔等辅助设施。对于反应放热剧烈、反应较快的过程，有时不可能设计出一个足够大的应急释放系统。极快的反应速度，将导致系统压力的急剧升高，应急释放并不能完全消除风险，应对这样的危险情况，可以考虑采用猝灭反应等方式来取代应急释放。因此，合适的应急释放系统的安装与应用具有一定针对性。

六、工厂操作的有效性和兼容性

对于化工生产来说，仅仅依靠稳定可行的工艺技术并不能达到安全、高效的生产目的，实现工厂安全操作的基础是操作的有效性和兼容性，而工厂操作的有效性和兼容性来自于切实有效的基础设计。所以在初始设计的启动阶段，就需要通过文献资料查询相关的数据信息、实验室内小试阶段的试验数据、中试规模的工程化放大试验数据以及反应风险研究数据。从工艺设计开始直到工厂满负荷的生产运行，工艺过程的设计者必须认真研究工艺过程及其所有的试验数据及试验结果，综合考虑小试、中试及大生产操作中的放大效应，从设计的角度来保证工厂操作的有效性和兼容性。

考虑工厂操作的有效性和兼容性，大致包括以下内容：

① 比较大规模化工生产使用的工业原料与实验室使用的小试原料在质量上的差异性，建立原材料质量使用标准，明确纯度不高的化学品在使用过程中可能存在的质量风险及安全风险；

② 清楚地了解工艺使用的各种原材料的特性，将稳定性差、化学性质活泼、毒性的物质等进行合理化分类，明确各种工艺中的原材料、中间产物、产品及副产物的储存要求，对存储问题以及可能带来的影响作出评估；

③ 明确化学反应的反应热及绝热温升情况，认真考虑反应风险，也要考虑传质、传热效果的不同对反应的影响以及可能带来的放大效应[10]，达到良好的传质与传热效果，满足生产上的要求；

④ 认真考虑工艺过程中反应时间的差异带来的影响，明确延长加料时间与反应时间的延迟可能会带来的影响，并在生产中有效避免由于反应时间的延长产生的影响；

⑤ 反应体系内金属离子的存在可能会对化学反应起到催化作用，明确可能存在的金属离子的种类及其对工艺过程造成的可能影响，对设备材质进行合理选择，避免由于设备选材不当带来的影响与产生的风险；

⑥ 关注整体工艺过程，如果各步反应产生的中间产物没有涉及蒸馏、精制等处理过程，直接进入下步反应时，需要认真考虑连续操作过程中各种杂质尤其是敏感性杂质的累积情况，考虑其可能带来的质量风险和反应风险；

⑦ 从工艺设计以及操作执行的角度出发，明确操作过程监控方法的偏差以及在自动控制的过程中可能存在的影响和差异。

与此同时，化工生产的安全保证及风险控制不仅仅涉及工程过程、工艺过程与工艺操作，还会涉及工厂建设和人员配置等各个方面。

工厂建设是进行化工安全生产的初始步骤，工厂建设及人力资源的相关配置对化工生产具有重要的影响，工厂建设与人员配置的基本要求如下：

① 工厂设计与工厂建设要坚持经济性与实用性的原则，充分考虑系统设备的相互兼容性，在关键工艺步骤采用合理的自控设计，实现控制自动化，最

大限度地避免人为操作失误对工艺稳定运行产生的影响；

② 化工生产设备需要进行定期的维护与保养，化工生产单位需要有足够的维修能力，并配备专业的设备维护与保养人员，保证生产设备及装置的正常运行；

③ 在设计初始阶段，就应根据生产岗位配备相应的人员，对人员素质提出合理的要求，并对操作人员进行必要的相关培训，让所有的操作人员都清楚地知道本岗位的工艺技术条件，生产岗位的操作人员还必须充分理解和认真掌握本岗位的工艺操作方法和设备操作方法；

④ 对精细化工行业而言，化工产品根据市场需求的变化，往往更新换代较快，要求生产车间通常具有多功能性质，建议采取柔性连接，在满足相同性质或者不同性质的生产品种间进行切换的要求，满足生产的需要，技术人员应该非常清楚和明确在工厂建设或工艺操作条件发生改变时，对这种改变可能造成的影响，在设备清洗及生产过程中避免交叉污染风险。

七、工艺控制及工厂优化

很多化工工艺过程受多种因素的影响，有些因素的存在是不可控的，因此，化工工艺的改进与优化是一项持久且连续的重要工作。尤其是对于一些可控性较差的危险工艺，反应风险研究与反应安全风险评估就尤为重要，更应该持续进行工艺技术改进与工艺优化。工厂和其中的各种设备是为维持工艺操作在允许范围内的正常运行而设计的，在设计、建设、开车、试生产或停车等各阶段中，有可能存在某些条件的改变，从而与正常设定的生产操作偏离。对于风险性较大的反应，工艺操作条件的微小改变或工厂设备的细微偏差都有可能导致严重的后果，从而引发危险事故。这就需要通过反复的反应风险研究与反应安全风险评估来规避风险，完善工艺条件及安全控制措施，满足反应安全风险评估以及生产安全的控制要求。

工艺风险性的影响因素有很多，主要及常见的影响因素汇总[11] 如下：

① 反应在工艺要求温度范围内，延长反应时间导致发生了不可控的放热副反应。

② 如果某一反应对温度非常敏感，按反应的温度要求，一般对于在 $30\sim70℃$ 区间内发生的反应，通常选择热水或其他非水物质作为热源，如果使用蒸汽进行加热，将有巨大的潜在风险。

③ 由于设备材质选择不当，将金属离子带入反应体系，在金属离子的催化作用下，发生副反应或分解反应。通常的情况应该选择搪玻璃的设备，如果

错误地选择了不锈钢材质的设备，一旦设备发生腐蚀，将进一步带来巨大的风险。

④ 采用不锈钢材质的管路输送有机物料，可以有效地防止静电产生，当管路由不锈钢改成了搪玻璃或塑料时，将导致静电的产生和聚集，在静电跨接或导出不良的情况下，聚集的电荷将有可能会导致爆炸。

为了规避工艺过程中的反应风险，确保化工生产能够安全进行，工厂及工艺的优化[12] 需要对设计及操作过程的每一细节逐一严格校对，安全校对的内容主要包括以下几点：

1. 物料的安全校对

① 检测和分析工艺过程使用的所有物料，向供应商咨询有关物料的一般性质与特性，明确工艺使用的物料在相关工艺过程与工艺条件下的有关物理及化学性质，切实掌握物料在储存、生产加工与应用安全方面的知识或信息，并确保物性资料的来源可靠，鉴别所有工艺过程中涉及的原材料、中间体、产物及副产物的危险性，收集工艺过程物料的安全性技术资料。

② 查询工艺使用的所有物料的毒性信息，确定物质被机体吸收的不同进入途径与进入模式，分析短期、长期对人体的影响及其允许接触的限值。

③ 考察工艺过程中物料放出的气味与毒性之间的关系，确定物料气味是否只是令人厌倦或是否会对健康产生影响，在工业卫生识别、鉴定与控制方面建立相关方法。

④ 根据物质危险性质，将物料在生产、加工、储存的各个阶段对物料量、物理状态等相关要求与其危险性进行关联考虑。

⑤ 明确在产品的运输过程中，可能给相关人员，例如：仓储人员、承运人员、铁路工人以及民众可能带来的危险，并建立安全的防护防范措施。

2. 反应的安全校对

工艺过程根据相应的化工原料，通过特定的化学反应得到目标产物，以对原材料进行安全校对为基础，还需要对工艺涉及的化学反应进行校对，反应的安全校对的主要内容如下：

① 化学反应过程会对工艺安全产生重要影响，为了使反应能够安全地进行，首先必须对工艺过程进行全面的研究与分析，对反应过程中的主反应、副反应以及意外发生的化学反应都要进行全面的考虑，分析出在工艺过程中一切可能发生的化学反应，确定这些化学反应潜在的和可能带来的风险。

② 结合工艺过程研究与反应风险研究，考察反应进程、反应速率与其他相关变量之间的关系，确定能够阻止反应过程中副反应、分解反应及二次分解

反应等危险化学反应发生的关键条件，采取有效的手段与措施加以控制。同时，对于放热反应，确定在热量累积的情况下反应可能达到的极限程度，并确定应急控制措施与应急方案。

③ 对化学物质进行稳定性研究和分析。对于不稳定的相关物料，通过试验确定其在受热过程、氧气氛围或在受到振动、摩擦、加压等条件下的不稳定程度，明确物质在暴露、存储、使用等情况下的相关危险性，建立相应规程，保证安全操作。

④ 对工艺反应过程进行仔细研究，对工艺过程中涉及的化学反应进行反应热相关测试，获得反应热、绝热温升等热数据，明确反应过程的热效应，对工艺过程的传热、传质提出具体要求。同时，还要考察在相关工艺条件发生改变时可能带来的反应风险。例如：反应温度、反应物的相对浓度、物料滴加速度、操作压力等条件发生改变时，是否会导致潜在失控的风险。如果有潜在的风险发生，要评估所发生的风险对人员、设备以及周围环境等可能造成的危害，并严格评估发生风险的可接受程度。

3. 化工安全生产的总体要求

化工生产行业属于风险性较高的一类制造业，我国政府对化工安全生产有着严格的法律规定与相关要求。对于化工生产企业来说，化工安全生产的总体要求可简要归纳如下：

① 化工产品的生产过程总是从小试、中试最终至放大生产，化学反应必须经历必要的放大过程，对于某化学反应，必须要考虑反应类型与整体的恰当性，满足一定规模的放大要求。我们通常所采用的是逐级放大方法。

② 鉴别化工过程的主要危险性，需要在工艺流程图、平面图上做出明确标识，并标记出危险区域，要充分考虑所选择的工艺反应过程，设计方案必须符合安全放大的相关要求。

③ 对于既定的工艺路线，需要考虑工艺过程中所有的原材料，包括工艺过程中使用的溶剂、添加剂等，在工艺初始研究阶段，尽最大可能选择危险性较小的原材料、工艺溶剂、催化剂等物料。同时，考虑工艺过程中使用的各化学物质间的相互作用与相互影响，考虑加料顺序的改变可能给工艺过程带来的影响及其在质量风险及反应风险上的严重程度。

④ 认真考虑工艺过程中废弃物的排放情况。考虑在工艺过程中产生的所有废弃物排放的必要性及其排放与处理方法，如果工艺过程确实必须要排放废弃物，要严格遵守国家的相关法律法规要求，要充分考虑产生废弃物的处理方法、规范操作以及排放要求，制定出的排放规程要符合国家与地方政府的相关

环保法规要求，对于所有的废弃物，要做到达标排放。

⑤ 在工艺设计的初始阶段，成立由工艺专家、设计专家、工程专家以及反应风险研究专家构成的专家工作小组，结合工艺研究、工程研究以及反应风险研究的结果，通过专家小组的工作，对工艺过程的每一步进行严格的检查，校核工艺过程的设计是否恰当，相关的工艺设计说明是否清晰，正常条件与非正常条件的设计考虑是否充分，意外风险是否都能得到有效控制，工艺设计中采取的处理方式是否恰当，所有相关参数的使用是否合理等。在设计的初始阶段就要依据每个工艺过程的安全性制定各种应急预案。

⑥ 考虑工艺研究过程是否经历了从小试到中试的放大研究过程，考虑工艺过程放大研究的完善性、正确性与准确性。根据小试研究与中试放大研究结果，认真考虑并核对工艺过程中热传递设施的设计与选择是否合理，特别是对于有明显放大效应的化学反应，更要充分考虑热传递设施的安装与控制，要求设施选择、安装和监控恰当与完备，保证能够严格控制与减少反应风险的发生，对于放热过程显著的、具有高风险的化学反应，要充分考虑其热分解反应及二次分解反应发生时潜在的反应风险。工艺过程须采取自控操作，考虑如果在工艺过程中发生了由于热失控或压力失控导致的火灾、爆炸等风险时，设计的自控操作安全设施能自动进行控制，保证安全生产。

4. 正常操作的安全问题

对于自控操作或是人工控制的工艺过程，都存在非正常操作发生的可能性。对于非正常操作的发生及其相关安全性的考虑，简要总结如下：

① 生产过程通常都具有一定的危险性，对于一个化学反应过程，需要考虑当偏离了正常操作条件时会有什么样的影响，考虑分解反应、二次分解反应发生的可能性及潜在的危险性，对于偏离了正常操作条件下的各种情况，需要考虑采取适当的预防与控制措施。

② 化工生产车间的开车与停车过程非常重要，很多事故常常发生在初始开车阶段或停车处理阶段。当工厂处于开车、停车状态及热备用状态时，要充分考虑工艺流程和设施设备是否畅通，考虑工厂开车、停车时物料的状态是否会发生变化，物质在相变过程发生膨胀、收缩或固化、汽化等现象，可否可以被工艺接受，并能确保安全生产；考虑在开车、停车、热备用状态等应急处理时，排放系统能否解决大量非正常排放问题；认真考虑设备在开车、停车过程中的清洗、净化等阶段是否会引入与工艺过程内的物料有交互作用的其他物料，这些物料的存在是否会对工艺过程产生危险。

③ 对于具有热效应和使用有机溶剂进行操作的设备，需要安装压力应急

释放系统[13~15]，确保在紧急状态下，反应系统的压力或过程物料的负载能得到有效而安全的降低或释放；惰性气体是保证有机物质安全使用的重要条件，要充分考虑惰性气体的合理使用以及惰化过程操作的方便性，在化工生产车间，需要保证惰性气体在使用过程中没有任何障碍。

④ 对于特定的工艺过程，要对各种工艺条件的操作限值进行测定与明确，例如：最低与最高温度限值、最低与最高压力限值、最低与最高流速限值、最低与最高物料浓度限值等各种工艺条件的极限值，并严格按照操作规程进行，任何操作均不能超出工艺操作条件的极限值，一旦超出限值，必须及时测定并加以校正。必要条件下，需要安装报警装置或自动断开装置，警示和阻止超出操作极限的情况。

⑤ 车间的生产是一个相对连续化的过程，在开车后，就需要保证用于生产过程的公用工程设施能够正常运行并提供持续供应，用于生产的各种化学原材料要保证充足的存储以保障供给，对于任何原因造成的意外停车，都将会带来较大的损失，甚至引发风险。此外，还需要考虑各种场合下需要使用的火炬或闪光信号灯的使用方法是否安全可靠。

第二节　风险预防与控制措施

保证化工生产的安全，最为重要的措施是预防措施。预防措施是化工安全生产的基本要求，为了保证化工安全生产，首先需要对工艺风险的发生条件进行确认，把事故消除在萌芽状态。预防的主要目的是识别危险，确定保证安全的关键部位，评价各种危险的程度，确定安全的设计准则，提出消除或控制危险的措施。此外，预防措施还可以提供制定或修订安全工作计划信息，确定安全性工作安排的优先顺序，确定进行安全性试验的范围，确定进一步分析的方法，可以采用故障树分析方法，确定不希望发生的事件。例如：编写初始危险分析报告，进行分析结果的书面记录，确定系统或设备安全要求，编制系统或设备的性能及设计说明书，等等。安全操作的安全条件通过工艺设计和工厂建设来达到，并依据仪器条件、报警设施、系统控制等相关条件建立完善，此外，在操作规程中需要严格控制操作条件。

保护措施是针对反应失控的情况考虑的，在建立保护措施的过程中，保护措施建立的基本原则是考虑把可能造成的损失降低到最低点。保护措施建立的基本方法是以工艺研究和反应风险研究为基础，根据工艺研究结果和反应风险研究结果，对于反应危险性较高、容易发生分解反应和引发二次分解反应发生的工艺过程，要求在工艺设计初始过程中，就妥善考虑设计安装相应的保护措施，常用的保护措施包括停止加料、停止升温、终止反应、猝灭反应和应急释放等。在保护措施确认以及实施设计之前，需要对工艺风险进行全面的评估，尤其要对失控反应过程进行严格的评估，考虑到最坏的情况，保护系统必须能够妥善处理操作失控时的最坏情况。

但是，保护措施的建立并不能替代预防措施，预防是安全的基础。

一、化学反应及控制

（一）温度控制

各种化学反应的完成都需要一定的温度条件，并具有其最适宜的反应温度范围，正确地控制反应温度不仅可以保证产品的收率与质量，而且也是防止危险情况发生的重要条件，因此，温度是化工生产中最重要的控制参数之一。对于化学反应来说，如果反应超温，反应物可能会发生分解反应或二次分解反应，导致反应体系压力的升高，更为严重的将导致剧烈连锁的分解反应，进一步发生爆炸；也可能因为反应温度过高而引起副反应的发生，生成危险性高的副产物或不稳定的中间体。体系温度升温过快、升温过高或冷却失效时，都有可能造成剧烈的分解反应或二次分解反应的发生，甚至导致冲料或引发爆炸。当然，反应温度也并非越低越好，反应温度过低会导致反应速度减慢甚至停滞、反应时间延长、物料在体系内累积，一旦反应温度恢复至正常，往往因原料的大量累积使反应浓度过高，导致反应加剧，严重的会引发冲料或爆炸。温度过低还能使某些物料冻结，导致管道堵塞或破裂，致使内部易燃物料泄漏引发火灾或爆炸事故。

为了防止未反应原料的累积，需要知道反应温度的上限与下限，需要清楚生产条件下有可能发生失控的最低温度，并依据最低失控温度进一步来确定安全操作温度。

对于自动化程度高、连续性强的化工生产过程，在温度控制上要求具有自动测量、自动记录、自动报警、自动调节、自动切断等自动化功能。一般情况下，要求同时设置下限温度报警与上限温度报警。当达到极限温度时，系统将自动报警并自动切断进料或出料，最大程度上终止化学反应的进行。

（二）加料控制

化工生产与物质间的化学反应息息相关，一般而言，对各种反应物的加入有着不同要求，首先要保证加入的物料是正确的，其次要保证物料的加入量、加入节点及加入速度必须准确。加料错误、加入量错误、加料时间错误或加料速度错误都会给工艺过程带来巨大的风险。所以要避免加料错误，就要确保原料存储及标识的准确无误。物料在使用前须进行严格的取样分析，保证物料的质量及加料量正确无误。加料后要按照工艺要求进行取样跟踪测试分析，确保反应能正常进行，保证产物质量符合要求。为了确保操作人员的加料正确，依据系统的移热能力，要对加料的最大速度给予限定，必要时需要安装限流控制或定量加料装置，保证加料速度与加料量不超过最大限量。

物料加入速度的控制不仅对化工生产的稳定性有重要影响，而且对保证生产安全也至关重要。对于反应热明显、危险性较大的生产工艺，加料过程的控制尤为重要。对于反应放热量大、反应速度快的生产过程，如果加料速度控制不当，物料的快速加入会导致冲料事故，严重的甚至会造成火灾、爆炸等事故。目前，随着技术水平的不断提高，已经可以轻易地实现加料系统与测温系统的联锁，在反应温度过高或过低的情况下，能够做到自动停止加料，避免物料的累积；还可以通过加料与搅拌的联锁，避免由于混合不够充分造成物料累积，影响传质效果。除此之外，对于放热明显和热累积大的反应过程，可以采取分段加料的方式控制反应风险。分段加料是把反应分成几个部分，结合反应动力学数据，对加料过程进行优化，使反应过程放出的热量平稳地被移热系统移出，确保工艺安全。

（三）压力控制

化工合成常常涉及压力反应，反应过程需要监控体系压力，需考虑能够导致体系压力升高的任何因素，准确地测量工艺系统各个部位的压力是确保安全生产的重要条件。

为了能够准确地测量出系统的真实压力情况，在选用压力表时，应注意以下几点：

① 安装在受压容器上的压力表，其最大量程要与容器的工作压力相适应。一般情况下，压力表的量程，最好选择为容器工作压力的 2 倍，最大不能大于 3 倍，最小不能小于 1.5 倍。如果压力表的量程过小，容器的工作压力就会接近或等于压力表的极限值。表内弹簧会经常处于极大形变下，容易产生永久形变，增大压力表的误差。同时，压力表的量程过小，在容器稍微超压时，操作人员往往会产生错觉，造成错误操作，引发事故。如果压力表的量程过大，此时允许误差的绝对值增大，继而会对压力读数的准确性产生影响。一般要求压

力表使用的压力范围为：在稳定压力下不超过压力表刻度极限的70%，在波动压力下不应超过压力表刻度极限的90%。

② 使用的压力表必须要有一定的精确度。压力表的精确度是以所允许的误差占压力表刻度极限值的百分数按照级别来表示的。一般测量用的压力表可选用1.6级或2.5级；至于精密测量用的压力表则应选用0.4级、0.25级或0.16级。

③ 为方便操作人员能准确地看清压力表，表盘的直径不应过小，一般情况下在管道和设备上安装的压力表的表盘直径为100mm或150mm；在仪表气动管路或其辅助设备上使用的压力表，表盘直径为60mm；对于安装在照明度较低、位置较高或示值不容易被观测场合的压力表，表盘直径一般选择为150mm或200mm。

④ 压力表的接管应直接连接在受压容器的本体。为便于卸换与校验，可在接管中的垂直管段上安装旋塞阀。压力表所在的位置应有足够的照明，以便于观察与检验。

对于连续性强或危险性大的生产工艺过程，要求系统能够进行压力自动调节，实现自动测压、自动记录、自动报警、自动调节、自动切断，保证生产安全进行。自动报警应具有低压报警、高压报警、危险压力报警，并且与温度及加料系统联锁。

（四）尾气处理

对于有气体产生或逸出的反应，无论排放的气体是有害的还是无害的，都会与系统溶剂或其他有害成分相关联，所以在排放过程中常常会夹带有害物质一同排放。因此，需要在工艺设计和设备安装阶段考虑尾气排放系统以及尾气处理系统，要结合工艺试验结果、反应风险研究结果以及相应的工艺要求来确定正常状态下和非正常状态下的气体排放与吸收处理方法，确定气体的逸出速率，确保尾气排放系统与尾气处理系统在工艺设计以及设备安装方面的合理性与实用性。在选择尾气处理方法时，要充分考虑废气处理工艺与处理系统的安全性问题，还要对尾气吸收处理反应进行风险研究与评估。

化工生产中，除了化学反应放出的气体，需要吸收处理以外，装有化工原料的反应设备以及各种溶剂储罐也会有尾气排出，有机化合物废气往往都具有不同程度的毒性，不允许直接向环境中排放，都需要安装尾气排放系统，收集后并做相应的集中处理，在达到国家和地方规定的标准之后才可进行排放。

目前，处理有机化合物废气一般有以下几种方法：

1. 催化燃烧法

使用催化燃烧法处理工业有机化合物废气是从 20 世纪 40 年代末开始的，其原理是在催化剂的作用下，使有机化合物废气中的碳氢化合物在较低的温度下迅速发生氧化反应，在生成水和二氧化碳以后进行排放。

催化燃烧法处理有机化合物废气的优点在于不需要较高的燃烧温度且简便易行，催化燃烧法可以处理多种混合性气体，该方法不受有机化合物浓度的限制。此外，由于燃烧后生成的产物主要为二氧化碳和水，通常不会有较为严重的二次污染发生。

催化燃烧法处理有机化合物废气，虽然有着显著的优点，但对于有机化合物废气中存在焦油、油烟、粉尘、重金属化合物或含有硫、磷、卤族元素等的化合物时，尤其是在上述各类化合物具有一定浓度时，往往会对催化燃烧处理方法所使用催化剂的活性造成严重的影响，而且，多数重金属催化剂造价高昂，有些催化剂容易中毒或不耐高温，在工艺过程中催化剂的活性非常容易降低。例如：贵重金属钯和铂催化剂对含硫化合物非常敏感，硫元素的存在可以导致钯和铂催化剂发生中毒而使催化剂失去催化活性。为了保证催化剂的催化活性与降低处理成本，一般采用预先处理的办法，催化剂在使用前要先去除可能导致催化剂中毒的物质，保证催化剂的催化活性。但是，预先处理过程往往会从另一方面增加处理成本。此外，考虑到低碳环保，保护自然资源、生态环境与大气环境，也要考虑控制二氧化碳气体的排放，实现低碳经济。所以，催化燃烧法处理有机化合物废气需要进行进一步的完善与改进。

2. 活性炭吸附法

该方法的原理是利用活性炭内部存在的大量微孔，吸附废气中的组分，将有害组分与其他组分分开，从而达到治理有毒废气的目的。目前，广泛采用的是将活性炭加工为各种各样的吸附材料，填装在吸附塔内吸附小分子有毒气体，在吸附失效后，可以采取加热再生的方法重复使用，也可以进行焚烧处理。活性炭吸附法的处理效率取决于活性炭对相应气体的吸附能力以及吸收塔内活性炭的装填量，还与吸收塔的设计、安装及相应的合成工艺和有害气体的排放量相关，可以根据吸收塔的阻力情况采取多级串联或并联的设计方式。如果活性炭可以进行再生处理，在设计中就需要考虑活性炭的再生处理装置及其他配套装置，例如：空气压缩、加热系统等。总体来讲，活性炭吸附及其再生处理，对设备的投资较大，运行费用也相对较高，操作、管理也比较复杂，在实际应用过程中受到了一些限制。在我国暂时没有实现大规模的推广使用，但在西方发达国家，使用活性炭吸附处理目标产物和废弃物的方法已经非常普遍，专业的活性炭加工公司能够为应用单位提供活性炭处理装置，也可以对使用后的活性炭进行回收与再生处理，使用者只需要采购成型的装置就可以实施应用。

3. 微生物处理法

该方法的原理是以微生物悬浮液作为喷淋溶液，将工艺过程中产生的废气通过喷淋处理，经过反复的洗脱吸收，把废气中的有害成分反复洗涤到微生物悬浮溶液中，通过微生物的持续作用，降解毒性物质分子，从而达到处理有毒物质的目的。使用微生物降解处理方法符合降耗减排以及保护自然资源与生态环境的现代化要求，但是，由于微生物需要大量的营养进行生长，还需要不断地给微生物补充氧气，因此，要在微生物吸收降解体系添加营养物质，还要安装氧气通入系统，以保证微生物的生存、生长需要，所以微生物处理法对设备及操作条件要求较高，目前还做不到广泛的推广与应用。

4. 吸收法

该方法的工作原理是把适宜于不同物质的液体作为吸收剂，同微生物处理方法相似，也需要安装洗涤吸收系统，产生的废气在通过洗涤吸收装置进行吸收处理后，废气中的有害成分被相应的液体吸收，其他无害气体进行有组织的排放，达到净化废气中有害成分的目的。与上述其他方法相比，吸收处理法的投资费用较少，运行成本也比较低，操作起来也较为方便，只要是工艺废气里的有毒气体能够使用适宜的溶液进行吸收处理，均可以采用吸收处理方法。目前，吸收处理方法已在一些中、小型企业，乃至大规模化工企业中得到了广泛的应用。

（五）安全时间

由于化工产品的不断开发与生产应用，活性化合物的结构正趋于复杂化，合成工艺步骤逐渐增多，以往只有2~3步反应就可以完成的药物合成，目前已很难出现。从商业化的原材料算起，活性组分的合成平均需要7步以上的工艺过程才能实现。在精细化学品合成工艺的开发过程中，要求对合成工艺过程涉及的每一个工艺步骤，都要进行详细的工艺研究，并确定最优的反应条件，例如：反应温度、反应浓度、反应时间、反应压力等。经过详细的工艺研究后，得出的所有的优化工艺条件都是能够保证工艺过程相对稳定并得到预期结果的基础条件。需要注意的是，在优化的工艺条件下以及优化条件范围内的任何反应温度区间，都要有允许保持的极限时间，这个时间被称为不同优化条件下的安全时间。生产上要有在相应的优化温度下的最长保持时间的规定，并在岗位操作过程中严格执行，保证操作人员严格执行相关操作规程。

此外，还需要根据反应风险研究的结果考虑反应失控时的情况，一旦在反应过程中发生冷却失效或控制失效的意外情况，体系会以无法控制的反应速度达到最大的反应速率，此时在类似于绝热的条件下，温度的升高有可能进一步导致分解或二次分解反应的发生。在二次分解反应过程中，有一个非常重要的时间参数——最大反应速率到达时间（TMR_{ad}），TMR_{ad}的长短直接影响到是否有足够的时间来有效地控制风险，防止危险发生。因此，在对工艺反应进行风险研究时，必须通过差示扫描量热（DSC）或者加速度量热（ARC）等方法得出在绝热条件下的最大反应速率到达时间TMR_{ad}。

（六）仪表和控制系统

仪表和控制系统是在工艺过程中进行监控的主要工具，化工生产车间所使用的仪表设备和控制系统必须具有防爆功能，并能够保证准确及时地指示温度、压力、搅拌速度等重要参数。在化工生产过程中，操作人员要根据设计要求执行正确的仪表操作程序，对于反应失控的情况以及失控后的后果，在仪表设计与操作条件制定时也要有所考虑。为了保证工艺以及仪表等设计能够满足相关要求，在工艺设计初始阶段，需要利用危险与可操作性分析（HAZOP）、事件树分析（ETA）、事故树分析（FTA）等方法，分析工艺过程中可能发生的风险，并明确说明风险发生后可能导致的后果，明确在仪表失灵和系统失控的条件下，可能对人身安全和工厂造成威胁的严重程度，并采取相应的控制措施，仪表和控制系统的设计需要满足可以接受的最低标准。

（七）人员

化工生产属于高危行业，为了保障操作人员的健康与安全，首先要为员工提供一个安全舒适的工作环境，车间设备的安装要满足相关的安全规范要求，相关设施要完善，建立健全安全的操作规程与规章制度，为操作人员提供足够的信息资料，并对操作人员进行严格的岗前培训，确保操作人员能够清楚地认识操作中的风险，严格执行操作规程，掌握操作要点，不仅如此，还要对操作人员进行必要的指导与监督。

对于以人工控制为主的化工生产车间，在生产操作过程中，操作人员的行为通常受生理因素、心理因素、周围环境、生产条件、操作技术水平等诸多因素的影响，容易造成实际作业效果与目标之间的巨大偏差，引起这种偏差的原因多种多样，但大多数偏差来自于人为的操作失误。例如：操作人员的操作失误、判断失误、违章作业、违章指挥、精神不集中、疲劳操作等。为了防止发生操作失误和操作偏差，生产过程最好采用自控操作，对于需要人为控制的操作过程，要严格做好以下工作。

① 对操作人员进行安全培训，掌握安全技能，学习安全技术知识，组织操作人员参加安全活动，并教育操作人员严格遵守各项安全生产规章制度；

② 操作人员要对所负责岗位的工艺情况进行按时巡回检查，及时发现问题，并对出现的问题进行准确的分析，能够判断与处理生产过程中的常规异常情况，如出现不能妥善处理的异常情况，则要及时上报，保证生产过程中出现的任何异常情况与隐患都能得到及时的处理和解决；

③ 操作人员要精心操作，严格执行本岗位操作规程，遵守纪律，保证操作记录清晰、真实和整洁；

④ 认真做好设备维护和保养，对于发现的设备故障与隐患要及时消除，并做好记录，确保作业场所清洁和设备完好；

⑤ 严格并认真执行交接班制度，在交接班时，操作人员必须认真检查本岗位所有的设备和安全设施，确认本岗位所有的设备和安全设施齐全完好；

⑥ 正确使用与妥善保管各种劳动防护用品、防护器具、防护器材，确保车间及工作场所消防器材的完备与完好；

⑦ 坚决杜绝违章作业，并及时劝阻、制止他人违章作业，对于违章指挥有权拒绝执行，同时，要及时向上级报告。

二、应急减压

应急减压不同于超压泄爆，在失控初期，即温升速率与放热速率均相对较低时，可以采取应急减压措施，利用减压操作使物料蒸发、冷却，达到快速降温的目的。

以下面的胺化反应为例进行说明：在设计压力为 10MPa 的 $1m^3$ 的高压釜中，氯代芳烃化合物经胺化反应转变为相应的苯胺化合物，氯代芳烃化合物投料量为 315kg（约 2kmol）、30% 氨水的投料量为 463kg（约 8kmol），多余的氨水能够与生成的盐酸发生中和反应，维持 pH 大于 7 以避免腐蚀问题。反应温度为 180℃，停留时间为 8h，反应结束后转化率达到 90%，该反应的反应焓为 175kJ/mol。反应方程式如下：

$$Ar—Cl + 2NH_3 \xrightarrow{180℃} Ar—NH_2 + NH_4Cl$$

根据研究结果，胺化反应失控后体系温度可达到 323℃（MTSR），但在249℃时就可达到釜的设计压力 10MPa。如果达到安全阀的开启温度 240℃之前，想要通过应急减压的方式进行控制，那么蒸气释放速率应如何确定？要回答这个问题，需要对反应动力学有所掌握。现有的信息是在 180℃反应 8h 后，反应转化率为 90%。如果考虑该反应级数为一级，那么，由于反应中氨是大量过量，通过计算得到 180℃时的速率常数为：

$$\frac{\mathrm{d}X}{\mathrm{d}t} = k(1-x) \tag{4-1}$$

$$k = \frac{-\ln(1-x)}{t} = 0.288 \mathrm{h}^{-1} = 8 \times 10^{-5}\,\mathrm{s}^{-1} \tag{4-2}$$

于是，放热功率为

$$q_{rx} = k(1-x)Q_{rx} = 28\mathrm{kW} \tag{4-3}$$

该式计算了 180℃时加入 2kmol 物料并且反应转化率为零这一保守状态下的放热情况。对于该工艺，在失控初期（如 190℃）就采取措施中断失控反应是完全有可能实现的。考虑温度升高与反应速率的关系，假定 190℃时的放热功率为 56kW。根据 Clausius-Clapeyron 方程可计算出此时的蒸发潜热为

$$\ln p = 11.46 - \frac{3385}{T} \tag{4-4}$$

$$\Delta H_v = (3385 \times 8.314)\mathrm{J/mol} = 28\mathrm{kJ/mol} \tag{4-5}$$

于是，可得到蒸气蒸发速率：

$$N_{NH_3} = \frac{56\mathrm{kW}}{28\mathrm{kJ/mol}} = 2\mathrm{mol/s} \tag{4-6}$$

摩尔体积：

$$0.0224\mathrm{m}^3/\mathrm{mol} \times \frac{463}{273} = 0.038\mathrm{m}^3/\mathrm{mol} \tag{4-7}$$

得到在 190℃、标准大气压下的体积流量为 0.076m³/s。

如果使用直径为 0.1m 的管进行应急减压，则蒸气流动速率为：

$$u = 0.076 \times \sqrt{\frac{4}{\pi \times 0.1^2}} = 0.86(\mathrm{m/s}) \tag{4-8}$$

考虑到应急减压具有可操作性，因此，应急减压是一种可行的技术措施。在减压过程中，为了避免产生两相流（因为蒸气会带走部分反应物料），减压速率必须足够慢。在上述示例中，认为蒸气仅为氨气，实际上水也会随之蒸发，但由于水的蒸发热要高于氨，所以得出的结果依然是安全的。

三、应急冷却

一旦体系发生热失控，超过极限安全温度时，可以启动应急冷却系统代替

正常的冷却系统。通常应急冷却系统通过反应器夹套或冷却盘管进行冷却，但是需要独立的冷却介质源，避免正常冷却系统和应急冷却系统同时失效。

必须在体系放热速率低于紧急冷却系统的冷却能力时启动应急冷却措施，若体系放热速率高于冷却系统的冷却能力，体系温度将持续升高，应急冷却措施就会失效。

采取应急冷却措施的温度不得低于反应物料的凝固点，如果低于物料凝固点，将导致物料凝固，影响体系传热，可能导致管道堵塞或破裂，致使再次反应失控。此时，由于低温条件下物料累积，可能会导致更严重的后果。

此外，体系搅拌对采取应急冷却措施也非常重要。若体系搅拌失效，只能通过对流进行热量传递，体系传热系数大大降低。如果反应器中物料量大，体系近似为绝热，紧急冷却措施也将失效。

四、应急卸料

应急卸料是指将反应物料转移至装有抑制剂或稀释剂的容器或安全池内，采取应急卸料措施能够将反应物从反应器中转移出来，从而起到了保护反应器的作用。在反应过程中，容器或安全池内存有抑制剂或稀释剂，准备随时接收反应物料。应急卸料的管路必须经常检修，避免发生管路堵塞或阀门损坏，使应急卸料措施失效。在设计时也必须确保在公用工程出现故障时，仍然可以转移物料。

五、紧急猝灭

紧急猝灭是指向反应体系中加入猝灭介质，与应急卸料措施类似，通过降低反应体系温度、稀释反应体系浓度及减缓或终止分解反应或目标反应，防止反应继续失控。紧急猝灭与应急卸料不同的是不需要将反应物料转移，而是直接向反应体系中加入猝灭介质。选择猝灭剂，确定猝灭温度、猝灭剂的加入速度及加入量对建立紧急猝灭措施非常重要。

紧急猝灭有两种途径，一种途径是加入特定的反应终止剂或抑制剂，如在聚合反应失控时加入阻聚剂，对 pH 敏感的反应体系可以加入酸性或碱性物质改变 pH 等。这种情况下，为保证加入的抑制剂均匀地分散在反应体系中，必须确保体系搅拌系统正常，必要时可以将抑制剂承装容器加压，喷射到反应体系中。另一种途径是猝灭剂加入后，猝灭剂与反应体系进行热量交换，包括猝灭剂在体系中汽化回流，从反应体系中吸收热量，使反应体系温度降低，同时也能够稀释反应浓度，但是必须保证反应器内有足够的空余体积。

　　通常情况下，水是比较常见的猝灭介质，因为水比热容大，在与反应体系进行热交换时能够吸收更多热量，而且水是比较常见的冷却介质，成本低，易获得。但是，如果水能够参与反应或者反应体系在水中会析出固体，就不能使用水作为猝灭介质。如果水能与体系发生反应，加入猝灭介质后会引发副反应，可能导致更严重的后果。如果反应体系在水中析出固体，加入猝灭介质后将导致反应物料传热系数降低，影响猝灭效果。上述两种情况，应选用特定的溶剂作为猝灭介质。对于实施紧急猝灭过程，猝灭剂与反应物料的混合状态，也会影响猝灭效果，如在高黏度、发泡的反应物料中，加入猝灭剂后如体系不能均匀混合，将直接影响体系传热、传质，影响猝灭效果。

　　此外，充分了解物料混合过程的放热量也十分重要，可以通过反应量热、绝热量热、微量热等测试手段获得混合过程放热量，同时可以通过绝热量热、微量热、差示扫描量热对猝灭后体系进行稳定性研究，建立紧急猝灭措施。

　　【紧急猝灭实例分析及理论模型建立】

　　以化合物 A 的合成反应为例，考虑在反应热失控情况下，采用紧急猝灭技术作为控制措施。

　　化合物 A 的合成反应是一个放热反应，体系沸点为 68℃。图 4-1 和图 4-2 给出了化合物 A 的合成反应放热特性及反应后料液二次分解特征。

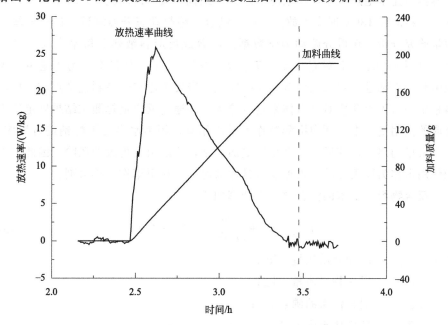

图 4-1　化合物 A 的合成反应放热速率曲线图

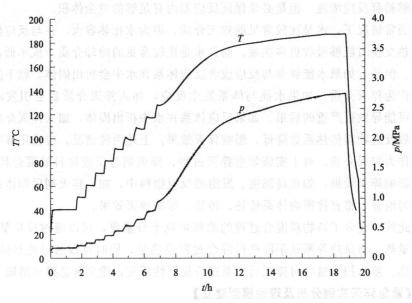

图 4-2 化合物 A 合成反应后料液绝热量热测试图

通过反应量热仪测定化合物 A 合成反应的绝热温升为 27.1℃。一旦反应发生热失控，按最坏情况考虑，反应所放出的热量没有被其他方式移出，视反应容器为完全绝热状态，体系能够达到的最高温度 MTSR 为 95.1℃。A 合成反应后料液在 130℃时发生放热分解，结合非绝热动态升温测试，进行分解动力学研究分析，获得分解动力学数据。A 合成反应料液热分解最大反应速率到达时间为 8h、24h 对应的温度 T_{D8} 为 108℃、T_{D24} 为 95℃。为了避免热失控引起冲料和进一步二次分解反应的发生，需要考虑在体系到达沸点前向反应体系中加入猝灭介质对反应体系进行猝灭，并通过反应量热测试结果确定猝灭介质的使用量。本实例中甲醇钠作为反应用碱，因为水会与甲醇钠进行反应，放出大量的热量，使反应体系变得更加复杂，可能引发更大的风险。因此，不能使用水作为猝灭介质。根据反应具体情况，选择甲苯作为猝灭剂。

反应物料和甲苯的混合物沸点计算如下：

$$T_{mix} = T_r + \frac{m_q}{m_r + m_q}(T_q - T_r) \tag{4-9}$$

式中　m_q——冷却介质质量，kg；

　　　m_r——反应物料质量，kg；

　　　T_{mix}——混合体系的沸点，℃；

　　　T_r——反应体系沸点，℃；

T_q——猝灭介质沸点，℃。

假设环境温度为 25.0℃。以 1500kg 料量为例子，需要猝灭介质的量为：

$$m_q = \frac{1500 \times 2.061 \times (95.1 - 60.0)}{1.84 \times (60.0 - 25.0)} = 1685.0(\text{kg}) \quad (4\text{-}10)$$

实际试验过程中，反应体系沸点为 68℃，反应物料和甲苯混合物的沸点为：

$$T_{mix} = 68 + \frac{1685.0}{1500 + 1685.0}(110 - 68) = 90.2(℃) \quad (4\text{-}11)$$

猝灭过程中，通常可以按着 10K 原则进行考虑，因此，混合物体系最高温度为 80.2℃，实际操作中需要猝灭介质的量为：

$$m_q = \frac{m_r c_r (T_{max} - T_q)}{c_q (T_q - T_a)} = \frac{1500 \times 2.061 \times (95.1 - 80.2)}{1.84 \times (80.2 - 25.0)} = 453.6(\text{kg}) \quad (4\text{-}12)$$

通过迭代计算，最终确定体系的沸点为 82.5℃，当反应发生热失控时，向体系中加入 795kg 甲苯可使反应体系温度降为 72.5℃。对猝灭后体系进行热稳定性研究发现，如图 4-3 所示，在 72.5℃时，体系无明显放热、放气现象，说明猝灭后物料热稳定性较好。

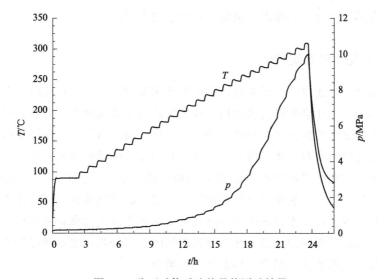

图 4-3　猝灭后体系绝热量热测试结果

紧急猝灭是风险控制的重要措施，可以在事故达到最坏的状况前，最大限度地控制危险事故的发生。对于危险性高、反应工艺危险度高的工艺，需要根据情况建立紧急猝灭控制方案，切实保证安全生产。

六、超压泄爆

超压泄爆是指设备或者反应器内的压力超过自身所能承受的水平后，系统通过排放气体、蒸气等的方式将系统内多余的压力从受限空间内排出，使设备或反应器内的压力控制在安全的范围内，避免设备或反应器因超压导致的损坏及爆炸。泄放通常作为最后的应急措施[16]。

超压泄爆技术主要用于控制热失控反应的进一步恶化，通常是在已有的风险预防或控制措施失效情况下最后的应急控制措施[17]。在系统内压力达到设备或反应器设定的极限水平后，通过开启泄压口或泄压阀，使系统内蒸气、气体或反应物从指定的路线排出[18]，阻止体系内压力的进一步增长，从而达到保护设备或反应器的目的。根据实施效果，超压泄爆主要分为平衡泄压及非平衡泄压两种情况。当设备或反应器内部的压力增长速度低于或者等于系统泄放压力速率时，该种情形被称为平衡泄压；当系统内压力增长速率高于泄放压力速率时，泄放后并不能立即使系统内压力停止增长，随着系统内压力的累积，待系统内压力增长到一定程度时，压力开始下降，达到设备或反应器的安全压力范围，此种情形称为非平衡泄压。此外，在设计超压泄爆系统前，应首先明确系统内部压力增长的原因，确定泄放体系的类型。

（一）超压泄爆的类型

前面已经描述过，超压泄爆技术的主要控制对象为热失控反应。在热失控反应过程中，往往会放出大量的热，放出的热使体系温度持续升高，引发体系中部分不稳定物质的分解，分解过程产生气体。通常情况下，使体系压力持续增长的主要原因来自于体系内原料、溶剂及产品等物质的蒸气分压。另外，如果失控反应引发了系统内某个或者某些物质的分解，可能产生不可凝性的气体，如一氧化碳、二氧化碳及氮氧化物气体等，这些气体也会导致体系压力的持续增长。因此，在进行超压泄爆研究前，应首先确定造成系统内压力增长的原因，明确超压泄爆的类型，按照超压的原因进行分类，超压泄爆类型主要有蒸气泄放、气体泄放及混合气体泄放三种类型[19~21]。

1. 蒸气体系

蒸气体系是系统内的超压行为完全由体系内物料的蒸气压引起。在发生热失控反应时，体系内的压力随着温度的上升而增大。在进行泄放操作的过程中，由于排出的蒸气带走了系统内大量的热，使反应体系温度趋于稳定，进而使反应速率得到有效的控制，阻止了体系温度的继续升高，蒸气体系属于平衡泄压。但对于某些温度不敏感，反应本身为催化或者 pH 控制体系，控制温度并不能有效地阻止反应继续进行的情况，要考虑系统内物料蒸干的后果。可通过 Clausiua-Clapeyron 方程判断体系是否属于蒸气体系，如果测试结果符合 Clausiua-Clapeyron 方程，则可认为被测试体系的压力效应由蒸气主导，属于蒸气体系。

2. 气体体系

气体体系是热失控反应过程中产生的气体是反应系统的压力持续升高的主要原因，在泄爆过程中排出的气体带走的热量与蒸气体系相比相当有限，泄放后并不能立即降低体系的温度的持续升高，无法显著降低反应体系的反应速率，气体体系属于非平衡泄压。热失控反应过程中产生的气体与体系温度、物料浓度、反应器结构、分解热等因素有关，该过程的压力效应可以采用理想气体状态方程进行估算。气体体系的失控要比蒸气体系危险，超压泄爆参数求取也相对更难。

3. 混合体系

由气体及蒸气共同作用造成设备或反应器内压力效应的情况称为混合体系。试验结果取决于系统内气体及蒸气的释放速率，根据系统内蒸气及气体的组成不同可以分为平衡泄压和非平衡泄压，一般情况下，体系内的气体比例越高，则该系统更倾向于非平衡泄压。

（二）超压泄爆研究装置

超压泄爆研究结果可直接应用于工业化的设备或反应器，测试装置要实现较低的热散失，系统绝热性好，测试体系 phi 值能够在 $1.05 \sim 1.20$ 之间，使之测试结果更加贴近于工业化规模下的热力学环境。

目前，超压泄爆的研究装置主要有 PHI-TEC Ⅱ 及 VSP 等，本书的第五章将会对这两种设备进行详细介绍，这里仅对两种测试装置进行简要说明。两种测试装置均能满足超压泄爆试验的要求，可以精确地模拟工业化规模下的热失控反应，能够得到绝热条件下时间-温度-压力、温度-温升速率、温度-压升速率等曲线及低 phi 值条件下的放大数据。每种设备都有自身相应的特点，PHI-TEC Ⅱ 更倾向于绝热环境的营造，VSP 可进行泄放口验证试验。研究人员可以根据自身的需求及工艺特点选择相应的测试装置进行超压泄爆研究。

（三）超压泄爆设计

针对压力反应及有气体放出的反应，在反应超压或热失控的情况下，采取超压泄爆的方式完成体系内压力的释放是较为通用的方法[22]，超压泄爆系统的设计通常包括下述步骤。

1. 危险场景分析

对可能造成设备或反应器超压后果的危险场景进行筛选，分析超压工况下体系的热力学及动力学状态，构建失控反应最坏局面的场景。

2. 选择合适的试验方法及测试装置

根据工艺特征及失控反应场景选择相应的试验方法及测试装置，通过装置改造、装置联用等方式实现热失控反应的动力学及热力学外部环境，除此之外，还应保证测试过程中装置及操作人员的安全。

3. 建立试验方案，开展超压泄爆试验

装置及设备调试完成后，根据前期热失控反应危险性评估结果，选择合适的测试样品量。在这一阶段，样品量的选择要结合工业实际情况（考虑绝热性、投料系数、气体的自由体积、搅拌转速等因素），也要兼顾热失控反应的危险性，填装的样品量应在试验可控的范围内，避免因热失控反应剧烈导致装置的损坏及人员的伤害。样品装填完毕后，向系统内输入试验所需要的各项温度、压力及时间等控制参数，启动试验。

4. 确定超压泄爆类型

试验结束后，通过 Clausiua-Clapeyron 方程、理想气体状态方程等方式对试验结果进行分析，分析系统内压力产生的形式，明确压力产生的原因（系统内压力是来自反应过程中气体的生成还是来自于溶剂沸腾状态下产生的蒸气压，或是气体及蒸气的混合压力），明确热失控反应的超压泄爆类型。

5. 构建合适的超压泄爆研究模型

超压泄爆涉及的模型众多，应用较为广泛的包括 Leung 模型、Omega 模型、Huff 模型及 DIERS 模型等，每种模型均有与之相适应的工况条件及应用的前提假设，研究人员在使用上述模型过程中应根据热失控反应的具体状态选择相应的计算模型。

6. 泄放压力的设定

泄放压力是最终决定泄放面积大小的重要参数，泄放压力设定过大，则需要的泄爆面积也相对较大，通常情况下，会选择在较小的体系压力下进行泄

放。大多数的热失控反应的反应速率与温度呈指数性关系，当体系温度较高时，反应速率也相对较高，因此，在较低的压力下实施超压泄爆，意味着体系的温度也相对较低，此时系统内的反应速率更好控制，超压泄爆的成功率较高。从压力效应考量，超压泄爆的作用是控制体系压力在安全的范围内，通过安全阀或泄爆片以一定的途径将体系内的蒸气、气体或者物料排放出去，如果将泄放压力设置得较低，那么泄放压力与设备或反应器的设计压力之间存在足够的压差，此时需要的泄放面积也相对较小。

7. 确定泄放面积

根据测试结果及应用的模型对超压体系的泄放量、反应放热速率及泄放能力等重要参数进行计算，最终确定反应系统的超压泄爆面积，如果泄爆面积不能满足工业化安全生产的需求，则可通过进一步调整泄放压力、泄放温度等方式获得较为合适的泄爆面积。

(四) 超压泄爆实施案例

下面以甲醇、乙酸酐体系为例，简要介绍超压泄爆研究过程。

1. 试验条件

试验采用高性能加速量热仪 PHI-TEC II 进行甲醇、乙酸酐体系超压泄爆技术研究，配制好一定比例的甲醇、乙酸酐样品放入测试池中，体系的 phi 值为 1.17。装样完毕后将测试池安装到测试系统，采用标准 HWS（加热-等待-扫描）模式进行绝热量热测试，直至到达设定温度。

2. 试验结果

通过试验得到了样品（甲醇和乙酸酐混合物）初始放热温度、放热量，以及样品热失控过程中温度和压力变化情况，测试结果如表 4-1 所示。

表 4-1　测试结果数据表

项目	数值
放热量/(kJ/mol)	148.3
起始放气温度/℃	31.3
起始放热温度/℃	31.3
绝热温升/℃	57.8
最大压力/MPa	0.3
最高温度/℃	89.1
测试过程最大温升速率/(℃/min)	1.7
测试过程最大压升速率/(MPa/min)	0.09

3. 泄放类型分析

对测试结果进行数据分析，结果如图 4-4 所示。

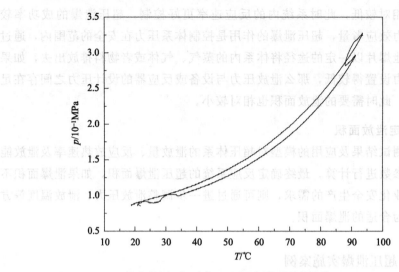

图 4-4　加热-冷却过程温度随压力的变化

图 4-4 是加热-冷却过程的压力随温度变化曲线，试验开始前测试池内的压力为 0.085MPa，试验结束（冷却完成）后的压力为 0.085MPa，整个过程几乎没有气体产生，而且在反应过程中，温升速率增长较快，而压升速率增长较小，体系较为温和。采用 Antoine 方程对整个过程中压力-温度关系进行处理，如图 4-5 所示。

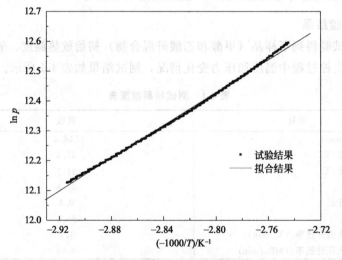

图 4-5　$\ln p$ 与 $-1000/T$ 的关系

对试验结果进行拟合，得到 Antoine 方程各项系数，其中相关系数 R 为 0.999，R 近似为 1，标准差为 0.00573。从工程应用的角度出发，可以认为甲醇、乙酸酐反应体系失控过程中的压力行为基本符合 Antoine 方程，因此，该体系的压力泄放类型可按蒸气体系考虑。

4. 泄爆面积计算

安全泄放量是单位时间从设备或反应器中排出物质的量，一般用质量流量 kg/s 表示。甲醇、乙酸酐测试体系各温度下的物性参数较为齐全，选择 Leung 模型进行泄放量的计算，使用 Leung 模型需要满足如下假设：

① 体系中蒸气的质量相对于液体来说可以忽略；

② 各物料的物性参数应取泄放压力和最大压力下的平均值；

③ 体系的反应速率只受温度控制，不受其他因素的影响；

④ 泄放系统为均质两相流，任何时刻气、液比相同；

⑤ 体系与外界无能量交换；

⑥ 在进行泄放操作前，设备或反应器始终是密闭的；

⑦ 液体为不可压缩流体。

安全泄放量的计算方法如下：

$$W = \frac{m_R q}{\left(\dfrac{V}{m_R} \times \dfrac{h_{fg}}{v_{fg}} \right) + (C_f \Delta T)^{0.5}} \tag{4-13}$$

式中 m_R——反应物质量，kg；

V——反应器体积，m^3；

h_{fg}——潜热，kJ/kg；

v_{fg}——气液相比容差，m^3/kg；

C_f——液相比热容，kJ/(kg·K)；

ΔT——泄放压力到最大压力的绝热温升，K。

其中 v_{fg} 的表达式如下：

$$v_{fg} = \frac{1}{\rho_g} - \frac{1}{\rho_f} \tag{4-14}$$

式中 ρ_g——蒸气密度，kg/m^3；

ρ_f——液体密度，kg/m^3。

反应体系的平均放热速率通过如下公式计算：

$$q = 0.5 C_f \left[\left(\frac{dT}{dt} \right)_R + \left(\frac{dT}{dt} \right)_m \right] \tag{4-15}$$

　　泄放能力是单位时间、单位面积通过泄放口截面积的介质质量流量，通常用 $kg/(m^2 \cdot s)$ 表示。此处采用平衡速率模型 ERM 对蒸气体系泄放能力进行计算，使用 ERM 模型需要满足如下假设：

① 蒸气体系；

② 泄放流体状态为湍流；

③ 各物料的物性参数应取泄放压力和最大压力下的平均值；

④ 忽略容器壁与泄放管道间的摩擦；

⑤ 泄放管道通常要大于 0.1m；

⑥ 泄放系统为均质两相流，忽略两相滑移带来的影响；

⑦ 泄放流体是饱和液体；

⑧ 蒸气相为理想气体。

泄放能力的计算方法如下：

$$G = \frac{h_{fg}}{v_{fg}\sqrt{C_f T}}$$ (4-16)

根据具体的泄放装置，选取适当的泄放系数，采用如下公式进行泄爆面积计算：

$$A = \frac{W}{C_v G}$$ (4-17)

采用试验数据计算某一工况下的泄爆面积，假设反应器的体积为 $2.5m^3$，其中装有 1500kg 甲醇和乙酸酐混合物料，反应器的设计压力为 0.2MPa，泄放压力设置为 0.15MPa，结合公式(4-13)～式(4-17) 对甲醇、乙酸酐体系测试结果进行计算，最终获得该工况下反应器的泄爆面积为 $2.4 \times 10^{-3} m^2$。

七、其他措施

化工生产过程需要预防和维护，首先根据装置或设备出现故障的频率，通过定期检查及维护，在其故障前进行更换或维修。预防维护除了保证设备免于故障以外，更能够保证设备的正常运行，保证工艺过程的安全、稳定运行，保障操作人员的人身安全，保证安全生产[23]。生产设备需要定期的维护和保养，维护和保养是指需要按照每个工厂或车间的具体生产计划进行，工艺运行过程中严格遵守计划的时间表进行检验、维修或零部件更换，防止由于设备故障导致事故的发生。

工厂及车间的全部安全系统、安全原因记录以及安全行动的选择都至关重要，工厂设计和设备安装结束后，工厂运行前必须要系统地检查安全系统。在运行过程中，安全系统还需要定期检查，至少达到每季度一次，必须持续不断地定期进行安全系统的维护和优化。最理想的安全系统是与工厂设计和建设相关，与实际运行工艺过程相关，而反应风险研究与评估是保证工厂和车间安全设计和安全运行的重要方法和主要手段，开展反应风险研究与评估势在必行。

参考文献

[1]　Rogers R L. Fact finding and basic data part 1：hazardous properties of substances. IUPAC Conference Safety in Chemical Production，Basle，1991.

[2]　Grewer T，Klusacek H，Loffler U，et al. Determination and assessment of the characteristic values for evaluation of the thermal safety of chemical processes. J Loss Prev Process Ind，1989，2：215-223.

[3]　Harris G F P，Harrison N，McDermott P E. Hazards of the distillation of mono nitrotoluenes. Runaway Reactions，Symposium Series，1981，68 (4)：1.

[4]　Hofelich T C，Thomas R C. The use/miuse of 100 degree rule in the interpretation of thermal hazard tests. Int Symp on Runaway Reactions，1989：74-85.

[5]　Steel C H. Scale-up and heat transfer data for safe reactor operation. Int Symp on Runaway Reactions，1989：597-632.

[6]　Chapman F S，Holland F A. Heat transfer correlations for agitated liquids in process vessels. Chem Eng，1965，18：153-158.

[7]　Chapman F S，Holland F A. Heat transfer correlations in jacketed vessels. Chem Eng，1965：175-182.

[8]　Institution of Chemical Engineers (Great Britain). North Western Branch. The Protection of exothermic reactors and pressurised storage vessels [M]. The Institution，1984.

[9]　Gibson N，Maddison N，Rogers R L. Case studies in the application of DIERS venting methods to fine chemical batch and semi-batch reactors. Hazards from Pressure. Symposium Series，1987，102：157-173.

[10]　Dixon J K. Heat flow calorimetry-application and techniques. Hazards X：Process Safety in Fine and Speciality Chemical Plants，Symposium series，1989，115：65-84.

[11]　Lees F P. A review of instrument failure data [C]//Symposium Serieson Process Industry Hazards，London：Institution of Chemical Engineers，1976，47：73.

[12]　Brazendale J，Lloyd I. The design and validation of software used in control systems-safety implications. Hazards X：Process Safety in Fine and Speciality Chemical Plants，Symposium Series，1989，115：309-320.

[13]　Duxbury H A，Wilday A J. Efficient design of reactor relief systems. Int Symp on Runaway Reactions，1989：372-394.

[14]　Duxbury H A，Wilday A J. Calcuation methods for reactor relief：perspective based on ICI experience. Hazards from Pressure，Symposium Series，1987，102：175-186.

[15] Kauffman D, Chen H J. Fault-dynamic modelling of a phthalic anhydride reactor. J Loss Prev Process Ind, 1990, 3: 386-394.

[16] Fauske H K. Pressure relief and venting: some practical consideration related to hazard control. Hazards from Pressure. Symposium Series, 1987, 102: 133-142.

[17] Duxbury H A, Wilday A J. The design of reator relief systems. Int Symp on Runaway Reactions, 1989: 372-394.

[18] Leung J C. Two phase discharge in nozzles and pipes-a unified approach. J Loss Prev Process, 1990, 3: 27-32.

[19] Harold G Fisher. DIERS Research Program on Emergency Relief Systems. Chemical Engineering Progress, 1985 (8): 33-36.

[20] API RP 521: Guide for Pressure-Relieving and Depressuring Systems. 4th ed. Washington: American Petroleum Institute, 1997: 1-3.

[21] Fauske H K. Revisiting DIERS Two-Phase Methodology for Reactive Systems Twenty Years Later. Process Safety Progress September, 2006, 25 (3): 180-188.

[22] Jasbir Singh. Vent Sizing for Gas-generating Runaway Reaction. J Loss Prev Process Ind, 1994, 7 (6): 481-491.

[23] Dennis C Hendershot, Aaron Sarafinas. Safe Chemical Reaction Scale up. Chemical Health & Safety, 2005 (11-12): 29-35.

第五章

重要参数测试研究手段

第四章主要提到反应风险控制在化工生产过程中的重要作用以及如何进行反应风险控制，规避风险，系统地介绍了一些反应风险的控制方法，这些控制方法通常是建立在一定的理论模型基础之上的，而这些理论模型又需结合相关的实验参数，相关参数可通过相应的设备及实验方法获得，本章将对实验设备和方法进行介绍。

通常情况下，精细化工生产过程所指的工艺参数是温度、压力、物料配比、加料速度、反应时间和反应 pH 值等。其中，如果有一些参数控制不当，即使发生微小的变化都将直接影响工艺过程的稳定性及安全性，甚至引发反应热失控，导致爆炸事故的发生。此外，某些参数一旦被触发，将难以通过常规的措施控制，进而引发物质及反应过程状态的巨大变化（如物质分解、反应过程热失控和反应器超压等），这一系列影响化工生产过程稳定性及安全性的参数可称为敏感性参数。敏感性参数控制不当将造成严重的化工生产事故，如近年来我国某双苯厂的苯胺装置硝化单元由于反应器超温，引发燃烧、爆炸事故，最终导致多人死亡，直接经济损失巨大，并引发附近江、河水污染；再如某国际化工厂在蒸馏过程时发生爆炸，造成十余人死亡，周边环境遭到破坏及污染。化工生产事故给企业和人们造成了重大伤害，经验教训数不尽数。

化工过程敏感性参数是工艺小试研发乃至放大生产整个产业链上关键性的技术数据，是实现精确工艺、精细设计及精准生产的重要保障。在实验室小试工艺研发阶段，工艺研发人员获取敏感性参数的一般途径主要是通过专业性期刊、专利及互联网上的专业性网站查询工艺中所用溶剂和一些常见的原材料、中间体、副产物及产品的物理和化学性质，以及通过反应类型、分子官能团等技术参数对工艺路线的安全性及稳定性进行初步的判断，目的是在小试研发阶段规避高含能、高风险、不稳定的原材料、中间体及强放热、难控制的化学反应。小试工艺条件基本确定后，需要开展下一阶段的工艺放大试验，这时候对于工艺放大研究人员来说，更需要明确工艺过程的能量平衡、物料平衡数据，如反应热、放热速率、反应动力学方程、加料速度及反应时间、蒸馏温度和蒸馏时间等参数，依据反应过程热力学及动力学数据确定科学合理的工艺放大条件，选择合适的反应器设备及工程控制措施。目前，有较多的软件、测试设备及研究方法可以帮助工艺研发人员获得所需要的物质、反应过程安全性信息。例如，市场上，有很多的商业化软件可以用来对化学反应潜在的风险进行估计。例如：CHETAH 软件[1]。CHETAH 是一种对化学品热力学和能量释放情况进行评价的程序，是预测化学反应热力学性质和化学反应潜在风险的基础性工具。使用 CHETAH 前，首先需要知道物质的化学结构，根据物质分子结构对其爆炸性进行估算。CHETAH 中的热力学计算基于气态状况，使用了固定的技术分析模型，根据分子结构对物质的爆炸性进行估计。除此之外，该程序还可以估计反应热、反应熵、热容和自由能等热力学数据，通过初步扫描，可以评估有机化合物的反应风险情况。通过 CHETAH 可以得到如下信息：

① 估算化学反应的放热量；

② 估算物质的热力学性质；

③ 预测化合物或者混合物的爆炸性和燃爆倾向等情形。

CHETAH 方法对于初始的合成工作很有帮助，是获得安全性信息的基础性工具。大量的数据显示，CHETAH 方法对多数冷凝态的估算影响偏差很小，对结果不会产生明显的数量级影响，因此，CHETAH 方法对研发人员具有很大的实用价值。但是，由于 CHETAH 方法是基于气态状况进行的热力学计算，而大多数化学过程不是在气体状态下完成的，测试数据存在一定的偏差；此外，在反应热估算方面，绝大多数反应过程涉及表观反应热的测试，与 CHETAH 所基于的本征反应热估算存在较大的差异，也不能给出反应过程瞬时放热速率等参数。CHETAH 估算的结果仅可作为参考性的建议，并不能取代试验测试的结果。因此，应谨慎使用 CHETAH 的估算结果进行工程放大及设计潜在风险。目前，随着各国对化工安全生产的高度重视，过程安全技术及设备研发的科技进步得到了大力推动，众多的专业技术及高精度设备应运而生，大大提高了工艺研发人员的工作效率，为科技人员提供了获得化工过程敏感性参数的有效途径。

对于一个精细化工生产过程，敏感性参数都包括哪些？通过什么方法、哪些设备可以获得敏感性参数？明确敏感性参数范畴，建立敏感性参数研究测试方法，将工艺条件严格控制在安全限度以内是实现化工过程安全生产的核心问题，对工艺放大及安全生产具有重要的指导性作用。以下章节将逐一对敏感性参数及敏感性参数研究测试方法进行阐述。

第一节　敏感性参数

敏感性参数是影响化工工艺过程稳定性及安全性的重要数据，按照研究内容划分，主要包括工艺敏感性参数及工艺风险控制敏感性参数。

1. 工艺敏感性参数

工艺敏感性参数通常是指能够影响工艺稳定性及产品质量的关键性参数，包括反应温度、反应压力、冷却介质流量、加料速度及加料量、升温/加热功率等。

（1）反应温度　温度是化工生产过程需要严格控制的敏感性参数。每个化学反应都有其适宜的温度范围，合理地控制反应温度是保障化工生产高转化率及选择性的有效途径。反应温度控制精确可以保证产品的质量，也是防止发生化学反应热失控所必需的。如果反应温度控制不当，可能造成反应物的分解及反应器的超温、超压，甚至引发爆炸；除此之外，反应温度控制不当也会带来副反应，生成不稳定的副产物或者过反应物，升温过快可能引发剧烈反应，导致反应失控。另外，温度过低也会造成反应速度减慢或停止，反应原料在体系内大量累积，一旦恢复正常，往往会造成反应原料在短时间内快速反应，瞬间释放大量的反应热，引发爆炸事故。此外，温度过低还会造成物料的冻结、管道堵塞或破裂，导致易燃物料泄漏，进而引发火灾爆炸事故。

（2）反应压力　与反应温度相似，反应压力同样是化工生产过程需要严格控制的敏感性参数。压力的过低可能引发反应的不充分，副产物增多，负压条件下甚至造成反应器的破损；压力过高，可能导致反应速度过快，反应释放的热不能被及时带走，反应体系温度持续升高，压力随着温度的升高继续增大，压力到达反应器的承压上限，安全阀、泄爆片等控制措施一旦不能及时地排出系统内压力，最终将导致反应器的爆裂，甚至引发火灾爆炸事故。

（3）冷却介质流量　化工生产中通常采取控制冷却介质流量的方式控制反应器温度，移出反应器中多余的热量，冷却介质的流量控制对化工安全生产尤为重要。冷却介质的流量对反应器体系的温度影响较大，流量越小，对反应器温度影响越大。当冷却介质流量低于 $10kg/s$ 时，即使冷却介质流量发生微小的变化，都可能导致反应器温度的急剧升高。冷却介质流量如果控制不当，不能及时地移出反应热，将导致反应体系的飞温，引发安全事故。

（4）加料速度及加料量　对于半间歇及连续流反应形式，在化学反应某一过程向反应体系内加料完成反应是实现半间歇、连续反应的重要手段，如何确定合适的加料速度及加料量是影响化学反应进程的重要问题，加料过慢可能影响反应选择性及产品的质量，增加反应周期，降低工作效率及生产能力；加料过快可能造成反应瞬时放热速率高，反应热不能及时移出，进而引发反应热失控及爆炸事故。因此，合理的加料速度及加料量是保证化学反应顺利进行的关键参数，需要结合化学反应过程能量平衡及物质平衡综合确定。

（5）升温/加热功率 升温/加热功率是所有反应形式的重要工艺参数。升温过慢，将会导致体系内原料的大量累积，一旦温度控制不当，引发潜在反应热失控风险；升温过快，将会造成反应速度加快，若反应热放出速率超出系统的冷却能力，进而引发反应体系温度的持续上升，最终将引发安全事故。另外，针对蒸馏、回流工艺，加热功率过大会导致体系物料的快速汽化，一旦超出冷凝器的负荷能力，将会引发冷凝器的堵塞，进而造成反应器的爆炸。因此，明确升温/加热功率是工艺放大及生产过程面对的重要问题。

（6）杂质控制 原料及产品中的杂质控制是影响工艺稳定性及安全性的重要问题。反应过程中杂质控制不当，可能会影响反应进程，导致副反应或过反应，进而引发火灾及爆炸事故。化工原料及产品中杂质的定量、定性分析是质量控制的重要指标，对安全生产及管理有着重要的作用。例如，乙炔与氯化氢合成氯乙烯的工艺过程，要严格控制反应体系中游离氯的质量分数不超过0.005%，因为过量的游离氯将会与乙炔发生反应，生成四氯乙烷引发爆炸；此外，应规避反应过程中生成过氧化物。众所周知，过氧化物较不稳定，容易造成事故，因此，反应过程中要避免过氧化物的生成。在小试研发阶段，应尽量规避有过氧化物副产物、产品生成的工艺路线。例如，工业合成三氯化磷的方法是将氯气通入过量的黄磷液体中，始终保持体系中磷处于过量状态，避免磷继续与氯气发生过反应生成活性更高的五氯化磷；再有就是，要防止蒸馏过程中四氢呋喃（THF）、异丙醚及乙醚等物质与空气发生氧化反应生成不稳定的过氧化物，因为，在蒸馏时，过氧化物的存在极易引发爆炸。

2. 工艺风险控制敏感性参数

工艺风险控制敏感性参数通常是指能够影响工艺安全性的关键性参数，按照研究对象可以分为物质分解热、分解速度、产气量、粉尘云爆炸最低引燃能量、最低着火温度、反应过程放热量、反应过程放热速率、反应绝热温升等。

物质热风险敏感性参数主要包括：物质分解热、起始放热分解温度、分解放热温升速率、压升速率、分解放气量、分解活化能、指前因子、物质自加速分解温度、不同温度下物质分解速率等。通过物质热风险敏感性参数研究测试，可以明确物质安全操作温度及安全操作时间，例如，物料受热安全操作温度、干燥温度、干燥时间、蒸馏温度、蒸馏时间、真空泵抽气速率等。此外，通过物质自加速分解温度测试，还能够明确物质仓储、运输条件。

物质爆炸敏感性参数主要包括：固体粉尘云最低着火温度、粉尘层最低着火温度、粉尘云最低引燃能量、粉尘云爆炸最大压力、最大压升速率、爆炸严重度、气体爆炸极限、可燃液体燃烧性及氧化性等。通过物质粉尘爆炸性研究，相关参数可明确固体粉尘对于静电火花的敏感程度，用于电气设备选型依据及遏制爆炸、泄爆孔尺寸设计等方面。

反应过程敏感性参数主要包括：表观反应热、放热速率、反应绝热温升、绝热条件下体系最高温度、反应放气量、放气速率、反应活化能、指前因子、反应常数、反应级数、反应动力学方程和二次分解参数等。表观反应热、放热速率、反应绝热温升、绝热条件下体系最高温度、反应放气量和放气速率等参数可用于反应操作条件设定（反应温度、加料时间、加料速度、升温速率、反应时间等）、工程化设计（反应器类型、反应器换热方式、换热面积、冷却介质类型、冷却介质温度、冷却介质流量、冷却介质等）及工艺优化（反应活化能、指前因子、反应速率常数、反应级数及反应动力学方程）。

物质及工艺过程中涉及众多敏感性参数，这些敏感性参数对于精细化工工艺优化及风险控制具有重要意义，下文将从差热量热、绝热量热、反应量热、爆炸性测试等几方面介绍精细化工生产敏感性参数的测试方法及测试手段。

第二节　敏感性参数测试手段

正如本章第一节中所述，化工生产过程中所包含的敏感性参数众多，涉及物质分解热、分解温度、分解速率、粉尘最低着火温度、粉尘云最低引燃能量、爆炸严重度、反应放热量、放热速率、放气量、绝热温升、绝热状态下体系最高温度等研究内容，根据敏感性参数的性质，选择相应的试验测试设备，建立相应的研究方法，是获得敏感性参数的必要条件。常用的实验测试手段是采用一些高端、精确的测试仪器，过程安全研究装置有：差示扫描量热仪、快速筛选量热仪、加速度量热仪、反应量热仪及微量热仪等；粉尘爆炸安全性研究装置包括：粉尘云最低着火温度测试仪、粉尘云最小着火能量测试仪、20L爆炸球等装置；此外，还有一些具备特殊功能的研究设备，如泄放口尺寸测试装置、热重分析测试装置、反应系统筛选测试装置、闭口/开口闪点测试装置、燃烧值测试装置及热稳定性测试装置等。本节将依据敏感性参数特性从差热量热、绝热量热、反应量热及爆炸性测试等几方面对主要涉及的试验测试及研究方法进行详述。

一、差热量热

应用差热量热是研究物质的热安全性有效的测试手段，具体的测试方法主要包括：差热分析（Different Thermal Analysis，DTA）、差示扫描量热（Differential Scanning Calorimetry，DSC）及快速筛选量热（Rapid Thermal Screening）等，测试样品的量可以从毫克级、到千克级，对于高附加值产品甚至可以对吨级样品量进行测试。

为了得到物质分解特性和物质混合反应性等安全性数据，应用快速筛选量热对单一物料或物料间化学反应进行扫描量热测试。通常快速筛选量热具有较宽的测试温度区间，范围为 $20 \sim 500\,^\circ\!C$，对于一些特殊的装置可实现 $-80 \sim 1000\,^\circ\!C$ 的测试范围。快速筛选量热适用于各种实验室样品测试，除了对纯物质热安全性进行研究以外，还可以进行不同阶段反应性研究，探究反应混合物的热稳定性以及物料发生受热二次分解的可能性。如测试在不同反应温度条件下反应时间对物料热稳定性的影响；测试在特定温度条件下不同测试时间对物质热稳定性的影响。实验还可以测得吸/放热量及吸/放热速率，气体产生量及逸出速率，以及反应物质剧烈分解爆炸等信息。

（一）差热分析仪

差热分析仪（DTA）是在程序控制下运行升温程序，是比较被测量物质与参比物质间温差与温度关系的扫描热分析技术。通过差热分析测试，可以得到物质的 DTA 曲线，其描述的是试样与参比物之间的温差随温度或时间变化关系。在 DTA 测试过程中，物质可能会发生相转变、晶格转变等物理变化，也可能会发生氧化、还原、分解等其他化学反应。当试样性质发生变化时，其温度会因试样的性质变化而变化，此过程中记录试样与参比物之间的温差随温度/时间变化关系，从而得到 DTA 曲线。通常情况下，物质的相转变、溶解和某些裂解反应表现为吸热效应，而氧化、硝化、磺化等反应表现为放热效应。

DTA 测试实验如图 5-1 所示。

DTA 测试的方法是将试样和参比物分别放入坩埚 1 和坩埚 2 中，随后将坩埚 1 和坩埚 2 置于加热炉中，以 $V = \mathrm{d}T/\mathrm{d}t$ 升温速率进行程序升温。以 T_{s} 和 T_{r} 分别表示试样和参比温度，设试样和参比物的热容分别为 C_{s} 和 C_{r}，且

C_s 和 C_r 不随着温度的变化而发生改变，其升温曲线如图 5-2 所示。

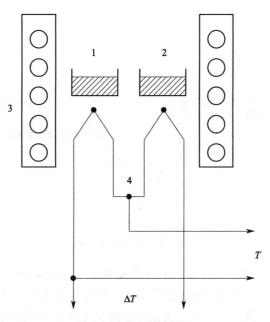

图 5-1　DTA 测试图示

1—参比物坩埚；2—试样坩埚；3—炉体；4—热电偶

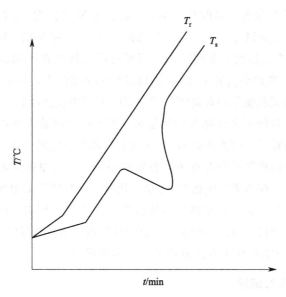

图 5-2　试样和参比物的升温曲线

T_r—参比物升温曲线；T_s—试样升温曲线

以 $\Delta T = T_s - T_r$ 对时间 t 作图,得到温度-时间变化 DTA 曲线,如图 5-3 所示。

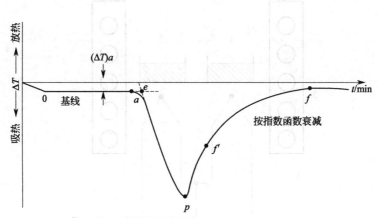

图 5-3　DTA 吸热转变曲线

在 $0 \sim a$ 的时间区间内,ΔT 较好地稳定在一定的数值,形成了温度随时间变化曲线的基线。随着温度的继续升高,测试样品由于相转变、晶格转变或化学变化等产生了热效应,导致测试样品温度与参比物质之间温度差发生了明显的改变,这种改变在 DTA 曲线上表现为有吸/放热峰的出现。通常情况下,吸热用向下的峰表示,放热用向上的峰表示,也可以反之;峰值越大代表温度差越大,即信号差越大;峰的数目越多,即试样发生物理/化学变化的次数也越多。所以 DTA 测试中,吸热/放热峰的个数、峰的形状、峰面积的大小、峰的起始温度/终止温度,都可以用来判断所研究物质在不同温度下的物理化学性质,峰面积的大小代表了峰对应的物理/化学变化中,热量变化的多少。

差热分析的试验操作相对简便,但在实际工作中也会碰到一些问题,例如:在不同的设备上对同一个样品进行测量时,或不同的试验人员在同一台设备上进行测量操作的时候,所得到的 DTA 曲线也可能有一定的差异,测试峰的最高温度、峰形、峰面积等都会存在不同程度的差异。究其原因主要是物质的热量与诸多因素相关,在物质发生物理/化学变化时,传热情况会更加复杂,可能得到不同的测试结果。虽然,差热分析的结果受多重因素影响,往往存在一些不足之处,但只要严格控制试验的条件,仍然可以得到重复性好的量热数据。

DTA 试验测试过程中需注意如下几方面的问题。

1. 参比物质的选择

DTA 试验测试的基线非常重要,为了获得平稳的基线,需要选择合适的参比物质。参比物质的选择有一定的原则要求,要求参比物质在校准的温度区间内具有良好的热稳定性，在加热或者冷却过程中不能发生任何物理/化学变化。根据物质的稳定性，通常选择 α-氧化铝（α-Al_2O_3）、石英砂或者煅烧过的氧化镁（MgO）作为参比物质。此外，在测试的温度区间中，参比物质的粒度、热导率、比热等要尽可能与试样相仿，从而保证测试基线的平稳。

2. 试样的预处理及用量

DTA 测试中物质的用量也是一个重要因素。如果测试试样的用量较大，易使邻近的两个峰部分重叠，造成分辨率的降低，影响试验结果的分析。如果试样用量较小，峰面积太小无法得到准确的起始/终止温度。因此，应选择合适的测试样品的用量，测试样品的颗粒度大小在 100～200 目较好。测试物质的颗粒太细会破坏其晶体的结构，对于容易分解产气的测试样品，测试物质的颗粒应尽可能大一些。参比物质的装填情况、颗粒度及紧密程度应与测试样品保持一致，尽可能减少基线漂移。

3. 温升速率的选择

DTA 试验测试中温升速率不仅会影响出峰位置，还会影响峰面积的大小。一般情况下，较快的温升速率对应的峰面积也会较大，峰形相对更加尖锐。同时，较快的温升速率还可能造成测试样品因分解而偏离平衡的程度变大，易导致基线的漂移。在较快的温升速率下，可能导致相邻两个峰位置的重叠，造成分辨率的下降。在相对较慢的温升速率下，基线漂移相对变小，易使测试体系接近平衡状态，分辨率更高，可以使相邻峰的峰形变得扁而宽，提高峰的分辨率，使峰之间更好地分离。但由于通常选择测试的温升速率为 8～12℃/min，对仪器的灵敏度有较高要求，测定时间也较长。因此，在实际应用过程中需根据具体情况选择适合的升温速率进行试验。

4. 气氛和压力的选择

DTA 试验测试中气氛和测试压力的选择也是重要的影响因素。测试气氛和压力会影响测试样品物理/化学变化的平衡温度以及峰的形状。所以，需根据测试样品的物理/化学性质选择适当的测试气氛和压力。例如，测试样品如果易被氧化，则需要选择氦气（He）或氮气（N_2）等惰性气体作为测试气氛，并根据具体测试情况选择合适的压力条件。

（二）差示扫描量热仪

差示扫描量热（DSC）[2] 是指通过程序控制升温速率的条件下，测试过程中将参比物质与被测物质进行对比，测量待测物与参比物之间的功率差随温度变化的一种量热测试技术。差示扫描量热可以反映出被测物质的相变、晶格改变等物理性质变化，除此之外，差示扫描量热也被广泛地用于物质热稳定性研究，以及混合物间的反应性研究。常规差示扫描量热可以进行微量物质的测试，测试用量一般为 $1\sim30mg$，如果待测物质具有较高的附加值，也可以进行特定物质较大用量的差示扫描量热测试，测试物质量甚至可达上百千克至 $1t$。进行大样品量差示扫描量热测试时，整个系统需要设计更加完善的测量设施。常规的差示扫描量热测试，是将少量的待测物质（$1\sim30mg$）置于金属微容器内，并在室温～$500℃$的温度区间内，以恒定的加热速率进行加热，常选用的加热速率为 $1\sim10℃/min$，特殊的差示扫描量热装置能够实现$-80\sim1000℃$温度区间内的试验测试。在差示扫描量热测试的过程中，一般采用惰性物质作为参比物，通过温度传感器实时检测待测物质的热量变化情况。差示扫描量热测试装置中输出信号与待测物质和参比物质的能量输出差值大小成正比。因此，可以测出待测物与参比物质热量变化差异。

在差示扫描量热仪校准时选取已知特定温度下吸收/放出固定热量的样品作为标准样品。根据校准温度的区间，使用的标准样品通常是金属铟、锌或铝。测试得到的温度图形代表物质的吸热和放热特性，用峰面积表示吸收/放出能量总量，放热峰的斜率表示样品在不同温度下能量释放的剧烈程度。

根据不同的测量方法，差示扫描量热仪主要分为热流型和功率补偿型两大类。

1. 热流型差示扫描量热仪

热流型差示扫描量热仪使用铜片作为热量的传递媒介，热量通过铜片传递到样品中，或从样品中传递出来。此外，铜片也是测温热电偶接点的组成部分。热流型差示扫描量热仪的量热原理与差热分析仪很像，均是采用外部加热模型，其结构如图 5-4 所示。

热流型差示扫描量热测试采取外加热方式，均温块受热后通过康铜热垫片和空气，将热量传递给参比试样杯和样品试样杯，通过康铜和镍铬丝组成的热电偶对参比试样杯进行温度检测，通过镍铝丝和镍铬丝组成的高灵敏度热电偶对样品试样杯进行温度检测。热流型差示扫描量热在匀速升温的时候，还可自动调节差热放大器的放大倍率，通过对补偿仪器的常数 K 随温度的升高而减少峰面积的积分计算，可以定量地测定物质热效应。

2. 功率补偿型差示扫描量热仪

功率补偿型差示扫描量热仪由两个控制电路进行监控，主要特点是测试样品坩埚和参比物质坩埚分别具有独立的加热器和温度传感器，其具体结构如

图 5-5 所示。

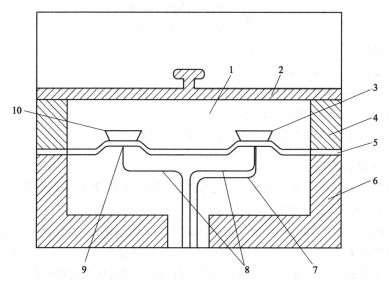

图 5-4 热流型 DSC 原理

1—动态样品室；2—盖；3—样品试样杯；4—银环；5—热垫片；4—均温块；

7—镍铝丝；8—镍铬丝；9—热电偶接点；10—参比试样杯

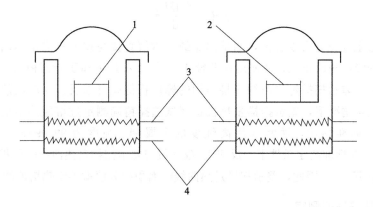

图 5-5 功率补偿型 DSC 原理

1—样品；2—参比物；3—Pt 传感器；4—各自加热电阻丝

功率补偿型差示扫描量热仪的两个控制电路中，一个电路控制温度，使测试样品和参比物质在设定的温升速率条件下升温或者降温；另一个电路补偿测试样品和参比物质之间由于样品的吸热或者放热效应产生的温差。在仪器工作时，通过功率补偿电路使测试样品和参比物质的温度基本保持一致，从而依据补偿功率直接求出热流率，公式如下：

$$\Delta W = \frac{dQ_S}{dt} - \frac{dQ_R}{dt} = \frac{dH}{dt} \tag{5-1}$$

式中　ΔW——补偿功率，W；

$\quad\quad Q_S$——样品的热量，J；

$\quad\quad Q_R$——参比物的热量，J；

$\quad dH/dt$——单位时间的焓变，J/s。

差示扫描量热仪应用主要包括以下几个方面：

1. 热焓的测定

热焓是表示物质系统能量的状态函数，通常用 H 表示，其数值上等于系统内能 U 与压强 p 和体积 V 乘积的和，即 $H = U + pV$。

之前讲到过，功率补偿型差示扫描量热的工作原理是通过补偿样品温度的功率得到热流率 dH/dt，把热流率 dH/dt 作为曲线纵坐标，温度或时间作为曲线的横坐标，曲线显示了差示热流率 dH/dt 随着温度变化的曲线。

所以，差示扫描量热测试曲线中的峰相对于时间积分，可以获得测试样品在对应转变过程或反应时间区间内的热焓。

$$\Delta H = \int \frac{dH}{dt} dt \tag{5-2}$$

通过上述积分可以看出，测试样品的热焓值直接与差示扫描量热曲线下面所包含的峰面积成正比，在使用仪器校正常数 K 对热量和积分面积的转换校正以后，通过差示扫描量热曲线直接得到的峰面积值就可以反映反应的放热或吸热量。通常情况下，差示扫描量热校正测试选择精确测定过熔融热焓的高纯度金属作为标准物质，通常采用高纯度的金属铟，纯度为 99.999%，熔点为 156.4℃。在标准测定条件下，反应吸/放热量与差示扫描量热曲线峰面积的转换校正常数 $K=1$。因此，差示扫描量热曲线峰面积积分值就等于热焓值的变化。

2. 比热容的测定

比热容（Specific Heat Capacity）是表示物质热性质的状态函数之一，常用符号 C_p 表示。比热容是物质热稳定性测定过程中的一个重要参数，常用于反应热的计算，又称比热容量，或简称为比热。比热容的含义是指单位质量物质的热容量，也可以理解为单位质量的物质改变单位温度时需要吸收或放出的能量。

上面我们介绍过，差示扫描量热曲线纵坐标为 dH/dt，通过积分差示扫描量热曲线峰面积，可以得到试样的吸热或放热量，再根据吸/放热量与时间的关系，可以得到吸热或放热速率。

比热容 $C_p = dH/dT$，其与吸热或放热速率存在如下关系：

$$\frac{dH}{dt} = \frac{dH}{dT} \times \frac{dT}{dt} \tag{5-3}$$

式中　$\dfrac{dT}{dt}$——升温速率，K/min。

所以，通过吸热或放热速率与升温速率的比值就可以得到物质的比热容 C_p。

根据热力学原理，在等压过程中，即系统不做非体积功的情况下，若物质没有相态或者是化学组成的变化，等压热容如下。

$$C = \left(\frac{dH}{dT}\right)_p \tag{5-4}$$

比热容如下：

$$C_p = \frac{C}{m} = \left(\frac{dH}{dT}\right)_p \times \frac{1}{m} \tag{5-5}$$

将式(5-5)代入到式(5-3)中，可以得到：

$$\frac{dH}{dt} = C_p m \frac{dT}{dt} \tag{5-6}$$

由上式可见，dH/dt 为热焓变化速率，是差示扫描量热曲线的纵坐标；dT/dt 为升温速率，是差示扫描量热曲线的横坐标。m 为样品质量；C_p 是样品比热容，单位为 J/(g·K)。采用差示扫描量热测定比热容非常方便。比热容是计算或测量反应热时必不可少的参数，比热容的取得非常重要，特别是混合物反应体系的比热容，只能通过测试得到。

采用差示扫描量热测定比热容的方法有两种，分别是直接法和间接法，其中间接法又称为比例法。

(1) 直接法　从差示扫描量热曲线上通过横纵坐标的数值，可以直接读出热焓变化速率 dH/dt 与升温速率 dT/dt，把 dH/dt 与 dT/dt 代入到式(5-6)中，即可算出比热容 C_p。但是，这种方法误差较大，误差主要来源于测试所用的仪器设备，包括以下几个方面的因素。

因素一：在测试的温度范围内，升温速率 dT/dt 不可能绝对地保持恒定数值；

因素二：在整个温度测定区间内，仪器的校正常数不是一个恒定的数值；

因素三：在整个温度测定区间内，基线不能保持绝对的平直。

综合上述三个主要影响因素，比热容 C_p 的直接测试方法往往存在较大误差。若采用间接法测定比热容，就可以减少这些误差。

(2) 间接法　在同等条件下，应用间接法测试比热容是通过对测试样品和标准物质同时进行测试，结合对比两者的纵坐标 $\mathrm{d}H/\mathrm{d}t$ 热熵变化速率进行比热容计算。其中所选择的标准物质，其比热容必须是已知的，并且要求标准物质在测试温度区间内不能有任何物理变化或者化学变化，通常采用的标准物质是蓝宝石。

间接法测试比热容的具体方法，首先在差示扫描量热仪器内放入两个空样品皿，以恒定的升温速率进行空白测试，得到一条基线；随后放入蓝宝石标准物质，在与空白试验相同的条件下对蓝宝石标准样品进行测试，得到标准样品的差示扫描量热曲线；最后放入待测样品，在相同实验条件下，对样品进行测试，得到测试样品的差示扫描量热曲线。如图 5-6 所示。

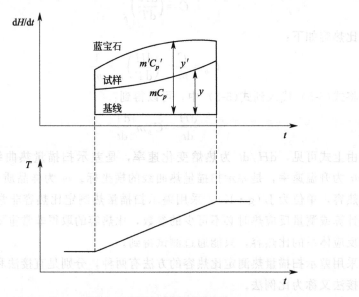

图 5-6　间接法测定比热容

根据式(5-6)，在一定的温度下，试样热熵的变化速率如下：

$$\frac{\mathrm{d}H}{\mathrm{d}t} = y = C_p m \frac{\mathrm{d}T}{\mathrm{d}t} \tag{5-7}$$

蓝宝石热熵的变化速率如下：

$$\frac{\mathrm{d}H}{\mathrm{d}t} = y' = C_p' m' \frac{\mathrm{d}T}{\mathrm{d}t} \tag{5-8}$$

式(5-7) 与式(5-8) 相除得：

$$\frac{y}{y'} = \frac{C_p m}{C_p' m'} \tag{5-9}$$

从而，可计算出样品的比热容，试样的比热容如下：

$$C_p = C_p' \frac{m'y}{my'} \tag{5-10}$$

式中　C_p——试样的比热容，J/(mg·K)；

　　　C_p'——蓝宝石的比热容，J/(mg·K)；

　　　m——试样的质量，mg；

　　　m'——蓝宝石的质量，mg；

　　　y——试样在纵坐标上的偏离；

　　　y'——蓝宝石在纵坐标上的偏离。

3. 物质的热分解温度

通过差示扫描量热测试研究化工工艺中使用的原料、中间体反应料液以及产品的热稳定性，从扫描谱图中就可以得到测试温度条件下物质的起始热分解温度和分解热等热稳定性信息。物质的热分解温度是非常重要的安全性参数，物料热分解温度直接决定物料在受热情况下发生放热反应风险性的大小。物料的起始热分解温度同样也会对安全操作温度范围提出限定条件。化工反应风险研究和工艺风险评估过程中，首先需要关注物质的热安全信息，通过差示扫描量热等测试方法，获得物质的热分解温度，随后通过反应量热测试，得到化工工艺过程的过程风险数据。同时，需要全面考虑反应工艺失控时，体系可能达到的最高温度，为工艺设计提供安全性数据支撑，确定安全工艺操作温度，防止由于物质的热分解导致爆炸等危险的发生。

在实验室进行小试研究开发的过程中，由于实验室反应器体积小，通常在1 L以下，比表面积较大，传热效果较好，反应条件比较容易控制，相对不容易发生由反应物料温度超过物料热分解温度导致的不可控的危险情况。然而，在工程化放大过程和大规模工业化生产过程中，反应容器容积大幅度增大，而反应设备传热面积有限，传热效果与实验室规模相比有很大程度的降低。在大规模生产反应过程中，一旦发生热失控反应，体系累积的热量不能被及时地移出，就容易导致反应釜内温度超过物料热分解温度，甚至有可能引发进一步的二次分解反应，最终造成危险事故。

在化工反应风险研究和工艺风险评估过程中，往往需将 TG 和 DSC 联用。图 5-7 为 TG 和 DSC 联用扫描谱图。对谱图进行分析，可以获取测试物质的热分解温度、吸/放热情况以及分解热数据等。

使用差示扫描量热进行物质安全性研究时，最好选择高压密闭坩埚进行测试。高压密闭坩埚可以防止样品挥发或蒸发，避免测量信号掩盖放热效应，测定样品准确的潜能值。图 5-8 和图 5-9 为某液态物质分别使用敞口坩埚和高压密闭坩埚的测试图。在敞开体系中，由于液体物料的蒸发吸热，导致测试过程

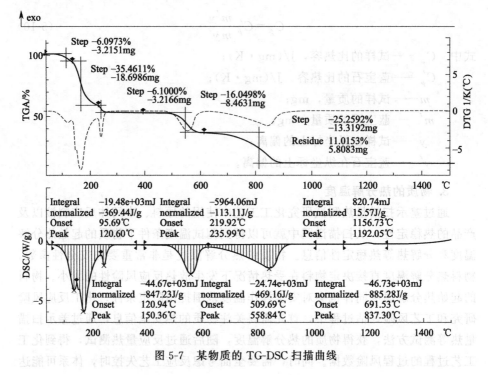

图 5-7　某物质的 TG-DSC 扫描曲线

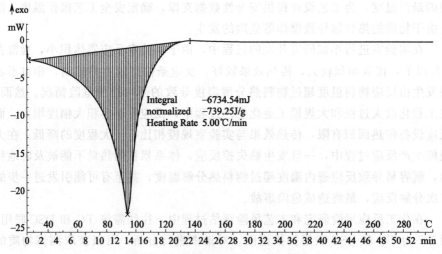

图 5-8　某物质敞开体系 DSC 扫描曲线

中出现一个较大的吸热峰；而在密闭体系中，则避免了液体物料蒸发吸热，从而在测试过程中捕捉到了物料发生的复杂放热分解反应。相对来说，高压密闭坩埚中测试的结果更加接近真实的样品热特性。

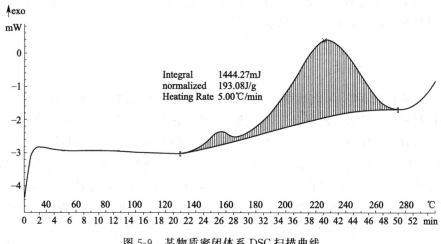

图 5-9　某物质密闭体系 DSC 扫描曲线

在使用差示扫描量热进行物质或化学反应的热特性测试时，需设定标准的测试条件。为保证测试数据的有效性，标准测试条件的设定尤为关键。标准条件的设定通常采取如下方法：

① 样品器皿通常选择金属或陶瓷器皿，密闭镀金坩埚的耐压范围一般为 0～200bar。

② 实验测试过程中，升温速率不能太快，通常加热速率选择在 2～5K/min 之间。

③ 测试样品量不可太大，样品量越大，相对风险越高。在测试过程中，要避免加入过量高风险物质，防止由于物质分解，造成测试仪器的损害。通常使用的样品量为 3～10mg，若待测物质的化学结构体现物质可能具有较高的分解能量，则需要使用 3mg 甚至更少的样品量。

④ 实验温度范围的选择需满足一定的要求，温度越高，风险越大。在测试过程中，需要避免高温产生的风险，由于在高风险条件下器皿的爆裂很有可能损伤测试设备。通常实验测试温度范围区间的选择在 25～300℃、25～500℃，特殊坩埚可实现为 -80～700℃ 的温度测试范围。

以上简单介绍了差示扫描量热的一些基本应用。需要注意的是，随着技术不断进步，新型仪器设备的开发和应用，通过 DSC 进行物料安全性测试已广泛应用于食品、涂料、医药、塑料、生物有机体、橡胶、无机金属材料与复合材料等诸多领域。差示扫描量热技术的应用范围，远超出我们上述介绍的内容。除了各种材料应用领域以外，差示扫描量热技术还可进行对反应动力学测试研究、结晶动力学测试研究、氧化诱导期测试研究、结晶度测试研究、物质纯度测定等研究测试，此外，DSC 技术还可进行材料的耐老化性能测试、混合材料相容性能测试、材料纯度测试等。

（三）微量热仪

微量热仪（C80）是由法国 Setaram 公司研究开发的一种量热仪，可用于测试料液的比热容、液体和气体的热传导率、液体蒸发热和蒸气压，物料分解过程热效应及压力效应，除此之外，C80 还是研究化学反应过程热效应的重要工具。C80 的测试原理与差示扫描量热仪（DSC）类似，测试时将被测试样和一种热惰性物质作为参比分别放于样品池中同时进行加热，测试记录热流变化情况。但 C80 又区别于 DSC，C80 的测试样品量为克级，一般情况下，测试样品量为 1～10g，相对于 DSC 的毫克级来说，测试的样品量要大很多，因此，可以方便于安装配备搅拌、混合装置等设备形式，可以满足不同反应量热测试的需求。C80 测试要求盛放样品的样品池也要比 DSC 测试的大，最高可达 12mL，所以，C80 通常被认为是放大了的 DSC。C80 的温度范围为室温～300℃，压力最高可达 100MPa，通过配备不同类型的测试池，可实现包括结晶、相转变、聚合和分解反应等热效应测量，恒温模式下可完成药物的多晶型筛选。配备膜混合测试池后，C80 能实现两种组分（液-液、固-固、固-液）的混合，且可以进行搅拌；在恒温条件下研究其混合、熔化、水化、溶解、中和、聚合等热效应，获得反应热焓及反应时间等数据；此外，还可以用于药物相容性研究。匹配安全测试池后，C80 甚至可以实现一种或多种物料的定量加入，可用于研究等温加料过程的放热特性，还可以进行鼓泡过程的搅拌效应研究。此外，配备压力传感器后，C80 能够对反应过程的动力学进行研究；配合气体循环测试池，可实现气-固或气-液混合反应热测试，还可通入惰性气体保护样品，通入载气测试其吸收热或者反应热。C80 还可用于湿润气氛中的药品性质研究，预测药品在不同温、湿度条件下的性质变化；配合高压测试池或测压池，可实现高压条件下的等温和扫描量热等功能，适用于带压条件下的反应热和分解热的测定，以及有气体放出的间歇反应等，也可以用于反应性筛选及危害性评估，从而辨识及预判生产中可能导致的危险情况。C80 的应用范围较广，适用于如下领域：

（1）生命科学及医药研究　通过分解反应特性研究物质的多态性，还可以满足不同温、湿度条件下药物的多态性及结晶度、生物新陈代谢和药物中间体的热稳定性研究等。

（2）过程安全　在过程安全领域，物质的分解热及反应热特性研究是明确工艺过程风险的重要问题，通过反应微量热测试手段，依据测试获得的物质热安全性数据及反应过程热特性数据对工艺过程的安全风险进行评估。

（3）能源 在能源领域，反应微量热测试方法可用于电池安全性研究，沸石对柴油催化脱硫，沥青-盐混合物的反应测定，气体水合物形成及分解，催化剂表征，氢吸附（燃料电池），核废料的稳定性，核原料热性能研究等。

（4）食品 反应微量热测试方法可用于油中的游离脂肪酸的中和反应、凝胶/溶胶，研究溶解、熔化、结晶化、无定形、稳定性及抗氧化性等性能。

总而言之，工艺过程安全性研究需要综合采用差热扫描量热测试、加速度绝热量热以及反应量热测试等研究测试手段，测试化学物质热安全相关性质及化学反应过程风险。开展反应风险研究，通过对物料的操作使用和化学工艺反应过程的危险性进行研究和评估，进而获得全面的工艺安全数据，并对工艺过程的危险性做出评估，对工艺过程的放大以及生产应用提出可行性意见。

二、绝热量热

在对化工工艺过程进行反应风险研究和工艺风险评估的过程中，既要开展工艺条件下的反应风险研究和工艺风险评估，也要对反应发生失控的情况进行研究和评估。特别需要对反应失控时的极限状态进行评估，有助于防止失控反应的发生，并最大限度地降低反应发生失控后造成的损失。

对于某化学反应，描述失控反应特性需要涵盖以下相关信息：

① 为保证反应正常进行，预防系统失控现象的发生，对于较易发生失控的反应体系，需严格设定极限控制温度；

② 对于发生失控的情况，失控反应的热产生量以及热产生速率必须进行详细的研究，从而得到相关重要参数；

③ 在失控条件下，需要考察失控反应中气体产生情况，如气体压力和气体产生速率，并得到相关的研究参数；

④ 在失控情况下，对于密闭系统内可能产生压力的情况，需要对失控反应产生的最大压力进行必要的研究，并得到相关的研究参数；

⑤ 在失控情况下，对于滴加物料的间歇操作反应体系，需要对不同的加料顺序和不同的加料速度进行必要的研究，并得到相关的研究参数。

为保证化工生产安全进行，除对失控反应状态进行必要的研究以外，还必须为可能发生的失控情况建立妥善的应急处理机制和方案。对精细化工行业来说，工艺发生失控的主要原因来源于放热反应过程中体系的冷却能力不足或冷却系统失效。在冷却能力不足或者失效的情况下，反应放出的热量不能被及时地移出反应体系，导致反应体系内温度的不断升高，当温度被升高到一定的数值时，过高的温度可能引发其他副反应的发生，随后反应体系将发生一系列的反应。在反应体系发生热失控后，众多副反应可能在短时间内同时发生，此时的反应体系相当于绝热体系，失控反应发生后所引起的温度升高相当于反应体系的绝热温升。因而，对化学反应进行绝热量热测试，对评估工艺反应发生失控的极限情况具有重要意义。开展绝热量热测试工作[3]，是化工安全生产的重要保障。绝热温升和温升速率可以通过绝热量热测试得到，其精确数值需要通过绝热量热仪测试获得，一些特殊的绝热量热仪，还能获得超压泄放量、泄爆面积等重要设计参数。

对放热反应来说，反应发生热失控的条件与反应体系的温度有关，且引起失控反应发生的最低温度并没有固定的数值，与生产规模、工艺条件以及系统散热等密切相关。通常在常规冷却条件下，50L反应器的热损失经验数值是 $0.2W/(kg \cdot K)$；对于 $20m^3$ 甚至更大的反应设备，其热损失数值约为 $0.04 \sim 0.08W/(kg \cdot K)$。如果在实验室精确计算失控反应的最低温度，则必须使用复杂的仪器设备，保证实验室反应过程的热量散失与放大生产规模时的热量散失相同。这样的条件在实验室实现起来比较困难，而且很难得到精确的数值，实际测量的数据仅可作为工艺设计的参考值。因此，在实际工艺设计过程中，工艺操作温度通常确定为测量得到的热分解温度以下至少 $50 \sim 60K$，称"50K原则"或"60K原则"。近年来，为更加有效地保障化工安全生产，对于一些危险性较高的化学反应，尤其是大规模工业化生产时，工艺设计常常依据"100K原则"，即要求工艺安全的操作温度低于反应中涉及的各物质DSC测试得到的最低放热分解温度 $100℃$ 以上，并且根据工艺反应设备大小，进一步降低工艺操作的温度。

显然，通过差示扫描量热仪获得的测试结果与大规模工业化生产中的实际情况会存在一定偏差。所以，研究者们谋求一种测试手段，其获得的测试结果能够更接近于工业化大规模生产的实际状况，从而为工业规模生产提供更加准确的指导。在这种需求背景下，绝热量热测试方法及装置被开发出来。绝热量热仪器是以绝热条件为前提，进行相关的量热试验测试。为了使反应体系达到近乎绝热的状态，通常有两种方式：一是通过隔热手段使反应体系与外部环境隔绝，最大限度降低热量交换从而达到绝热状态，例如使用绝热杜瓦瓶量热仪对体系进行的绝热试验测试；二是根据反应体系温度，不断调整外部环境的温度，使其追踪体系温度，并补偿反应体系的热量散失，从而以近乎绝热环境的方式达到体系绝热的状态，例如绝热加速度量热仪。不过，无论采用哪种近似方式，都不可能达到绝对的绝热状态。在绝热试验测试过程中，并非所有反应放出的热量都用于反应体系自身温度的升高，而是一部分热量用于加热测试容器。基于以上原因，必须对试样容器进行校正，一般采用 *phi* 因子的概念进行热校正。

phi 因子的概念如下：

phi ＝（样品的热效应＋设备的热效应）/样品的热效应

在绝热状态下，被测样品与反应容器在热力学上可建立如下的热平衡方程。

$$m_s C_{ps} \Delta T_s = (m_s C_{ps} + m_b C_{pb}) \Delta T \qquad (5\text{-}11)$$

式中　m_s——反应料液的质量，g；

$\quad C_{ps}$——被测样品的比热容，J/(g·K)；

$\quad \Delta T_s$——被测样品的理论温升，K；

$\quad m_b$——盛放样品容器的质量，g；

$\quad C_{pb}$——盛放样品容器的比热容，J/(g·K)；

$\quad \Delta T$——试验测得样品的温升，K。

对式（5-11）进行整理可以得到下式：

$$\Delta T_s = \frac{m_s C_{ps} + m_b C_{pb}}{m_s C_{ps}} \Delta T = \left(1 + \frac{m_b C_{pb}}{m_s C_{ps}}\right) \Delta T \qquad (5\text{-}12)$$

式（5-12）中 $\left(1 + \dfrac{m_b C_{pb}}{m_s C_{ps}}\right)$ 称为 *phi* 因子，也称为试验容器热修正系数，$phi \geq 1$。通过式（5-12）可以看出，当 $m_s \gg m_b$ 时，*phi* 因子近似等于 1，试验容器无需进行修正，反之当 m_s 相对于 m_b 较小时则必须进行修正。当反应容器体积比较小时，如在实验室小试，*phi* 因子比较大，随着反应容器体积增大，*phi* 因子数值越接近于 1。因此，利用低 *phi* 因子试验容器进行绝热量热测试，结果就更接近于工业化生产。每种绝热量热设备配备的试验容器均有已知固定的 *phi* 因子。

下面我们简要介绍几种常见的绝热量热测试设备。

（一）杜瓦瓶量热仪

杜瓦瓶（Dewar Flask）量热仪[4] 是一种绝热温升测量装置，原理是利用夹套真空反应瓶或者设备减少内外传热，从而达到减少热量散失的目的，测量反应热效应过程的温升情况，并根据系统温升估算反应热，评估反应的安全性。在绝热温升测试过程中，在一定时间内，设备内部温度与外部环境温度差异不大时，绝热杜瓦瓶量热仪中损失的热量可忽略不计，绝热杜瓦瓶量热仪可以近似被认为是绝热容器。不过如果从严格角度上讲，杜瓦瓶量热仪内部并不是完全意义上的绝热状态。

杜瓦瓶量热器如图 5-10 所示。

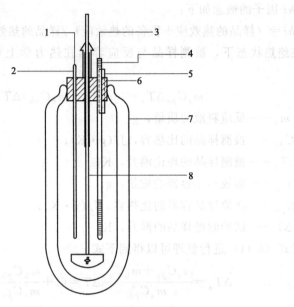

图 5-10　杜瓦瓶量热器实例图
1—记录；2—温度计；3—能量供给；4—加热器；5—排气口（与冷凝器相连接）；
6—塞子；7—500mL 杜瓦瓶；8—搅拌器

绝热杜瓦瓶压力测量量热器是在玻璃杜瓦瓶基础上改进而成的量热设备。用不锈钢材质的量热反应瓶取代传统玻璃材质的反应瓶，使反应可以在较高的压力下进行。在测试绝热温升的同时，绝热杜瓦瓶压力测量量热器还可以获得反应过程中气体的产生情况。绝热杜瓦瓶压力测量装置一般会安装在高强度的器皿内，可以确保实验者的安全。

与玻璃杜瓦瓶相同，压力杜瓦瓶量热器也可以安装加热器连接设备、取样管、搅拌器和温度检测以及压力检测等配套的部件。其夹套可以通入冷或热的介质，以适合于不同温度下进行测试。杜瓦瓶量热器[5,6] 的测试结果更接近于工业生产的实际情况。应用杜瓦瓶量热仪的实验数据，评估化工反应失控时的反应器的热力与压力情况，与实际情况更符合，具有实际应用价值。应用杜瓦瓶量热器测试物料绝热温升时，要根据实际工艺操作，将反应原料缓慢滴入反应体系，或者把反应混合物逐渐加热到反应起始温度，同时要求加入物料的温度与杜瓦瓶内的温度一致，避免其他热效应的影响。

图 5-11 所示为杜瓦瓶量热试验温度-时间关系曲线。

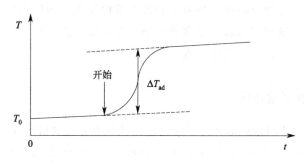

图 5-11 杜瓦瓶量热试验温度-时间曲线

应用绝热杜瓦瓶进行绝热温升测试时，样品、设备与操作工艺三者间的温度差异都会给体系造成热效应。对于 300~1000mL 容积较大的杜瓦瓶，由于样品使用量较大，所以 phi 因子相对较小。对于测试样品量较小的反应，应使用小型的杜瓦瓶量热仪，还可以将杜瓦瓶整体放入加热炉内，采取加热炉控制设备追踪样品温度的方式，从而避免 phi 因子效应。

对于温度敏感性反应的测试，同样也可以使用较大容积的绝热杜瓦瓶量热仪来进行量热试验，从而最大限度消除其他热效应的影响。理论上，体系散热情况和容器比表面积成正比，即散热情况与容器外表面积和体积的比值成正比，用 A/V 来表示。相对来说，绝热杜瓦瓶体积越大，其测试灵敏度越高。对于容积为 1L 的绝热杜瓦瓶，它的热散失近似与工业上 $10m^3$ 不带搅拌的反应器相当，散热系数约为 $0.018W/(kg \cdot K)$。在经过 phi 因子校正后，绝热杜瓦瓶量热仪能够准确地测得试验条件下物料的初始放热温度、测试过程中温升速率情况，以及压力升高情况。应用不同规格的绝热杜瓦瓶来估算与之对应不同容积的工业反应釜在生产过程中发生失控的情况，从而为工厂的安全设计提供必要参数。

如上所述，根据经验数据 500L 和 2500L 的工业生产装置冷却效率与 250mL、500mL 的绝热杜瓦瓶的冷却效率相对应，也可以将上述经验数据理解为 500L、2500L 放大设备的传质、传热情况分别与 250mL、500mL 的绝热杜瓦瓶测试试验结果对应。因而采用较小容积的绝热杜瓦瓶进行量热试验，得到的试验结果有助于估算工业放大生产情况下反应产热的情况，包括根据绝热温升情况对反应产生总热量进行估算，以及试验过程汇总实时监测的热量产生速率。但要注意的是，待测反应本身的反应热情况和压力情况必须是杜瓦瓶本身能够承受的，同时要求反应中搅拌的形式也是杜瓦瓶能够实现的。

绝热杜瓦瓶量热试验，适用于模拟放大规模的工业化生产过程中的产热情况，也适用于研究滴加进料方式的间歇操作。例如对于两种物料的反应，一种物料打底，另一种物料持续滴加或分为若干等份加入，物料滴加速度或每次加入量的多少，测量加料引起的温度升高值，如果加料速度过快，有可能由于温度升高太多而引发其他副反应的发生。

(二) 加速度量热仪

1970 年，美国 Dow 化学公司首先研究开发出加速度量热仪（Accelerating Rate Calorimeter，ARC），后来由 Columbia Scientific 公司将其实现商品化。加速度量热仪[7,8]是一种绝热量热测试装置，原理不同于绝热杜瓦瓶量热仪所采用的隔热方法，而是通过调整加热炉温，并使其始终追踪所测得的样品池温度，从而达到降低量热测试体系的热散失，保证绝热测试环境的目的。由于样品池与炉温环境不存在温度梯度，所以没有热量流动，理论上可以达到完全绝热的环境。使用加速度量热仪能够开展多种潜在失控反应的量热测试试验，并量化化学反应或化学物质的放热危险性以及放气危险性。

加速度量热仪测试具有操作简便，检测灵敏度高，可以测试各种物态样品，结果易于处理和分析等优点。加速度量热仪的测试结果经常用于评价化学反应或物质的安全性。在加速度量热仪量热试验测试过程中，通过将测试样品保持在绝热环境中，在给定工艺条件下完成反应过程，测定过程中的放热量情况、放热量随时间的变化情况、放热量随温度和压力的变化情况等化工安全参数。化学工艺过程中温度的变化和压力的变化是工艺热危险性的主要来源。加速度量热仪在测试过程中能够得到多种数据曲线，包括时间-温度曲线、时间-压力曲线，时间-温升速率曲线、温度-温升速率曲线，温度-压力曲线，温度-压升速率曲线以及温升速率-压升速率曲线，等等。加速度量热仪的具体试验方法是将 $1\sim10g$ 的样品置于特定材质（玻璃、不锈钢、钛合金或哈式合金等）球形样品池内，随后将测试池密封在安全性较强的空间内，在测试升温过程中，通过控制较窄的温升速率范围，观察测试样品是否有温升速率大于 $0.02K/min$ 的现象发生，以此来确定样品是否存在自加热行为，如果监测到被测样品存在自加热情况，则系统将跟踪样品由于自加热升高的温度，并实时记录下样品池内温度和压力的变化情况。

加速度量热测试方法可以为化学物质的反应动力学和分解动力学研究提供重要的基础性参数。加速度量热仪是国际推荐使用的测试化学过程比较新型的绝热量热测试分析装置。

加速度量热仪的主体结构如图 5-12 所示。

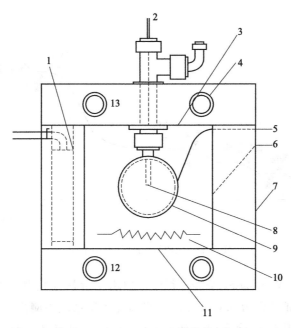

图 5-12 ARC 的主体结构

1，4—加热器；2—压力传感器；3—顶部区域热电偶；5—样品池热电偶；6—夹套热电偶；7—夹套；
8—内部热电偶；9—球形样品池；10—辐射加热器；11—底部区域热电偶；12—底部区域；13—顶部区域

加速度量热仪的工作原理可以简单描述如下：

一般在加速度量热仪的量热测试中，将一个能够盛装 1～50g 样品的球形测试池安装在内部表面镀有金属铜、镍等材质的夹套装置中，球形样品池通过一个口径为 1/4in 或 1/8in（1in＝2.54cm）的管子穿过夹套，与用于测量样品温度的热电偶和用于测定内部压力的压力传感器相连。夹套设备的上部、中部和底部三个区域用加热器和热电偶控制夹套温度，其中固定在夹套内上部和底部表面的两个热电偶，分别测试夹套设备的最热点和最冷点，如图 5-12 所示。球形样品池的外表面插有相同型号的热电偶，所有热电偶温度测量误差都小于 0.01℃。ARC 通过给夹套一定加热功率使之追踪样品容器内温度来实现测试池内绝热的条件。ARC 的温度操作范围通常为 0～600℃，压力操作范围通常为 0～20MPa。

加速度量热仪的 HWS 操作模式如图 5-13 所示。

加速度量热仪首先被加热（Heating）到预设初始温度，随后进入等待（Waiting）程序，等待一段时间使系统内部达到稳定状态后，开始搜寻（Seeking）程序。这样的实验程序模式称为"加热-等待-搜寻"程序，简称

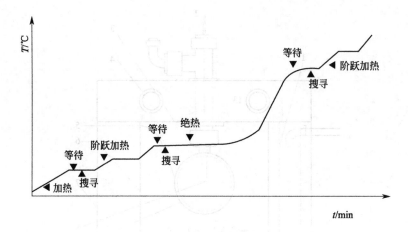

图 5-13   ARC 的 HWS 操作模式

HWS（Heating-Waiting-Seeking）程序。加速度量热仪检测样品自加热温升速率判定条件通常设为 0.02K/min，当温度控制系统检测样品池内温升速率低于预设的温升速率检测限（如 0.02K/min），加速度量热仪将继续按照HWS程序自动进行循环测试；若检测到样品池内温升速率超过预设温升速率检测限，则夹套开始追踪样品池温度使体系保持在绝热状态下，体系靠自热升温，最终得到体系的绝热温升。而当不稳定物质需要在一定温度条件下储存较长时间时，则就要对待测样品进行等温量热操作。应用加速度量热仪的等温测量模式研究含微量杂质或具有自催化特性的化合物的热稳定性具有很高的实用价值。

加速度量热仪作为研究物质的自放热效应以及物质在工艺过程中发生二次分解反应的主要研究手段，通过其获得的热稳定性数据在化工生产中作为重要的安全评价参数。加速度量热仪的主要应用如下。

1. 热动力学参数的确定

进行化工反应风险研究和工艺风险评估，首先需要对危险源进行辨识，辨识方法有许多种，例如：保护层分析（Layer of Protection Analysis，LOPA）方法，检查表（Checklist）方法，危险及可操作性（HAZOP）方法，等等。但是无论哪种危险辨识方法，都是基于对化学物质的热化学特性研究基础上进行的。应用加速度量热仪测试结果进行热力学/动力学分析能够得到反应放热速率、绝热温升等重要的反应热力学和动力学参数。

放热反应的反应热可以由下式得到：

$$\Delta_r H_m = \frac{mC_p \Delta T_{ad}}{n_A} \qquad (5\text{-}13)$$

对于简单的 n 级反应，绝热温升速率方程可以表示如下：

$$\frac{dT}{dt} = k_0 \exp\left(-\frac{E_a}{RT}\right)\left(\frac{T_f - T}{\Delta T_{ad}}\right)^n \Delta T_{ad} c_{A0}^{n-1} \qquad (5\text{-}14)$$

利用上述公式可以求得反应的活化能 E_a 和指前因子 k_0。借助于专业的数据处理软件进行模拟可以求得多组分的复杂反应体系反应的动力学参数，例如：用 SimuSolv 非线性优化程序来拟合简单反应的放热速率数据，从而计算得到反应的动力学参数。

2. 最大反应速率到达时间

最大反应速率到达时间用 TMR_{ad} 表示，其意义是指在绝热条件下，化学反应从起始温度开始到达最大放热速率所需要的时间，它是化学反应热安全性评价中的一个重要的参数。利用 TMR_{ad} 可以对化工反应可能发生的最危险情况设定报警时间，便于在失控情况发生后，在一定的时间限度内，及时采取相应的补救措施降低风险或者对人员进行强制疏散，达到最大限度地避免火灾、爆炸等灾难性事故发生的目的，保证化工生产安全。

在动力学参数已知的情况下，最大反应速率到达时间 TMR_{ad} 可以由下述公式估算得到：

$$TMR_{ad} = \frac{C_p R T^2}{Q E_a} \qquad (5\text{-}15)$$

式中　C_p——反应体系的比热容，kJ/(kg·K)；

　　　R——摩尔气体常数，其值为 8.314J/(mol·K)；

　　　T——反应温度，K；

　　　Q——反应的放热速率，W/kg；

　　　E_a——反应的活化能，J/mol。

从 TMR_{ad} 计算公式中不难发现，反应活化能 E_a 值即使出现很小的偏差足以给 TMR_{ad} 的计算结果带来很大误差，所以该计算方法对数据的要求较高，采用精度不够的数据计算得到的结果并不精确，只是给出较保守的数据，在使用时需要特别注意。

采用加速度量热仪进行物料稳定性测试，可以获得温升速率-温度曲线，当最大温升速率确定以后，从每个温度节点到达最大温升速率对应温度都需要相应的时间，因此，可以做出温度-最大温升速率到达时间的关系曲线，如图 5-14 所示。从温度-最大温升速率到达时间曲线上可以得到化学反应的安全生产温度。

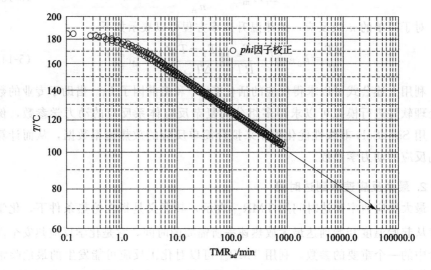

图 5-14   ARC 测试的最大反应速率到达时间图

3. 自加速分解温度

活性化学物质在生产、制造、运输和储存等过程中，可能由于副反应的发生而出现放热现象。当热量不能被及时地从体系中移出，自加热的情况就会发生，进而引发物料的二次分解反应，甚至会引发火灾或爆炸等事故。目前，国际上普遍采用评估物质热安全性的方法是自加热分解温度（T_{SADT}）方法。

自加热分解温度（T_{SADT}）的定义是：在包装化学品的过程中，具有自加热反应性的化学物质，在 7d 内发生自加速分解反应的最低环境温度。

图 5-15 为放热反应系统的热平衡示意图。

自加热分解反应的热生成速率遵循阿伦尼乌斯方程，反应热的生成随温度呈指数变化，而从体系移出的热量则随温度呈线性变化。在一定冷却条件下，放热曲线和散热曲线相切，散热曲线与横坐标交点对应的温度即为 T_{SADT}，放热曲线（Q_{rx}）和散热曲线（Q_{ex}）切点所对应的温度为反应不可控的最低温度，称为不可逆温度 T_{NR}。

化学反应不可控的最低温度 T_{NR} 和自加热分解温度 T_{SADT} 是评价反应安全性中非常重要的两个参数，这两个参数的确定，对于化工安全工艺设计和应急预案的制定具有重要的指导意义。

不可控的最低温度 T_{NR} 和自加热分解温度 T_{SADT} 之间有如下数学关系：

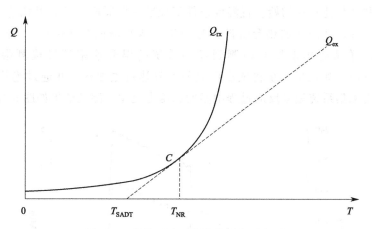

图 5-15　放热反应系统的热平衡示意图

$$T_{SADT} = T_{NR} - \frac{R(T_{NR} + 273.15)^2}{E_a} \qquad (5\text{-}16)$$

采用加速度量热仪进行测试，得到绝热条件下化学反应的温升速率、最大反应速率到达时间，依据不可逆温度方程，可直接从最大反应速率到达时间-温度关系曲线上得到不可控最低温度 T_{NR}，并计算出自加热分解温度 T_{SADT}。

4. 工艺安全和工艺过程开发

如果化工工艺过程中使用或工艺涉及的化工物料具有热不稳定的特性，可以根据量热测试的研究结果提出改变、调整工艺路线的建议，避免一些强放热反应过程和热敏性物质的应用。但有时规避热敏性反应和物质是不可能实现的，这时就需要对热敏性反应的关键性步骤或危险性步骤实施全程监控，充分保证反应体系的可靠性和可操作性，这也是加速度量热仪设计开发过程中的总体思路和核心内容。对于一些具有特殊热敏性的物质，可以采用减压蒸馏或旋转闪蒸的蒸馏方法，采用低温及物料短时间受热的操作模式，从而保障化工操作过程的安全。

5. 事故原因调查

化学工业生产中常见易引发事故的反应主要包括聚合反应、磺化反应、硝化反应以及水解反应。绝热加速度量热测试手段在事故原因调查中也能够发挥重要的作用。下文将举例说明某物质的绝热加速度测试结果，并对结果进行分析，系统地介绍加速度量热测试在化工安全风险评价中的应用。

将 5.0g 物料 B 装到样品池中，采用 HWS 操作模式进行测试。起始温度设置为 30.00℃，自加热速率测试检测限设置为 0.02℃/min。测试系统（包括样品和样品池）在初始设置温度条件下校准一段时间之后，开始进入 HWS 的循环过程，其循环加热台阶设置为 10℃，等待时间为 15min。当进行搜索程序时，样品池热电偶若检测到样品系统的温升速率超过检测限设置的 0.02℃/min，则反应系统将依靠反应分解放热自主加热，并通过绝热加速度量热数据采集系统记录反应过程中温度和压力变化，测试结果如图 5-16 所示。

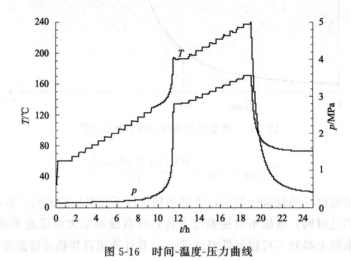

图 5-16　时间-温度-压力曲线

通过对实验测试结果进行分析和处理，可以获得 B 物质一系列的温度、压力等数据及相关谱图（图 5-17～图 5-21），表 5-1 给出了物料 B 受热分解特性数据。

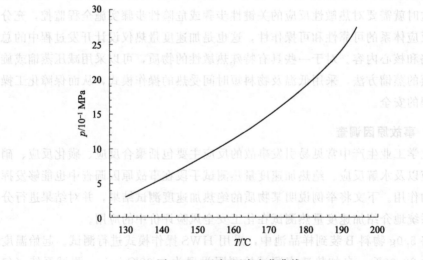

图 5-17　温度-压力变化曲线

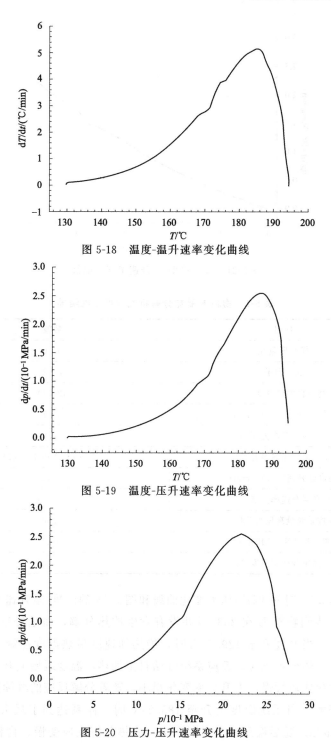

图 5-18　温度-温升速率变化曲线

图 5-19　温度-压升速率变化曲线

图 5-20　压力-压升速率变化曲线

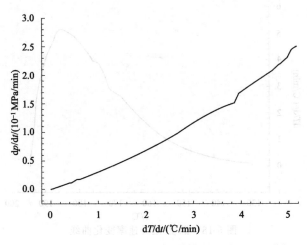

图 5-21　温升速率-压升速率变化曲线

表 5-1　物料 B 受热分解特性数据测试结果

项目	数值
样品质量/g	5.00
phi 因子	2.07
初始自加热温度/℃	129.74
初始温升速率/(℃/min)	0.07
反应系统最高温度/℃	194.80
反应系统绝热温升/℃	65.06(校正后 134.67)
最高温升速率/(℃/min)	5.18
最高温升速率温度/℃	185.21
反应系统最高压力/MPa	2.80
最高压升速率/(MPa/min)	0.26
最高压升速率温度/℃	186.53

　　依据图 5-16 时间-温度-压力变化曲线和图 5-18 的温度-温升速率变化曲线
不难看出，待测物料 B 在 30℃时并没有发生放热分解，而是经过多个 HWS
循环程序后，当温度升至 129.74℃时，绝热加速度量热温度控制系统检测到
样品发生了放热分解反应，反应系统开始自主加热，温度缓慢上升。由于起始
放热分解过程比较缓慢，温升速率变化很小，随着分解反应的继续进行，温升
速率逐渐变大。当系统温度上升至 185.21℃时，体系达到了最大温升速率，
约 5.18℃/min。随后温升速率逐渐下降，放热分解反应变慢。物料 B 热分解

反应最终使系统上升到最高温度 194.80℃，对应的分解反应放热量为 240J/g。测试物质分解反应的放热量是评估该物质分解反应危害程度的重要参数。可以根据绝热加速度量热测试的温升结果计算待测系统放热量的多少，因此，可以将体系的绝热温升作为热安全性判据之一，在本次测试中，校正计算后样品的绝热温升为 134.67K。

图 5-19 温度-压升速率变化曲线和图 5-20 的压力-压升速率变化曲线表明反应开始时，压力上升较为缓慢，经过一段时间后，系统压力迅速上升至 2.78MPa，最大压升速率为 0.13MPa/min，最大压升速率对应温度为 181.09℃。

图 5-17 和图 5-21 分别为分解反应的温度-压力变化曲线和温升速率-压升速率变化曲线，由曲线关系能够看出，在检测到放热反应起始温度之后，压力开始发生变化，在整个分解过程中，温度与压力间具有较好的线性关系，压升速率与温升速率间近似呈现直线变化。

热分解反应的激烈程度可以用 TMR_{ad} 也就是到达最大反应速率所需的时间来表征。在绝热条件下，物料 B 发生热分解反应的温度-TMR_{ad} 曲线如图 5-22 所示。

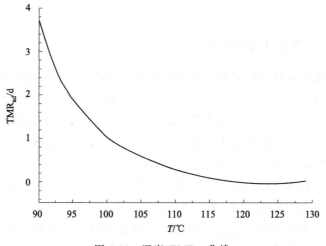

图 5-22　温度-TMR_{ad} 曲线

图 5-22 显示被测物料的 T_{D8} 为 107.8℃，T_{D24} 为 98.9℃。不同温度条件下最大反应速率到达时间 TMR_{ad} 数据是物料 B 发生热分解反应最危险情况对应的报警时间的重要参考依据，当失控反应发生时，可以有多长的时间采取应急措施降低风险或强制疏散，从而最大限度地避免火灾、爆炸甚至人身危害等

灾难性事故的发生。此外，应用绝热加速量热仪还可以根据自加热分解温度 T_{SADT} 方法评估 B 物料的热安全性。即基于图 5-22 的数据基础上，根据系统的温升速率、最大反应速率到达时间 TMR_{ad} 和不可逆温度方程，计算得到物料 B 自加热分解温度 T_{SADT}。由于在绝热加速度量热测试中，样品分解反应放出的热量不仅用于加热自身，还要加热盛装样品的测试池，所以测试的结果是样品与测试池共同组成的反应系统的温度数据。若样品反应放出的热量全部用于加热自身温度，则温升和温升速率都要比测量值高很多。所以在使用绝热加速度的测试结果时，需采用 phi 因子对测试结果进行校正。

差热扫描分析对物质热性质进行测试，得到的是物质的放热分解温度以及放热量。而加速度量热分析是对物质受热分解化学过程进行热测试，从而得到物质在化学过程中的热数据及压力数据。一般来说，差示扫描量热测得的物质热分解温度要高于加速度量热测试得到的放热分解温度。因此，加速度量热仪测试的结果更贴近工业化规模，在反映事故发生的实际状况时更加准确。此外，随着加速度量热仪技术的革新以及应急释放系统设计技术（Design Institute for Emergency Relief Systems，DIERS）的发展，我们还可以采用加速度量热测试的数据指导设计应急释放系统的尺寸大小，在应急释放系统设计领域发挥效果。

(三) 高性能加速度量热仪

传统加速度量热仪基于其绝热设计原理，能够较好地模拟待测样品在绝热条件下的热力学及动力学行为。不过常规的加速度量热测试池壁厚且体积小，为了避免物料分解状态下或水体系在高温条件下产生过高压力造成的测试池破坏，加料量较小，因而导致了体系的 phi 因子较大，测试结果与工业化实际情况差距较大，无法为工艺放大提供准确的数据。

为了降低测试体系的 phi 因子值，使量热测试结果能对工业生产规模下的实际情况做出准确的反应，英国 HEL 实验室开发了一种高性能绝热量热仪（PHI-TEC）。相比传统加速度量热仪，高性能绝热量热仪的不同之处在于其压力补偿系统，即通过实时测量测试池内压力，让外部系统自动补偿压力以确保测试池内外压力始终一致，从而可以在量热过程中采用壁更薄、体积更大、质量更轻的测试池，使体系具有更低的 phi 值（更接近工业生产）。PHI-TEC 可以用于各种相态，以及混合态体系的热安全性研究，它既可以用于测量泄爆口尺寸设计中需要的参数，还可以用于测量失控反应危险性评价所需要的参数。PHI-TEC 测试仪样品量最高可达 $100\sim110g$，相比加速度量热仪具有很大提升。PHI-TEC 温度测试范围室温～500℃，压力测试范围 0～14MPa，温升分辨率 0.02℃/min，温升追踪速率最高 200℃/min。进行试验测试时，测试池内物质可以向外部放出，用于模拟外部失火情况下反应失控的情形。试验容器的上部、侧部、底部分别设有一套加热器和高分辨热电偶，用于进行 PID 自动控制。通过 PHI-TEC 量热试验可以测得精确的量热曲线，如绝热条件下温度-时间、压力-时间关系曲线以及压升速率-温升速率曲线。根据所得数据参数能够更准确地模拟工业规模下热失控反应，描述反应超温、超压及加料失控等极端状况下可能出现的后果，进而能够在实验室中得到准确可靠的工艺放大数据参数，这对于化学工艺由实验室规模到工业化规模的转变过程至关重要。

三、反应量热

对于化学工艺过程中涉及的化学反应，反应过程放/吸热量、放热速率、放气速率等参数的获得对于工业化安全生产至关重要，对于化学反应机理研究、工艺路线优化、工程放大及过程安全设计等诸多方面有着重要意义。化学反应热研究需要深入研究能量平衡、物质平衡，更偏向于化工安全技术与工程学科。开展化工反应性研究，能够为工艺的优化提供技术性依据，为工业设计提供数据支撑。完整的实验室规模量热研究能够取得以下数据：

① 反应的吸/放热量，换热系数以及反应热生成速率和热交换速率；

② 对于工艺条件下有气体生成的反应，可获得气体的生成量以及气体逸出速率；

③ 反应动力学参数，包括动力学方程、反应物浓度与反应速率的关系；

④ 温度、压力、浓度等反应条件偏离状态下反应的热力学及动力学特性；

⑤ 反应热失控情况下的温升速率、压升速率等反应安全性数据及失控状态发生后可能引发的后果。

反应量热重点关注的是化工反应过程的热力学及动力学特性，通常进行反应性测试的设备主要有反应量热仪、热传递量热器等。

（一）反应量热仪

反应量热仪[9] 是研究工艺反应过程热力学表现和反应安全性的测试仪器之一。反应量热仪的设计目的是为了使实验室工艺条件更加贴近工业化实际操作条件，明确工艺过程能量平衡关系，为工业化生产操作温度的设置提供技术依据。反应量热仪在测试过程中，允许以一定的控制方式实现物料的匀速进料；允许反应在蒸馏或者回流等条件下进行。此外，对于反应过程中有气体产生的情况，反应量热仪测试装置的操作条件和工业釜式搅拌反应设备是相同的。研发反应量热仪的最初目的是出于对化工反应进行安全性分析，随着研究的逐渐深入，人们很快意识到反应量热仪对工艺研发和工程放大具有重要的指导作用。反应量热测试通过对温度的精确控制可以对反应放热速率进行精确测量，这对于开展动力学研究有重要意义。通过对反应量热仪进行功能性拓展，实现在线红外检测、在线 pH 值监测、在线拉曼检测等表征手段，以配合反应动力学研究，为工艺优化提供更完整的数据检测手段。

目前，通用性较强的反应量热仪主要有 RC1、SIMULAR 等型号。

1. 反应量热仪 RC1

RC1 是由瑞士 Ciba-Geigy 公司研发的一种全自动实验室反应量热设备，在 1986 年，由瑞士的 Mettler 公司将其产业化，设备示意图如图 5-23 所示。

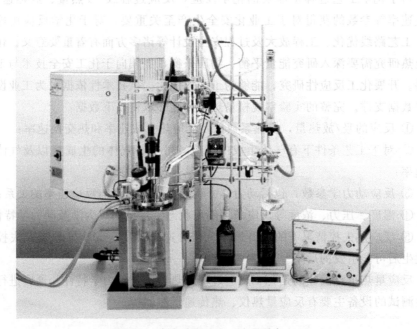

图 5-23　全自动实验室反应量热仪 RC1

RC1 是间歇或半间歇反应釜的近似模型，是工艺开发、工艺优化以及工程化放大研究的理想工具。RC1 由反应釜、电子控制装置、温度控制装置以及电脑控制软件四部分组成。RC1 能够以立升的体积规模近似模拟工业化规模下的化工过程单元操作，同时对反应过程中的条件参数进行测量和控制，如温度、压力、操作条件、混合过程、加料的方式、反应热、热传递参数等。

RC1 的电脑控制软件部分还可以对数据进行处理，从而得到进一步的工程化放大以及规模化的工业生产研究过程中的重要参数。同样也可以模拟规模生产工艺条件，将化工生产过程缩小到立升测试规模，进而更加便捷、更加安全地对化学反应工艺进行优化。

RC1 的基本热平衡可以用下式进行表示：

$$Q_r + Q_{cal} = Q_{flow} + Q_{accum} + Q_{dos} + Q_{loss} + Q_{add} \tag{5-17}$$

式中　Q_r——反应热、相变热或混合热的热流量，W；

Q_{cal}——校正用加热器的热流量，W；

Q_{flow}——反应料液体系向反应釜夹套传递的热流量，W；

Q_{accum}——反应料液体系的热累积流量，W；

Q_{dos}——滴加料液引起的热流量，W；

Q_{loss}——反应装置上部和仪器连接部分向外的散热流量，W；

Q_{add}——自定义的其他热损失热流量，W。

其中，反应料液体系向反应釜夹套传递的热流量：

$$Q_{flow} = KA(T_r - T_j) \tag{5-18}$$

式中　K——传热系数，$W/(m^2 \cdot ℃)$；

A——传热面积，m^2；

T_r——反应釜内的温度，℃；

T_j——反应釜夹套导热硅油的温度，℃。

反应料液体系的热累积热流量：

$$Q_{accum} = mC_p(dT_r/dt) \tag{5-19}$$

式中　m——反应物的质量，g；

C_p——比热容，$J/(g \cdot K)$。

反应量热仪可以应用于许多方面，如反应工艺开发、反应工艺过程的优化、反应工艺过程的设计、工艺安全性研究、工程化放大和规模化生产的工厂设计等，此外还可以进行绝热反应、等温反应、变温反应过程的放热特性研究。

利用反应量热仪 RC1 可以直接获取的热风险研究数据如下：

① 反应料液比热容 C_p；

② 反应热量 Q；

③ 反应放热速率 q；

④ 热转化率 X；

⑤ 换热面积 A；

⑥ 换热系数 U。

利用反应量热仪 RC1 可以间接计算获取的热风险研究数据如下：

① 反应热 $\Delta_r H$ 或者摩尔反应热 $\Delta_r H_m$；

② 绝热温升 ΔT_{ad}；

③ 工艺合成反应冷却失效或者热失控后体系的温度 T_{cf} 及最高温度 MTSR。

RC1 反应量热仪与各种分析测试仪器或控制单元联合使用，实现对反应多方面的在线控制与实时分析，满足更高的使用要求，例如：与在线红外分析 React IR 联用，实现对多种化学反应的进程控制。因此，反应量热仪可应用于多种不同的化学反应的研究，尤其是具有危险性的化学工艺，如格氏反应、催化加氢反应、聚合反应、氧化反应、硝化反应以及其他多种危险反应。RC1 反应量热技术典型应用实例是对格氏（Grignard）反应的实时在线分析控制的应用，下面选取 RC1 反应量热仪应用于格氏反应的实例进行介绍。

卤化物与金属镁反应生成有机金属化合物的反应称为格氏反应，也称为 Grignard 反应。所用卤化物可以是烷基卤代物，也可以是芳香卤代物，反应产物称为格氏试剂。格氏反应是由法国化学家维克多·格林尼亚在 1900 年发现的，此反应通常需要在无水乙醚或四氢呋喃（THF）中进行，有机金属化合物产物在有机合成上有着十分广泛的用途。然而，格氏反应的危险性也十分明显，可能发生的危险主要包括以下几个方面。

① 格氏反应易导致卤化物原料的积累，在反应延迟或反应不均匀的情况下，由于反应迅速引发而导致反应失控。

② 格氏反应非常剧烈，反应热非常大，反应经常瞬间发生并完成。因此，格氏反应热风险较高。

③ 在工程化放大或工业化生产过程中，由于温度计和压力显示仪通常带有套管，存在温度显示或者压力显示滞后的情况，若依照常规方式对格氏反应进行量热测试，可能会造成对反应起点判断的延迟，使卤化物加料过多过快，导致物料累积，进而造成失控反应的发生。

④ 格氏反应速度非常快，属于高活性反应，如果进行常规的取样离线测试控制方法，由于滞后性，因而对格氏反应实用性较差。为了保证格氏反应的安全运行，需采用实时控制的手段对反应进行全过程监测，因而格氏反应需要采用反应量热和在线红外测试联用的方式，反应量热仪 RC1 与 React IR 联用可以很好地满足上述要求。

反应量热仪 RC1 与在线红外测试 React IR 分析控制方法联用，可以显示卤化物与金属有机化合物产物实时红外吸收情况。通过在线分析控制，以便确定反应需要的引发时间和引发反应最低原料浓度，并且可以对开车阶段卤化物的滴加速度进行自动控制，防止物料累积，从而提高反应过程的安全性。

　　RC1 与 React IR 联用的方法还可以显示格氏反应接近终点时卤化物和金属有机化合物产物浓度变化的情况，实现对反应全程中物料的浓度变化实施在线监控，从而得到卤化物滴加过程中浓度逐渐升高达到的最高点和滴加停止后浓度下降的情况，进而解析卤化物的滴加速度和浓度与格氏反应速度的相对关系，为确定和优化各物料间的配比提供完整的数据支撑。此外，联合方法的使用还可以实时获得反应过程中各阶段的热数据。通过数据的整合和处理可以计算得到整个反应的动力学情况，结合反应进程信息对过程安全性做出综合评判。结合 React IR 采集的信息，为反应安全放大提供数据支撑，防止放大过程中反应失控的发生。

　　RC1 与 React IR 联用，对反应进行实时监测具有以下优势：

　　① 可以对反应物进行实时监测，并考察反应中间体及产物浓度变化的情况，及时获取反应相关信息，避免反应失控情况的发生。

　　② 实现实时在线分析监控，尤其对于使用易燃有机溶剂的强放热反应来说，在反应过程中及时获得有效的分析信息，避免了取样以及离线分析的延迟性和不准确性，不仅能够保证反应的安全进行，并且对反应的优化和反应质量的保证提供有力支持。

　　③ 能够结合反应动力学信息和热力学信息，从而为反应放大提供了有力的数据支撑，对加速实现反应放大以及实验室到大规模工业化生产的转化提供重要帮助，为防止失控反应的发生起到至关重要的作用。

　　联合测试得到的基础数据可以用于计算反应釜冷却能力和反应的动力学，建立对应的反应动力学模型，进而进行反应动力学研究及过程危险性分析。下面我们将针对某化学反应的反应量热测试结果进行案例分析，详细介绍反应量热仪 RC1 在化工安全风险评价中的应用。

　　化工生产中绝大多数反应都伴随有热效应，RC1 可以通过控制反应过程操作条件，如反应釜内温度、压力、加料方式、搅拌转速等达到对反应进程的控制。下面以一种典型的化学反应为例，通过 RC1 对这一反应过程进行数据采集和热力学研究，进而得到反应放热速率曲线、绝热温升（ΔT_{ad}）、摩尔反应热（$\Delta_r H_m$）、热失控条件下体系可能达到的最高温度 MTSR 以及混合物料的比热容（C_p）等热力学数据，通过对热力学数据的分析，建立反应动力学模型，最后对反应热失控危险性进行研究。

　　实例分析：向反应釜中分别加入溶剂和反应底物 A、B，升温至约 60℃，向反应釜中滴加反应物料 C，反应放热速率曲线如图 5-24 所示。

　　由图 5-24 可知，反应物 C 开始滴加时，反应即开始放热。随着加料的不

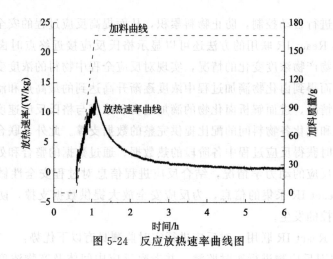

图 5-24　反应放热速率曲线图

断进行反应的放热速率逐渐增大，反应的最大放热速率出现在加料结束时，为 12.61W/kg，此时反应的热转化率为 28.7%，说明反应存在物料累积。通过对反应热数据进行计算，可以得到目标反应的摩尔反应热为 −49.03kJ/mol，绝热温升为 21.27K。实际工业化生产中，需要注意控制反应物 C 的滴加速度，防止因滴加速度过快导致大量物料的累积。

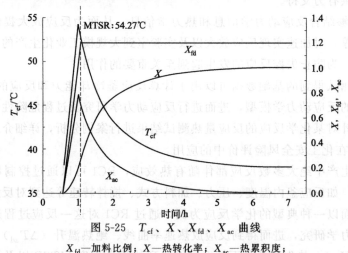

图 5-25　T_{cf}、X、X_{fd}、X_{ac} 曲线

X_{fd}—加料比例；X—热转化率；X_{ac}—热累积度；
T_{cf}—反应任意时刻冷却失效后，反应体系所能达到的最高温度，℃

由图 5-25 中 T_{cf} 曲线可知，随着反应的进行，反应体系能达到的最高温度 T_{cf} 随时间变化呈现先增大后减小的趋势。当加料量达到化学计量点时，T_{cf} 最大，即为体系的 MTSR。根据 RC1 测得的反应温度、反应混合物的质量及反应混合料液比热容，可以计算得到反应的 MTSR 为 54.27℃。通过 X_{ac}

曲线可以看出，在化学计量点时，体系的热累积达到最大，即此时发生冷却失效所引发的绝热温升最大，工艺危险性最大。配合绝热加速度量热对目标反应原料、料液及产物进行进一步测试，可以得到对应物料的热分解数据，根据目标反应的 MTSR、物料的分解数据以及反应的工艺操作条件，可以评估目标反应热失控发生时引发物料二次分解的可能性与危险度。

通过分析量热数据，能够建立目标反应的动力学模型[10]，进而通过计算得到目标反应中重要的动力学参数，对进一步优化反应条件提供依据，反应速率表示如下：

$$r_A = -dc_A/dt = -dc_{A0}(1-X)/dt = kc_A^n = kc_{A0}^n(1-X)^n \tag{5-20}$$

根据阿伦尼乌斯方程，反应速率常数 k 与温度之间有以下关系：

$$k = A\exp[-E/(RT)] \tag{5-21}$$

式中　A——反应的指前因子；

　　　E——反应活化能，J/mol；

　　　T——反应温度，K。

当加料结束后，反应体系的体积不再发生变化，此时的反应体系可以看作是间歇反应，得到如下计算式：

$$r_A = \frac{-dc_A}{dt} = \frac{-d\Delta_r H_m}{V(\Delta_r H_m/n_{A0})dt} \tag{5-22}$$

结合式（5-20）～式（5-22）三式，得到如下算式：

$$\frac{d\Delta_r H_m}{V}(\Delta_r H_m/n_{A0})dt = A\exp(-\frac{E}{RT})c_{A0}^n(1-X)^n \tag{5-23}$$

又有：

$$dc_A = n_A/V \tag{5-24}$$

$$d\Delta_r H_m/dt = Q_r \tag{5-25}$$

式中　Q_r——RC1 量热试验测得的反应放热速率，W。

把式（5-23）、式（5-24）代入式（5-25），并对方程两边取对数，可得如下算式：

$$\ln(c_{A0}/\Delta_r H_m) + \ln Q_r = \ln A + n\ln[c_{A0}(1-X)] - E/(RT) \tag{5-26}$$

通过 Q_r 对 X 进行非线性拟合，结果如图 5-26 所示。

反应放热速率对热转化率进行非线性拟合，通过数据计算可以得到目标反应级数、反应活化能、指前因子和速率常数等参数，最后得到目标反应的动力学模型。根据得到的反应动力学参数间的关系，可以确定目标反应的动力学特性，为反应条件进一步优化提供依据。

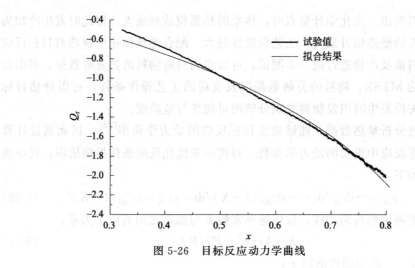

图 5-26　目标反应动力学曲线

2. 反应量热仪 SIMULAR

反应量热仪 SIMULAR 是由英国 HEL 公司研发的一款在线量热设备，能够实时测量反应过程放热速率、放热量等参数及其变化，SIMULAR 设备示意图如图 5-27 所示。

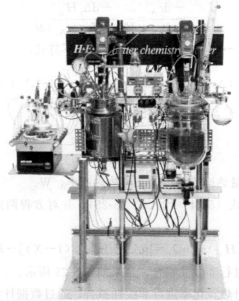

图 5-27　SIMULAR 全自动反应量热仪

SIMULAR 能够对反应过程热效应进行精确测量，进而得到反应可行性、安全性、失控反应可能引发的后果及相关工艺优化数据，为反应放大提供数据支持，是反应放大研究的有力工具。SIMULAR 全自动反应量热仪包括以下 5 个部分：液体加料系统、气体检测系统、温度控制系统、电子控制系统和 PC 软件，能够实现自动加料、生成实时在线图表、实时在线数据编辑等功能。

　　SIMULAR 全自动反应量热仪能够覆盖多种化学反应条件范围，无论是反应温度范围、还是反应釜规格。量热系统具备功率补偿量热、热流量热和回流量热三种量热模式，可以根据不同反应条件设定相应的反应程序，能够对实际生产进行模拟，所得数据可以进一步应用于工程放大及大规模工业生产。

　　通过全自动反应量热仪 SIMULAR 可以直接获取的热风险研究数据如下：

① 反应料液比热容 C_p；

② 反应热 Q；

③ 放热速率 q；

④ 热传导速率 UA。

　　通过全自动反应量热仪 SIMULAR 可以对已采集的数据进行分析计算，获取的热风险相关数据包括：绝热温升 ΔT_{ad}、摩尔反应热 $\Delta_r H_m$、反应冷却失效或热失控后体系温度 T_{cf} 及最高温度 MTSR。

　　SIMULAR 的热量计算依据的是反应釜内物料、反应釜外循环油浴和冷凝器之间的热量平衡，SIMULAR 的基本热平衡可用下式进行表示：

$$Q_r = Q_{rem} + Q_{loss} + Q_{accum} + Q_{dos} \tag{5-27}$$

　　通过式（5-27）右侧的计算得到指定反应过程中放热量，反应放热量是通过反应体系釜温和油温的关系式计算得到，如图 5-28 所示。

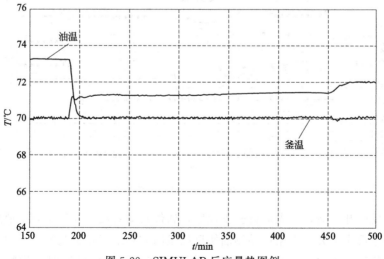

图 5-28　SIMULAR 反应量热图例

在反应前基线测定过程中，反应尚未进行，得到下面等式：

$$Q_{loss}^i = -Q_{rem}^i$$

同理，反应后基线测定过程中也存在上述热平衡关系：

$$Q_{loss}^f = -Q_{rem}^f$$

在反应前后校正阶段，通过 Q_{rem} 的测量可以得到反应前后系统的热量损失 Q_{loss}，SIMULAR 可以提供三种方式测定 Q_{rem}：功率补偿法、热流法和回流法。

SIMULAR 反应量热仪是通过式（5-28）进行放热量的计算，关系式如下：

$$Q_{rem} = UA\Delta T \tag{5-28}$$

通常由于物料性质变化和体积变化等原因，反应前后混合物料液会发生比热变化，而比热变化必将引起 UA 值的变化，进而可能影响热量测量的准确性。SIMULAR 通过对反应前后的 UA 进行校正，进一步修正测量结果，得到更准确的反应热量值。根据工艺不同，SIMULAR 反应量热模式有如下几种：

（1）恒温量热热流模式[11]　　恒温量热热流法是最常用的反应量热测量模式，在实验测量过程中采用循环油浴将反应放出的热量移出，保证反应釜内温度的基本恒定。通过反应前后的热量校正得到前后基线，通过积分的方式最终得到反应过程中的放热量，恒温量热流法测量界面如图 5-29 所示。

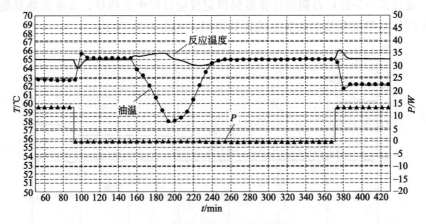

图 5-29　恒温量热热流模式测量界面

在反应开始前，首先运行校正程序，软件自动对反应前体系 UA 值进行校正，通过反应釜夹套中循环导热油使反应釜内体系维持在工艺温度，由于热量损失导热油与釜内物料存在一定的温度差，其差值与环境温度及物料特性相关，通过差值计算出系统的热量损失 Q_{loss}^{i}。反应开始后，反应放出热量，体系内温度上升，导热油通过与釜壁进行热交换及时将反应放出的热量移出，使体系温度恒定在工艺温度。反应结束后，系统再次运行校正程序，对反应后体系进行 UA 校正，测定反应后系统的热量损失 Q_{loss}^{f}，最后计算出反应过程中放出的热量、反应放热速率等相关热数据。

（2）回流模式　如图 5-30 所示，在回流模式中，反应釜夹套导热油高于反应釜内物料，并始终维持一定的温度差，由于温度差使釜内物料始终处于回流的状态。SIMULAR 通过对冷凝器内冷却介质流量及冷凝器进出口温差的监控，测量出回流过程中目标反应的热数据。

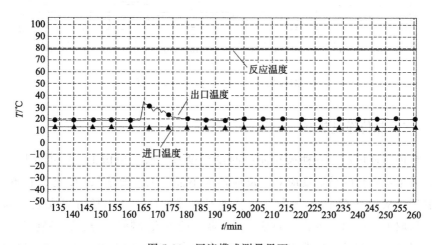

图 5-30　回流模式测量界面

回流模式与恒温热流模式校正方式相似，需先对反应前体系 UA 值进行校正，测定反应前系统的热量损失 Q_{loss}^{i}。由于体系始终处于回流状态，釜内物料回流所带出的热量被冷凝器内冷却介质移出。反应开始后，反应放出的热量被冷凝器内冷却介质移出，因此，在反应物滴加过程中冷凝器出口介质温度因反应放出热量而升高。反应结束后，再次运行校正程序，对反应后体系进行 UA 校正，测定反应后系统的热量损失 Q_{loss}^{f}，最后经过一系列计算获得反应过程的相关热数据。

（3）功率补偿模式　在功率补偿模式中，反应釜夹套内导热油温度和流量恒定，反应体系通过反应釜内部已知功率的加热器进行功率补偿以维持温度恒定。反应开始后，通过改变加热器功率保证釜内温度恒定，随着反应热的放出，加热功率随之下降。实验结束后通过对加热器功率变化曲线对时间进行积分，计算得到反应过程中的放热量及放热速率等参数。功率补偿法测量界面如

图 5-31 所示。

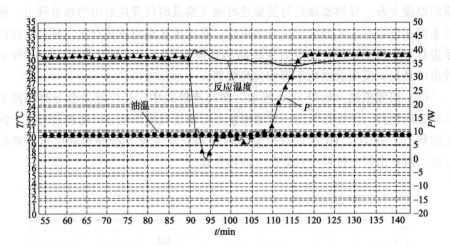

图 5-31　功率补偿模式测量界面

（二）热传递量热器

热传递量热器是一种操作简便的量热设备，通过模仿工厂的单元操作设备，采用带夹套的玻璃反应器，反应器大小根据工艺要求从 2L 至 20L 不等，物料用量从 1kg 至 10kg 不等。热传递量热器的反应器内还可以安装冷却盘管，采取夹套控温和内置冷却盘管控温联用的方式控制强放热反应温度保持恒定。仪器通过测试反应器内物料温度与夹套介质温度的差值，进一步计算得到反应热数据。

（三）ISOPERIBOLIC 量热器

ISOPERIBOLIC 是最初始、最简单的量热器之一。测试时，首先设定热交换介质的温度保持恒定，随后根据反应物温度的变化测量反应热及热传递情况，进而通过计算得到反应热数据。

该量热方式比较落后，在没有其他测量仪器辅助情况下应用，不能准确地测量反应热数据。在反应放热较大的情况下，温度势必会升高，该试验方法测量的热传递过程不具有线性，从反应动力学角度及反应热的角度考虑，测试结果不能得到可靠的反应动力学和反应热力学参数，很难得到反应温度与热量传递曲线的斜率，不能应用于测量反应热。在反应放热量较小的情况下，可以进行粗略的测量。

上述几种量热器均可用于测量半间歇工艺过程的反应热，即首先将一种或几种反应物料加入到反应器中作为底料，另外一种或几种物料以一定速度加入反应器内，加料速度可以根据工艺要求进行控制。上述量热设备，均可以通过适当改造及调整模仿不同的工艺过程，得到不同条件下的工艺参数，考察不同条件对反应性的影响，进而优化反应工艺条件。例如：改变搅拌方式和搅拌速度，改变加料速度，进行蒸馏反应以及进行回流反应等。但上述量热设备中无论是哪一种，都仅适用于液体或者是悬浮液体系，而对于气相、气-固相反应等均不适用。

四、爆炸性测试

燃烧和爆炸风险是化工行业存在的重大风险，需要最大可能的避免。大多数有机化合物具有燃爆性，均需要对其进行燃爆性测试。如果对反应使用的原料、反应混合物或反应中间产物进行爆炸性测试[12]，结果表明该物质具有潜在严重的燃爆或爆炸危险，最好对反应原料进行更换，对设计工艺进行改进，对工艺路线进行调整，对反应中间体的化学结构进行改变，通过上述多种途径均可以实现燃爆或者爆炸危险的规避。但是，对工艺路线进行改变，工艺重新设计往往存在一定的困难。对现有工艺采取特殊的预防措施是较为切实可行的做法，保证工艺过程的安全实施，避免发生燃爆等危险性事故。根据测试对象[13] 的不同可将爆炸性测试分为以下几种类型：

（一）固体粉尘着火温度测试

在固体粉尘处理的操作过程中存在潜在粉尘爆炸的危险，可能产生灾难性的影响，可能会导致重大的财产损失，并且严重威胁人员财产及生命安全。安全处理粉尘的关键是对其易燃性、点火灵敏度和爆炸强度进行全面理解。对相关参数进行定性、定量分析的一个重要部分就是进行实验室测试。对粉尘与空气进行混合，形成可燃的混合物，在遇明火或高温物体后，极易发生着火，顷刻间完成燃烧并且释放大量热能，燃烧气体体积猛烈膨胀，形成很高的膨胀压力。燃烧时粉尘氧化反应十分迅速，很快将产生的热量传递给相邻粉尘，从而引起一系列连锁反应。粉尘爆炸对设备、工厂、人员及财产产生巨大的破坏。准确的实验室测试数据将为选择防止粉尘爆炸的方法提供依据，通过采取相应的保护措施将粉尘爆炸的危害降到可控范围内。

任何呈细粉状态存在的固体物质即为粉尘。固体粉尘分为粉尘云和粉尘层两种存在形式。粉尘云（Dust Cloud）是指悬浮在空气中或容器中的高浓度粉尘颗粒与气体混合物；粉尘层（Dust Layer）是指沉积或堆积在物体表面上或地面的粉尘群。粉尘云或粉尘层的着火温度的含义是指当粉尘云或粉尘层在受热条件下发生燃爆时的最低温度。由于粉尘云和粉尘层的存在形式不同，所以各自的着火温度测试方式有一定的差别。

1. 粉尘云最低着火温度测试

粉尘云最低着火温度测试是测试粉尘云在加热环境中发生着火敏感度的一种测试方法。大量的粉尘在温度足够高的加热空气中扩散，可能会发生自发燃烧现象。粉尘云着火的定义是测试时，在加热炉管的下端有火焰喷出或存在火焰滞后喷出，若只有火星而没有火焰，则不能认为是发生着火。粉尘云最低着火温度测试相关的测试标准包括 IEC 61241-2-1：1994（Electrical Apparatus for Use in the Presence of Combustible Dust—Part 2：Test Methods；Section 1：Methods for Determining the Minimum Ignition Temperatures of Dust），EN 50281-2-1：1999（Electrical Apparatus for Use in the Presence of Combustible Dust—Part 2-1：Test Methods；，Methods F）和 GB/T 16429《粉尘云最低着火温度测定方法》。

测试方法是在盛粉室中装入适量的粉尘，设置加热炉的温度为500℃，储气罐气压为10kPa（表压）。打开电磁阀开关，将粉尘喷入加热炉内。观察是否着火，若未出现着火现象，则升高加热炉温度，重新将相同质量的粉尘装入加热炉内继续进行试验，直至观察到火焰，或加热炉温度达到1000℃为止。若出现着火现象，则改变粉尘的质量和喷尘气压，直到观察到剧烈的着火现象。然后，保持粉尘质量和喷尘压力固定不变，降低加热炉的温度，降温间隔是20℃，直至进行10次试验均没有出现着火现象时为止。如果加热炉温度为300℃时仍出现着火现象，则以10℃的降温步长将加热炉的温度降低。直到试验未出现着火时，再取下一个温度值，分别采用粉尘质量较低和喷尘压力较高一级的规定值进行试验。若试验需要，可继续降低加热炉的温度，直到10次试验均未出现着火。记录发生点火时炉子的最低温度（炉子温度高于300℃时减20℃，等于或低于300℃时减10℃）作为粉尘云的最小点火温度。粉尘云着火温度测试装置见图5-32。

2. 粉尘层最低着火温度测试

对于粉尘层着火的定义如下：

① 粉尘层着火时能够观察到粉尘发生有焰燃烧或者发生无焰燃烧；

② 粉尘层着火温度≥450℃；

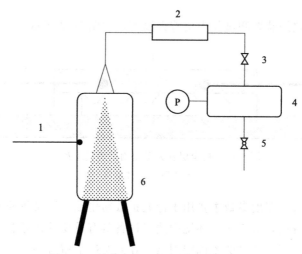

图 5-32　粉尘云着火温度测试装置示意图

1—热电偶；2—盛粉室；3—电磁阀；4—储气罐；5—截止阀；6—粉尘云

③ 粉尘层着火温度较热表面温度高 250℃。

粉尘层最低着火温度测试仪的用途是测试堆积在热表面上规定厚度的粉尘发生着火时热表面所处的最低温度。待测的粉尘层发生无焰燃烧或发生有焰燃烧，或粉尘温度大于 450℃，或其温升高出热表面温度 250℃时都视为发生着火。粉尘层最低着火温度测试相关的测试标准包括：IEC 61241-2-1：1994（Electrical Apparatus for Use in the Presence of Combustible Dust—Part 2：Test Methods；Section 1：Methods for Determining the Minimum Ignition Temperatures of Dust），EN 50281-2-1：1999（Electrical Apparatus for Use in the Presence of Combustible Dust—Part 2-1：Test Methods；Methods F）和 GB/T 16430—2018《粉尘层最低着火温度测定方法》。

粉尘层着火温度的测试方法如下：首先是设定热板炉表面的温度，将热板炉表面加热到预先设置的温度，并稳定一段时间使其在一定的范围内，然后取被测样品放置于热板中心处，形成规定厚度的粉尘层，操作过程中不可以用力压粉尘层。迅速加热使热板温度达到未放置样品前热板炉的温度，观察粉尘层是否发生着火现象。如果观察 30min 或更长时间内未观测到粉尘无明显自热现象，则停止试验，然后更换新的粉尘层并调整热板温度重新进行着火温度测试试验，观察是否发生着火，如果发生着火，则应当立即更换新的粉尘层样品并对热板炉进行降温，继续进行着火温度测试试验。粉尘层的着火温度就是采用此方法测得最低着火温度。通常最高未着火的温度低于最低着火温度，其差值小于 10℃。

采用板式热炉装置测试粉尘层着火温度，如图 5-33 所示。

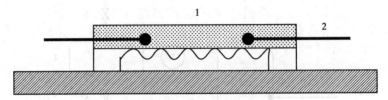

图 5-33　粉尘层着火温度测试装置示意图
1—粉尘层；2—热电偶

固体粉尘着火温度参数主要用于探究扩散粉尘在工厂设备的表面温度下是否会发生自动着火，对于多尘环境中选择设备具有重要的指导意义。运用数据时通常要考虑小规模测试的不确定因素，在此基础上留有一个安全极限。

（二）最低引燃能量测试

发生燃烧的三要素主要有可燃物质、助燃物质和引燃能量，称为"火三角"原理，燃烧发生必须三要素同时存在。在化工生产过程中，大多数有机化工原料均具有可燃性，可燃物质这一因素一直存在。大部分燃烧反应的助燃物质均为空气中存在的氧气，助燃物质这一因素存在较为普遍。引燃能量的来源主要包括外界加热、化学反应过程中的放热以及其他能量来源。生产过程中因为经常使用大量的有机溶剂，若操作不当，则会导致静电荷大量累积聚集，静电作为引燃能量的一种主要来源之一，较易造成燃烧和爆炸现象的发生，很多事故发生的燃烧和爆炸危险均是静电作用导致的。可燃物质的最低引燃能量这一参数是非常重要的安全性参数，掌握了不同物质对应的最低引燃能量的大小，对于安全操作条件的确定，保证化工安全生产具有重要意义。

固体粉尘云最低引燃能量测试装置的作用是测试引起粉尘云爆炸的最小火花能量，间接评价粉尘云存在的潜在爆炸危险性。相关的测试标准包括：ASTM E2019（Standard Test Method for Minimum Ignition Energy of a Dust Cloud in Air），EN 13821：2002（Potentially Explosive Atmospheres-Explosion Prevention and Protection-Determination of Minimum Ignition Energy of Dust/Air Mixtures），IEC 61241-2-3（Electrical Apparatus for Use in the Presence of Combustible Dust—Part 2—3：Test Methods for Determining Minimum Ignition Energy of Dust/Air Mixtures），GB/T 16428《粉尘云最小着火能量测定方法》。

如图 5-34 所示为固体粉尘的最低引燃能量测试装置示意图。最低引燃能量的测量方法是：首先将两根相对的电极水平插入测试管中，将粉尘装入测试管底部，通过进气阀将压缩空气充入储气罐，开启喷粉阀，通过压缩空气将粉尘吹浮起来分散到测试管中形成粉尘云，将不同的能量加入到电火花发生器上，对粉尘进行引爆，固体粉尘的最低引燃能量即粉尘突然燃爆时所需的最低能量。

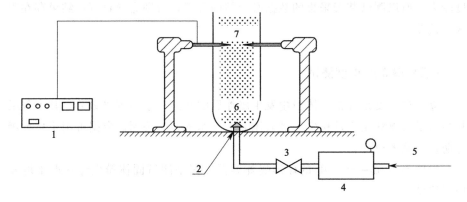

图 5-34 粉尘最低引燃能量测试装置示意图

1—电火花发生器；2—喷头；3—喷粉阀；4—储气罐；5—压缩气源；6—盛粉室；7—电极

可燃气体的最低引燃能量的测试与固体粉尘最低引燃能量的测试原理较为类似，可燃气体的最低引燃能量测试装置如图 5-35 所示。

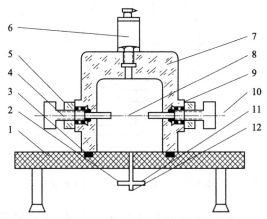

图 5-35 可燃气体最低引燃能量测试装置示意图

1—底座；2—排气口；3，9—密封圈；4—电极调节杆；5—压紧螺栓；6—安全阀；
7—反应器；8—电极；10—电极引线；11—进气口；12—压力表接头

可燃气体的最低引燃能量的测试方法：在配气容器中把可燃混合气体预先配制好，然后将混合气体导入到气体爆炸容器内，通过调节放电电压产生的不同能量的电火花，引燃爆炸容器内的混合气体。通过压力传感器记录点火后容器内的压力变化情况形成压力曲线，通过压力曲线判定气体的点燃情况，混合气体的最低引燃能量即为点燃混合气体所需的最小能量。

可燃固体粉尘和可燃气体的最低引燃能量数量上通常是毫焦耳，测试的难度较大，所以测试装置采集的数据必须精确可靠，否则会导致测试结果存在很大的偏差。

(三) 爆炸严重度测试

爆炸严重度是评估固体粉尘发生爆炸后的威力大小的重要参数，其中包括粉尘云最大爆炸压力及粉尘云最大压力上升速率，相关测试数据可用于指导爆炸防护设施的设计。

如图 5-36 是一个 20L 的球形爆炸容器，用来测试固体粉尘爆炸严重度及极限浓度。

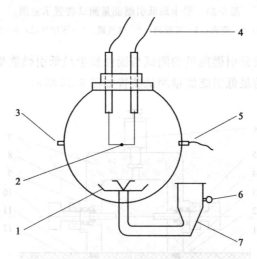

图 5-36　20L 爆炸试验装置

1—扩散器；2—点火源；3—排气口；4—点火引线；5—压力传感器；6—压力表；7—储尘罐

固体粉尘爆炸严重度测试的相关标准主要有 ASTM E1226（Standard Test Method for Explosibility of Dust Clouds），BS 6713（Explosion Protection Systems-Method for Determination of Explosion Indices of Combustible Dusts in Air），ISO 6184：Part 1（Explosion Protection Systems—Part 1：

Determination of Explosion Indices of Combustible Dusts in Air）和 GB/T 16426《粉尘云最大爆炸压力和最大压力上升速率测定方法》。

粉尘云最大爆炸压力和最大压力上升速率测定方法如下：将粉尘试样放入粉尘容器中，设置压缩空气压力为 2.0MPa。将爆炸室抽成一定程度的真空状态，保证粉尘在大气压状态下被点燃。打开压力记录仪与粉尘容器的阀门，滞后点燃点火源，同时记录爆炸压力。试验结束后，用空气吹扫爆炸室保持其清洁。重复进行不同粉尘浓度的试验，得到爆炸压力和压力上升速率与粉尘浓度之间关系的曲线，从曲线中可求得最大爆炸压力、最大压力上升速率及最大爆炸指数三个参数值。

（四）爆炸极限测试

在热爆炸学中爆炸极限是一个非常重要的参数。在化学工业中，很大一部分爆炸事故发生的原因是由于到达了可燃气体或者可燃蒸气爆炸极限浓度，通过引燃能量的作用，发生燃烧或爆炸。在进行某一化学工艺反应风险研究和工艺风险评估时，首先必须明确反应工艺过程中涉及的各种物料的爆炸极限浓度，从而规避爆炸风险。前面已描述，虽然可通过一些公式计算物料的爆炸极限，但是，计算数值精度不高，有时存在较大的误差，通过试验测试才能得到精确可靠的爆炸极限值。

固体粉尘爆炸极限浓度的测试方法如下：

首次进行试验时，试验粉尘浓度需要按照 $10g/m^3$ 浓度的整数倍数进行确定。

① 当试验得到的爆炸压力 $p \geqslant 0.15MPa$，则试验需按照 $10g/m^3$ 的整数倍减小粉尘浓度，连续进行 3 次相同的试验，直到试验的压力值 $p < 0.15MPa$；

② 当试验得到的爆炸压力 $p < 0.15MPa$，则试验需按照 $10g/m^3$ 的整数倍增加粉尘浓度，连续进行 3 次相同的试验，直到试验的压力值 $p \geqslant 0.15MPa$。

所测粉尘试样爆炸下限浓度应该介于 3 次连续试验压力 $p < 0.15MPa$ 和 3 次连续试验 $p \geqslant 0.15MPa$ 之间。

爆炸极限测试仪的适用条件是在标准大气压、设定的温度下测试可燃性蒸气或气体，发生燃烧时的浓度下限与上限。还可以用于存在少量惰性气体条件下测定燃烧的上下限。该方法的初始压力要小于 101 kPa 或更低。测试得到的数据用来测定和评价在实验室条件下物质加热和燃烧的反应特性，同时可作为评估火灾风险的重要参考因素。

可燃气体爆炸极限测试的相关标准主要有 ASTM E681（Standard Test

Method for Concentration Limits of Flammability of Chemicals）和 GB/T
12474《空气中可燃气体爆炸极限测定方法》。

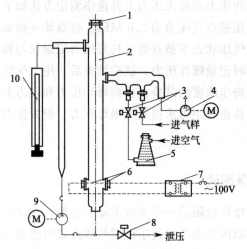

图 5-37 爆炸极限测试装置示意图

1—安全塞；2—反应管；3—电磁阀；4—真空泵；5—干燥瓶；6—放电电极；
7—电压互感器；8—泄压电磁阀；9—搅拌泵；10—压力计

可燃气体爆炸极限浓度的测试装置见图 5-37，方法如下：

① 首先将装置做抽真空处理，直至压力降 $\Delta p \leqslant 5 \mathrm{mmHg}$；

② 保持 5min，压力降 $\Delta p \leqslant 2 \mathrm{mmHg}$；

③ 按分压法配制混合气，然后打开反应管底部的泄压阀进行点火，同时
观察火焰是否传至管顶；

④ 用渐近测试法寻找极限值，在同样条件下连续进行三次点火试验，点
火后若火焰均未传至管顶，则应调整进样量，进行下一个浓度的点火试验。

测试样品增加量进行爆炸下限测试时每次增加应该 $\leqslant 10\%$，进行爆炸上限
的测试时每次减少量应 $\geqslant 2\%$。最后取最接近的火焰传播和不传播的两点对应
的体积分数的算术平均值作为爆炸极限值。

每次进行试验后，试验装置要用相对湿度小于 30% 的清洁空气进行冲洗，
包括反应管壁及点火电极，避免产生污染。

（五）自燃温度测试

自燃点的含义是将物质放置于空气中，在大气压条件下，物质被均匀加热
直到产生燃烧现象时的最低温度，是用来判断、评价可燃性物质发生火灾的危

险性重要指标之一。自燃点越低，则可燃性物质发生自燃火灾时的危险性会越大。在进行燃烧试验时，将少量的可燃性物质放置于开口的锥形瓶中。然后用电炉加热烧瓶，同时观察在加热温度下试样是否会发生燃烧现象。最后，用空气将烧瓶中残留的可蒸发组分吹出。自燃点测试的相关标准主要包含 DIN 51794（Testing of Mineral Oil Hydrocarbons；Determination of Ignition Temperature），ASTM E659（Standard Test Method for Autoignition Temperature of Chemicals），IEC 60079-4（Electrical Apparatus for Explosive Gas Atmospheres. Part 4：Method of Test for Ignition Temperature），GB/T 21791（石油产品自燃温度测定法）。电阻加热炉自燃温度的测试装置如图 5-38 所示。

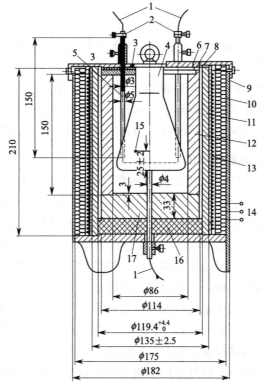

图 5-38　电阻加热炉试验装置

1—热电偶；2—固定套管；3—绝热密封条；4—燃烧容器（容量 200mL）；5—陶瓷外套管；

6—盖板顶板；7—绝热材料制对开环；8—盖板底板；9—绝热体；10—热线圈；

11—陶瓷管；12—金属内膛芯；13—耐高温黏结剂；14—接 220V 电压，并接地；

15—热电偶端点；16—绝热材料制圆盘；17—金属基座

可燃性的液体及气体的自燃点测试方法如下：

1. 装样

液体试样则采用移液管，对于一些动力黏度大于 50MPa·s 的黏稠试样则采用注射器。将试样以快速且呈连续滴状的方式移入到燃烧容器内。在进行试样移取前，需取低于初沸点 60℃ 条件进行试样冷却，同时将移液管或注射器在沸点以下至少 30℃ 的温度下进行冷却。在进行此操作步骤时，应严格避免试样及仪器受到来自空气中的水分的污染。采取气体试样时，从样品容器的蒸气区进行，并按照以下方式注入到燃烧容器内：先在样品容器中去除部分样品，如有需要，可通过减压器采用活塞泵在支管的连接处进行，通过位于燃烧容器外部的弯管进行排除；然后对所有的弯管及管线经数次冲洗操作，待测气体试样被充满后，注入所需量的气体试样至燃烧容器中，流速约为 25mL/s。

2. 预试验

首先以 3~5℃/min 的加热速率对燃烧容器加热，进行粗略的预试验测试自燃温度，当温度每升高约 20℃ 时，即向容器中加入 50mL 气体试样或者 5 滴液体试样。在每个温度下均需测试试样是否会发生燃烧。在新的试样加入前，均需采用手动球形泵对容器进行吹扫，以便容器保持清洁状态。在此测试条件下，将首次观察到的自燃温度作为正式试验时的初始温度。

3. 首次试验系列的最低值

采用初始温度，进行正式试验，向燃烧容器中加入与预试验相同量的试样，以每次 5℃ 的降温幅度进行降温，当到达首次不发生燃烧的温度时，改变试样的量，在此温度下继续进行燃烧试验。如果此过程中持续发生燃烧现象，则再降低燃烧容器的温度 5℃ 继续重复进行燃烧试验，同时记录燃火滞后的时间以及加入的试样量。通过此试验方法，确定对于任何量的待测试验均不会发生燃烧时对应的温度。然后在此温度下及高于此温度 5℃ 的条件下，通过改变试验温度并少许改变试样量进行进一步的试验。当进行此项试验操作时，建议从高的试验温度开始，后续以约 2℃ 的幅度递减试验温度，少许改变每个试验温度对应的最适宜的试样量，在每一温度阶段进行测试。将在这些条件下仍可观察到燃烧现象时对应的最低温度作为首次试验系列的最低值。

4. 正式试验系列的最低值

残留在经常使用的燃烧容器中的残留物将会影响首次试验系列的最低值，因此通常不会作为最终的结果。将通过正式试验后期的第二次试验系列测试得到最终的最低值，在第一次试验系列最低值的温度范围内，采用新的、干净的燃烧容器（或采用水，当必要时采用酸或其他溶剂冲洗去除燃烧容器内壁上的残留杂质后，经过干燥）进行试验。此外，每次完成燃烧试验后，应经球形泵对燃烧容器进行吹扫清洁。因采用冷空气吹扫而造成燃烧容器的温度存在少许下降，在下一次燃烧试验开始前应使其恢复。

5. 重复试验

采用新的或干净的燃烧容器进行试验，在正式试验得到的最低温度值范围内继续做进一步的试验系列，直至至少得到三个正式试验的最低值，且这些试验值符合：在不高于300℃的温度条件下，互相之间的差值不超过10℃；在高于300℃的温度条件下，互相之间的差值不超过20℃。对于不高于300℃的试验结果，如果首次试验系列的最低值与正式试验的最低值两者之间的差值未超过20℃，则可将首次试验系列的最低值作为最低重复值。当试样状态为液化气体时，在上述范围内进行试验得到至少三个最低值后，再进行多次的重复性试验，这些试验在进行取样前，通过蒸发的方式将样品容器中浓度高达10%的原样品排出。

（六）固体相对自燃温度测试

对于固体样品，以0.5℃/min的升温速率在大气压条件下加热固体直至温度到达400℃，当固体样品由于自热导致其自身温度升高至400℃时，此时对应的加热炉的温度，被称为固体相对自燃温度。固体相对自燃温度测试的相关标准主要有GB/T 21756《工业用途的化学产品　固体物质相对自燃温度的测定》。

固体相对自燃温度测试方法如下：

将待测的固体样品装入金属丝网的立方体中，如图5-39所示。经轻轻压实后，将金属丝网立方体装满。采用悬挂的方式将样品置于温度为室温的烘箱中心处。将一个热电偶插入至立方体中心位置，另一个热电偶则放置于烘箱的炉壁和立方体之间。设定烘箱温度，以0.5℃/min的升温速率将烘箱升温至400℃或固体样品的熔化温度（当固体样品熔化温度小于400℃时），连续记录烘箱温度及样品温度。当样品发生自燃时，样品中热电偶的温度相比于烘箱中的热电偶温度将会出现较明显的快速升高现象。

（七）持续燃烧测试

可以将物质的燃烧分为持续燃烧及不持续燃烧两种。对于一个试样，当两个加热时间或两个试验温度中的一个条件，发生下述的任何一种情况都可将其判定为持续燃烧：

① 当试验火焰处在"关"的位置时，能够将试样点燃并能够进行持续

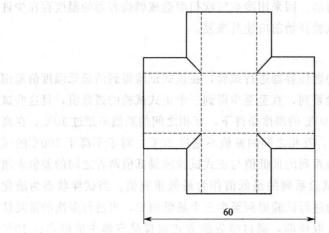

60

图 5-39　边长 20mm 的实验用立方体模型

燃烧；

② 当试验火焰在试验位置停留 15s 时点燃试样，并且当试验火焰回到 "关" 的位置后，持续燃烧时间仍能够超过 15s。

当发生间歇的迸发火花现象，不应当判定为持续燃烧。通常当时间到达 15s 时，燃烧现象已明显停止或者继续。如果无法轻易地对此做出判断，则应视为物质进行持续燃烧。

进行物质持续燃烧测试的相关标准主要有《关于危险货物运输的建议书——试验和标准手册》和 GB/T 21622《危险品　易燃液体持续燃烧试验方法》。

常用的进行物质持续燃烧测试的试验装置如图 5-40 所示，此装置用于研究当物质在试验条件下加热并将其暴露于火焰环境时其是否能够持续燃烧。物质持续燃烧测试方法：通过加热凹陷处（即试样槽）的金属块至某个规定的温度，然后将一定量的样品放入到试样槽内，在标准条件下用火焰喷嘴加热 60s 时间，若试样没有发生燃烧，则将火焰转移至位于试样槽边上的某位置，使火焰在此位置保持 15s，然后将火焰喷嘴撤离，常见的火焰喷嘴装置如图 5-41 所示，重复进行三次测试，对每次的试验情况进行分别记录。如果没有发生持续燃烧现象，应减少加热的时间或者升高初始规定的温度，重复进行测试。

（八）可燃液体和可燃气体引燃温度测试

将可燃液体或者可燃气体放入已经被加热的试验烧瓶中，当样品发生清晰可见的火焰和（或）爆炸性的化学反应时，且反应的延迟时间未超过 5min，则称物质被引燃，物质被引燃时对应的最低温度称为引燃温度（Ignition

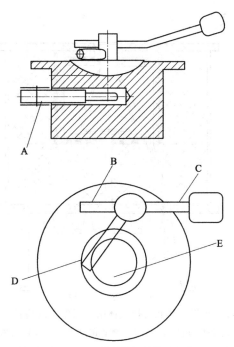

图 5-40　持续燃烧测试装置示意图

A—温度计；B—关闭；C—手柄；D—试验气体喷嘴；E—试样槽

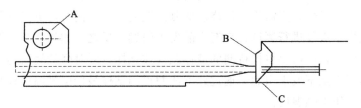

图 5-41　煤气火焰喷嘴装置示意图

A—丁烷气入口；B—试验火焰；C—试样槽

Temperature)。

图 5-42 所示为常用的可燃液体和可燃气体引燃温度测试的试验装置。可燃液体和可燃气体引燃温度测试试验方法的相关标准主要包含 IEC 60079-4：1975（Electrical Apparatus for Explosive Gas Atmospheres. Part 4：Method of Test for Ignition Temperature）和 GB/T 5332《可燃液体和气体引燃温度试验方法》。

对于可燃液体和可燃气体试样，其引燃温度的测试方法是将一定量的可燃液体或可燃气体试样注入到加热的、敞口的 200mL 锥形烧瓶中。将测试装置

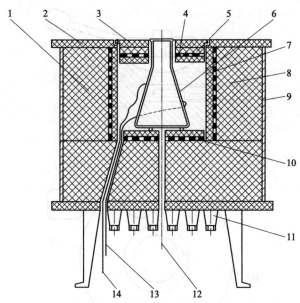

图 5-42 可燃液体和可燃气体引燃温度测试装置示意图

1—主加热器；2—石棉水泥板外盘；3—石棉水泥板圆盘盖；4—颈部加热器；5—陶瓷棉隔层；
6—200mL锥形烧瓶；7—耐火绝缘材料圆柱体；8—耐热绝缘材料；9—固定圆柱体；
10—底部加热器；11—接线柱；12~14—热电偶

置于暗室中，以便清楚地观察烧瓶内的物质是否发生引燃现象。若在一段时间内样品未发生引燃，则需将锥形烧瓶的测试温度升高，同时需更换待测的液体或气体试样，重复进行测试，直至样品发生引燃。反之，如果在某一温度下样品已发生引燃，则需要更换待测的液体或气体试样，同时降低烧瓶的温度，重复进行测试直至不发生引燃。通过此方法测得的试样最低引燃温度即是样品在空气中的常压引燃温度。

（九）氧化性液体测试

氧化性液体由于具有强烈的氧化性，遇到酸碱、受潮、强热、震动、撞击、摩擦等条件或与易燃物、有机物、还原剂等物质接触时能够迅速分解释放出热量，具有潜在的燃烧、爆炸等危险。根据物料的性质不同，可将氧化性液体进行如下分类：

① 一级无机氧化剂，其性质不稳定，极易发生燃烧爆炸。例如：碱金属、碱土金属的氯酸盐、硝酸盐、高锰酸盐、高氯酸及其盐和过氧化物等。

② 一级有机氧化剂，具有强烈的易燃性和氧化性。例如：过氧化二苯甲酰。

③ 二级无机氧化剂，性质较一级氧化剂相对稳定。例如：重铬酸盐、亚硝酸盐等。

④ 二级有机氧化剂，例如：过乙酸。

图 5-43 为常用进行氧化性液体的危险性测试试验装置，主要用于测试液态物质与一种可燃性的物质完全混合的情况下，评估该可燃性物质的燃烧速度及燃烧强度增加的潜力，或者评估其形成自发着火的混合物的潜力。进行氧化性液体测试的相关标准主要有 GB/T 21620《危险品　液体氧化性试验方法》和《关于危险货物运输的建议书——试验和标准手册》。当进行测试时，在玻璃杯里将一定量配比的待测试验液体和纤维混合，然后用玻璃棒搅拌使其均匀，在压力容器中对其加热，设置通过点火塞的电流为 10A、至少 1min 以上的通电时间。通过测试软件自动记录压力的升高时间，重复进行多次试验，通过得到的压力上升的平均时间对氧化性液体的危险性等级进行分级。

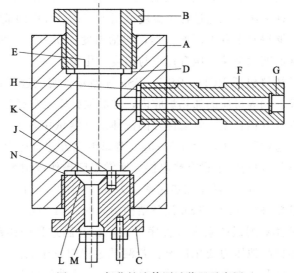

图 5-43　氧化性液体测试装置示意图

A—压力容器体；B—防爆盘夹持塞；C—点火塞；D—软铅垫圈；E—防爆盘；F—侧壁；
G—压力传感螺纹；H—铜垫圈；J—绝缘电极；K—接地电极；L—绝缘体；
M—钢锥体；N—垫圈变形槽

五、其他测试

除了上述通用性较强的设备设施外，还有如下一系列专业性的设备设施，用于过程安全、理化性质等方面的参数测试。

（一）快速筛选量热

快速筛选量热是反应风险评估的初步筛选工具，具有 DSC/DTA 分析的优点，如可以得到初步测试物料的熔点、相转变温度等信息；同时快速筛选量热又具有 DSC/DTA 所不具备的压力数据，能够为更准确地评估系统潜在的爆炸性或其他重要的安全因素提供数据支撑。

快速筛选量热的测试结果一般用于初步评价化学物质的安全性，为是否继续进行热稳定性测试提供安全性参数和数据支持。快速筛选量热可测定反应过程中温度的变化情况、压力的变化情况、反应的剧烈程度等数据。快速筛选量热测试是将待测样品置于球形样品池中，通过外部炉体按照预定程序进行升温加热，并通过电脑实时监测测试物料温度、压力的变化情况。快速筛选量热测试周期短，样品量较大时的测试结果更具代表性。快速筛选量热可测试各种固体、液体及混合物样品，快速得到样品的基本稳定性信息。在化学工艺过程中，热危险性往往来源于工艺过程中温度或压力变化过程中的危险，常规快速筛选量热测试能够得到多种不同的数据，包括温度、压力与时间变化的关系；温升速率与温度的变化关系；压升速率与温度变化关系等。

快速筛选量热仪包括 RCD、RSC、TSu 等型号。实验过程通常是将球形样品池安装在镍、铜等材质的加热炉腔内，样品池材质通常有玻璃、钛、哈氏合金、不锈钢以及其他合金。流动性好的液体通常测试用量为 1～8mL，固体或者较黏稠物质通常测试用量为 0.5～5g。测试池上方连有压力传感器，炉体内和测试池内/测试池边缘上设有热电偶，通常温度操作范围为 0～500℃，压力操作范围为 0～200bar，样品加热速率设为 0.5～10℃/min。下面以 TSu 为例对快速筛选量热进行介绍，TSu 设备结构图如图 5-44 所示。

TSu 通过炉体对测试体系进行程序升温，在升温过程中跟踪记录样品池内物料的温度和样品池压力变化情况。若测试过程中发生放热/吸热现象或气体生成现象，温度和压力曲线会显示出峰形曲线，线性偏离点（相对于炉温基线，如峰形曲线）即为放热/吸热反应的起始温度（"Onset"温度）。后续的温升曲线则可以明显地反映出物质热风险的严重程度。TSu 是一种非绝热测试仪器，试验过程中炉体会不断地向样品池提供热量，与此同时被测试体系也在不断向外扩散热量。通常体系散热速率远远小于炉体供热速率，测试体系会按照预设程度不断升温直到最高设定温度。如果被测物料放热量较小，则易在升温过程中被炉体提供的热量所掩盖，峰形曲线不易察觉；如果被测试物料有明显热效应，则升温曲线上将有明显的峰形曲线。但是，物料的实际放热量无法根据 TSu 直接得到，需根据实际需要进行进一步热稳定性测试，从而得到

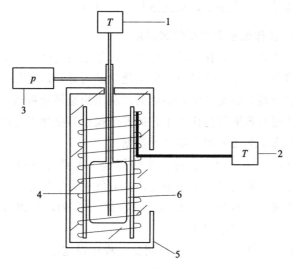

图 5-44　TSu 设备结构图

1—顶部热电偶；2—内部热电偶；3—顶部压力传感器；4—加热器；5—夹套；6—样品池

该物料的热稳定性信息。此外，可对 TSu 设备配备外部冷却循环装置，对常温稳定性差的物料和工艺进行低温甚至超低温测试。当被测物质需要在某特定温度情况下储存较长时间时，则需要对物料进行等温测试。标准操作模式有：梯度扫描模式、恒温模式和恒温-升温-扫描模式三种。

快速筛选量热设备能够快速完成样品的量热筛选。在进行更深入的量热试验之前，对样品进行快速量热筛选，在化工生产中广泛应用。快速筛选量热测试的主要应用方向如下：

1. 反应原料、中间体和产品热稳定性分析

快速筛选量热作为危险化学品热稳定性的快速筛选手段，能够对原料、反应中间体、蒸馏料液以及产品等样品进行稳定性筛选，具有耗时短、效率快、成本低等诸多优点。快速筛选量热测试对物质危险性进行初步筛选，可以得到待测物料初始分解温度（Onset Temperature）、初始分解压力、放气量和温度/压力升高速率等安全性数据，针对这些数据进行热力学计算，可初步判断测试物料的热分解情况以及分解剧烈程度、有无燃爆危险性等信息，进而指导下一步热稳定性测试的进行。

2. 物质长期暴露于高温模式下的性能评估

对于某些特定的物质，如果需要测试其长期处于某个特定温度下的热稳定性情况，则可选用快速筛选量热仪预设的恒温模式程序进行测试，使用者可以

通过设定较大的样品加热速率，快速达到设定温度。

3. 评估安全操作温度和物质储藏温度

对于化工企业来说，对化学品进行安全评估主要包括：化工工艺、工艺放大、化学品的储存、化学活性材料、危险化学品的运输以及化学反应的危险性等，评估上述安全性参数是非常有必要的。利用快速筛选量热可以快速得到热稳定性数据，从而初步地评估化工工艺的安全操作温度和工艺涉及特殊物料的储藏温度，为改进工艺条件提供参考性数据。

通过快速筛选量热对物质进行初步热筛选，得到待测物料的热安全性信息，如有无热分解、初始受热分解温度以及分解过程中压力变化等信息，对待测物料的稳定性进行初步分析。下面将以物料 A 为例，介绍快速筛选量热物质热稳定性测试初筛方面的应用。

应用快速筛选量热对 A 物料进行测试，程序设定以 2.0 ℃/min 的升温速率从室温加热到 400 ℃，测试结果如图 5-45 所示。

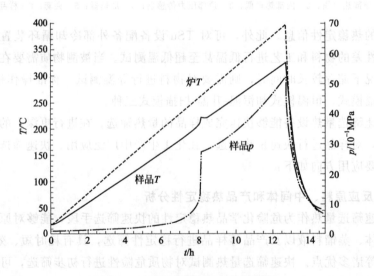

图 5-45　时间-温度-压力变化曲线

由测试曲线可以看出，测试过程中 A 物料的温度和压力有明显的峰形出现，此线性偏离点对应着 A 物料的初始分解温度，即"Onset"温度。根据图 5-46 中 A 物料压力回归曲线[$\ln p$-$(-1000/T)$]可以看出，测试结束后体系压力没有回归，因此判定 A 物料热分解过程中伴随着不可逆气体生成。根据压力回归曲线，还可以进一步计算分解过程中不可逆气体的生成量，共同作为评估物质安全性的参考数据。对 A 物料温度-温升速率变化曲线、温度-压升速率变化曲线共同进行分析，以更加准确地确定 A 物料的起始分解温度和起始放气温度，如图 5-47 和图 5-48 所示。

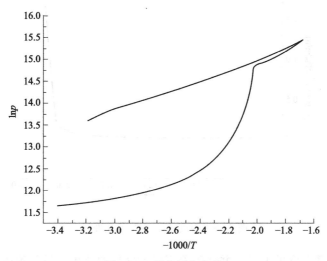

图 5-46　压力回归曲线

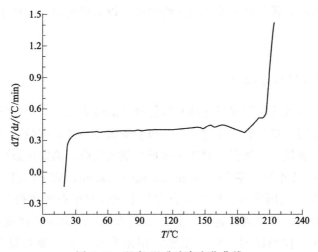

图 5-47　温度-温升速率变化曲线

由图 5-47 和图 5-48 可以发现，A 物料在达到 165℃时温升速率和压升速率开始发生变化，可初步判定 A 物料于 165℃发生热分解，分解过程中最大温升速率为 1.43 ℃/min；同时热分解过程伴随不可逆气体的生成，最高压升速率为 0.17MPa/min。

综上，从快速筛选量热测试结果中可以发现，A 物料一旦发生热分解，

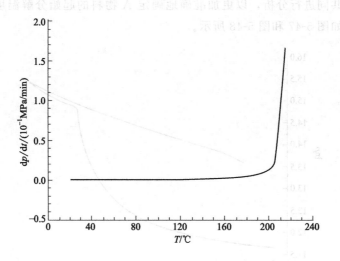

图 5-48　温度-压升速率变化曲线

就会导致体系温度的上升，并伴随着不可逆气体的放出，易导致体系超压，从而引发爆炸事故。对于与 A 物料类似具有较明显放热、放气分解的物料，需要根据实际情况，进行进一步热稳定性测试，以获得更加详细和准确的热安全性数据。

（二）泄放口尺寸测试

对于一些热效应较明显且伴随有气体排出的合成工艺，根据气体释放情况需要慎重设计尾气排放管的尺寸大小，很多测试设备的测试数据可以用于为尾气排放的设计提供参考依据。对于一些低热能的反应，确定泄放口尺寸大小可以采用泄放口尺寸测试装置（Vent Sizing Package，VSP）进行试验测试，1975～1984 年，美国化学工程师学会应急系统研究所在实施研究项目过程中研究开发了泄放口尺寸测试装置，由 Fauske 和 Associates 公司成功研究开发。当反应装置在失控情况时，VSP 主要是用来为释放压力装置提供数据支持。该装置加热管的大小约 100mL，采用较薄的金属片，通常使用不锈钢、钛材及哈氏耐腐蚀合金等材质，内外可通过敞开或者关闭以平稳地控制压力，对于不均匀体系、不互溶液体体系也可以实现试验测试，可以采用电磁搅拌器搅拌被测试样。VSP 测试温度范围是室温～500℃，测试压力为 0～14MPa，温升速率分辨率达到 0.1℃/min。目前，经过改进后的 VSP 设备型号为 VSP2，可直接将其测定的试验数据在实际生产装置中进行放大使用。

(三) ICI 测试

ICI 测试采用耐压的石英玻璃管作为测试管,其可承受小于 1MPa 的压力,测试样品量范围为 10～20g。ICI 的测试方法是将样品密封于测试管中,以 2℃/min 的升温速度对其进行加热,可承受最高 400℃的测试温度,通过传感器跟踪测试反应的温度和压力参数,从记录仪上可以准确地得到反应物料的分解温度。

对于任何封闭的测试方法,包括 ICI 测试方法,因测试时是将样品封闭于管内进行的,反应物料温度的升高将导致物料蒸气压的相应升高,物料蒸气压升高又引发压力的突然升高,尽管可以代表此时物料发生了分解,并放出了大量的气体,但是,根据压力的升高速率很难判断气体逸出情况,计算气体的逸出速率也存在一定的难度。想要评估具有分解性质的反应,气体逸出速率的测试显得极其重要。根据气体逸出速率情况,可间接评估失控条件下达到的最坏情况,同时通过合理的控制手段,制定相应的应急方案,有效控制失控情况的发生,保证生产安全。有较多的设备都可以对气体逸出速率进行测试,其中一种是可采用等温定量测试方法对气体的逸出速率进行测定。

(四) 热重分析测试

热重分析 (Thermal Gravimetric Analysis,TG 或 TGA) 也是一种较常见的物质热稳定性分析技术,采用此项技术可研究物质的热稳定性及组分变化等情况。热重分析技术是一种通过程序控制进行升温,测量待测试样的质量随着时间或者温度变化的分析技术。TGA 广泛被应用于研究开发、质量控制及物质风险研究中。在实际分析过程中,热重分析技术经常与其他分析方法联合使用。例如:将热重与差示扫描量热联用时,称为热重-差示扫描量热,简称 TG-DSC 技术。可用 TG-DSC 技术对化学物质的热稳定性进行全面准确分析。热重分析使用的测试仪器是灵敏度很高的热天平,测试样品量一般为 2～5mg,精度可达 $0.1\mu g$,样品量不能过多,否则会对样品加热时的传热效果产生较大影响,增大了被测样品内部的温度变化梯度,甚至可能导致测试样品产生热效应,造成被测样品的温度呈现非线性的程序升温,从而导致热重曲线发生较大变化。另外,需要用于盛放测试样品的器皿能够耐受高温,同时对测试样品本身、过程产物和最终产物均需具有一定的惰性,不能与测试样品、过程产物和最终产物发生任何的化学反应。因此,不同性质的试样采用不同材质的器皿,保证不会对测试器皿造成损坏。通常,在进行热重分析前,首先需要了解测试样品的腐蚀性等相关性质，便于选择符合的器皿，便于进行准确的热重分析测试。通常使用陶瓷、石英、铂金、铝试样器皿材质作为样品容器。

热重分析技术的基本原理是当测试样品重量发生变化，通过将样品重量发生变化所引起的称量天平位移量转化成电磁量，经过放大器将微小的电磁量放大，传送给电脑，通过电脑记录相应的试验数据。在测试过程中，产生的电磁量变化的大小由测试样品的重量变化的大小决定，两者呈现正比关系。进行实际测试时，如果被测样品在加热过程中发生升华、汽化、分解产气或者失去结晶水等过程而表现出失重时，试样的重量将会随之发生变化，电脑将及时在线记录发生的重量变化数据，最终得到热重曲线。TG曲线横坐标为温度或者时间，自左至右表示温度或者时间增加；纵坐标为试样重量，自上而下变化则代表试样重量减少。通过对热重曲线的全面分析，就可以探究试样在不同的温度下，发生了怎样的变化，根据TG测试的失重数据，分析可得到样品的热稳定性信息。

热重分析技术相对其他热分析技术具有较强定量性的显著特点，能够准确地获得试样的质量变化及质量变化速率参数。在测试过程中，只要试样受热产生重量变化，就可以采用热重分析技术对其进行研究。热重分析技术可用来测试包括腐蚀、氧化/还原反应、溶剂的损耗、水合/脱水反应、高温分解等过程。目前，已经被广泛应用于多个领域的研究开发、工艺优化和质量监控，包括塑料、化工原料、涂料、橡胶、制药、催化剂、无机材料、金属材料、复合材料等各个相关领域。具体研究领域包括无机化合物、有机物、聚合物的热稳定性研究；爆炸材料的研究；化学反应动力学研究；金属在高温下腐蚀过程研究；液体的汽化和蒸馏研究；含湿量、挥发物及灰分含量的测定研究；煤、石油及木材的热解研究，等等。

（五）绝热放热测试

绝热放热测试（Insulated Exotherm Test，IET）方法在早期是用来测试初始放热反应的，其实质上是测试一个试样不同热量的差热分析。将称量好的试样与惰性参考物质装入同一个容器后，放入到绝热的杜瓦瓶中，采用相同的加热速率对杜瓦瓶中的试样和参考物进行加热，同时记录试样和参考物质的温度及试样与标准物质的温差。杜瓦绝热量热测试技术是通过对夹套抽真空保温，然后测试热效应的方法来实现的。

试验证明，对于500L和2500L容量的生产装置，其冷却效率可以和250mL及500mL绝热杜瓦瓶试验的冷却效率相对应，因此，想要评估500L

和 2500L 生产装置的绝热温升，可以采用 250mL 和 500mL 绝热杜瓦瓶的试验结果进行评估。想要快速模仿工厂的实际生产情况，绝热杜瓦瓶的试验结果较适合，尤其适合工艺过程中滴加一种物料的半间歇式生产模式，结果具有较高的参考价值。

绝热杜瓦瓶的试验方法是基于绝热条件下发生的反应，但是，实际基本不存在没有热量散失的理想绝热状况，通常热量损失很小的情况近似认为是绝热情况，根据试验过程中记录的温度及温差情况，可确定相对于参考物质试样的自加热情况，根据绝热温升数据可计算反应的放热情况。

（六）分解压力测试

分解压力测试（Decomposition Pressure Test，DPT）方法也是一种在绝热条件下进行的测试方法。测试过程为将一定量试样放置在搪玻璃的压力容器中，将用于产物分解使用的泄压阀安装在压力容器上，将压力容器放入加热炉内，以恒定的升温速率在测试温度范围内对加热炉进行加热，试样的温度及内部压力变化情况通过传感器被实时记录。在绝热条件下进行分解压力的测试，当产生足够高的压力时，由于测试用的样品管不完全封闭的原因，样品将产生一定量的损失。因此，通过绝热条件下的分解压力测试试验，想要得到物质热分解时的气体产生速率及相应的压力数据存在一定的困难。物质分解压力的测试数据，将为工厂的安全性设计提供数据参考，可通过在设备上安装必要的泄压阀及应急释放系统的方式，保证发生工艺失控时的操作安全。

（七）反应系统筛选测试

反应系统筛选[14]（Reactive System Screening Tool，RSST）的测试基本属于绝热条件测试，它是一种代替 VSP 的装置，为设计反应失控时压力泄放口的尺寸而研究开发的。RSST 具有 VSP 的设备精度、DSC 的廉价性与可操作性，是一种优良的筛选反应危险性的试验装置。使用电磁搅拌避免热能通过搅拌而造成损失，通过滴加漏斗将反应物料加入反应体系中，根据压力的升高数据去求取反应气体的逸出速率，一个 10mL 的玻璃测试管内置在装置的压力缸内，依据工艺操作温度，加热器对损失的能量进行部分补偿。

（八）气体逸出速率测试

对于一些产生气体的化学反应，开展气体产生量以及逸出速率的测试非常重要，作为非常重要的参数，对于开展反应风险研究和工艺风险评估[15] 具有较大的价值。气体的产生量及其逸出速率对于研究反应特征和反应动力学来说是较基础的数据，是满足安全生产的基本要求。尤其在进行工艺放大的过程中，当系统中产生气体时，反应对反应釜的搅拌形式、加料速率、温度控制、反应时间及尾气排放系统的设备材质、气体排出管道设计等都有特殊的要求，需要进行严格的工艺设计研究和反应风险研究，充分考虑如何进行气体量的有效控制和应急释放，考虑极端危险情况下的应急预案以及制定预防可能发生的各种情况的措施。对于一些有气体产生的反应是非常危险的工艺反应，若工艺条件不完善和操作方法不恰当对反应将带来重大的影响，可能会造成爆炸等较危险性的严重后果。

在工艺合成过程中，对于一些有气体产生的反应，及不能带压操作的反应系统，通常反应的风险系数较高，必须测量反应气体的逸出情况。气体逸出速率的测试，是一项非常重要的测试，对于尾气吸收塔或尾气排放系统的设计是必需的工艺参数。

有很多简单可行的方法可以测试气体的逸出速率。例如：可以采用简单的方法将反应生成的气体收集到一些液体中，可以通过排水法收集不溶性的气体，采用排硅油法收集水溶性气体。通过测量收集气体的量以及气体的收集时间，初步估算出气体的逸出速率。

这种测量气体逸出速率的方法虽然是一种时间消耗测量法，但是，因为不需要高端精密的仪器设备及投资，在实验室内就可以做到，因此这是一种很实用的测量方法。对于气体逸出速率测试，除了可采取上述简易的方法外，也可以采用气体自动收集测量仪进行测量。当使用气体自动收集测量仪，测量时可以采用 U 形 ICI 测试管测试气体逸出速率和逸出量，称为 ICI 测量法。

ICI 测量法使用的是可承受 10bar 以下的耐压 U 形石英玻璃管。其原理是：以一定的速度加热，将反应产生的气体收集于带有精确刻度的 ICI 管中，在测试管中装入一定量的液体，当反应产生的气体进入 ICI 测试管后，U 形管内液体的高度将会随之发生改变，通过刻度可自动显示体积数值，当液体的高度改变达到一定数值后，位于 ICI 测试管后面的螺线管控制阀门将会自动开启，同时，质量流量计将自动连续记录气体的产生量和排出量。ICI 测量法与简易的气体逸出测量仪相比，具有一定的自动化特点，用起来较方便。ICI 测量法可以对多种气体包括一些腐蚀性气体进行逸出量及其逸出速率的测试。

（九）闭口/开口闪点测试

闪点的含义是当可燃性挥发液体的蒸气与空气混合形成可燃性混合物的浓

度达到一定数值时，遇到火源对应起火的最低温度。燃烧在此温度下无法持续进行，但如果温度继续升高则可能引发大火。和着火点温度存在很大的不同，着火点是指可燃性混合物能够进行持续燃烧对应的最低温度，着火点高于闪点。闪点的大小也是衡量可燃性液体是否安全的重要指标之一。对于油品来说，闪点是油品的安全性指标之一，闪点的高低代表油品的易燃程度、易挥发性化合物的含量、汽化程度。因此，根据闪点也能定性判断油品的轻质组分和重质组分的含量，对于大多数油品，尤其燃料油，此项指标是必检指标之一。鉴定油品发生火灾的危险性可根据闪点指标判断。闪点愈低，代表油品愈易燃，火灾危险性也就愈大。所以也可根据闪点对易燃液体进行分类。易燃液体的闪点小于 45℃，可燃液体的闪点大于 45℃。根据闪点的高低可为其储存、运输和使用制定防火安全措施。

目前测定油品闪点的方法有两种：开口杯法和闭口杯法。两者主要的区别是油品蒸气是否可以自由扩散到周围空气中。闭口闪点仪在密闭容器中加热油气，油气不能扩散到空气中。因而同一油品当用两种仪器进行闪点值测试时，结果是不同的。油品的闪点越高，两者的差别就越大。因而通常采用闭口杯法进行燃料和轻质油品的闪点测试，开口杯法进行重质油品的闪点测试。

闪点测试的相关标准主要有 GB/T 261《闪点的测定 宾斯基-马丁闭口杯法》、GB/T 3536《石油产品闪点和燃点的测定 克利夫兰开口杯法》。

（十）燃烧热值测试

燃烧热的定义是指可燃物与氧气进行完全燃烧时放出的热量，一般用单位质量、单位体积或单位物质的量的燃料完全燃烧时放出的能量表示。燃烧反应通常是指烃类物质在氧气中完全燃烧放出二氧化碳、水并放出热量的反应。可以用弹式量热计对燃烧热进行测量，也可以直接获得反应物、产物的生成焓标准数据相减后求得。

氧弹量热仪是一种等温量热系统，用于测试宽范围有机或无机样品的燃烧热值，固态样品如煤等，以及燃料和化学品等一些液态样品。也可用于测试一些推进剂、烟火剂、火炸药等含能材料。根据需要可以完成不同气氛包括氧气、空气及惰性气氛等的燃烧热值测试，可达最高 200MPa 的压力。燃烧热值测试方法采用的主要相关标准包括 ISO 1928（Solid Mineral Fuels—Determination of Gross Calorific Value by the Bomb Calorimetric Method and Calculation of net Calorific Value）及 GB/T 213《煤的发热量测定方法》。

(十一) 75℃热稳定性测试

物质在高温条件下的热稳定性评价即采用 75℃热稳定性试验进行，是一种判断物质是否存在运输危险性的测试方法。在测试过程中，如果发现样品发生着火或爆炸，或者设备记录到的温度差（即自加热）已经大于 3℃或更大，结果即为"＋"。如果未出现着火或爆炸现象，记录到的自加热温度差小于 3℃，则需要进行进一步的试验（热分解温度、自加速分解放热、热稳定性测试、热感度）进行评估试样的热稳定性。

75℃热稳定性测试方法采用的标准主要有 GB/T 21280《危险货物热稳定性试验方法》、联合国《关于危险货物运输的建议书——试验和标准手册》及 EN 13631-2：2002（Explosives for Civil Uses—High Explosives—Part 2：Determination of Thermal Stability of Explosive）。

75℃热稳定性测试方法如下：

在 75℃下将少量样品加热 48h，如样品在试验过程中发生着火或者爆炸现象，则认为物质具有热不稳定性，即不能运输。在测试过程中，如果样品没有发生着火或爆炸，但出现了某种自热现象（如冒烟或分解），应进行如下试验：称量 100g 样品然后放入一根管子内，同时取相同重量的参考物质放入另外一根管子内；将两根热电偶分别插入装有样品及参考物质的管子中，将热电偶放置于管内物质一半高度的位置；如使用的热电偶对于样品和参考物质均不具有惰性，则应采用惰性外罩将热电偶包住；将另外一根热电偶和两根已经盖好盖子的管子移入烘箱内，当样品和参考物质均达到 75℃后，在 48h 内，测量样品与参考物质之间的温度差，同时记录试样分解的过程。如物质试验过程中没有出现不稳定现象，则该物质被认为是稳定的。

参考文献

[1] Frurip D J, Freedman E, Hertel G R. A new release of the ASTMCHETAH programme for hazard evaluation: versions for mainframe and personal computer. Int symp on Runaway Reactions, 1989: 39-51.

[2] Dickon-Jackson K. Use of DSC in assessment of chemical reaction hazards. Conference on Techniques for the Assessment of Chemical Reaction Hazards, 1989 (12): 5-6.

[3] 钱新明,刘丽,张杰. 绝热加速量热仪在化工生产热危险性评价中的应用. 中国安全生产科学技术, 2005, 1 (4): 13-18.

[4] Rogers R L. The advantages and limitations of adiabatic dewar calorimetry in chemical hazards testing. Plant Operation Progress, 1989, 8 (2): 109-112.

[5]　Rogers R L. The use of Dewear calorimetery in the assessment of chemical reaction hazards. Hazards X：Process Safety in Fine and Speciality Chemical Plants，Symposium Series，1989，115：97-102.

[6]　Wright T K，　Rogers R L. Adiabatic Dewar Calorimeter. Hazards in the Process Industries：Hazards Ⅸ，Symposium Series，1986，97：121-132.

[7]　Townsend D I，Tou J C. Thermal hazard evaluation by an accelerating rate calorimeter. Thermochimica Acta，1980，37：1-30.

[8]　Ottaway M R. Thermal hazard evaluation by accelerating rate calorimetry. Analytical Proc，1986，23：116.

[9]　Carl Bagner. Use of the RC1 Reaction Calorimeter to Evaluate the Potential Hazards of Pilot Plant Scale-up. RC User Porum，1999，9 (19)：1-5.

[10]　Benson S W. Thermochemical kinetics Methods for the Estimation of Thermochemical Data and Rate Parameters. 2nd edition：New York：Wiley，1976.

[11]　Wright T K，Butterworth C W. Isothermal heat flow calorimeter. Hazards from Pressure，Symposium Series，1987，102：85-96.

[12]　Cutler D P. Current techniques for the assessment of unstable substances. Hazards in the process industries：Hazards Ⅸ，Symposium Series，1986，97：133-142.

[13]　王耘，冯长根，郑娆. 含能材料热安全性的预测方法. 含能材料，2000，8 (3)：119-121.

[14]　Fauske H K，Clare G H，Creed M T. RSST-laboratory tool for characterizing chemical systems. Int Symp on Runawat Reactions，1989：367-371.

[15]　Lambert P G，Amery G. Assessment of chemical reaction hazards in batch processing. Int Symp on Runaway Reactions，1989：523-546.

第六章

从实验室到产业化的放大策略

　　上一章主要涉及化工生产过程中重要敏感性参数的概念以及如何获得这些参数，但相关参数的取得都是依赖于实验室规模条件下完成的，并不可以直接应用于实际化工生产过程中，因为这其中存在"放大效应"。本章主要探讨"放大效应"相关概念以及如何进行产业化放大。

　　在研发一个全新化学工艺，或者改变部分工艺路线，从实验室过渡到产业化的过程中，往往会遇到一些始料未及的问题。这些问题可能属于化学方面，也可能属于物理或其他方面。这里将列举化学工艺放大过程所遇到的典型例子。

　　生产操作遇到的显著问题之一是工艺流程中存在某些杂质，但却没有在小型试验或中型工业试验中考察和研究过。某些杂质可能使催化剂失去活性，或提高副反应的选择性，从而完全改变催化反应的特征。此外，工程设计及各阶段试验前没有充分考虑到杂质对工艺放大的影响，导致后续工作要花费很大的力气和代价来进行工程改造及工艺优化。例如水是化学工业生产中最常见的杂质，大规模生产过程中，有许多可能的途径使水"进入"到各个生产设备中。原则上水能够用传统的处理方法及机械设备除去。但这样做将使成本增加；而机械设备还需在工厂的建设期间装备好，否则热交换器中的少量蒸汽渗漏，将会使一定量的水进入反应体系中，导致如氯化烃的水解，从而使催化剂完全失去活性，或改变催化剂的性能。因此，工业生产之前，研发人员必须要搞清楚水和其他类似杂质进入系统的后果及相应的预防及控制措施。

　　与此相似，小型实验室设备中测定的烃混合物的爆炸极限往往会比工业生产规模设备中的测定值窄一些，给人的感觉是实验室试验获得的结果较为安全[1]，更易于使用。这种表观上较窄的爆炸极限，是因为小型设备具有较高的传热速率，特别是通过设备器壁和表面的传导和辐射作用，较高的传热速率降低了温度随时间上升的危险性，不易达到形成爆炸的条件。再者，小试设备测试的物质分解过程的热量实际上有相当一部分被装有物质的测试容器所吸收，在工业上该物质的起始分解放热温度将低于小试测得的结果，物质分解所释放能量造成体系的温升也远远大于实验室测试规模下的数值。

另外，众所周知，按给定的操作规程，小规模地储存和安全处置易燃物料并不困难。但是，在工厂生产中存储这些物料时，必须考虑到物质自身的传热特性以及环境的散热等因素，确保所用设施的散热能力明显大于物质潜在的分解放热速率。一些涉及空气氧化过程的工厂中，以及储存硝酸铵、木屑或煤粉的工厂中，由于没有认识并理解小试规模测试与工业化规模数据的差异性，已发生过一系列损失惨重的爆炸和火灾事故。

为了使工艺过程放大得以顺利实施，要求要通过多方面的技术及手段针对研究对象进行透彻的研究。放大步骤中不仅包括技术方面的决策，还要权衡利弊，一个已提出的放大方案总会存在一些经济方面的问题，因为没有人可以精确地计算出放大后的工业规模。一个要实施工业化的项目的时间和投入是被限定的，这就使得第一个"生产厂或车间"的设计、建设及开车，都将包含"有意进行的冒险"。冒险程度和由此带来的投资风险，必须通过细致的对设备、人员、设计等方面的估算来减轻或者规避。

在确定反应器规模、形式及操作模式的过程中，涉及了化学工艺、化学工程等基础科学间的交叉影响。通过工程手段，也可以通过相互影响的物理及化学方面等因素的综合分析，使工艺放大顺利进行，选择符合化学反应动力学的反应器及反应方式。在反应器设计和选择的每一阶段，都存在各学科的基础理论和工程原理间的相互影响。化学工程的放大，往往不是简单直接的以理论为基础，或者以经验为依据，而是通过最佳的方式把两者结合，是理论与实践相结合的研发模式。

在讨论某工艺的放大问题时，都存在一个隐含的概念，被称作"放大率"，放大率是工业设备的设计规模与能够采集数据的试验规模间的比例关系：

放大率＝工业生产速率/阶段性试验生产速率

很明显，中试工厂与实验室规模间也存在一个放大率的概念。由 Ohsol 开发的一系列典型化学反应过程的放大率列于表 6-1。从实验室规模到中试工厂，放大率一般为 500～1000，从中试工厂到工业规模，放大率为 200～500 较为平常。然而对于反应物为固、液非均相的反应体系，放大率要低一些。

表 6-1　典型化学反应过程的放大率

体系	运行规模/(kg/h)		放大率	
	实验室	中试工厂	实验室到中试工厂	中试工厂到工业化规模
主体为气体(氨、甲醇)	0.01～0.1	10～100	500～1000	200～500

续表

体系	运行规模/(kg/h)		放大率	
	实验室	中试工厂	实验室到中试工厂	中试工厂到工业化规模
气体反应原料,液体或固体产品(硫酸、尿素、酸酐)	0.01~0.2	10~100	200~500	100~500
液体和气体反应原料,液体产品(苯的氯化、氧化)	0.01~0.2	1~80	100~500	100~500
液体反应原料,固体或高黏度液态产品(聚合反应)	0.005~0.2	1~20	20~200	20~250
固体反应原料,固体产品(磷酸、水泥)	0.1~1.0	10~200	10~100	10~200

只有掌握大量的实践经验,明确反应机理及动力学的情况下,才能冒着一定的风险适当地提高放大率。在 20 世纪 40 年代初期,工艺人员用气体扩散法制备铀 235,从实验室到产业化的放大率甚至超过 10^6。显然,这种放大方式的风险很大,但是所获得的利益也较为明显。此外,在这些项目中也投入了大量的人力及物力。

选择相互差异性较大的试验规模作为研究对象是确定放大率的前提条件,例如让填充塔中表面积与体积比、高度与直径比、填料尺寸与塔的直径比、搅拌桨与容器直径比,以及其他特征参数都达到明显的差异,让规模差异大到足以暴露显著效果的变化。

根据以往经验,较多的工艺放大过程中,都会重复出现一些相似的放大问题。实验室到产业化放大过程中差异性较为显著的几个方面内容如下:

①反应器的形状结构,反应器的形状不同,可能导致搅拌效率、液体流动及反应器内浓度梯度的差异;

②反应器及管道材质,涉及反应器及管道腐蚀性[2]及污染物的引入;

③操作模式,影响反应体系中反应物浓度的变化及停留时间;

④表面积与体积比、流动形态与反应器的几何尺寸,这些因素影响反应器内浓度及温度的梯度差异;

⑤反应器的热散失,小试研发过程往往不会关注到反应过程的热效应,受限于小试试验的散热效率,往往一些放热反应在小试阶段并没有显现出来,但是随着进一步的放大,这种热效应凸显,给放大过程带来一些问题。

而以上的放大问题属于化工过程物质转化与传递、能量转化与传递、信息转化与传递范畴,想要成功地实现实验室到产业化的放大,首先要明确物质转化与传递、能量转化与传递、信息转化与传递的科学问题。

第一节　过程放大设计

所有研究的最终目的是实现产业化，将研究成果转化为商品或市场化的服务，为企业创造出显著的效益，为国家的科技进步做出贡献。对化学工业过程来说，实现实验室研究成果的产业化应用，要进行工艺研究、反应风险研究[3] 及工程化放大研究。研究化工过程的物质转化与传递、能量转化与传递及信息转化与传递。需要明确新产品或新工艺产业化过程中传热、传质过程，物料平衡、能量平衡和操作周期等是工艺从实验室走向产业化工艺设计的根本研究内容。

化工过程可以分为两种类型，一是传递过程，包括能量传递、质量传递、信息传递过程，属于没有发生物料组分变化的物理过程；二是化学反应过程，属于物料组分发生变化的化学过程，上述化工过程涵盖所有的化工单元操作。在化工生产过程中，流体输送、过滤、沉降、固体流态化等单元操作属于动量传递过程，加热、冷却、蒸发、冷凝等单元操作属于热量传递过程，蒸馏、吸收、萃取、干燥等单元操作属于质量传递过程，这些化工单元操作以及有化学反应发生的操作，往往交叉发生。化工过程放大是新产品开发过程中的必由之路，而研究物质转化与传递、能量转化与传递及信息转化与传递是化工过程放大的基础，因此，在新产品或是新工艺产业化过程中，必须弄清楚整个工艺路线的物质、能量、信息转化与传递过程。

在表述物质转化与传递、能量转化与传递及信息转化与传递前，首先要介绍一下经典的流体连续性方程，连续性方程是表达流体流动状态时质量守恒的关系式，是化工过程最基本、最重要的微分方程之一。假设流体是连续介质，流体在运动的过程中，充满了整个场所，流体在场所内连续不断地运动，由微分质量衡算得到的数学关系式被称作连续性方程。在直角坐标系中，三维空间内取某个固定位置、固定尺寸的微元体积，各空间方位的边长分别为 dx、dy 和 dz，假设流体在运动场中任何一点（x、y、z）在 x、y、z 方向的速度分量分别为 U_x、U_y、U_z，流体密度为 ρ。根据：

输出的质量速率－输入的质量速率＋累积的质量速率＝0

输入及输出的空间微元体积质量速率可按 x、y、z 三个方向分别考虑，可推导出直角坐标系的连续性方程如下：

$$\frac{\partial \rho}{\partial t} + \frac{\partial(\rho U_x)}{\partial x} + \frac{\partial(\rho U_y)}{\partial y} + \frac{\partial(\rho U_z)}{\partial z} = 0 \tag{6-1}$$

连续性方程适用于理想流体及非理想流体、稳态流动及非稳态流动、可压缩流体及不可压缩流体，以及牛顿流体及非牛顿流体。将式（6-1）展开，得：

$$\frac{\partial \rho}{\partial t} + U_x\,\frac{\partial \rho}{\partial x} + U_y\,\frac{\partial \rho}{\partial y} + U_z\,\frac{\partial \rho}{\partial z} + \rho\left(\frac{\partial U_x}{\partial x} + \frac{\partial U_y}{\partial y} + \frac{\partial U_z}{\partial z}\right) = 0 \qquad (6\text{-}2)$$

式（6-2）左侧前 4 项为密度 ρ 的导数，即：

$$\frac{\partial \rho}{\partial t} + U_x\,\frac{\partial \rho}{\partial x} + U_y\,\frac{\partial \rho}{\partial y} + U_z\,\frac{\partial \rho}{\partial z} = \frac{\mathrm{D}\rho}{\mathrm{D}t} \qquad (6\text{-}3)$$

将式（6-3）代入式（6-2），可得：

$$\frac{\mathrm{D}\rho}{\mathrm{D}t} + \rho\left(\frac{\partial U_x}{\partial x} + \frac{\partial U_y}{\partial y} + \frac{\partial U_z}{\partial z}\right) = 0 \qquad (6\text{-}4)$$

对于不可压缩流体，密度 ρ 是常数，且不随位置及时间发生变化，因此，无论是稳态流动还是非稳态流动，不可压缩流体的连续性方程均可表述为：

$$\frac{\partial U_x}{\partial x} + \frac{\partial U_y}{\partial y} + \frac{\partial U_z}{\partial z} = 0 \qquad (6\text{-}5)$$

对于某些具体的场合，应用柱坐标系或者球坐标系更为方便，柱坐标系或球坐标系的流体连续性方程同样可以选取固定空间位置、固定尺寸的微元体积，根据质量衡算进行推导，柱坐标系连续性方程如下：

$$\frac{\partial \rho}{\partial t} + \frac{1}{r}\frac{\partial (\rho r U_r)}{\partial r} + \frac{1}{r}\frac{\partial (\rho U_\theta)}{\partial \theta} + \frac{\partial (\rho U_z)}{\partial z} = 0 \qquad (6\text{-}6)$$

对于不可压缩流体的柱坐标系连续性方程为：

$$\frac{\partial U_r}{\partial r} + \frac{U_r}{r} + \frac{1}{r}\frac{\partial U_\theta}{\partial \theta} + \frac{\partial U_z}{\partial z} = 0 \qquad (6\text{-}7)$$

球坐标系连续性方程亦可以由直角坐标系连续性方程通过坐标转换得出，对于不可压缩流体的球坐标系连续性方程如下：

$$\frac{1}{r^2}\frac{\partial (r^2 U_r)}{\partial r} + \frac{1}{r\sin\theta}\frac{\partial (U_\theta \sin\theta)}{\partial \theta} + \frac{1}{r\sin\theta}\frac{\partial (U_\phi)}{\partial \phi} = 0 \qquad (6\text{-}8)$$

式中　r——球的径向距离，m；

　　　θ——经度，（°）；

　　　ϕ——纬度，（°）。

一、物质转化与传递

对于化学工业过程来说，物质转化与传递是研究反应过程各组分间相互作用的反应性及各组分浓度对反应体系影响的问题，是工艺从小试研究到工业化实施过程所涉及的重要科学问题。物质转化与传递主要分为两个方面：一方面要清楚反映过程各组分浓度对反应性（转化率、选择性及收率）的影响，主要研究对象为化学反应过程；另一方面，要明确反应体系的质量传递规律。

（一）化学反应工程

化学反应工程是化学工程中的一个重要分支，关注于化学工业过程的反应性研究，涉及的研究内容包括反应技术开发、反应过程优化及反应器的设计等研究内容。现如今，化学反应工程学科的发展速度日新月异，其应用的领域也日益拓展，不仅仅在化工行业，在环境科学、材料科学、生命科学等科学领域中均发挥着不可代替的重要作用。以化工过程为例，化工生产通常包括三个重要环节：原料的预处理；化学反应的进行；产物的分离及提纯。在这三个环节中，"原料的预处理"和"产物的分离及提纯"通常被认为是物理过程，在此过程中并不发生化学反应，主要为系统内部动量的交换与传递、能量的交换与传递及质量的交换与传递；而化学反应过程涉及了相关的化学反应，与前两个阶段不同，是组分化学性质的改变，在此过程中体系的化学能转变为热能、机械能及其他形式的能量，因此，反应过程可被看作是工艺开发的核心单元。化学反应工程是研究反应转化率、选择性、产品收率及反应动力学等内容的重要学科。

1. 转化率、收率和选择性

化学反应过程涉及了反应进度、原料转化率、产品收率及选择性等问题，下面将从这几个方面展开论述。

（1）反应进度　在化学反应中，反应原料的消耗量及产品的生成量间存在一定的比例关系，这种关系被称为反应过程的化学计量关系。如下面的化学反应式：

$$\nu_A A + \nu_B B \longrightarrow \nu_R R \qquad (6\text{-}9)$$

在上述的反应式中，ν_A、ν_B、ν_R 分别是组分 A、B 及 R 的化学计量系数，其中 ν_A、ν_B 为负值，ν_R 为正值。

假设起始阶段，反应体系中组分 A、B、R 物质的量分别为 n_{A0} mol、n_{B0} mol、n_{R0} mol，经过一定的时间后，在某个时间 t 时，反应体系中组分 A、B、R 物质的量分别为 n_A mol、n_B mol、n_R mol，则用终态的值减去初态的值即为反应的量，且有如下关系：

$$(n_A - n_{A0}) : (n_B - n_{B0}) : (n_R - n_{R0}) = \nu_A : \nu_B : \nu_R \qquad (6\text{-}10)$$

显然 $n_A - n_{A0} < 0$，$n_B - n_{B0} < 0$，说明反应原料的量在反应的过程中逐渐减少，而 $n_R - n_{R0} > 0$，说明产品的量在反应的过程中逐渐增加。上式也可写成：

$$\frac{n_A - n_{A0}}{\nu_A} = \frac{n_B - n_{B0}}{\nu_B} = \frac{n_R - n_{R0}}{\nu_R} = \xi \tag{6-11}$$

由式（6-11）可知，任何反应组分的反应量与其化学计量数的比为定值，将其定义为 ξ，则 ξ 被称作反应进度，ξ 总为正值。将式（6-11）推广到任何反应，可表示如下关系：

$$n_i - n_{i0} = \nu_i \xi \tag{6-12}$$

可见，反应进度 ξ 可用于描述一个化学反应的进行程度。

（2）转化率　转化率常被用于表示某个反应进行的程度，是指某一反应物转化的百分率，其定义如下：

$$X = \frac{某一反应物的转化量}{该反应物的起始量} \times 100\% \tag{6-13}$$

由式（6-13）可知，转化率是反应体系中某一原料的改变状态，如果反应过程中存在多种反应原料，根据不同反应原料计算获得的转化率数值可能不同，但反映的都是同一客观事实。化工反应过程中所用的原料之间的比例通常不符合化学计量关系，一般情况下，选择不过量的反应物作为计算转化率的基准，这种少量的组分被称作关键组分。关键组分转化率的最大值可达到 100%，其余过量组分的转化率总小于 100%。

（3）收率　转化率是针对反应原料而言的，收率则是针对产物而言，产物的收率是反映在某一时刻，体系中生成产物所消耗的关键组分量与反应起始时该关键组分量的比值，即

$$Y = \frac{生成反应产物所消耗的关键组分量}{关键组分的起始量} \times 100\% \tag{6-14}$$

收率和与转化率之间的关系分为如下两种情况：

① 单一反应的转化率和收率在数值上相等；

② 同时有多个反应发生的体系中转化率在数值上大于收率。

（4）选择性　在复合反应体系中，反应物用于生成目标产物和非目标产物。可以采用反应选择性来描述关键组分转化成目标产物的份额，即

$$S = \frac{生成目的产物所消耗的关键组分量}{已转化的关键组分量} \tag{6-15}$$

在复合反应中，除了发生目标反应外，体系中也会有副反应发生。因此，消耗的反应物不可能全部转化为目的产物，选择性能够说明复合反应体系中关

键原料的利用程度，复合反应的选择性在数值上小于 1，而单一反应的选择性等于 1。转化率、收率和选择性三者的关系可表示如下：

$$Y = SX \tag{6-16}$$

2. 化学反应动力学

化学反应动力学是反应器设计和工艺分析的重要理论基础。根据反应体系中物质形态的构成，化学反应可分为均相反应及非均相反应，对于精细化工行业来说，绝大多数工艺以间歇或半间歇的化学反应为主，均相反应居多，均相反应的动力学内容详见本书前面的章节，这里将不重复介绍。

（二）质量传递

如果体系中存在两种或两种以上的组分，因为组分间浓度梯度的存在，其中高浓度组分会向低浓度组分移动，最终使体系达到浓度的平衡，这种组分转移的过程称为质量传递。从定义中可以看出，质量传递的推动力是组分间浓度的差异，换句话说，体系内各组分间存在浓度梯度是组分发生质量传递的前提条件。在实际的化学工业生产过程中，质量传递现象较为普遍，例如精馏、萃取、吸收、分离等操作过程均涉及质量的传递，质量传递存在分子扩散及对流传质两种方式。分子扩散又被称作分子传质，分子、原子等在浓度差的推动力下发生热运动所引起的空间位移现象，分子扩散与系统内的宏观流动没有任何关系。对流传质则是运动流体与壁面或与另一股流体间发生的质量传递，该现象是由流体的宏观热运动所致，仅仅存在于流动的流体中。

质量传递、动量传递及热量传递是传递理论的重要研究内容。三种传递的现象具有相近的运动规律及相似的数学表达方式。因此，动量传递及热量传递中的研究方法、理论内容及分析方法有助于质量传递方面的研究。质量传递过程主要的研究问题为体系中物质的浓度分布状态及传质速率的计算。通常情况下，工业化研究的传递过程多发生于混合物中，描述混合物中各组分定量的关系要比单组分复杂。需要在一定共同的基础上开展传质过程研究，首先应明确多组分混合物中单一组分传质的基本概念及数学关系式。

1. 混合物的组成

对于多组分混合物，混合物中各组分的浓度可以有多种表达形式，一般采用单位体积内某组分的数量来表示，可以表示为质量浓度和或者摩尔浓度。

（1）质量浓度 组分 i 的质量浓度的定义为单位体积混合物中组分 i 的质

量，即

$$\rho_i = \frac{m_i}{V} \tag{6-17}$$

式中 ρ_i——混合物中 i 组分的质量浓度，kg/m^3；

 m_i——混合物中 i 组分的质量，kg；

 V——混合物的体积，m^3。

混合物的总质量浓度 ρ 可表示为：

$$\rho = \sum \rho_i \tag{6-18}$$

各组分的浓度常常用质量分数来表示，即混合物中各组分的质量与混合物的总质量之比。质量分数的定义式为：

$$w_i = \frac{\rho_i}{\rho} \tag{6-19}$$

式中 w_i——混合物中 i 组分的质量分数。

（2）摩尔浓度 摩尔浓度又称作物质的量浓度，其定义是单位体积混合物中某组分的物质的量，即

$$c_i = \frac{n_i}{V} \tag{6-20}$$

式中 c_i——混合物中 i 组分的摩尔浓度，$kmol/m^3$；

 n_i——混合物中 i 组分的物质的量，$kmol$。

混合物的总摩尔浓度 c 可表示为

$$c = \sum c_i \tag{6-21}$$

各组分摩尔浓度还可采用摩尔分数来表示，是某组分物质的量占混合物总物质的量的比值。如对组分 i 摩尔分数可表示为

$$x_i = \frac{c_i}{c} \tag{6-22}$$

式中 x_i——混合物中 i 组分的摩尔分数。

一般常以 x 来表示液相中的摩尔分数，以 y 来表示气相中的摩尔分数。根据道尔顿分压定律，对气体可表示为：

$$y_i = \frac{c_i}{c} = \frac{p_i}{p} \tag{6-23}$$

（3）质量浓度与摩尔浓度之间的关系 由质量浓度和摩尔浓度的定义，可以得到它们之间的关系满足：

$$\rho_i = c_i M_i \tag{6-24}$$

$$\rho = cM \tag{6-25}$$

质量分数和摩尔分数的关系为：

$$w_i = \frac{x_i M_i}{\sum\limits_{i=1}^{N} x_i M_i} \tag{6-26}$$

$$x_i = \frac{w_i / M_i}{\sum\limits_{i=1}^{N} w_i / M_i} \tag{6-27}$$

2. 多组分系统的运动速度

流体的运动速度与所参照的基准相关，不同的参考基准下，流体的相对运动速度也有所不同。

（1）以静止坐标为参考基准　在双组分混合物流体中，相对于静止坐标系，组分 A 和 B 的速度分别表示为 U_A 和 U_B，当 $U_A \neq U_B$ 的时候，混合物的平均速度定义不同。例如：如果组分 A 和 B 的质量浓度分别为 ρ_A 及 ρ_B，则混合物流体的质量平均速度 U 定义为：

$$U = \frac{1}{\rho}(\rho_A U_A + \rho_B U_B) = w_A U_A + w_B U_B \tag{6-28}$$

同理，混合物流体的物质的量平均速度 U_M 的定义为：

$$U_M = \frac{1}{c}(c_A U_A + c_B U_B) = x_A U_A + x_B U_B \tag{6-29}$$

（2）以质量平均速度 U 为参考基准　以质量平均速度为参考基准时，所能观察到的是各组分的质量相对运动速度。A 组分和 B 组分相对于质量平均速度的扩散速度分别为 $U_A - U$ 和 $U_B - U$。

（3）以摩尔平均速度 U_M 为参考基准　取摩尔平均速度作为参考基准时，能观察到各组分物质的量的相对运动速度。A 组分和 B 组分相对于物质的量平均速度 U_M 的扩散速度分别为 $U_A - U_M$ 和 $U_B - U_M$。

相对运动速度表达了某组分相对于总体流动的运动速度，它是由分子的无规则热运动所引起的，又称为扩散速度。组分的绝对速度则等于扩散速度和总体流动速度之和。

3. 传质通量

混合物中，某个组分在单位时间内通过垂直于传质方向上单位面积的物质质量（物质的量）称为传质通量，传质通量又称传质速率，其方向与该组分的速度方向一致。与速度表示方法相对应，传质通量常用质量通量或摩尔通量表示，它们都是浓度与速度的乘积。

(1) 质量通量　混合物中组分 i 的质量通量单位为 $kg/(m^2 \cdot s)$，根据参考坐标的不同，组分 i 的质量通量有以下几种表示方法。

① 相对于静止坐标，以绝对速度表示时，i 组分的质量通量为

$$n_i = \rho_i U_i \tag{6-30}$$

② 相对于质量平均速度，以相对速度来表示 i 组分的质量通量为

$$j_i = \rho_i (U_i - U) \tag{6-31}$$

(2) 摩尔通量　混合物中组分的摩尔通量的单位为 $kmol/(m^2 \cdot s)$，同样因参考坐标的不同而有不同的表示方法。

① 相对于静止坐标，以绝对速度表示时，组分 i 的摩尔通量为

$$N_i = c_i U_i \tag{6-32}$$

② 相对于质量平均速度，以相对速度表示的摩尔通量为

$$J_i = c_i (U_i - U_M) \tag{6-33}$$

(3) 菲克定律　由于质量传递往往是因体系内部存在浓度差引起的，所以质量传递的速率（质量通量）与浓度的变化速率（浓度梯度）有关，二者之间的关系可以用菲克扩散定律来描述。根据菲克扩散第一定律，对于一维稳态扩散（沿 x 方向），在等温等压下，以质量浓度为基准，则由浓度梯度所引起的质量扩散通量可表示为

$$j_{Ax} = -D_{AB} \frac{\partial \rho_A}{\partial x} = -D_{AB} \rho \frac{\partial w_A}{\partial x} \tag{6-34}$$

式中　j_{Ax}——组分 A 在 x 方向上的质量通量，$kg/(m^2 \cdot s)$；

D_{AB}——组分 A 在组分 B 中的扩散系数，$m^2 \cdot s$；

$\dfrac{\partial \rho_A}{\partial x}$——组分 A 在扩散方向上的浓度梯度，$kg/(m^3 \cdot m)$。

若以摩尔浓度为基准，则摩尔扩散通量可表示为

$$J_{Ax} = -D_{AB} \frac{\partial c_A}{\partial x} = -D_{AB} c \frac{\partial x_A}{\partial x} \tag{6-35}$$

式中　J_{Ax}——组分 A 在 x 方向上的摩尔通量，$kmol/(m^2 \cdot s)$；

$\dfrac{\partial c_A}{\partial x}$——组分 A 在扩散方向上的浓度梯度，$kmol/(m^3 \cdot m)$。

整理式 (6-28)、式 (6-30) 和式 (6-31) 可得

$$n_{Ax} = j_{Ax} + \rho_A U_x = j_{Ax} + w_A n = -D_{AB} \rho \frac{\partial w_A}{\partial x} + w_A (n_{Ax} + n_{Bx}) \tag{6-36}$$

同理，整理式 (6-29)、式 (6-32) 和式 (6-33) 可得

$$N_{Ax}=J_{Ax}+c_A U_{Mx}=J_{Ax}+x_A N=-D_{AB}c\frac{\partial x_A}{\partial x}+x_A(N_{Ax}+N_{Bx})$$

$$(6-37)$$

式（6-34）和式（6-35）为菲克第一定律的普遍表达式。由此可见，相对于静止坐标，组分 A 的总传质通量由两部分组成，一部分是由浓度梯度所引起的分子扩散，另一部分是由于混合物的总体流动而产生的对流扩散。组分的传递是分子扩散和总体流动共同作用的结果，即组分的总传质通量＝分子扩散通量＋总体流动通量。

4. 质量传递微分方程

在一般的多组分系统当中，浓度和扩散通量表现形式不同，因而相应的质量传递微分方程也不尽相同。

（1）质量传递微分方程通用形式　对于一定的多组分系统，当系统中因浓度不同而进行传质时，一般通过建立与之对应的组分浓度分布的传质微分方程来表征其传质过程。对于多组分体系，设定其混合物总浓度 ρ 为常数，只分析其中一种组分 A 的质量传递，组分 A 对应的连续性方程为：

$$\frac{D\rho_A}{Dt}+\rho_A\nabla\cdot U+\nabla\cdot j_A=0 \qquad (6-38)$$

式中的 $\nabla\cdot j_A$ 为组分 A 因扩散而引起的质量传递数量。如果体系中组分 A 参与了化学反应，则组分 A 的连续性方程式（6-38）转化为

$$\frac{D\rho_A}{Dt}+\rho_A\nabla\cdot U+\nabla\cdot j_A=R_A \qquad (6-39)$$

式中　　R_A——组分 A 由于化学反应导致的单位体积的质量变化速率，kg/(m^3 · s)。

结合菲克定律式可衍生出多个方程，适用于多种情形。

（2）质量传递微分方程的单值条件　质量传递微分方程类似于动量传递微分方程，在求解具体问题时，需要得到能够定量描述传递现象的各种条件和单值条件。单值条件包括：

① 几何条件：给定系统的尺寸大小和几何形状；

② 物理条件：给定系统与改变过程有关的物性数据；

③ 初始条件：给定系统中扩散相，初始时刻浓度与空间坐标之间的关系；

④ 边界条件：在质量传递过程中，给定边界条件一般包括给定边界上的特定组分浓度值、给定边界处的特定组分质量通量或摩尔通量、给定边界处的化学反应速率。

二、能量转化与传递

(一) 化工过程能量的转化

在介绍化工过程各种形式能量转化之前，先要阐述下能量转化的相关概念，首先是热力学第一定律：热量可以从一个物体传递到另一个物体，也可以与机械能或其他能量互相转换，但是在转换过程中，能量的总值保持不变。

对于化工生产过程，涉及多种形式的能量传递与转化过程，在传递与转化过程中总能量始终保持不变。例如：通过压缩机、流量泵等装置实现物料的压缩或者输送，在这个过程中涉及机械能、动能、热能的相互转化与传递；此外，在反应器内完成化学反应的过程搅拌装置始终处于一定转速下，通过搅拌装置实现物料的均匀混合及传质、传热，该过程涉及机械能与动能、热能的相互转化与传递；同样在反应器内进行化学反应过程中，各原料组分间通过化学反应释放反应热，该过程为化学能与热能的相互转化与传递；除了上述操作单元涉及的能量转化与传递外，诸如干燥、分离、结晶、过滤等过程均涉及不同形式能量间的相互转化与传递。

化工过程涉及的物料绝大多数为流体，涉及了管道内、设备内及绕过物体表面流动时流体的运动阻力、速度分布及压力分布等问题，流体的动量转化与传递是工艺放大不可缺少的重要研究内容；除此之外，对于一个完整的化工过程，能量的释放主要集中在化学反应的过程，操作人员需要通过适当的方法将反应过程中释放的热量及时移出。因此，明确工程放大过程各种形式能量间的转化关系是控制反应条件平稳，反应过程安全的重要基础。

(二) 化工过程动量及热量的传递

1. 动量传递

许多质量传递和热量传递过程涉及动量传递。所以，动量传递是传递现象的基础，也是化工装置研究和设计的基础。

在流体流动过程中，因速度差引起的分子间的动量传递，可以用牛顿黏性定律来描述，在任一截面 $y = y_0$ 处，单位面积、单位时间内所传递的动量，即为动量通量，表示式如下：

$$F_{yx}\bigg|_{y=y_0} = -\mu \frac{dU_x}{dy}\bigg|_{y=y_0} \tag{6-40}$$

对于不可压缩流体，流体密度 ρ 为常数，式(6-40) 可写成

$$F_{yx}\bigg|_{y=y_0} = -\mu \frac{\mathrm{d}U_x}{\mathrm{d}y}\bigg|_{y=y_0} = -\nu \frac{\mathrm{d}(\rho U_x)}{\mathrm{d}y}\bigg|_{y=y_0} \tag{6-41}$$

式中　F_{yx}——x 方向上动量在 y 方向上传递的通量，N/m^2；

　　　μ——黏度，$Pa \cdot s$；

　　　ν——运动黏度（μ/ρ），又称为动量扩散系数，m^2/s。

与分子传递相似，1877 年波西涅斯克提出了涡流传递通量的概念，表达式为：

$$\tau_{yx,e} = -\nu_e \frac{\mathrm{d}(\rho U_x)}{\mathrm{d}y} \tag{6-42}$$

由于湍流传递通量是由分子传递通量和涡流传递通量组成，所以，湍流传递的动量通量为：

$$\tau_{yx}^{t} = \tau_{yx} + \tau_{yx,e} = -(\nu + \nu_e) \times \frac{\mathrm{d}(\rho U_x)}{\mathrm{d}y} \tag{6-43}$$

与 ν 不同的是，ν_e 不是流体的物理性质，它与流动形态、壁面粗糙程度及空间位置有关。

动量传递的理论依据是牛顿第二运动定律。然而，与刚性固体不同，流体只要受到很小的外力作用，就可引起流体内各流层间的相对流动，产生不同流层之间的作用力，所以对动量传递的研究还必须对不同流层之间的作用力进行分析，然后才有可能把牛顿第二运动定律应用于流体。为此，需采用微分计算，从微观角度出发进行分析，在流体内取空间 x、y、z 三个方向上均为微分尺寸的控制体进行计算，从而推导出流体流动的一个最重要和最基本的方程，即纳维-斯托克斯方程，结合连续性方程，即可处理稳态或非稳态下多数流体流动的问题。

纳维-斯托克斯方程仅适用于流体黏度可视为常数的牛顿型不可压缩流体的层流。纳维-斯托克斯方程可用向量式表达，即

$$\rho \frac{\mathrm{D}U}{\mathrm{D}t} = s\rho - \nabla p + \mu \nabla^2 U \tag{6-44}$$

对于层流流动，运用基本微分方程组解决动量传递问题是比较成熟的方法，但是，由于基本微分方程组是二阶非线性微分方程组，求解较为困难。在动量传递过程中，通常有两种解法：一是针对某些简单的层流流动，将非线性微分方程组简化为线性方程进行求解，其解为精确解；二是针对一些复杂的层流流动，根据问题的特点，抓住其主要方面，忽略其次要方面，从而使方程组得以简化进行求解，其解为解析解。

纳维-斯托克斯方程和连续性方程是描述流体运动规律的基本微分方程。

对于不可压缩流体流动，式(6-43)和式(6-44)组成微分方程组描述了动量传递的共同规律，所有流体流动的过程都可用此两式微分方程组描述。而针对某一具体过程，必须确定该过程的单值条件之后，才能获得唯一具体的解。单值条件包括：

① 几何条件：给定流道的几何尺寸和形状；

② 物理条件：给定流体的物理性质；

③ 定解条件：对于非稳态流动，定解条件包括初始条件（初始时刻应该满足的条件）和边界条件（边界上应该满足的条件），对于稳态流动过程，只有边界条件，无初始条件。

化学工业生产过程中，管道或容器内的流体大多数情况下以湍流的形式运动。为了提高流体的传热系数及传质系数，多数场合流体的流动形式也被设计成湍流的状态。流体在湍流状态下，分子间的热运动及互相混杂、互相碰撞的漩涡使流体发生动量传递，往往漩涡的动量传递作用要大于分子间热运动的效果。因此，在湍流状态下，流体的运动速度分别较为平坦，流体的运动阻力远远大于层流状态下的阻力。由于湍流状态下往往伴随漩涡的无规则运动，而漩涡的形状及大小又难以预测，因此，湍流状态下流体的运动情况也较为复杂。目前，尚没有较为严格的理论能较好地解决湍流状态下流体的运动问题，仅能结合试验，在一定假设的前提下对湍流状态下的流体运动进行分析，得到一些半经验或者半理论的关系式。

当流体以湍流形式运动时，流体的内部充满了漩涡，漩涡的运动规律较不规则，除了沿着流体流动方向运动外，也会发生各个方向上的高频脉冲运动。流体具有黏性是流体中漩涡形成的必要条件之一，由于流体存在黏性，流体内不同流速的相邻层流间产生了剪切力，速度快的流层被速度较慢的流程拖拽，其剪切力的方向与流体流动的方向相反，反向速度较慢的流体会受到一个拉力，其剪切力的方向与流体流动的方向相同，方向相反的两组剪切力在流体内部形成了流力偶，这就是产生漩涡的必要条件。除此之外，流层的波动是漩涡形成的另一个必要条件，流层因某种原因产生了轻微的波动，流层受到了横向的压力，在此压力下又加剧了流层的波动，最终流层在横向压力及剪切力的作用下形成了漩涡。流体在发生湍流流动时，内部不断地发生漩涡的形成及交换，流层中各质点的运动轨迹毫无规律，质点的速度及方向随时间的变化而变化，所以认为湍流是一种非稳态的流体运动形式。流体中物理量（速度、黏度、压力）的表述方式有瞬时量、时均量及脉动量等，流体内某点在某一瞬时状态下的物理量称为瞬时量，瞬时量一般围绕平均值上、下波动，在某一段时间内该点各瞬时量的平均值被称作时均量。

流体的所有运动形式都遵循牛顿第二定律及质量守恒定律。层流及湍流的根本区别在于湍流状态下流体各质点的高频脉动使流体内的参数随时间发生不断的变化，瞬时量采用时均量及脉动量之和来表示，且此状态下脉动量的时均值为零，湍流可按时均值处理，进而减少了湍流问题的分析难度。时均量概念的引入为流体湍流状态研究带来了很大的方便，但是，瞬时量的时均化处理只是一种解决问题的方法，当进行湍流流体的物理本质研究时，还应考虑质点脉动及质点间相互混杂发生动量交换对流体运动的影响，否则会带来较大的误差。为了规避上述问题，雷诺引入了瞬时速度，建立了以应力表示的运动微分方程，对各项进行时均值处理，得到了描述流体湍流运动的新方程，即雷诺方程，雷诺方程能够形象地说明脉动产生的影响。

2. 热量传递

热量传递简称为"传热"，是自然界普遍存在的物理现象。根据热力学第二定律，凡是有温度差别存在的物体之间，就会有热量从高温处向低温处传递的现象，所以，在工业生产及日常生活中都时常涉及传热过程。化工生产过程与传热过程关系非常密切，因为在化工生产过程中，多数单元过程均需进行加热或冷却，例如：为保证化学反应在某一个温度下进行，就需要向反应器输入或移出热量；化工设备的保温、蒸发、精馏、吸收、萃取、干燥等单元操作都与传热相关。

根据传热机理的不同，传热有三种基本方式，即热传导、对流传热和热辐射。热传导又称导热，是指热量从物体的高温部分向低温部分传导、或从一个高温物体向一个与其接触的低温物体传递的过程。对流传热是依靠流体的宏观位移，将热量从一处带到另一处的传递现象，在化工生产中的对流传热一般指流体与固体直接接触时的热量传递。辐射传热又称为热辐射，是指因热量传递产生的电磁波在空间传递。热传导和对流传热是通过介质才能进行，而热辐射可以在真空中进行传播，例如：地球和太阳之间，热传导或对流传热无法实现，但可以通过热辐射传热。在传热形态中，各点的温度分布不随时间变化的传热过程为稳态传热。稳态传热时的各点的热流量不随时间变化，连续生产过程中的传热过程多为稳态传热，若传热体系中各点的温度随空间变化的传热过程为非稳态传热。除此之外，热传递的作用方式主要有无搅拌状态下反应器的热传递及有搅拌状态下反应器的热传递两种，下面将从热传递的三种基本方式、不同搅拌状态下反应器中热传递的作用、传热计算以及传热强化等方面介绍热传递。

（1）热传导　热传导基本上可以看作是靠温度差为推动力的分子传递现

象，其必要条件是体系中各点存在温度差异，由热传导引起的传热速率取决于物体内部温度的分布。傅里叶定律是热传导的基本定律，表示传导的热流量、温度梯度及垂直于热流方向的截面积成正比，即

$$\psi = -\lambda A \frac{\partial T}{\partial n} \tag{6-45}$$

式中 ψ——热流量，W；

$\quad\lambda$——热导率，W/(m·℃)；

$\quad A$——导热面积，m^2；

$\quad\dfrac{\partial T}{\partial n}$——温度梯度，℃/m。

式(6-45)中负号表示热流量方向与温度梯度的方向相反。热导率 λ 是表征物质导热性能的一个物理性质的数据，λ 值越大，物质导热速度越快，λ 值的大小与物质的组成、结构、密度、温度、湿度等因素相关。一般，金属的热导率最大，非金属固体次之，液体的热导率较小，而气体的热导率最小。金属热导率一般随温度升高而降低；非金属固体的热导率通常随密度增加而增大，也随温度升高而增大；非金属液体中水的热导率最大，除水和甘油外，绝大多数液体热导率随温度升高而降低，一般纯液体热导率要高于溶液热导率；气体热导率较小，热导率随温度升高而增大。

(2) 对流传热　对流传热是指流体中质点发生相对位移而引起的热交换，对流传热仅发生在流体中，与流体的流动状况密切相关。对流传热实质上是流体的对流和热传导共同作用的结果。在化工生产中，对流传热大多是指流体与固体壁面之间的传热，其传热速率与流体性质及边界层的状况密切相关[4]。无论流体被加热或被冷却，壁面与流体之间对流传热均可用下式表达。

$$\psi = hA\Delta T \tag{6-46}$$

式中 h——表面传热系数，W/(m^2·℃)；

$\quad\Delta T$——壁面温度与壁面法向上流体的平均温度差，℃。

式(6-46)又称为牛顿冷却定律，其中表面传热系数 h 在数值上等于壁面和流体之间具有单位温差时，单位时间内通过单位传热面积的热流量，其大小反映了对流传热过程的强弱程度。但是，表面传热系数 h 与热导率不同，它不是流体的物理性质，而是流体的物性、流动状态、流动空间形状、大小位置等许多因素的综合反映。虽然表面传热系数 h 形式上很简单，但并未揭示出对流传热过程的实质，只是将影响对流传热的一切复杂因素都包含在表面传热系数 h 之中。

表面传热系数 h 除了主要与热边界层的状况相关外，还与流体的性质、

流体的流动状况、相变化等因素有关。对表面传热系数 h 影响较大的流体物性有比热、热导率、密度及黏度等。单位体积流体热容量越大，表面传热系数 h 越大；流体热导率越大对传热越有利，表面传热系数 h 越大；流体黏度越大，越小的雷诺数对流动和传热均不利，所以表面传热系数 h 也越小。流体流动过程中，在其他条件相同时，增大流速，雷诺数也增大，表面传热系数 h 随之增大，因此，湍流流动时的对流传热效果要好于层流流动。在传热过程中，若发生相变化，则影响表面传热系数 h 的因素又相应增加，但有相变时的表面传热系数比无相变时的大得多。

（3）热辐射　热传导和对流传热都是靠物体直接接触传递热量，而热辐射则不需任何介质，以电磁波的形式向外发射能量，可以在真空中传播。电磁波的波长范围极广，但能被物体吸收而转变为热能的辐射线主要分为可见光和红外线两部分，二者统一称为热射线。任何物体的热力学温度在零度以上，都能进行热辐射。热辐射能力与温度相关，随着温度的升高，热辐射的作用也增大，高温时，热辐射起决定作用，温度较低时，若对流传热不是太弱，热辐射作用相比较小。只有气体在自然对流传热或低气速的强制对流传热时，热辐射作用才不能忽略。

热辐射跟可见光一样，具有反射、折射和吸收的特性，服从光的反射和折射定律，能在均匀介质中进行直线传播。热辐射可以完全透过真空和大多数气体，但对于绝大多数固体和液体，热辐射则不能透过。假设单位时间投射到某一物体上的总辐射为 I，一部分能量 I_A 被吸收，一部分能量 I_R 被反射，余下能量 I_D 透过物体。根据能量守恒定律，可得：

$$I_A + I_R + I_D = I \tag{6-47}$$

即

$$\frac{I_A}{I} + \frac{I_R}{I} + \frac{I_D}{I} = 1 \tag{6-48}$$

式中　I_A/I——物体的吸收率；

I_R/I——物体的反射率；

I_D/I——物体的透射率。

吸收率（I_A/I）＝1，表示辐射能全部被物体吸收，物体称为黑体或绝对黑体；反射率（I_R/I）＝1，表示辐射能全部被物体反射，物体称为镜体或绝对白体；透射率（I_D/I）＝1，表示辐射能全部透过物体，物体称为热透体。自然界中无绝对的黑体和绝对的白体。

3. 非搅拌反应器中的热传递

所有反应系统均设置搅拌并不现实，有些工艺中并不适合采用搅拌，例如，无机金属反应、单体聚合反应、多组分聚合反应、固定床催化反应及活塞流反应等。虽然多点测温技术经常用作非搅拌容器中失控状态的研究方法，但是，该方式并不总能检测到热点的出现。有些情况下，如果放热反应系统中无搅拌存在或者搅拌中途停止，体系将很难散失热量，就会出现热失控的危险情况。自然对流情况下，液体上部会出现界面，典型实例是硝化反应，没有搅拌时，无机物与有机反应物出现分层，从而发生严重的热失控，产生大量的气体产物。另一个非搅拌系统的实例是存储状态下的物质反应，要避免非搅拌情况下垂直圆柱形容器的中心顶层（可能的热点）的热分解，关键是确保反应流体与冷却流体（可能是周围空气）之间的最大温度差总是小于公式值：

$$\Delta T_{max} < \frac{RT_m^2}{E_a} \tag{6-49}$$

式中　T_m——起始冷却温度，℃。

对于充分搅拌的反应器，公式与上述相似，适用于非搅拌无对流液体的公式是：

$$\Delta T_{max} = \theta \frac{RT_m^2}{E_a} \tag{6-50}$$

式中　θ——形状系数（板为 1.19，圆柱为 1.39，球为 1.61）。

多数反应的 ΔT_{max} 值都不是很大，对于 100℃时发生的反应，温度每升高 10℃，速率增加一倍，ΔT_{max} 的值仅为 14℃。为了了解失控下的可能情形，试验测量绝热温升以及温升对系统的风险评估十分有用，普遍认为 150℃及以上的绝热温升是强放热过程，会造成反应器的损坏。

4. 搅拌反应器中的热传递

如果放热反应在间歇反应器中进行，则反应中的产热会有所变化，温度可由外部冷媒控制，但是必须注意保证冷媒的温度不会太低。例如，在半间歇反应器中，较低温度的冷媒可能会导致反应混合物温度的下降，从而降低反应速率，这会导致反应物的累积，潜在温度失控风险。

能够影响反应器内的热传递速率的因素是搅拌的速度和类型，传热表面的类型（盘管或夹套），反应流体的性质（牛顿型或非牛顿型）和容器的几何形状。挡板在带搅拌的间歇或半间歇反应器中是必需的，用来增加热传递速率及湍流程度，如果雷诺数小于 1000，挡板的存在可以将传热速率提高至 35%[5]。

可以通过夹套、内部盘管及两者并用等方式为间歇、半间歇或连续搅拌反应器提供传热表面。相对而言，盘管的造价更低，传热系数更高，可允许的操作压力也相对较高，并且更易于维护。此外，如果采用接近容器壁板的大型搅拌器处理高黏度材料，不能使用盘管，只能采用夹套的方式。另外，污染物是造成反应热失控的潜在因素，如果间歇反应器之间存在交叉污染，为了方便清洗反应器，优选夹套的形式实现加热。从安全的角度来看，夹套可能是合适的，但是夹套传热面积会受到容器几何形状的限制。

另一种冷却技术是通过溶剂的沸腾移出多余的热量，通常采用回流的方式，此时，必须保证溶剂的量和冷凝器的冷凝功率。

在搅拌反应器中，热量传递方程遵循如下关系：

$$Q = KA_s \Delta T_m \tag{6-51}$$

夹套用于制冷时，总传热系数 K 值一般在 $100 \sim 600 \mathrm{W/(m^2 \cdot \text{℃})}$ 之间，用于加热时，一般在 $200 \sim 1000 \mathrm{W/(m^2 \cdot \text{℃})}$ 之间[6]。而对于盘管，两种情况下的 K 值范围分别为 $200 \sim 800 \mathrm{W/(m^2 \cdot \text{℃})}$ 和 $600 \sim 1500 \mathrm{W/(m^2 \cdot \text{℃})}$。准确计算 K 值很重要，可以确定反应器所需的换热面积。

5. 传热计算

在反应器设计及工艺生产操作条件制定等方面会应用到传热过程计算。反应器设计计算是根据反应过程的热力学状态，通过传热计算确定反应器中换热设备的传热面积及结构，使得反应过程中放出热量被及时地移出；另外，在制定工艺操作条件时，会根据已知反应器、换热器的结构参数及操作条件，计算设备的传热效果，根据计算结果初步判断换热设备能否满足生产需求，估计极限热力学状态下反应器中的危险性，制定相应的风险控制措施。无论哪种传热过程计算，都会应用到总传热速率方程及热流量衡算。

（1）总传热速率方程　传热过程总传热速率方程如下：

$$\psi = KA \Delta T_m \tag{6-52}$$

式中　K——总传热系数，$\mathrm{W/(m^2 \cdot \text{℃})}$；

ΔT_m——平均传热温差，℃。

（2）热流量衡算　热流量衡算体现了两流体在换热过程中温度变化的相互关系，在无热损失的条件下，稳态传热过程中热流体放出的热流量等于冷流体吸收的热流量。但是，在进行热量衡算时，有、无相变的传热过程的表达式有所差别。

对于无相变传热过程，热流量衡算表示如下：

$$\psi = q_{m,h} C_{p,h} (T_{h1} - T_{h2}) = q_{m,c} C_{p,c} (T_{c2} - T_{c1}) \tag{6-53}$$

式中　ψ——冷流体吸收或热流体放出的热流量，W；

$q_{m,h}$，$q_{m,c}$——热、冷流体质量流量，kg/s；

$C_{p,h}$，$C_{p,c}$——热、冷流体比热容，kJ/(kg·℃)；

T_{h1}，T_{c1}——热、冷流体进口温度，℃；

T_{h2}，T_{c2}——热、冷流体出口温度，℃。

对于有相变传热过程，两流体在换热过程中，一侧流体发生相变化，热流量衡算表示如下：

$$\psi = q_{m,1} C_{p,1} (T_{h1} - T_{h2}) = Wr \tag{6-54}$$

两侧流体均发生相变化，热流量衡算表示如下：

$$\psi = W_1 r_1 = W_2 r_2 \tag{6-55}$$

式中 r——流体相变热，J/kg；

W——相变物流量，kg/s。

6. 传热强化

随着化工生产技术水平的提高，化工行业正向着绿色、环保、高效节能等方向快速发展，世界化工的总体形势是在不牺牲环境的情况下，利用更少的能源生产更多的产品，释放最小的污染。在此形势下，逐步强化化工换热设备的换热能力，开发高效节能的设备设施，是化工行业快速发展要面对的重要问题。

通过式(6-52)可以看出，要提高热流量 ψ，至少需要提高总传热系数 K、传热面积 A、传热温差 ΔT_m 三项中的一项。

(1) 提高总传热系数 K 总传热系数的影响因素比较复杂，通过减小体系各项热阻可以增大系统的总传热系数。减小热阻的方法为：

① 增大流体湍流程度，减少层流底层厚度。提高流体流速是提高雷诺数的一种方式，流速提高使得流体的湍流状态加剧，但是，从流体力学的关系式也可以看出，流速提高也会使流动阻力随之增加。因此，要综合考虑流速与流体阻力的关系，在压力降允许的范围内，通过提高流体速度提高湍流的程度。除此之外，通过管内插入旋流元件、麻花铁、螺旋圈等方式不断改变流体的运动方向，也可达到提高湍流程度的目的。

② 改变传热面形状和增加粗糙度。强化传热效果的另外一个方式是增加表面的粗糙度，粗糙的表面能够使壁面处的流体产生边界层分离及漩涡，在粗糙顶峰的地方使流体运动加剧，更能造成层流底层变薄。但是，该种方法对单一的层流流动或粗糙程度较低（粗糙峰仍在层流内层）的情况效果并不明显。

③ 降低污垢热阻。通过冲刷管壁的方式可以带走管中的污垢，在设备运转一定时间后对管壁进行清洗可有效减少管中的污垢，提高体系的传热效果。

（2）提高传热面积 A　虽然，通过增加金属材料用量的方式可以增大体系的传热面积，但是这种方式成本较高。所以，不能单单通过增加换热设备件数、改变换热设备尺寸的方式提高换热面积，而应该通过在换热面开槽、采用螺纹管，以及增加翅片等结构改善的方式强化系统的传热效果。

（3）提高传热温差 ΔT_m　在工艺允许的条件下，提高换热介质进、出口的温差是强化传热效果的有效方式，例如：加热或者冷却某一物料时，采用的热源及冷源分别为公用工程提供的加热蒸汽和冷却水，介质的进、出口温度是可以调节的，在工艺范围内通过适当地升高蒸汽压力、降低冷却水流量等方式提高传热温差，达到强化传热的目的。

三、信息转化与传递

过程放大另外一个重要的研究内容是化工过程信息的转化与传递。信息的转化与传递主要体现在两个方面：一个方面是实验室规模获取的数据如何转化为工业化生产能够应用的数据，为过程放大及产业化服务；另外一个方面是如何通过数据的实时采集及分析建立数据与化工生产过程的关系。

（一）实验室规模数据的信息转化与应用

在进行化工工艺过程的放大前，应考虑选取合适的设备进行相关技术参数的测试，建立恰当的试验测试方法，在实验室规模下获取放大过程所必需的数据，最后是对数据进行修正[7]，获得放大及产业化规模下的技术参数。

1. 获取数据的试验方案

获取信息的第一步就是制定一份既能得到所需技术数据又能兼顾反应参数灵敏度的试验方案。如果试验过程涉及强放热反应或高含能物质，那么试验可安排在一个半间歇反应器中进行，因为小规模的实验室设备的冷却能力比大规模设备强很多。表 6-2 列出了安全要素、信息需求，以及获取所需信息和数据的方式等核心问题。

表 6-2　安全性要素

问题	内容	获取的数据	可选择的方法
1	物质热稳定性	分解热 分解压力 放热速率 放气速率	DTA/DSC/TSu/ARC/C80

续表

问题	内容	获取的数据	可选择的方法
2	反应过程的热特性及 反应体系的分解特性	反应热 绝热温升 反应体系的热稳定性	DTA/DSC
3	副反应如何 杂质的影响	副反应热 反应动力学方程 副产物的热稳定性	杜瓦试验 反应量热 ARC/RSST/VSP
4	反应累积情况	反应放热速率 反应热转化率	
5	物理原因所造成的温升	热传递 热辐射	测试数据 设计数据

任何不完全的假设都有可能导致错误的答案，比如说错误的动力学假设、太快的进料速率、太低的反应温度、错误的反应、不充分的混合，甚至是杂质都可能造成反应物或中间物的累积。同样，很多因素能造成额外的热量生成。物质的安全处理必须考虑副反应产物，可以研究冷却能力、原料的添加及回流条件、催化剂，杂质、污染物及溶剂对生成热、产率和选择性的影响。虽然试验方案大体相似，但是实际上具体细节却多种多样。

2. 系统研究

系统中各组成部件的物理状态对整个系统的危险评估具有显著影响。搅拌器的类型、位置、一个或多个混合平面、混合速率、容器的几何形状和挡板是影响产量和选择性的重要因素，应特别注意带搅拌的两相系统。涡轮式搅拌器通常用于液-固系统，混合速率取决于悬浮固体颗粒所需的力。对于低混合速度下的气-液系统，气体可能从反应的液体中流过，导致较小的界面面积。在较高的混合速率下，气泡尺寸减小，从而增大了界面面积。气体流动的增加（较大的表面动力）可能导致反应器的全覆盖。混合的状态决定了质量传递，特别是对于非均相系统。液-液系统中的质量传递只能发生在两层的界面处，混合速率突然增加，接触面积将会增加，例如，打开搅拌器后紧接着停止，将导致转化率的快速增加并因此产生热量。

至于液-气反应，通常搅拌器在低速下运行，搅拌器速度的增加会导致更高的质量传递，进而造成更高的反应速率。在设计系统的时候必须考虑到超出普通操作之外的动作，若混合不充分或者分散系统不好，可能会导致反应物的累积。通常一开始就会有这样的情况，如果反应物继续累积，可能会引发失控反应。由此可见，为了得到可信的动力学数据，必须要考虑混合的效果。质量传递系数，很大程度上由混合效果决定，特别是在混合物系统中。

3. 试验结果

依据有成效的试验方案开展相应的试验测试，能够获得化工过程放大所需要的重要数据，其中包括工艺优化数据、安全数据及工程设计数据。以反应热为例，通过反应量热[8]、微量热、绝热量热等测试方法及相应的设备，能够获得反应过程最大生成热和绝热温升，绝热温升提供了最坏情况下体系的热特性。为了确定试验过程的热力学和动力学，需要根据原料、中间体、最终产物及副产物的温度特性，使温度在某些限度之间变化。例如，如果最佳温度为T，可使温度在$T \pm 25℃$之间波动，也可以根据工艺特性选择合适的温度波动范围，进而获得一定温度范围内的反应热力学数据。

对于简单的批次反应，Arrhenius 作图法可以直接确定活化能和指前因子。在半间歇系统中，反应方程式是已知的，因为反应物的浓度在不同温度下具有差异性。这样获得半间歇系统的活化能就比较困难，可通过求取表观活化能或拟合不同的反应级数的方法获得活化能的值。

总热效应通过试验和计算来获得。总热效应是放热速率对反应时间的积分，在反应过程中转化率可以通过放热速率与时间的对应关系求取。通常情况下，化学分析显示的值和化学热测定值基本一致。绝热温升可以由总放热量和反应器内容物的比热容计算，相关参数可通过反应量热、微量热、绝热量热等恰当的测试方法来获取。

对于小规模的慢反应，反应器本身也吸收热量，测试结果必须进行校正。对于大规模反应器的快速反应，体系接近绝热状态，在放大规模时必须考虑这一方面。实际上，在小规模设备中获得的测试数据需要谨慎使用。体系一旦失控，反应系统中的最高温度依据绝热温升的测试结果，即$T_{max} = T_r + \Delta T_{ad}$。实际上，如果在$T_r$和$T_r + \Delta T_{ad}$之间发生其他放热反应，则绝热温升是被显著低估的。因此，必须确定在较高温度范围内发生其他副反应的可能性，这可以确定体系热失控的程度。

在大多数小规模反应仪器中，尽管必须采取预防措施以避免在最后阶段发生不可控制的热失控反应，但是也可以进行绝热试验。从这些类型的试验中，可以获得类似副反应或分解反应开始的温度以及可能的控制要求。如果绝热温升超过$50 \sim 100℃$，则使用差示扫描量热仪、快速筛选量热仪或绝热加速量热仪等测试手段获得类似信息更为安全，因为这些仪器使用样品的量相对较小，从而降低测试设备中发生不可控行为的可能性。

通常情况下，实验室规模测试下，反应期间产生的所有热量与冷却介质对等。最大热产生速率决定最大冷却能力，因此，可以限定空气冷却及高湍流液体冷却系统的类型和容量，如果冷却能力受到限制，则必须通过降低反应温度或降低加料速率来降低最大放热速率。在间歇反应中使用温度过低的冷却剂，也可能导致热失控。

4. 实验室规模试验结果的放大

对于放大过程数据的信息转化与应用，尤为重要的是实验室规模测试结果的放大应用，下面将针对绝热量热测试结果及泄爆口尺寸测试结果[9]的放大应用进行简要介绍。

(1) 绝热加速量热测试结果的放大　绝热加速量热测试可用于确定分解过程体系温升速率、压升速率和最大压力，可用于计算重要的反应热及分解热。使用最大压力也可以计算单位质量物料产生的气体量，该参数用于反应器设计和工厂布局设计。可以使用温升速率和最高温度值估算失控时间，绝热加速量热测试的结果也可用于工艺设计开发。Kohlbrand 等提出了使用绝热加速量热测试数据开发未冷却储罐的应急控制的策略，将活性单体混合物在 6h 内连续加入到 $10m^3$ 的罐中，混合物保持非黏性直至转化率达到约 40%，水箱将充满40%，产生 $8m^2$ 的有效传热面积。但是，需要对实验室规模的绝热加速量热测试进行校正。例如，在绝热条件下，温度由 45℃（起始温度）升高至 95℃大约需要 675min，这样的测试结果基于初始放热速率（即在 45℃ 下为0.025℃/min），该测试结果仅仅表示在一定 phi 值条件下的测试结果，但是，实际生产过程中，反应器内物料的温度及热交换环境往往与实验室规模有一定差异[10]，这时候就需要技术人员针对实验室规模获得的绝热加速量热测试结果进行修正，获取到工业化规模下所需的安全性数据。

(2) 泄爆口尺寸测试结果的放大　$100cm^3$ 的测试样品容积意味着在某些情况下，测试的样本可能不能完全代表工业化规模系统在极端情况下内部的热力学及动力学特性。尽管实验室规模泄爆口尺寸研究设备的搅拌效率有限，但是可以搅拌测试池中的反应物。从 PHI-TECⅡ 或 VSP 试验获得的数据可以应用于各种泄爆口尺寸设计[11~14]，以获得单相或两相泄放口尺寸。在泄爆口尺寸试验研究过程中，热失控过程的泄放类型与系统中蒸气和气体的性质有关。对于一个纯蒸气体系，热失控可由溶剂的蒸发焓控制。对于气体体系，黏度是非常重要的参数，热失控的泄放过程取决于体系中蒸气和气体的比例。此外，在实验室规模测试过程中，应充分考虑 phi 值及试验样品量对放大的影响，一方面，测试体系的 phi 值应与工业化规模的热交换条件一致；另一方面，测试的样品量应尽量趋近于工业化规模的投料量，使得测试的结果更贴近于工业化系统内部的热力学及动力学环境。

（二）产业化数据的采集与反馈调节

工艺经小试试验放大进入中试及产业化阶段，通常情况下，中试及产业化生产过程通过自动控制系统来完成温度、压力、流量、加料等工艺参数的控制，整个过程是将工艺过程的数据转化为自动控制系统的控制参数。自动控制系统是一些自动控制装置的集成，通过各控制电子部件实现生产过程中某些重要参数的自动调节，目的是在工艺受到外部影响出现偏离时，及时地对工艺参数进行调节，将工艺参数控制在设定的范围内。针对化学工业而言，大多数是连续性的生产过程，各设备互相关联，当其中某一设备的操作条件发生改变后，都可能引发其他设备设置化学反应的偏离，这时候就需要自动控制系统根据操作者设置的数值进行参数调整，满足工艺需求。

操作者所设置的参数对自动控制系统的调节至关重要。小试试验及中试生产过程中，通过在线设备的数据收集使工艺研发、放大人员对工艺有直观的认识，在这些阶段，由于生产规模有限，反应体系的热移出能力相对较强，可以通过温度偏离、压力偏离、加料偏离等手段研究极端情况下反应体系的热力学及动力学特性，通过差示量热、快速筛选量热、绝热量热、反应量热等试验方法获得不同条件下反应体系的敏感性参数，建立敏感参数与工艺条件的因果关系，依据敏感性参数设置自动控制系统的控制参数，自动控制系统根据设置的参数进行工艺反馈调节。例如，在进行某个化学反应过程中，正常状态下的反应温度为 60℃，反应器通过夹套内的冷却水移出反应过程放出的热量，整个工艺过程中通过自动控制系统实现工艺过程数据的采集及反馈调节。反应风险研究结果表明，该反应对温度较为敏感，温度超过 75℃后，体系会引发相应的副反应，副反应放热量及放热速率较为显著，一旦引发，可能引起反应的热失控。工艺放大及设计人员根据反应风险研究结果，对自动控制系统进行参数设置，将报警温度设置为 70℃，报警后立即启动应急措施，自动控制系统通过停止加料、增加冷却介质流量、降低冷却介质进口温度等方式实现温度调节，控制措施与体系的温度实现数据的交换与反馈，构成放大及生产过程数据的信息转化与传递。

四、本质安全策略

一般来说，所有安全工作的着眼点都在于降低危险事故发生的可能性和严重性。降低事故概率的措施称为预防措施，降低事故严重性的措施称为保护措施或缓解措施。通过适当的设计是实现工艺过程本质安全应遵循的一个策略，在大规模应用和产业化之前，应该对工艺过程的有害性进行重新评估。在设计过程中，对于任一过程的评估及其管理都是很关键的因素。

实现本质安全的第一步是鉴别和理解基本的热力学、动力学数据，需要以下信息：

① 系统的能量平衡；

② 目标反应和非目标反应的放热曲线；

③ 反应速率；

④ 失控反应的潜在结果；

⑤ 工艺本身的安全隐患。

（一）本质安全经验法则

事件的危险基于其发生热失控的潜在严重性和可能性。在固有安全的设计中，应该充分考虑这两个因素，潜在严重性可以通过以下方法来减轻：

① 在工艺可接受范围内操作，避免反应性物料的累积，稀释反应物，使用高比热容物质；

② 保持少量积聚，缩小反应器尺寸，避免反应器中潜在危险物料的积累。

③ 在安全操作范围内进行；

④ 提供充足的冷却能力，应对紧急事件。

掌握以下信息，会降低严重性和可能性的等级：

① 反应过程放热特性；

② 目标反应及副反应放热特性；

③ 反应动力学方程；

④ 冷却失效情况下体系的热效应。

（二）设计和操作中的本质安全策略

评估工厂设计本质安全性的方案如图 6-1 所示，图中显示了评估所需的基本数据。反应熔和反应物质比热容决定了体系释放的所有热积聚在反应器中（即在绝热条件下）可能出现的最大温升，活化能、反应速率常数和反应熔是决定放热速率的重要参数，实际上，这些参数能够确定热失控状态下体系所需要的移热能力。

只要在控制范围内，温度升高本身并不危险，只有当发生二次反应或当温

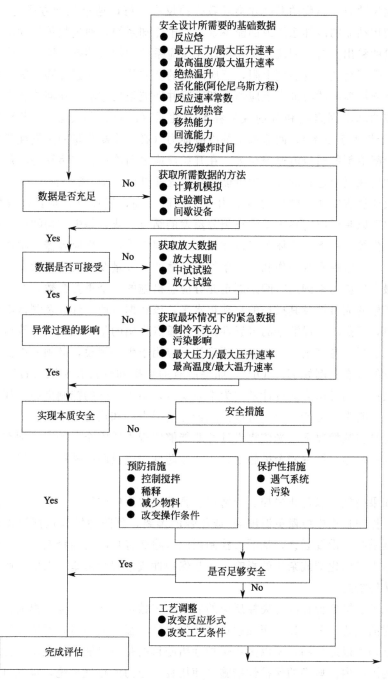

图 6-1 过程危害评估流程

度控制失败时，温度的升高才会导致失控反应。可以通过几种方式进行冷却，比如使用独立的冷却系统或回流系统。对于冷却系统，通过热传导和冷却剂完成热量的移出。对于回流系统，可以在反应系统中加入溶剂，溶剂的沸点应该小于或等于反应器的温度上限，反应产生的所有热量可通过沸腾溶剂的蒸发移出，热交换器中的溶剂在反应器顶部冷凝并回流至反应器。在回流状态下，安全操作的基本因素是和溶剂或稀释剂的性质（沸点、蒸发焓）、溶剂的数量（取决于最大蒸发率）、回流系统的冷凝能力（必须冷凝足量的蒸发性稀释剂），以及冷凝溶剂的回流流速等相关。在开始反应之前确认存在足够的溶剂是重要的，即使在反应进行的过程中可能需要补充额外的溶剂/稀释剂。

反应过程中体系的压力可能由于失控而升高，气体可以是目标反应的产物，也可以是反应物料中低沸点组分蒸发的结果，或者是失控期间产生的副产物。在失控条件下，气体可以以非常高的速率产生，在反应容器的本质安全设计中，必须掌握常规操作和紧急条件下气体的释放量及释放速率数据。

最大反应速率到达时间是制定充分应急措施的一个重要参数，对应着风险控制措施的完善性及其操作的自动化水平，该数据可通过计算及测试等多种途径获得，但是应确保数据的可靠性，需要重点强调的是，文献或计算得来的数据必须经行业专家确认。数据必须确认可应用于生产规模，必须考虑极端危急情况下的状态（例如 HAZOP）。如果所有的数据和分析表明试验过程中不会出现失控，则可认为该设计基本为本质安全，不需额外的控制措施；如果数据和分析表明失控可能发生，可以按照最坏情形设计和构建反应器。

但是多数情况下，光依靠设计并非能够实现本质安全，所以必须在设计中采取控制措施。两种安全措施定义为：预防性措施及防护性措施（保护性或缓解性）。

如果措施可以防止失控、分解或有害性二次反应的发生，则措施为预防性措施。操作过程中应避免温度和/或压强的偏离，预防性措施包括添加加料速率控制系统，设置联锁，从源头控制反应（除非有足够的稀释剂或冷却系统），测试是否有催化剂或杂质的影响。比起保护性或缓解性措施，人们总倾向于选择预防性措施。

保护性措施旨在减轻失控反应的后果。多数情况下，压强的提高是失控所要面对的主要问题，如果压强超过容器的设计压强，就会对容器造成损害，很明显这是可以避免的，所以多数保护性措施目的是将可能的压强增加控制在可接受的限度内。典型的保护性措施是使用控制压力的排气系统，排气可以将气体释放到反应系统之外。一般来说，不能直接将气体释放到环境中，尤其是在含有有害或毒性化学物质时。所以，增加排气系统意味着在排气管线中引入吸收或处理气体物质的辅助设备,如果引入的安全措施足以预防不安全情形,则不需要更多步骤。但是,如果出现了不安全状况并且无法消除风险,则需要重新设计该过程。

(三)本质安全设计应用

工艺设计及安全措施相辅相成,安全性试验对不同阶段的工艺研发是必不可少的,根据工艺类型及涉及物料的性质进行过程安全工艺设计至关重要,下面将举例说明本质安全设计策略在两个典型方面的应用。

1. 过氧化物应用实例

采用过氧化物和氢过氧化物试验数据进行工艺安全设计。过氧化物过程危害[15] 包括热失控反应,以及液相和气相的爆燃。通过小型测试来定义和量化危险性,热失控危险性测试在 VSP 或 PHI-TEC 中进行。运行三种基本类型的测试,如下所示:

① 密闭试验,评价失控反应的后果,即确定最高压力、最大压升速率及最大温升速率;

② 快速泄放试验以确定可能进入溢流管线的气液比率;

③ 量热测试以确定热生成速率。

过氧化物和氢过氧化物的密闭试验中的典型结果是分解过程所引发的高压及高温工况。从超压泄爆试验,可以获得两相流泄放的测试结果。此外,泄放后残余物中过氧化物浓度约是原始浓度的两倍。

某组过氧化物试验结果表明,在 190℃下,样品开始出现热失控,在此期间溶剂蒸发,随后温度可能由于体系的浓缩而再次升高。液相爆燃测试得出了温度-浓度关系,其明确了过氧化物发生和不发生爆燃的时间。这种关系取决于试管直径(使用直径为 2.5cm 和 7.6cm 的试管),因此需要特别关注试管的直径。在 120℃温度下,在 5L 容器中使用加热丝作为点火源研究气相爆燃,获得与过氧化物或氢过氧化物浓度相关的极限压力,对于任何给定的操作压力,尽管在所涉及的温度下仍可能发生失控,但可确定过氧化物或氢过氧化物在气相中爆燃的最大安全水平。

2. 连续硝化的应用实例

该实施例为苯与硝酸在连续搅拌反应系统中制备单硝基苯的连续硝化方法。该过程进行了本质安全设计,没有使用外部冷却,反应物料通过反应物(硫酸及水混合物)本身加热至工艺温度范围,实际上,硫酸充当散热剂和硝化增强剂。如果硫酸泵失效，硝酸和苯泵将自动关闭。在该工艺的风险评估中，发现单硝基苯、硫酸混合物高于150℃会放出热量，体系中酸的浓度决定了放热的起始温度和程度，在正常操作期间，连续搅拌釜反应器和连续操作分离器中的温度为135～148℃。然而，电子记录显示，在某些进料速率远远超出正常操作范围的情况下，体系温度可达到180℃，因此，可能发生热失控反应。通过几个步骤进行安全性研究：运行ARC测试确定最危险的情况，获得起始放热温度、反应放出的热和最大反应速率到达时间。然后对热稳定性、压升速率及泄爆口尺寸进行了大样品量测试，进一步获得放大后的数据。在实际测试之前模拟泄放操作，研究除了泄放之外的防护措施（例如，反应容器的快速泄放和猝灭，以及与大气中放电相关的问题）。

在封闭容器中进行DSC试验，取10～20mg样品以5℃/min的加热速率进行反应，反应熵为410～1175 J/g，这是一个显著的变化范围。与反应熵相对应的绝热温升约为200～580℃，该温度范围会造成压力的升高，这是肯定要考虑的问题。而在测试条件下，放热的起始温度通常远高于200℃。基于DSC数据的最坏情况分析，开展进一步的绝热加速量热测试，得到绝热条件下初始温度和时间-最大反应速率之间的关系图。起始放热温度为170℃，最大反应速率到达时间为2h，之后进行大样品量泄爆口尺寸研究，测试后发现，若高于操作压力0.1 MPa进行泄爆，10cm破裂片就足够。

分离器中的液位控制失效可能导致酸溢出到单硝基苯中，并且可能在储罐中发生放热。可通过测试90%有机物和10%废酸组成的两相混合物来模拟这种情况，试验容器利用率为50%（实际上，利用率低于25%），泄爆压力比操作压力高6bar，模拟最坏的情况，研究结果表明高于操作压力2bar进行泄爆，25cm破裂片足以完成安全泄放。DSC测试结果显示，如果系统既不受控也不泄压，主反应的放热可能是很明显的。根据等温测试（即恒温试验），确定不同温度下的最大反应速率到达时间，与DSC数据获得的速率相当，大样品量测试数据显示，高温下反应更快速。因此，决定较低温度下使用DSC数据，较高温度下使用大样品量测试数据用于风险评估。进行蒸气泄放模拟，在模拟中改变了几个参数，例如反应速率增加10倍，反应熵增加一倍，还模拟了控制系统的故障和操作人员的失误。结论是系统可以成功泄放，并且分解速率不足以快到能产生显著的自加速效果。在泄放前考虑的缓解作用用于快速泄放硝化器、分离器和单硝基苯罐，泄放的目的是在达到更高温度的紧急情况前排空容器，将液体排入含有冷浓硫酸的骤冷罐中，计算排出每个单元体积所需的时间，并与失控分解反应所需的时间进行比较。计算表明，每个容器有足够的时间排空，在启动期间检查实际排放时间，与计算值一致。通过初始冷媒温度、流体与冷硫酸之间的比率评估猝灭过程，采用 30℃ 的冷媒进行猝灭，终止温度为 90℃。

大气扩散将导致气体浓度高于爆炸下限的蒸气云，必须避免这种释放，并且应当使用其他控制方法。然而，通过某些特定的测试可确定区域中没有任何可能形成蒸气云的点火源。试验、模拟及计算的结果表明，硝化器温度偏移的唯一可预见失调过程是进料比的偏差，安装控制功能和联锁，可减少这种可能性。硫酸流量控制单元被设计成散热器的流动，在流量控制器完全失效时不停止，低硫酸流量将造成硝酸和苯进料的自动关闭，本质安全设计要求在该硝化过程中采用多个额外的保护措施来应对现实工况中的温度偏差。

第二节　逐 级 放 大

放大过程是工业开发研究的核心。放大过程包括从实验室研究到工业化生产，也包括从小规模生产到大规模生产。从实验室到工业化的放大研究，是在新的条件下，引入工程特征后进行的研究，来架通实验室和工业化之间的桥梁。放大研究要考虑许多在实验室规模无法考察到的问题，需在小试原理基础上进行放大试验，明确所开发技术的可靠性。同时，还需要解决包括可靠的原料来源、物料运输和存储、循环使用、冷却和加热、产品精制、热量回收、"三废"处理等一系列问题。化工过程开发一般比较复杂，除考虑化学反应本质规律之外，还要考虑到内部传质、流体流动阻力、传热情况等的影响。这一过程还涉及化学基本原理、化学工程理论、化工机械与设备、自动化控制、材料和防腐、技术经济等多个领域，包括选题、试验、放大、设计和试生产等几个环节。目前，国内外间歇及半间歇化工过程比较常用的放大模式为逐级经验放大法。

逐级放大就是在放大过程缺乏依据时，只能依靠小型试验成功的方法和测量数据，加上开发者的经验，逐级恰当地加大试验的规模，修正之前逐级试验确定的试验参数，来摸索化学反应过程和化学反应器规律的方法。通过小试进行工艺试验，优选出操作条件和反应器类型，确定最大的技术经济指标，根据空时得率相等原则（反应规模不同，但单位时间、单位体积内反应器所生产的产品量或处理的原料量相同），通过物料平衡求出为完成额定的生产指标所需处理的原料量后，得到空时得率的经验数据，最终可以求得放大反应过程所需反应器的容积。据此再设计和制造规模更大的装置，进行模型试验。

具体的放大过程一般按下述几个步骤进行。

1. 反应器的选型

反应器的选型主要依据小试研究结果。在小试研究阶段，可以根据工艺条件的要求，采用不同的反应器形式以及不同结构的反应器，对所开发的反应过程进行小试研究。通过比较试验结果的优劣，最终确定反应器形式。在试验过程中，主要考察设备的结构和形式对反应的转化率、选择性和收率的影响。

2. 工艺条件优化

在设备选型确定以后，可以在选定的小型试验设备中进行优化工艺条件试验。试验时主要是考察各种工艺条件对反应的转化率、选择性和收率的影响，并从中筛选出最佳工艺条件。试验规模放大后，反应器内物料所具有的一些物理规律会有相应的改变，因此，小试确定的工艺条件，在以后的模型试验和中试过程中会有相应的改变。但是，小试确定的最佳工艺条件仍然是后续放大研究工作的基础。

3. 反应器放大

反应器放大研究方法主要是逐级经验放大法，采用模型装置的方式进行逐级放大，每放大一级都必须重复前一级试验确定的条件，考察放大效应，并取得设备放大的有关数据和判据。原则上由实验室小试规模放大到生产规模应经过若干级放大过程，在放大过程中，可以通过调整工艺条件或改变设备结构等措施来改善或抑制放大效应。

通过经验放大研究，基本上可以取得化工过程开发所需要的设备形式、优惠的工艺条件，以及放大的判据和数据，为建立生产装置提供可靠的依据。

经验放大模型包括小试装置、中间装置、中型装置、大型装置，最后将模型研究的结果放大到实际生产的规模。逐级放大过程中的每个放大环节都必须建立相应的实物设备，对模型试验中所产生的各种现象做出详细的记录，通过专业的技术分析得到放大研究结果。每一级的放大都是基于上一级试验所得到的研究结果，每一级放大后必须对上一级的放大参数进行修正。想达到一定生产规模，按保守的低放大系数逐级经验放大，存在开发周期长、人力物力消耗很大的问题。提高放大系数，理论上可省去若干中间步骤，缩短开发周期，同时也会增加不确定因素，风险也会增加，难以达到预期的结果。放大系数的确定，要根据化学反应的种类、放大理论的成熟程度、对所研究过程规律的掌握程度以及放大人员的工作经验等而定。

一、小试

从实验室研究到产业化放大的过程中，小试研究是极为重要的一个环节，是对产业化生产条件的探索和尝试，是对实验室工作结果的初步探索，小试的研究成果为今后的工业化放大提供了必要依据。

与实验室工作相比，小试放大的工作有所不同，小试研究是建立在实验室工作的基础上，小试研究通常会与实验室工作交叉进行。像分析方法建立、催化剂筛选、动力学研究等工作均在实验室阶段完成，但是，实验室中大多数以间歇、半间歇操作为主，工艺的动力学及热力学数据也是通过间歇、半间歇等操作方式获得，如果采用这些数据进行连续化工艺装置设计，可能存在一定偏差，实验室工作的细致程度是决定工业放大能否成功的重要因素。随着社会经济的逐步发展，越来越多的技术人员更加地重视小试放大过程取得的数据。小试研究是在已经确立初步的工艺路线，相关研究工作已被立项的前提下开展的系统工作。小试研究是按照工程要求在收集及整理技术资料的基础上，有目的性地、贴近工业实际生产情况下开展试验工作。小试放大阶段的工作重点包括：对实验室原有工艺路线及方法进行系统的研究，验证开发方案的可行性及完整性。通过小试阶段批量的试验数据总结出一条平稳、安全的中试放大合成路线，明确各反应条件对目标工艺的影响，确定工艺操作过程，完成催化剂的筛选及表征，确定产物提纯及分离的方法，并完成反应过程中物料衡算、热量衡算及相关物料、工艺过程的安全性研究，除此之外，小试放大阶段还应尽可能地测试及收集工艺过程涉及物料的物理化学性质数据，开发产品的分析及过程检测方法。总之，小试阶段的研究工作要围绕影响工业生产的关键性问题开展，例如：缩短工艺路线，提高产品质量及收率，降低成本，提高工艺的安全性等。

小试放大研究首先要考虑温度、压力及搅拌转速等因素的放大效应，通过小试研究，明确上述因素对放大过程的影响，最终确定一条适合工业化生产的工艺路线。通常情况下，可以通过不同的路线合成目标化合物，实验室以合成目标化合物为指向，在此过程中很少考虑合成路线的放大效应，因此，实验室确立的合成路线及方法并不一定适合工业化放大，例如对设备仪器、管道走向、原材料成本等考虑不多，对工艺的操作方法也不作过高的要求，但是，这些因素对工艺的进一步放大及工业化生产却十分重要。因此，小试的研究就是解决上述问题的初始阶段，通过小试研究不断完善实验室阶段的工艺条件，此外，小试阶段也需要解决原料和溶剂的回收套用问题。某些工况下，溶剂中会含有一定量的副产物，应通过小试工作实现原料、溶剂及杂质的分离，将反应结束后料液中有价值的成分提炼出来，通过大量数据验证方法的经济性及可操作性，该阶段的工作对工艺最终实现工业化生产具有很大的价值，原料及溶剂等有价值成分的分离与提纯不仅仅能够降低工业化生产的成本，提高工艺的经济效益，又有利于减轻企业的"三废"排放压力。

如上所述，实验室工作更加注重化合物的合成路线，往往会忽略一些因素，这其中杂质的影响因素常常被实验室阶段的工作所忽视，原因是实验室阶段研究的处理量很小，且使用的原料多为高纯物料，原料中很少存在杂质，但是实际生产过程中往往使用的是工业级原料，原料中会存在一定的杂质，这些杂质可能会对工业化生产造成一定的影响。因此，杂质的分析及研究也是小试阶段工作的重要研究内容，需要在此阶段明确工艺放大过程杂质的影响。

二、中试

随着工业化放大技术的发展，某些技术成熟的工艺甚至可实现 $10^3 \sim 10^4$ 倍规模的直接放大。但是，对于一些新兴的合成路线或者合成工艺，受限于技术的不成熟，通常情况下放大系数都比较低，特殊情况下，很难实现小试到中试的放大。在这种背景下，国外一些大型化工企业提出了微型中试的概念，也被称为小型工厂，技术人员希望通过小型工厂获得中试放大及工业化生产所需的参数。

一般情况下，小型工厂应具备未来工业化生产所需要的主要单元过程和设备设施。它与小试研究的区别在于：

① 设备的处理量不同。相比于小试装置设备，小型工厂的规模将得到进一步的扩大，在此阶段会研究设备设施体积放大所带来的时间、空间因素对合成工艺的影响，以便明确系统传质、传热特征。

② 工艺流程更加完整。小试试验的处理量较为灵活，往往会忽视一些工业化生产的影响因素，小型工厂是小试研究的补充，关注产业化问题，与小试研究相比，是工艺的全流程模拟。

③ 研究侧重点和时间节点不同。小试研究的目的是打通技术路线，不必进行全流程的工艺研究，但是小型工厂则关注的是放大过程中会遇到的问题，是进一步中试放大的研究基础。

小型工厂的处理量通常小于中试车间，是小试研究到中试放大的中间过渡阶段。与中试放大相比较，小型工厂内的设备设施、管道连接等更具有通用性，工艺的调整及操作方法更为灵活，小型工厂比较适合于品种多、工艺变更快、批处理量小的产业，如精细化工、医药等行业。工艺路线在实验室确定以后，很难一步实现放大生产，通常需要在放大规模上加以验证。国外厂商从国内购置的部分原料和中间体，往往量不会太大，大多停留在公斤级数量，用工业化大生产装置不方便，实验室又较难把量做大，所以小型工厂的作用显得尤为重要。

　　小试研究到工业化生产过程中，会遇到一系列的工程问题，虽然这些问题基本都能够用相关的理论去解决，但是，实际工况下却更加复杂，仅仅从理论上去解决问题难度较大，而小型工厂中进行的工作能够为最终形成工业化反应及操作条件提供基础数据，在小型工厂中能够模拟实际的生产过程，通过配备各种在线监测设备及采取相应的测试手段获取工程放大所需要的数据，根据需要建立相应的工程数学模型，实现生产装置中工艺放大的预测。小型工厂不但适用于间歇、半间歇工艺过程，通过适当的改造后还可用于连续流工艺。某些情况下，也可以代替中试放大。

　　通常情况下，对于一个有待产业化的工艺来说，在完成小试研究后，在掌握充足的工艺信息及数据的前提下，可进一步开展工艺的中试放大研究，明确装置中各反应条件的变化规律，持续地完善小试研究阶段取代的工艺条件，解决小试阶段不能发现的问题。化学反应本质上不会因试验条件的不同而发生改变，但是，不同的设备设施、换热水平、传质水平下，化学反应的最佳反应工艺条件可能并不相同，这就是中试放大研究工作中所要解决的问题。

　　中试放大是中间放大试验的简称，是小试工作的进一步放大过程，但是，中试放大的工作并不是简单地将实验室的量放大到多少倍，也不是在新的环境中寻求新的工艺条件，而是在新的环境中如何复制小试研究的条件。不同质量的物料导致物料的积累时空和空间的传热各不相同，因而会出现在相同的操作条件下得到不同的试验结果。同样，想要获得同等的结果所需的条件一般都会不一样，甚至有时需要改变手段，这就是所谓的放大效应。

　　一般情况下，中试放大的水平能够代表工业化的水平。研究机构通常侧重于小试研究，生产企业则侧重于工业化的生产。但由于人力、物力及资金的关系，中间试验往往被研究机构和企业所忽视，实际上应该科学地按照小试、中试、工业化生产的模式进行。原料及中间体开发的一般步骤是：查阅文献、小试探索、反应风险研究与评估、中试验证、工业化生产。若把小试的最佳反应工艺条件原封不动搬到工业生产，常出现收率低（相比小规模试验收率），甚至得不到产品、产品质量不合格、发生溢料或爆炸等安全事故以及其他不良后果。

　　中试是从小试到工业化生产必经的过渡环节，在模型化生产设备上基本完成由小试向生产过程的过渡，确保按操作规程能够稳定生产出预期质量水平的产品。中试是利用了小型生产设备进行生产的过程，其设备的设计要求、选择及工作原理与大生产基本一致；在小试成熟后，进行中试，研究工业化可行工艺、设备选型，为工业化设计提供根据。所以，中试放大的目的是验证、复审、完善实验室所研究确定的合成工艺路线是否成熟、合理，主要经济技术指标是否符合生产要求，研究选定的工业化生产设备的结构、材质、安装和车间布置等，为正式生产提供数据和最佳物料量及物料消耗。总之，中试放大要证明每个化学单元反应的工艺条件和操作过程，在使用既定的原材料的情况下，在模型设备上能生产出预期质量指标的产品，且具有良好的重复性和可靠性。

中试放大是工业化以前消耗最大、最为关键的阶段，中试阶段的主要目的是提供工业化所需要的工艺数据和工程数据，建立一定规模的放大装置，对开发过程进行全面的模拟研究，明确运转条件、操作、控制方法，并解决长期连续稳定运转的可靠性等问题。通过中试放大可获得包括以下 8 个方面的信息：

① 原料和产品的处置方法、必要的回收循环工艺，以及对反应器等设备的结构和材质的考察；

② 验证小试条件，收集更完整、更可靠的经验数据，解决放大问题，提供基础设计所需的全部材料，研究使生产连续化、自动化遇到的问题；

③ 考察新的控制方法及仪表等设备；

④ 研究杂质的生成与累积的影响，以及"三废"的处理和环保、生产安全性等问题，研究设备的选型及材料的耐腐蚀性能；

⑤ 评估可达到的生产指标，在可信程度较大的条件下计算各项经济指标，用以对工业化装置进行最终评价；

⑥ 必要时提供足够数量的产品进行加工和应用试验，有时还要提供足够数量的副产物，进行综合利用研究；

⑦ 示范操作，培训技术工人，研究开停车和事故处理方案，获得生产专门技能和经验；

⑧ 提供一定量产品（大样），供市场开发工作所需。

反应器的选型和放大以及随之而来的反应特征的研究，是中试的核心问题。化工过程开发中的若干问题往往不能在小试阶段充分暴露，只有留在中试加以研究和解决。例如：在管式反应器上进行的反应，小试因设备尺寸所限，不可能对喷嘴之类结构进行详细研究，设备放大后就可解决这类问题。又如，对气固反应催化剂的筛选工作，通常在小型固定床反应器上进行，中试才可能研究流化床反应器，进一步考察反应器材质、结构、散热等一系列问题。

由于当代化工机械和其他相关领域已给化工单元操作提供了较多的选择机会，中试设备不能是实验室小试装置的简单放大，而应是实际工厂的缩小。在保证研究顺利进行的同时，在中试阶段应力求寻找新的技术，提高开发过程的技术含量。

三、产业化

经过小试的初步探索，明确了工艺的操作条件，如压力、温度、反应时间、反应物配比等因素，再经过微型中试放大、中试放大对小试试验研究结果进行修正，得到了工业化所需要的工艺数据和工程数据，解决了小试试验过程中没有发现的工程问题，最后就可放大到实际工业生产的规模，即工业化大规模生产。工业化大规模生产需要利用中试放大生产的数据、资料以及化学工程知识来进行工厂设计。

车间大规模生产前往往需要做好以下准备：

1. 确定工艺路线及操作条件

依据小试及中试的放大经验，对各工艺条件及安全性参数进行工业规模修正，制订工业化规模下的工艺，明确各步工艺的安全操作条件。

2. 确定设计基准

设计基准包括如下因素，需在生产前予以确定。

（1）确定原料和产品的规格　产品的规格应以工艺的研发水平及市场需求为原则。化工产品按纯度划分存在不同的等级及质量规格，在生产前必须对产品的规格予以明确，以便确定工艺路线。综合权衡产品规格、原料价格、生产成本及工艺操作水平等因素，作出符合客观规律的决策。

（2）确定生产规模　根据市场需求、生产能力及操作水平确定生产规模，一旦明确生产规模，不得轻易更改，避免因规模变更引起的设计不合理。

生产规模与生产成本、投资、经济效益等问题相关，从化工行业的整体发展趋势来看，规模效益是化工企业发展壮大所遵循的原则。但是，生产规模大到一定程度后，产品所带来的经济效益将随之减缓，并且大型规模下或多或少也会带来一定的工程及技术问题，增加了放大研究、设计、操作、安全、环境等方面的复杂程度，更为重要的是，生产规模应遵循市场规律，满足市场的需求。

（3）确定操作方式　根据工艺的特点选择合适的工艺操作方式。对于精细化工行业，间歇及半间歇的方式较为机动灵活，可满足不同工艺间设备的相互切换，但是换热面积有限，对于强放热反应及温度敏感性反应存在温度滞后、工艺控制难的问题；而连续化的工艺设备利用率高、产能大，生产过程较为平稳，各项参数更易于实现自动化控制，节约人工成本。

（4）确定开工频率　开工频率是指生产装置每年开工时间与自然时间的比值，设备利用越充分，开工频率越高，取得的经济效益越大，理论上开工频率为 1，但是，考虑到设备检修、开停车时间、政府环境要求等情况，开工频率要小于 1。一般情况下，开工频率为 0.8~0.9，年生产约 300~330d。对于市场需求不清晰、技术不完善的项目，开工频率可考虑适当低一些，以便获得与预计估计偏差较小的结果。

3. 制定工艺流程及工艺设计

工艺流程设计是产业化放大的基础。工艺流程设计的目的是通过工艺流程图表示原料到产品生产全过程中物料及能量的走向及变化，以及化工生产过程相关的设备、管道、操作及控制条件等的实际情况。

工艺流程图是工艺流程设计的表达形式，工艺流程图不单单是制图，而是复杂、系统的设计问题。工艺流程设计关系到研发工艺的先进性、安全性及可靠性，工艺流程设计的合理与否直接影响到产品的经济指标，是化工过程放大及产业化较为重要的一个部分。

（1）工艺流程示意图　工艺流程示意图是化工工艺设计中最早产生的一种流程表达方式，是在粗略考虑生产过程中原料到产品的转化及需要设备的基础上，提出的工艺路线的定性表达。在设计并绘制工艺流程示意图时，设计人员需要考虑工艺路线的先进性、合理性及生产中的实际环节，暂且不涉及物料与能量变化的定量关系和具体设备的尺寸。因此，工艺流程示意图通常只是一张能显示主要物料流向，能直观表现设备相对大小的若干设备的集成图或方框图，以此将工艺流程路线展现出来，并在图中加以标注和说明。

工艺流程示意图是工艺放大及产业化设计的起点。随着后续工作的进一步开展，最早的工艺流程示意图通过具体的推敲及细化的计算，特别是结合物料及能量平衡数据，考虑到实际工况情形之后，形成最终的工艺流程图。但是，一般情况下，原始的工艺流程示意图是必要的，有了流程示意图后，才能按照流程示意图开展下一步的相关工作。

（2）物料衡算　在这个阶段，工艺放大人员将根据小试及中试的试验数据，计算出产业化规模后每种原料在一定周期内的消耗，各操作环节中废水、废液及废渣的产出量，通过进一步的核算确定最终的产能及相关环保、安全控制措施及对策。

（3）能量衡算　根据前期反应风险研究获得的数据进行工艺过程的能量衡算，在此过程中，尤其应注意反应过程中的放热量、放热速率等信息，根据这些信息确定相对于生产规模下反应器的类型、换热面积及相应控制措施；此外，在前期反应风险研究过程中取得的其他安全性数据，如物料的起始分解温度、温升速率、压升速率及放气量等数据，也是工业化生产过程蒸馏温度、蒸馏时间及抽气速率等参数设置的重要依据。

（4）设备的选型 依据工艺过程物料衡算及能量衡算结果，通过进一步计算确定设备形式、数量、尺寸、材质、结构等具体参数，后续基于该参数进行相关设备的选购。

（5）设备布局 按工艺要求及车间实际情况确定相应设备的位置，在此过程中应充分考虑到工艺信息、生产操作、设备安装、设备检修及安全等因素，并兼顾整齐、卫生、美观、集中、便于管理等原则。楼层间设备的布局应综合考虑物料的位能，如计量槽要处于高位，储罐、过滤槽应处于低位，留足反应釜的放料高度，黏稠物料应尽量减少流经弯头的数量等细节。

（6）工艺流程图的设计 在物料衡算、能量衡算、设备选型及布局等工作的基础上，进一步对原始工艺流程示意图进行相应的修订及调整，设计并绘制出具有量化、体系操作关系的工艺流程图，又称作工艺物料流程图。工艺流程图比初始的工艺流程示意图要复杂得多。工艺流程图需要体现如下内容：

① 带控制点的工艺流程图。带控制点的工艺流程图也被称作带控制点的管道流程图。带控制点的工艺流程图中表达的内容更加详尽，除了工艺流程图中对设备及物流的要求外，在图中还需要标识出管线、辅助管线、阀门等，体现出设备、物料走向及控制三大要素。在带有控制点的工艺流程图中，管路将占用较多的笔墨。除了主要的工艺管路外，图中还需要包括开车、停车、检验、控制及公用工程等辅助管路。管路用不同的粗细线条来表示，并用管路编号表达相关内容。标明工艺条件且带控制点的工艺流程图，可用作工艺设计的最终表达形式。工艺流程图是所有工程设计的依据，在带控制点的工艺流程图及其他类型工艺流程图的完成过程中，工艺设计人员需要根据工艺反复地与其他专业工程设计人员商榷，经过多次的修改达到满意的结果。

② 工艺设计说明书。除了带控制点的工艺流程图外，工艺设计的内容还应包括编制工艺设计说明书。工艺设计说明书需包括如下内容：

a. 设计的依据、设计的基础及采用的相关标准；

b. 工艺过程的原理、流程的阐述；

c. 工厂的选址；

d. 生产的指标；

e. 设备选型、布局及安装注意事项，管路图及安装的要求；

f. "三废"处理过程的描述；

g. 人员编制。

在工艺设计说明书的基础之上，可以向非工艺专业人员提出设计条件及要求。向非工艺专业人员提出的设计委托书需要包括：

a. 工艺概况、方法及特点；

b. 生产的规模；

c. 工艺详细的说明，包括原料的名称、分子量、物理化学性质、反应方程式、物料配比及流程图等；

d. 原料及能源的消耗指标；

e. 设备选型及布局，控制方法；

f. 人员、安全及"三废"处理等。

第三节　相似模拟放大

除了前文所介绍的逐渐放大理论之外，相似模拟放大也是化工过程放大的重要方法。相似理论是较早被发现的理论，可用于指导化工过程的放大。化工过程中存在很多相似的现象，例如几何相似、运动相似、化学相似、动力相似、热相似等。相似模拟放大运用了相似理论及相似准数（无量纲准数）的概念，根据放大后体系与原体系间的相似性进行放大，应用于化工单元操作方面。

一、相似理论技术

相似模拟理论技术是一种重要的科学研究方法，是工业放大的理论基础。该方法是在实验室内按相似原理建立与原型相似的模型，对于化工过程放大来说，这里的模型主要是指同类工艺及机理相似的工艺，借助反应量热仪、微量热仪等精密的测试设备研究工艺过程涉及的动力学、热力学及流体力学等内在特征，建立各参数间的数学模型，利用模型来研究同类相似工艺，从而解决化工过程放大中的实际问题。该研究方法具有直观、简便、经济、快速及放大过程周期短等优点，与逐级放大方式相比，如果已掌握了充分的动力学、热力学、流体力学等参数，模型较为准确且贴近实际，可省去微型中试、中试等中间放大环节，节约人力、物力成本。此外，还可通过模型研究某些参数变化后对整体工艺的影响规律。

工程技术人员在研究传热和传质的放大过程中，某些问题如果用解析法求解，难度较大，这时候采用试验的方法开展研究具有重大的意义。为了满足化工过程放大的需求，试验研究所要解决的问题就是：哪些数据要通过试验测试获得？如何对试验的结果进行分析，归纳普遍性的规律？怎么将这些数据进一步地应用到放大过程？

（一）相似产生的条件

要运用相似理论去解决化工过程放大涉及的问题前，首先要明确相似产生的条件。

1. 几何相似条件

相似的概念最早源自于几何学，例如：不同直径的圆是相似的，边长不同的正方形是相似的，大小不同的等边三角形也都是相似的，诸如此类现象被称为几何相似。显然，以圆柱体为例，通过小型的圆柱体的参数放大，可以直接获得与其形状相似的大圆柱体的参数，如公式(6-56)，这就是几何放大，此时的 C_l 就是几何放大倍数。

$$\frac{l_1'}{l_1}=\frac{l_2'}{l_2}=\frac{l_3'}{l_3}=C_l \tag{6-56}$$

式中　l_1，l_2，l_3——小型圆柱体的直径、底面周长及高；

　　　l_1'，l_2'，l_3'——放大圆柱体的直径、底面周长及高。

这种概念可以推广到任意一种物理现象。例如，研究流体运动的动力相似，温度和热流的热相似，离心泵性能的功能相似，以及研究质量传递的传质相似等。除了几何相似外，还有时间相似、物理相似以及开始和边界条件相似，下面将对其他三种相似条件进行介绍。

2. 时间相似条件

在几何相似系统中，当某一状态转变为另一状态时，对运动体系来说，对应的点或对应部分沿几何相似路程运动而达到另一对应的点所需时间的比为一常数，类似这种现象被称作时间相似，这种关系如下：

$$\frac{\tau_1'}{\tau_1}=\frac{\tau_2'}{\tau_2}=\frac{\tau_3'}{\tau_3}=C_\tau \tag{6-57}$$

只有在不稳定的状态下（如传热不稳定）才有时间相似的问题。当状态稳定时，无须考虑时间相似。

3. 物理相似条件

在相似系统中，无论在相似空间或相似时间上，各对应点或者对应部分的所有因素的物理量之比为常数，则称该现象为物理量相似，如下关系：

速度相似：　　　$$\frac{U_1'}{U_1}=\frac{U_2'}{U_2}=\frac{U_3'}{U_3}=C_U \tag{6-58}$$

温度相似：
$$\frac{T'_1}{T_1}=\frac{T'_2}{T_2}=\frac{T'_3}{T_3}=C_T \qquad (6\text{-}59)$$

式中的相似常数（C_U、C_T）的大小同坐标和时间都没有关系，各相似常数的数值可以彼此不同。应强调的是物理量相似仅作用于同类量（即具有相同的物理意义及量纲），此状态下不仅要现象的性质相同，且该状态能用同一形式及内容的方程式或关系式表达。如果只是形式相同而内容不同，则该现象被称作"类似"。例如：导热及扩散现象就是类似的概念，即相似的概念只能用于同类状态。

4. 开始与边界相似条件

系统的开始状态及边界状态相似，即系统在开始的状态与在边界时的状态具有几何相似、时间相似和物理量相似特征。例如：流体在导管入口处的速度分布情形满足这三种相似条件，这种状态被称为边界相似。在研究个别的现象时，仅当在特定的开始和边界条件下，才能将其表达完全。

（二）相似定理

相似理论的基本内容可概括为如下相似三定理：

1. 相似第一定理

相似第一定理可表达为：凡相似的现象其准数的数值相等。因为在相似系统中，准数的数值保持不变的情况下，某个系统的准数与相似系统的准数相比，其比值永远等于1。该准数之比，也称作相似指标，认为相似现象中的相似指标等于1。

上述结论也给出了这种可能性，即可以对描述某种物理现象的微分方程进行相似转换，在不用数学求解的情况下，把这些微分方程表示成准数函数的形式。这样相似第一定理就明确了在试验中应测量包括在相似准数或微分方程中的哪些量。

2. 相似第二定理

相似第二定理也称为费捷尔曼-列夫辛斯基定理，该定理可表达为：可以用相似准数的函数关系来表示微分方程的积分结果。这个定理说明某一状态下的各物理量间的关系均可用相似准数 K_1，K_2，K_3，$\cdots$，K_n 表示或将之称为准数方程的形式，即：

$$f(K_1,K_2,K_3,\cdots,K_n)=0 \qquad (6\text{-}60)$$

所有试验的数据均可用相似准数的形式表示，这简化了函数的关系。因此，可以说相似第二定理解决了应该如何整理试验数据的问题。

3. 相似第三定理

相似第三定理也称为基尔皮切夫-古赫曼定理，该定理指出：凡某状态下的单值条件相似，且由其组成的定型准数相等，则该种状态就彼此相似。也就是说小试试验的结果只能应用于与小试试验的单值条件相似、定型准数相等的放大装置中。

二、研究方法

相似模拟放大法的基础是建立数学模型，该数学模型是否适用取决于对过程实质的认识，而认识又来源于实践，因此，试验仍然是数学模型法的主要依据。相似模拟放大法的实质是利用现有的技术数据，在化学工程知识及小型试验经验的基础上整理出抽象的理论模型。描述工业反应器中每个参数之间关系的数学表达式，往往是微分方程和代数方程。影响化学反应过程的因素错综复杂，如果用数学模型来完整、定量地描述实际过程的全部真实情况并不现实，首先要对反应过程进行恰当的简化，将化学与物理过程交织在一起的复杂反应过程分解为相对独立或联系较少的两个子过程：化学过程（实验室研究）与物理过程（大型冷模试验），分别研究各子过程本身特有的规律，再将各子过程（小型试验、建立数学模型、中间试验）联系起来，用方程来表述这些子过程之间的相互影响和总体效应，通过方程的联立求得化学反应过程的性质、行为和结果的解。由于化工过程的复杂性，需要对化工过程进行分解，简化过程运行规律。

数学模型法研究的侧重点在于找到简化过程的合理途径。经过简化后提出物理模型，用来模拟实际化学反应过程。再对物理模型进行数学描述，最终得到数学模型。数学模型的确立需要充分考虑到化学反应的内在规律和环境影响因素，经过可靠性的检验，进一步应用于运算和求解。建立数学模型必须找到化学反应和传递过程两种规律的结合点，然后才能用数学手段予以描述。这个结合点主要体现在物理过程规律对于反应温度和反应物浓度的影响，即所谓的"温度效应"和"浓度效应"。数学模型并不要求在理论规律上完整模拟，而是要求结果与实际过程运行结果的偏差在允许范围之内，通过简化过程的运行规律，建立等效模型。除了建立数学模型，试验研究也是不可缺少的环节，试验研究是对化学反应本身规律的研究，由于化学反应规律不因设备而异，所以，化学反应规律完全可以在小型试验装置中求取。传递规律受设备的尺寸影响较大，必须在大型装置中进行。但是，由于需要考察的只是传递过程，无需实现化学反应，所以完全可以利用空气、水和沙子等廉价的模拟物料进行试验，开展冷模放大试验，通过冷模试验，研究和探明传递过程的规律。根据试验研究结果建立数学模型，通过数学模型可以在计算机上模拟反应器中各个参数变化对反应过程的影响，将计算机获得的数据与相似缩小的小型工厂试验数据进行对比，如果两者能够符合就认为数学模型是符合实际情况的，可以直接用于下一步放大设计；如果不符合，则需要对放大系数进行数学模型修正、反复检验，直到数学模型符合试验数据。通过中试检验数学模型的等效性，将中试结果与数学模型在相同条件下的计算结果对照比较，如果两者相同或十分相近，证明该数学模型与实际过程等效，可以直接得出工业反应器的各种性能结论，进行工业反应器放大的设计。大型化技术的发展和生产的局部工艺改革，不必一定采用小型工厂试验结果作对比，应该利用化学工程分析及基础数据建立模型，再利用现有生产设备或类似生产设备的生产结果与计算机计算模拟的结果作对比，模型修正后，再以此作为依据进行新的设计计算。

虽然数学模型法具有经验放大法不可替代的优点，它能够实现高倍数放大、缩短开发周期。但是，建立正确的数学模型难度很大。目前，完全运用数学模型法来开发放大的化工生产过程的实例还不多见，尤其是精细化工（包含制药）行业中间歇釜式反应，大多数放大仍以逐级经验放大法居多。但是，随着计算机技术的发展，数学模型放大法将是化工过程技术发展的主导方向。

参考文献

[1] 许文．化工安全工程概论．北京：化学工业出版社，2002.

[2] 中国腐蚀与防护学会．腐蚀科学与防腐蚀工程技术新进展．北京：化学工业出版社，1999.

[3] Grewer T，Klusacek H，Loffler U，et al. Determination and assessment of the characteristic values for evaluation of the thermal safety of chemical processes. J Loss Prev Process Ind，1989，2：215-223.

[4] Chapman F S，Holland F A. Heat transfer correlations in jacketed vessels. Chem Eng，1965：175-182.

[5] Chapman F S，Holland F A. Heat transfer correlations for agitated liquids in process vessels. Chem Eng，1965，18：153-158.

[6] Steel C H. Scale-up and heat transfer data for safe reactor operation. Int Symp on Runaway Reactions，1989：597-632.

[7] Hofelich T C，Thomas，R C. The use/misuse of 100 degree rule in the interpretation of thermal hazard tests. Int Symp on Runaway Reactions，1989：74-85.

[8] Dixon J K. Heat flow calorimetry-application and techniques. Hazards X：Process Safety in Fine and

Speciality Chemical Plants，Symposium series，1989，115：65-84.

[9] Duxbury H A，Wilday A J. Efficient design of reactor relief systems. Int Symp on Runaway Reactions，1989：372-394.

[10] Lees F P. A review of instrument failure data，Process Industry Hazards，Symposium Series，1976，47：73.

[11] Gibson N，Maddison N， Rogers R L. Case studies in the application of DIERS venting methods to fine chemical batch and semi-batch reactors. Hazards from Pressure，Symposium Series，1987，102：157-173.

[12] Duxbury H A，Wilday A J. Calculation methods for reactor relief：Aperspective based on ICI experience. Hazards from Pressure，Symposium Series，1987，102：175-186.

[13] Fauske H K. Pressure relief and venting：some practical consideration related to hazard control. Hazards from Pressure. Symposium Series，1987，102：133-142.

[14] Leung J C. Two phase discharge in nozzles and pipes-a unified approach. J Loss Prev Process，1990，3：27-32.

[15] Rogers R L. Fact finding and basic data part 1：hazardous properties of substances. IUPAC Conference Safety in Chemical Production，Basle，1991.

第七章

实施案例分析

精细化工生产中牵涉到各种类型的反应，涉及具有潜在风险的工艺过程及相关的化学品操作，容易导致爆炸、火灾、中毒等安全事故的发生，造成人员伤亡和经济损失。为了提高危险化学品储运、使用和化工生产装置的本质安全水平，指导化工行业对涉及危险工艺的生产装置进行自动化改造，国家安全生产监督管理总局（现中华人民共和国应急管理部，以下简称应急管理部）组织编制了《首批重点监管的危险化工工艺目录》和《首批重点监管的危险化工工艺安全控制要求、重点监控参数及推荐的控制方案》，首批重点监管的危险工艺包括 15 种，2013 年扩充为 18 种[1,2]。

18 种危险工艺分别为硝化工艺、氧化工艺、过氧化工艺、氯化工艺、光气及光气化工艺、加氢工艺、磺化工艺、氟化工艺、重氮化工艺、聚合工艺、烷基化工艺、偶氮化工艺、胺基化工艺、电解工艺（氯碱）、合成氨工艺、裂解（裂化）工艺、新型煤化工工艺及电石生产工艺。不同工艺过程的操作方法、反应器类型、处理方法各不相同，按照操作过程可分为釜式间歇反应、釜式半间隙反应、釜式连续化反应、流化床反应、固定床反应及微反应等。在反应风险研究及工艺风险评估过程中，需要根据工艺操作过程、反应器类型及反应的特点，建立相应的反应风险研究及风险评估模型，有针对性地进行反应安全风险评估。

本章主要对精细化工生产过程中常见的十几种危险工艺的危险特性、重点监控工艺参数，以及如何建立有效的控制措施进行分析与探讨[3,4]。

第一节 硝 化 工 艺

一、案例分析

2015 年 8 月 31 日 23 时 18 分，山东某化学有限公司新建项目二胺车间混二硝基苯生产装置在试车投料过程中发生重大爆炸事故，导致 25 人受伤、13 人死亡，直接经济损失 4326 万元。事故造成硝化装置爆炸，框架厂房彻底损毁，爆炸中心形成东西 18m、南北 14.5m、深 3.2m 的椭圆状锥形大坑。爆炸造成北侧苯二胺加氢装置倒塌，南侧甲类罐区带料苯储罐（苯罐内存量 582.9t，约 670m³，占总容积的 70.5%）破裂爆炸，苯、混二硝基苯空罐倾倒变形，周边建筑物的玻璃受到不同程度损坏。

经过事故调查和原因分析认为，车间负责人违章指挥，安排操作人员违规向地面排放硝化再分离器内含有混二硝基苯的物料，混二硝基苯在硫酸、硝酸以及硝酸分解出的二氧化氮等强氧化剂存在的条件下，自高处排向一楼水泥地面，在冲击力作用下起火燃烧，火焰炙烤附近的硝化机、预洗机等设备，使其中含有二硝基苯的物料温度升高，引发了爆炸。

事故发生的间接原因：

① 该公司安全生产法制观念和安全意识淡薄，安全生产主体责任不落实，项目在未取得相关部门审批手续之前，逃避监管，擅自开工违法建设。

② 违规投料试车，违章指挥。在工艺条件、安全生产条件不具备的情况下，主要负责人擅自决定投料试车，冒险作业，紧急停车后，违反相关规定，负责人强令操作人员卸开硝化再分离器物料排净管道法兰，打开放净阀，向地面排放含有混二硝基苯的物料。

③ 安全防护措施不落实，安全管理混乱，安全管理制度不健全，安全生产责任制不完善，从业人员未按照规定进行安全培训，没有按照要求编制规范的工艺操作方法和安全操作规程。

二、硝化工艺危险特性

硝化是指向有机化合物分子中引入硝基（—NO_2）而生成硝基化合物的反应过程。硝化反应主要有三种，第一种是硝基（—NO_2）取代有机化合物中的氢原子，生成硝基化合物，其产物也叫 C-硝基化合物，如硝基甲苯、邻氯硝基苯等；第二种是硝基（—NO_2）通过氮原子相连生成硝铵化合物的反应，其产物也叫 N-硝基化合物，如六亚甲基四胺硝化生成环三亚甲基三硝胺；第三种是硝酸根（—NO_3）取代有机化合物中羟基的反应，反应产物为硝酸酯，也叫 O-硝基化合物，如硝化甘油、异山梨醇硝酸酯等。硝化反应是染料、炸药及某些医药、农药、精细化工产品生产过程中的重要反应步骤，通过硝化反应可生成多种芳烃、烷烃硝化物，如硝基苯类、TNT、硝基甲烷等以及制备苦味酸、染料、偶氮苯、联苯胺、氨基蒽醌类等重要化工原料。

硝化工艺为高危险性工艺，硝化反应的稳定性和安全性一直都是化工安全生产的重点。由于硝化反应导致的安全事故成为我国化工生产的血泪教训，如1987 年和 1991 年我国 TNT 生产线的大爆炸，2005 年吉林石化双苯厂"11·13"特大爆炸事故，2007 年沧州大化"5·11"硝化系统爆炸事故，2009 年河南洛染股份有限公司"7·15"重大爆炸事故，2012 年河北克尔化工有限公司"2·28"重大爆炸事故，2015 年山东滨源化学有限公司"8·31"重大爆炸事故等，给社会带来了巨大的财产损失和重大人员伤亡。因此，明确硝化工艺危险特性，对制定硝化工艺安全控制措施，保障安全生产十分重要，硝化工艺的危险性总结如下：

① 硝化反应中的原料（被硝化的物质）具有燃爆危险性，易燃且有毒，如苯、甲苯等，属于甲类火灾危险性物质，如果使用或者储运不当，很可能造成爆炸燃烧，甚至酿成火灾和中毒事故。硝化剂具有强氧化性、吸水性和腐蚀性，常用的硝化剂是浓硝酸、混酸（浓硝酸和浓硫酸的混合物），与油脂、有机物，特别是不饱和有机化合物接触后，即可能引起燃烧或者爆炸事故。在制备硝化剂时，若体系温度过高或进入少量水，会促使硝酸大量分解和蒸发，不仅会腐蚀设备，同时还可能引起爆炸事故。

② 硝化反应产物和副产物大多具有爆炸危险性，特别是多硝基化合物和硝酸酯，在受热、摩擦、撞击或接触火源时，极容易发生爆炸和火灾事故。例如：2,4,6-三硝基甲苯（TNT），是一种烈性炸药；脂肪族硝基化合物通常闪点较低，属于易燃液体；芳香族硝基化合物中苯及其同系列的硝基化合物属于可燃液体或可燃固体；二硝基和多硝基化合物性质极不稳定，在受热、摩擦、撞击或接触火源时都可能发生分解，甚至爆炸，并且爆炸破坏力很大；与此同时，部分硝基化合物具有高毒性，甚至致癌性，例如：硝基苯毒性很强，人经口最小中毒剂量（血液毒性）为 200mg/kg；亚硝胺是强致癌物。

③ 硝化反应放热量大，反应进行速度快，温度不易控制。硝化反应过程中，温度越高，反应速率越快，引入一个硝基可释放出约 153kJ/mol 的热量，硝化反应过程必须及时移除反应热。在生产过程中，若冷却失效、加料失控或搅拌中途停止，极容易造成温度急剧升高而发生爆炸事故，混酸配制过程中，也会产生大量的热量，若不能及时移出，体系温度将持续升高，温度可达 90℃以上，可能造成硝酸分解、释放出氮氧化物等有毒气体，导致中毒事故。

④ 大多数硝化工艺过程为非均相反应，若反应过程中，各反应组分分布不均匀，将会引起局部过热，导致危险事故的发生，尤其是在反应起始阶段，停止搅拌等原因造成传热失效是非常危险的，一旦再次开动搅拌，会导致局部剧烈反应，短时间内释放大量热量，引起爆炸事故。

⑤ 硝化反应易发生副反应和过反应，如水解、氧化、磺化等，将直接影响到生产安全。若在硝化反应过程中发生氧化反应，反应放出热量，同时释放大量红棕色氮氧化物气体，在体系温度升高后，可能导致氮氧化物气体与硝化混合物同时从设备中喷出，发生爆炸事故。在蒸馏或精馏硝基化合物时，潜在分解可能性，引发爆炸事故。

⑥ 硝化釜的搅拌装置采用甘油或普通机油等作为润滑剂，机油与反应物料混合，有可能发生硝化反应而形成爆炸性物质。

化工生产过程中，典型的硝化工艺列举如下。

（1）直接硝化法　苯硝化制备硝基苯；氯苯硝化制备邻硝基氯苯、对硝基氯苯；对甲基苯酚硝化制备邻硝基对叔丁基苯酚；对叔丁基苯酚制备邻硝基对叔丁基苯酚；丙三醇与混酸反应制备硝酸甘油；甲苯硝化生产三硝基甲苯（TNT）；浓硝酸、亚硝酸钠和甲醇制备亚硝酸甲酯；丙烷等烷烃与硝酸通过气相反应制备硝基烷烃等都属于直接硝化工艺。

（2）间接硝化法　硝基胍、硝酸胍的制备；苯酚采用磺酰基的取代硝化制备苦味酸等属于间接硝化工艺。

（3）亚硝化法　二苯胺与亚硝酸钠和硫酸水溶液反应制备对亚硝基二苯胺；2-萘酚与亚硝酸盐反应制备 1-亚硝基-2-萘酚等属于亚硝化工艺，亚硝化工艺潜在更高的风险。

以某取代甲苯 A 经硝化反应，制备邻硝基某取代甲苯 B 为例，对硝化反应的热危险性进行分析。

工艺过程简单描述：向反应釜中加入物料 A 和 98% 的浓硫酸，控制温度为 30℃，滴加 65% 的浓硝酸，滴加时间为 2.0 h，滴加完毕后保温 2.0 h。物料 B 合成反应放热速率曲线如图 7-1 所示。

从图 7-1 中可以看出，滴加浓硝酸后，反应立即放热，滴加过程反应放热速率较高，基本稳定在 90.0W/kg 左右，说明滴加阶段反应放热量大，且反应速率快；滴加结束后，反应放热速率迅速下降至 0W/kg，保温过程反应基本无热量放出，说明几乎不存在物料累积，反应速率快，且反应较为完全，该硝化反应过程近似为加料控制型反应。物料 B 合成过程摩尔反应热为 -187.44kJ/mol（以物料 A 物质的量计），反应本身绝热温升为 151.2K。

该硝化过程一旦发生热失控，立即停止加料时，该硝化反应 T_{cf}、X_{ac}、X、X_{fd} 曲线如图 7-2 所示。

由图 7-2 的 T_{cf} 曲线可看出，在反应过程中，反应体系所能达到的最高温度 T_{cf} 随时间变化呈现先增大后减小的趋势。由热转化率曲线 X 可以看出，该反应物料热累积少，浓硝酸滴加结束后，热转化率接近 100%。按目前的工

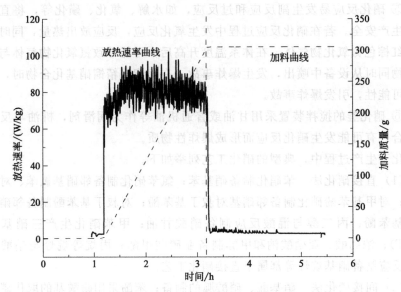

图 7-1　硝化反应物料 B 合成反应放热速率曲线图

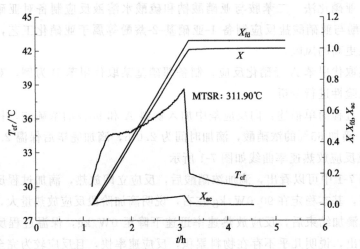

图 7-2　硝化反应 T_{cf}、X_{ac}、X、X_{fd} 曲线

X_{fd}—加料比例；X—热转化率；T_{cf}—反应任意时刻冷却失效后，

反应体系所能达到的最高温度，℃；X_{ac}—热累积度

艺条件，即使在物料热累积最大时反应发生失控，立即停止加料，体系所能达到的最高温度 MTSR 为 38.5℃。此外，当物料热累积为 100% 时，体系能够达到的最高温度 MTSR 为 181.2℃。

取 B 合成反应后料液进行安全性测试（图 7-3）。B 合成反应后料液在

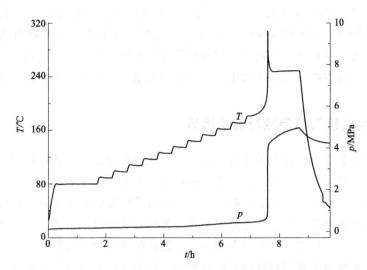

图 7-3　硝化反应 B 合成后料液绝热量热时间-温度-压力曲线

134.0℃时发生放气分解，在 181.5℃时发生放热分解，分解过程体系温度及压力迅速升高，放热量为 810J/g（以样品质量计），最大温升速率为 1141.7℃/min，最大压升速率为 4.5MPa/min。结合非绝热动态升温测试，进行分解动力学研究分析，获得分解动力学数据。B 合成反应料液自分解反应初期活化能为 131kJ/mol，中期活化能为 70kJ/mol；B 合成反应后料液热分解最大反应速率到达时间为 8h、24h 对应的温度 T_{D8} 为 138℃、T_{D24} 为 125℃。

根据研究结果，B 合成过程反应安全风险评估结果如下：

① 此硝化反应本身绝热温升 ΔT_{ad} 为 151.2K，该反应失控的严重度为"2级"。

当物料热累积为 100% 时，体系能够达到的最高温度 MTSR 为 181.2℃，高于体系沸点及反应后料液的 T_{D24}，该硝化反应危险性高。

若硝化过程一旦发生热失控，立即停止加料，体系所能达到的最高温度 MTSR 为 38.5℃。

② 在绝热条件下失控反应最大反应速率到达时间（TMR$_{ad}$）大于 24h，失控反应发生的可能性等级为"1级"，为很少发生，一旦发生热失控，人为处置失控反应的时间较为充足，事故发生的概率较低。

③ 风险矩阵评估的结果：风险等级为"Ⅰ级"，属于可接受风险，生产过程中需采取常规的控制措施，并适当提高安全管理和装备水平。

④ 反应工艺危险度等级为"1级"（$T_p \leqslant$ MTSR $<$ MTT $< T_{D24}$）。在反应发生失控后，体系温度升高并达到热失控时工艺反应可能达到的最高温度

MTSR，但 MTSR 小于技术最高温度 MTT 和体系在绝热过程中最大反应速率到达时间为 24h 时所对应的温度 T_{D24}。此时，体系不会引发物料的二次分解反应，也不会导致反应物料剧烈沸腾而导致冲料危险。体系热累积产生的热量，反应混合物的蒸发等可以带走部分，为系统安全提供一定的保障条件。

三、重点监控工艺参数及安全措施

硝化工艺的重点监控单元为硝化反应釜和分离单元，工艺过程中的重点监控的工艺参数包括：硝化反应釜内搅拌速率、温度；硝化剂流量；冷却介质流量；反应体系 pH 值；产物中杂质含量；蒸馏或精馏分离系统温度；蒸馏或精馏塔釜杂质含量等。应急管理部对硝化工艺的安全控制基本要求为：自动进料控制和联锁；反应釜温度的报警和联锁；搅拌的稳定控制和联锁；紧急冷却系统；分离系统温度控制与联锁；塔釜杂质监控系统；安全泄放系统等。硝化工艺的控制系统最好采用 DCS 控制系统，确保安全设施的配置齐全和完好，提高本质安全装备设施水平。

化工生产中涉及硝化工艺过程，部分细化的安全控制措施列举如下：

① 厂房车间设计应符合国家爆炸危险场所要求的安全规定，所有电气设备防爆，通风良好，并严禁带入火种。

②硝化反应配制混酸作为硝化剂时，应先用水将浓硫酸稀释，稀释时应在搅拌和冷却条件下将浓硫酸缓慢滴加至水中，不可反加料，以免发生爆溅；浓硫酸稀释后，在不断搅拌和冷却条件下加入浓硝酸，并要严格控制体系温度以及配比，直至充分混合均匀，不能把未经稀释的浓硫酸与浓硝酸混合，以免剧烈放热而引起突然沸腾冲料或者爆炸。

③ 硝基化合物具有爆炸性，形成的中间产物（如二硝基酚盐等）有强爆炸威力，在蒸馏或精馏硝基化合物（如硝基苯蒸馏）时，应防止热残渣与空气混合，以免发生爆炸。

④ 应确保硝化设备严密不漏，防止硝基化合物溅到蒸汽管道等高温表面上面引起分解、爆炸和燃烧。同时严防因硝化器夹套焊缝腐蚀使冷却水漏入硝化反应体系中；硝化反应器搅拌轴润滑时，不可使用普通机油或者甘油，以免被硝化形成爆炸性物质。

⑤ 将硝化反应釜内温度与釜内搅拌、硝化剂滴加速率、硝化反应釜夹套冷却水进水阀形成联锁自控关系；在硝化反应釜处于异常情况下，启动紧急停车系统，当硝化反应釜内温度超过规定温度或搅拌系统发生故障，自动报警并立即自动停止加料；硝化剂加料应采用双阀控制，固体物质则必须采用漏斗等

设备，使加料工作机械化；硝化岗位应设置相当容积的紧急放料槽。

⑥ 分离系统温度与加热、冷却系统形成联锁自控，体系超过规定温度时，能够立即停止加热并启动紧急冷却。

⑦ 硝化岗位生产设备采用防腐材料，以防硝酸、硫酸等腐蚀设备，发生泄漏，造成人员伤害或是引发火灾和爆炸事故。

第二节　过氧化工艺

一、案例分析

1991 年 12 月 4 日 8 时，河南省某药厂一分厂工艺车间干燥器烘干第五批过氧化苯甲酰 105 kg。按工艺要求，需干燥 8h，至下午停机。化验室取样分析后认为，含量不合格，需再次干燥。次日 9 时，干燥工将不合格的过氧化苯甲酰装进干燥器再次干燥。不料当天全天停电，无法启动干燥器。6 日 8 时，对干燥器进行检查后，开真空。14 时停抽真空，在停抽真空后 15min 左右，干燥器内的干燥物过氧化苯甲酰发生化学爆炸，共炸毁车间上下两层房屋 5 间、粉碎机 1 台、干燥器 1 台，固定干燥器内蒸汽排管在屋内向南移动约 3m，外壳撞到北墙飞出 8.5m 左右，楼房倒塌，造成 4 名当班操作人员死亡。

经过事故调查和原因分析发现，造成本次事故发生的直接原因是过氧化苯甲酰爆炸前第一分蒸汽阀门没关，第二分蒸汽阀门差一圈没关严，在没有关严两道蒸汽阀门的情况下，停止抽真空，造成停抽后干燥器内温度急剧上升致使过氧化苯甲酰因过热引起剧烈分解而发生爆炸。该厂在试生产前对其工艺设计、生产设备、操作规程等未按化学危险品规定报经安全管理部门鉴定验收。该厂用的干燥器是自制的，适用于干燥一般物品，不适用于干燥过氧化苯甲酰。

事故发生的间接原因：

① 该厂的本质安全条件极差，厂房设计弊端多，工艺设计不完善，厂房布局不合理。生活区、一般生产区和危险品生产区没有按要求划分。

② 施工图纸不符合规定，工艺文件不齐全；生产设备选型存在问题；另外在厂房施工中还任意更改图纸，降低防爆标准，未按规定配备消防设施。

③ 安全管理混乱，无人负责安全生产，也没有安全管理制度，更没有对职工进行过任何安全培训教育。

二、过氧化工艺危险特性

过氧化工艺是指将过氧基（—O—O—）引入有机化合物分子的工艺过程。此外，酰基、烷基等基团将过氧化氢的氢原子取代，生成相应的有机过氧化物的工艺过程也属于过氧化工艺。过氧化工艺用于制备有机过氧化物，有机过氧化物可用于聚合物生产的催化剂、聚合反应中的自由基型引发剂、聚乙烯树脂交联剂；此外，在漂白剂、固化剂、防腐剂、除臭剂、氧化剂等领域有着广泛的应用。但是，过氧化工艺中涉及性质非常不稳定的过氧基和过氧化产物，若操作不当，引发火灾爆炸事故的危险性较大。因此，明确过氧化工艺的危险特性，对制定相应安全控制措施显得十分重要。过氧化工艺的危险特性总结如下：

① 过氧化物，如酮的过氧化物、醚的过氧化物、酸的过氧化物、酯的过氧化物、过氧化氢（俗称双氧水）等都含有过氧基（—O—O—），过氧键结合力弱，断键时所需要的能量不大，分解反应活化能低，过氧化物稳定性很差，对受热、振动、冲击或摩擦等因素都极为敏感，受到轻微的外力作用即可发生分解，分解过程释放大量热量和气体，极易引发爆炸事故，导致严重后果。

② 多数过氧化物易燃烧，并且燃烧迅速而剧烈。过氧化物中过氧基的燃烧活化能低于一般的爆炸物质，这导致了有机过氧化物的自燃温度低于其他有机化合物。另外，过氧化物氧化性极强，过氧基与有机物、纤维接触时也容易发生氧化反应，放出大量热，一旦热量不能及时移出，将会引发爆炸或火灾。

③ 过氧化物的氧化性强，人体接触后对眼睛、皮肤及上呼吸道有伤害作用。

④ 过氧化反应过程中若物料配比控制不当、温度控制不当、滴加速度过快、氧化剂超量，会造成温度失控，引发燃烧、爆炸事故；反应气相组成非常容易达到爆炸极限，具有燃爆危险。

⑤ 过氧化反应通常在酸性介质中进行，因此，对反应的设备、管道等腐蚀相对严重，容易发生泄漏，设备和管道材质的选择非常重要。

⑥ 在生产设备冷却效果不好，或者发生冷却失效、搅拌失控等异常情况下，有可能引发局部反应加剧、釜内温度骤升等问题，甚至可能导致物料分解放热、放气，设备内温度和压力急剧升高，引发爆炸等安全事故。

在生产过程中，典型的过氧化工艺主要有以下几种：双氧水的生产；乙酸在硫酸存在下与双氧水作用，制备过氧乙酸水溶液；酸酐与双氧水作用直接制备过氧乙酸；苯甲酰氯与双氧水的碱性溶液制备过氧化苯甲酰；叔丁醇与双氧水制备叔丁基过氧化氢；异丙苯经空气氧化制备过氧化氢异丙苯等。

以某物料 A 经双氧水氧化生成过氧化物 B 为例，对过氧化反应的热危险性进行分析。

工艺过程简述：向反应釜中加入物料 A、溶剂 S 及 50％硫酸，20℃下滴加双氧水，滴加完毕保温 1.5 h，合成反应放热速率曲线如图 7-4 所示。

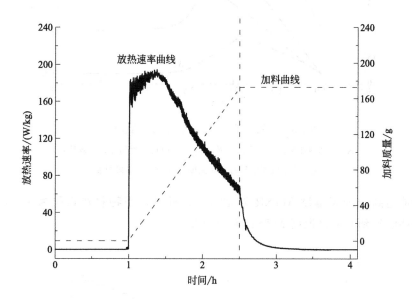

图 7-4　过氧化物 B 合成反应放热速率曲线图

由图 7-4 可以看出，开始滴加双氧水时，反应立即开始放热，放热速率迅速升高，随着双氧水的加入，反应放热速率迅速升高后逐渐降低。滴加结束时，放热速率约为 60W/kg，说明反应过程中物料存在一定累积。过氧化物 B 合成过程摩尔反应热为 -121.38 kJ/mol（以物料 A 的物质的量计），反应本身绝热温升为 59.6K。

该过氧化反应过程一旦发生热失控，立即停止加料时，该过氧化反应 T_{cf}、X_{ac}、X、X_{fd} 曲线如图 7-5 所示。

由图 7-5 的 T_{cf} 曲线可看出，在反应过程中，反应体系所能达到的最高温度 T_{cf} 随时间变化呈现先增大后减小的趋势。由热转化率曲线 X 可以看出，该反应存在一定的物料热累积，双氧水滴加结束后，热转化率为 95.6％。按目前的工艺条件，即使在物料热累积最大时反应发生失控，立即停止加料，体

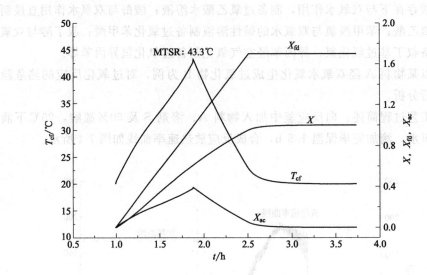

图 7-5　过氧化反应 T_{cf}、X_{ac}、X、X_{fd} 曲线

X_{fd}—加料比例；X—热转化率；T_{cf}—反应任意时刻冷却失效后，
反应体系所能达到的最高温度，℃；X_{ac}—热累积度

系所能达到的最高温度 MTSR 为 43.3℃。此外，当物料热累积为 100％时，体系能够达到的最高温度 MTSR 为 79.6℃。

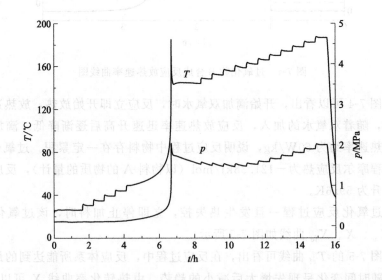

图 7-6　过氧化物 B 合成反应后料液绝热量热测试时间-温度-压力曲线图

取过氧化反应后料液进行安全性测试（图 7-6）。过氧化反应后料液在

44.5℃时发生放气分解，在 49.6℃时发生放热分解，分解过程体系温度及压力迅速升高，放热量为 1610 J/g（以样品重量计），最大温升速率为 558.7℃/min，最大压升速率为 7.4MPa/min。结合非绝热动态升温测试，进行分解动力学研究分析，获得分解动力学数据。过氧化反应料液自分解反应初期活化能为 26 kJ/mol，中期活化能为 45 kJ/mol；过氧化反应料液热分解最大反应速率到达时间为 8h、24h 对应的温度 T_{D8} 为 36℃、T_{D24} 为 31℃。

根据研究结果，该过氧化过程反应安全风险评估结果如下：

① 此过氧化反应本身绝热温升 ΔT_{ad} 为 59.6 K，该反应失控的严重度为"2级"。

当物料热累积为 100％时，体系能够达到的最高温度 MTSR 为 79.6℃，高于反应后料液的 T_{D24}，该过氧化反应危险性高。

若过氧化反应过程一旦发生热失控，立即停止加料，体系所能达到的最高温度 MTSR 为 43.3℃。

② 在绝热条件下失控反应最大反应速率到达时间（TMR_{ad}）大于 1h，小于 8h，失控反应发生的可能性等级为"3级"，很有可能发生，一旦发生热失控，人为处置失控反应的时间不足 8h，事故发生的概率较高。

③ 风险矩阵评估的结果：风险等级为"Ⅱ级"，属于有条件接受风险，在控制措施落实的条件下，可考虑通过工艺优化降低风险等级。放大试验及生产过程中，要严格控制双氧水加料速度，实现自控联锁，避免加料失控，有效控制风险。

④ 反应工艺危险度等级为"5级"（$T_p < T_{D24} < MTSR < MTT$）。在反应发生失控后，反应体系由于技术原因影响的最高温度 MTT 大于反应体系热失控时工艺反应可能达到的最高温度 MTSR，并且，MTT 和 MTSR 均大于体系在绝热过程中最大反应速率到达时间 TMR_{ad} 为 24h 时所对应的温度 T_{D24}。此时的反应体系很容易引发物料的二次分解反应。由于二次分解反应不断地放热，在放热过程中将会使体系达到工艺的极限温度。在技术原因影响的最高温度 MTT 时，二次分解反应放热速率更快，大量释放的能量由于不能及时移除，将会导致反应体系处于更加危险的状态。这种情况下，单纯依靠蒸发冷却和降低反应系统压力等措施已经不能满足体系安全保障的需要。因此，5 级危险度是一种非常危险的情形，普通的技术措施不能解决 5 级危险度的情形，既然如此，则必须建立更加有效的应急措施，例如：紧急泄料或是骤冷等措施。该反应需要重新进行工艺研究和重新进行工艺设计，例如：采取改变反应物料浓度、改变加料方式和改变溶剂等措施，尽可能优化反应条件和操作方法，减少反应失控后物料的累积程度，保障生产安全。

三、重点监控工艺参数及安全措施

过氧化工艺的重点监控单元为过氧化反应釜,工艺过程中的重点监控参数有:过氧化反应釜内的温度、搅拌速率;(过)氧化剂流量;体系的 pH 值;原料配料比;过氧化物的浓度;气相氧含量等。

针对过氧化工艺本身的危险性特点,应急管理部对过氧化工艺提出安全控制的基本要求,主要内容为:反应釜温度和压力的报警和联锁;反应物料的比例控制和联锁及紧急切断动力系统;紧急断料系统;紧急冷却系统;紧急送入惰性气体系统;气相氧含量监测、报警和联锁;紧急停车系统;安全泄放系统;可燃和有毒气体检测报警装置等。生产使用过程中,部分细化安全控制措施如下:

① 过氧化反应工艺危险度较高,车间生产装置应使用自动控制系统,同时,反应器设置泄爆阀,车间设置安全泄放系统和超温、超压、最高含氧量报警等装置。

② 反应过程中应严格控制各物料的配比、严格控制滴加速度和反应温度,以免因(过)氧化剂超量、物料配比不当等原因造成温度或压力失控而引发安全性事故。

③ 严格控制原料杂质指标,特别是能够与双氧水等氧化剂发生化学作用的杂质,必须对原料进行严格监控、检验,合格后方可使用。

④ 过氧化反应一般都在酸性介质中进行,对设备、管道腐蚀严重,易发生泄漏,因此,必须选择耐蚀的反应设备、管道等,并定期检查管道、设备腐蚀情况,及时排除隐患。

⑤ 过氧化物与金属、有机物、还原剂、碱类等接触,可加速过氧化物分解,存放时须妥善隔离,存放地方应保持避光、通风、阴凉,某些特殊的过氧化物需要低温冷储。

⑥ 将过氧化反应釜内温度与釜内搅拌速度、过氧化物流量、过氧化反应釜夹套冷却水进水阀形成自控联锁关系,设置紧急停车系统和氮气或水蒸气灭火装置。

⑦ 过氧化物的回收及生产时,对于含有机过氧化物的废水,处理均应有严格的安全操作规程和安全对策措施,以防意外事故发生。

第三节 氧 化 工 艺

一、案例分析

2012 年 8 月 25 日 18 时 46 分,山东某工厂双氧水车间在生产时氧化塔发生爆炸事故。8 月 25 日 16 时 24 分氧化塔压力由 0.08MPa 升至 0.2MPa，中控室操作人员通过远控打开氧化塔尾气调节阀泄压，因怕带出物料所以阀的开度较小，塔内压力升高速度短暂减缓后继续升高，18 时 39 分，塔内压力急剧升高，18 时 46 分氧化塔爆炸，并相继引燃了氧化塔周边的氢化塔、萃取塔等设备中的物料，配制釜随后发生爆炸，爆炸导致双氧水车间南侧 300m 的氯碱车间氯气管道受损，氯气泄漏；造成 3 人死亡、7 人受伤，直接经济损失约 750 万元。

经过事故调查和原因分析发现，引起本次事故的直接原因是长期停车，恢复生产时未进行设备检修，且未更换装置中氧化塔内催化剂及其滤网，开车后引入较多杂质。催化剂等杂质随氢化液进入氧化塔中，引起双氧水分解，使塔内温度及压力升高。紧急停车后，氧化塔内压力、温度及液位均升高，但未采取有效的排料或泄压等措施，高温、高压导致氧化塔爆炸。

本次事故的间接原因是该企业管理混乱，管理机构不健全，操作规程有缺陷，尤其是对生产过程中出现的异常情况，如塔内温度、压力及液位升高时，无明确的操作规程，也没有应急响应安全防范措施。管理制度不落实，未落实开车、停车操作方法，设备未经检修就投入生产，压力容器停用 1 年 10 个月后未经检查投入使用。操作人员安全教育不到位，开车前未对相关人员进行安全教育。相关人员对工艺过程、操作参数、控制指标、安全知识、应急处理等了解极少，应急处理能力差。

二、氧化工艺危险特性

氧化反应指反应物失去电子的反应，大多数有机化合物的氧化反应表现为反应原料得到氧或者失去氢，涉及氧化反应的工艺过程即为氧化工艺。常用的氧化剂有氧气（或空气）、重铬酸钠（钾）、双氧水、氯酸钾、高锰酸钾等。氧化反应在有机和无机化工、农药、医药、冶金、轻工、军工、纺织等领域有着广泛的应用，如煤、天然气、汽油等燃料与空气或氧气发生燃烧反应；锂电池制造、电解电镀、脱氢等，纺织物的漂白等。大多数爆炸和燃烧都属于氧化反应，因此，氧化工艺中潜在爆炸、火灾等风险。化工生产过程中，了解氧化工艺的危险性特点，对氧化工艺采取安全控制措施十分重要，氧化工艺的危险特性总结如下：

① 大多氧化反应中涉及的原料、中间产物及产品均具有燃爆危险性。参加氧化反应的还原剂大多为具有可燃性或易燃易爆性的物质，其发生氧化反应后生成的中间产物和产品也都具有可燃性或易燃易爆性，如乙烯氧化生成环氧乙烷过程中，原料乙烯及其氧化产物环氧乙烷都属于易燃物质，反应过程中的

副产物乙醛等也是易燃液体。氧化过程中还可能使用过氧化物，其化学稳定性较差，受热、摩擦或撞击等作用时即可发生分解、燃烧或者爆炸。

② 部分氧化剂具有燃爆危险性，如氯酸钾，高锰酸钾、铬酸酐等都属于强氧化剂，如受热、摩擦或撞击以及与还原性有机物、酸类等接触，皆可能引起爆炸、火灾。若是环境中氧含量过高，部分不易燃的物质也将变得易燃。

③ 氧化反应大多数为放热反应或者强放热反应，但是如催化气相氧化反应一般都在 250~600℃ 的高温下进行，氧化反应初始阶段需要吸收热量，反应过程则持续放出热量，若反应过程中释放的热量不能及时移出，会导致体系温度升高，引发冲料、二次分解反应甚至爆炸事故的发生。

④ 如果在氧化工艺中存在可燃液体物质，且氧化反应过程使用氧气作为氧化剂或是反应过程中产生氧气，氧化工艺反应气相组成容易达到可燃物的爆炸极限，具有闪爆危险。部分氧化反应使用的氧气或是反应过程中产生的氧气，与有机反应原料或产物气相混合，可能达到有机物料的爆炸极限，如甲醇、氨和乙烯蒸气在空气中氧化，物料配比接近爆炸下限，若控制不当极易形成爆炸性混合气体，遇引火源则会发生爆炸。

化工生产中，典型的氧化工艺列举如下：乙烯氧化制备环氧乙烷；克劳斯法气体脱硫；甲醇氧化制备甲醛；丁醛氧化制备丁酸；一氧化氮、氧气和甲（乙）醇制备亚硝酸甲（乙）酯；对二甲苯氧化制备对苯二甲酸；甲苯氧化制备苯甲醛、苯甲酸；异丙苯经氧化-酸解生产苯酚和丙酮；双氧水或有机过氧化物为氧化剂生产环氧丙烷、环氧氯丙烷；环己烷氧化制备环己酮；天然气氧化制备乙炔；邻二甲苯或萘氧化制备邻苯二甲酸酐；4-甲基吡啶氧化制备 4-吡啶甲酸；丁烯、丁烷、C_4 馏分或苯氧化制备顺丁烯二酸酐；喹啉氧化制备 2,3-吡啶二甲酸；3-甲基吡啶氧化制备 3-吡啶甲酸；均四甲苯氧化制备均苯四甲酸二酐；2-乙基己醇氧化制备 2-乙基己酸；苊氧化制备 1,8-萘二甲酸酐；对氯甲苯氧化制备对氯苯甲醛和对氯苯甲酸；对硝基甲苯氧化制备对硝基苯甲酸；环己酮/醇混合物氧化制备己二酸；环十二醇/酮混合物的开环氧化制备十二碳二酸；乙二醛硝酸氧化法合成乙醛酸；氨氧化制备硝酸等。

以物料 A 经氯酸钠氧化反应生成产物 B 为例，对氧化反应的热危险性进行分析。

工艺过程简述：25℃ 条件下向反应釜中加入水、硫酸、物料 A、氯酸钠及助剂 C，升温至 95℃，保温约 16 h，氧化反应放热速率曲线如图 7-7 所示。

由图 7-7 放热速率曲线可知，25℃ 条件下，原料混合过程无明显吸放热信号产生，加料完开始升温，95℃ 前期保温过程，体系放热速率缓慢增大，保温约 6h 时，体系达到保温过程最大放热速率 67.8W/kg（以物料总重计），之后

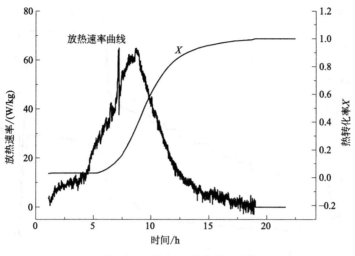

图 7-7 氧化反应放热速率曲线

反应放热速率缓慢减小，保温约 1029.6min，体系放热结束。该氧化过程反应热为 − 249.77kJ/mol（以物料 A 的物质的量计），反应本身绝热温升为 369.4K。

该氧化反应属于间歇操作，反应物料在起始阶段一次性全部加入，反应过程中未加入任何物料，可认为物料热累积为 100%，体系能够达到的最高温度 MTSR 为 464.4℃。

取氧化反应后料液进行安全性测试（图 7-8）。氧化反应后料液在 196.6℃ 时发生放热分解并伴随气体生成，分解过程体系温度及压力迅速升高，放热量为 820J/g（以样品质量计），最大温升速率为 57.0 ℃/min，最大压升速率为 0.3MPa/min。结合非绝热动态升温测试，进行分解动力学研究分析，获得分解动力学数据。氧化反应料液自分解反应初期活化能为 135 kJ/mol，中期活化能为 85 kJ/mol；氧化反应料液热分解最大反应速率到达时间为 8h、24h 对应的温度 T_{D8} 为 153℃、T_{D24} 为 139℃。

根据研究结果，该氧化过程反应安全风险评估结果如下：

① 该反应本身绝热温升 ΔT_{ad} 为 369.4 K，该反应失控的严重度为 "3 级"。

② 在绝热条件下失控反应最大反应速率到达时间（TMR_{ad}）小于 1h，失控反应发生的可能性等级为 "4 级"，为频繁发生，人为处置失控反应的时间不足 1h，事故发生的概率较高。

③ 风险矩阵评估的结果：风险等级为 "Ⅲ级" 风险，属于不可接受风险，

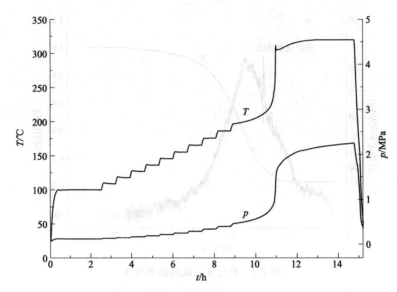

图 7-8　氧化反应后料液绝热量热测试时间-温度-压力曲线图

在控制措施落实的条件下，需通过工艺优化降低风险等级。

④ 反应工艺危险度等级为"4 级"（$T_p<$MTT$<T_{D24}<$MTSR）。反应失控后，反应可能达到的最高温度 MTSR 大于体系技术最高温度 MTT 和体系在绝热过程中最大反应速率到达时间 TMR_{ad} 为 24h 时所对应的温度 T_{D24}，此时的 MTT 低于 T_{D24}，也就是说，体系的温度不能够稳定在技术最高温度 MTT 的水平，从理论上来说会引发物料二次分解反应的发生。在这种情况下，反应体系在技术最高温度 MTT 时的目标反应和二次分解反应的放热速率决定了整个工艺的安全性情况。反应混合物的蒸发冷却和降低反应系统压力等措施有一定的安全保障作用，一旦此时的技术措施失效，则会引发二次分解反应的发生，使整个反应体系变得更加危险。建议重新进行工艺研究和重新进行工艺设计，例如：采取改变反应物料浓度、改变加料方式和使用催化剂等措施，尽可能优化反应条件和操作方法，减少反应失控后物料的累积程度，保障生产安全。

三、重点监控工艺参数及安全措施

氧化工艺为放热反应过程，部分原料、中间体及产品具有燃爆危险性，氧化工艺的重点监控单元为氧化反应釜。工艺过程中的重点监控参数有：氧化反应釜内温度、压力及搅拌速率；氧化剂流量；反应物料配比；气相氧含量；过氧化物含量等。

针对氧化工艺本身的危险性特点，应急管理部对氧化工艺提出安全控制的基本要求，主要内容为：反应釜温度和压力的报警和联锁；反应物料比例控制和联锁及紧急切断动力系统；紧急断料系统；紧急冷却系统；紧急送入惰性气体系统；气相氧含量监测、报警和联锁；安全泄放系统；可燃和有毒气体检测报警装置等。化工生产中涉及氧化工艺过程，部分细化的安全控制措施列举如下：

① 确保进行氧化反应过程的设备具有良好的移热能力，通常可以采用夹套、内置盘管等冷却方式，对于放热量大、放热功率高的反应，可使用外循环冷却等方式进行冷却。

② 氧化工艺为高危险反应工艺，应设置自动报警、自动控制、自动泄压等装置，将氧化反应釜内的温度和压力与反应物的配比和流量、氧化反应釜夹套冷却水进水阀、紧急冷却系统形成自控联锁关系，在氧化反应釜处设立紧急停车系统，当氧化反应釜内温度超标或搅拌系统发生故障时自动停止加料并紧急停车。

③ 氧化过程如果使用空气或者氧气作为氧化剂时，各反应物料配比应严格控制在爆炸极限范围之外。空气进入反应器之前，应先进行净化处理，消除空气中携带的灰尘、水汽、油污以及可使催化剂活性降低或中毒的杂质，以保持催化剂的活性，减少火灾和爆炸的危险。

④ 在使用硝酸、高锰酸钾、氯酸钠等氧化剂时，要严格控制加料速度和加料顺序，必须杜绝加料过量、加料错误，并尽量使用液体状态氧化剂，反应过程中应持续搅拌，且控制反应温度在还原物质的自燃点以下。

⑤ 氧化工艺过程中使用的原料或生成物大多具有易燃易爆性或属于有毒物品，必须按危化品管理规范，采取相应的防火措施。

⑥ 部分有机化合物进行氧化反应，尤其是在高温下进行氧化反应，可能会产生胶状物质，应及时清除残留或是附着在设备和管道内的胶状物质，以防胶状物料分解或自燃。

⑦ 应为氧化反应系统设置氮气或者蒸汽灭火系统，并配置应急电源。

第四节 氯 化 工 艺

一、案例分析

2004年4月15日，某化工厂值班人员发现氯氢分厂冷冻车间液化岗位的氯冷凝器出现穿孔，导致氯化钙盐水进入了液氯系统。该厂立即将泄漏氯冷凝器从系统中断开，并采取了冷冻紧急停车措施，利用盐水泵把泄漏氯冷凝器壳内氯化钙盐水排入至盐水箱，同时把冷凝器内余氯和液氯分离器内的液氯排入至排污罐，事故现场开启液氯包装尾气泵来抽取排污罐内的氯气到次氯酸钠漂白装置。次日凌晨，抽气过程中，排污罐发生了爆炸，大约2h后，盐水泵发生爆炸。到16日下午，抢险处置过程中，又有5个装有液氯的氯罐突然发生爆炸，罐体破裂解体并形成了一个长9m、宽4m、深2m的炸坑，并以炸坑为中心约200m范围内的地面和建筑上有大量爆炸碎片，该爆炸事故导致9人当场死亡、3人受伤。爆炸发生后，该市消防特勤队员用高压碱液进行了高空稀释，较短时间内控制住了氯气的扩散，并迅速安排周边15万居民进行撤离。

经过事故调查和原因分析，发现氯冷凝器列管腐蚀穿孔导致了盐水泄漏是本次事故最直接的原因。此外，爆炸事故的发生还存在其他4个方面的原因：

① 该厂的液氯冷冻岗位使用的盐水中含有高浓度的氨（氨蒸发器系统曾发生过泄漏，大量氨进入盐水），在氯冷凝器列管被腐蚀穿孔后，含高浓度氨的氯化钙盐水进入到液氯系统，生成大量的三氯化氮爆炸物是造成本次爆炸事故的内在原因。

② 事故现场处理人员对三氯化氮富集爆炸的危险性没有足够认识，擅自采用抽吸的办法以加快氯气处理速度，导致了事故处理装置水封处的三氯化氮与空气产生接触和震动发生了爆炸，进而引发其他液氯储罐发生爆炸，可以说这也与我国对三氯化氮爆炸机理和条件研究的不成熟，相关安全技术不完善有关。

③ 该厂人员对压力容器的日常管理差，相关设备技术档案资料不齐全，无近年来维修、保养和检查记录，在复检时未做耐压试验，未能在有明显腐蚀和腐蚀穿孔前及时发现，留下了重大安全隐患。

④ 存在事故隐患督促检查不力、安全生产责任落实不到位等因素。

二、氯化工艺危险特性

氯化工艺指的是向化合物分子中引入氯原子的反应，涉及氯化反应的工艺过程为氯化工艺。氯化工艺在化工生产中拥有重要地位，广泛应用于制备有机溶剂、有机合成中间体、医药、农药、塑料、制冷剂等，如应用广泛的氯乙烯就是通过氯化工艺制备的。需要注意的是，在化工生产过程中，氯化工艺极易引发火灾、爆炸、中毒等事故，造成人身伤亡与财产损失，同时也会造成严重的环境污染，这些都是与氯化工艺独特的工艺危险性相关：

① 氯化工艺所使用的原料大多具有燃爆危险性，而氯化反应本身为放热反应，尤其是在高温条件下进行的氯化，反应过程放热剧烈，极易导致温度失控而发生爆炸。

② 氯化工艺常使用氯气作为氯化剂，氯气本身为剧毒化学品，空气中氯气允许的最高浓度仅为 $1mg/m^3$，浓度达 $90mg/m^3$ 就可引起剧烈咳嗽，达到 $3000mg/m^3$ 时深吸少许即可致死。氯气的氧化性强，储存压力较高，多数氯化工艺是采用液氯生产，先将液氯汽化再进行氯化反应，因而一旦泄漏危险性较大；另外，三氯氧磷、氯化亚砜等氯化剂遇水分解，放出大量热量并产生腐蚀性气体。

③ 氯气中的杂质，如水、氧气、氢气和三氯化氮等，在使用过程中易发生危险，尤其是三氯化氮，三氯化氮对热、震动、摩擦和撞击相当敏感，极易分解并发生爆炸，若氯气缓冲罐不能定期排出三氯化氮，可能会因三氯化氮的积聚而引发爆炸。

④ 氯化工艺产生的尾气可能会形成爆炸性混合物，其中，氯化氢气体在遇水后腐蚀性极强，使用的相关设备必须具有防腐蚀性能，且应保证设备严密，无漏点。

典型的氯化工艺主要分为以下 4 种：

（1）取代氯化 即氯与苯、醇、酸和烷烃等发生取代反应，得到氯化产品。例如：氯取代苯中的氢原子生产六氯化苯；甲醇与氯反应生产氯甲烷；醋酸与氯反应生产氯乙酸；氯取代烷烃中的氢原子制备氯代烷烃；氯取代甲苯的氢原子生产苄基氯；氯取代萘中的氢原子生产多氯化萘。

（2）加成氯化 即氯与烯烃、炔烃等不饱和烃发生加成反应，得到氯化产物的过程。例如：氯气与乙烯加成生产 1,2-二氯乙烷；氯化氢和乙炔加成生产氯乙烯等；氯气与乙炔加成生产 1,2-二氯乙烯。

（3）氧氯化 介于加成氯化和取代氯化之间，通常在有催化剂、氧气、氯化氢存在的条件下，进行氯化反应得到氯化产物的工艺过程。例如：甲烷氧氯化生产甲烷氯化物；乙烯氧氯化生产二氯乙烷；丙烷氧氯化生产丙烷氯化物；丙烯氧氯化生产 1,2-二氯丙烷等。

（4）其他氯化工艺 例如：次氯酸、次氯酸钠、N-氯代丁二酰亚胺与胺反应生产 N-氯化物；高钛渣、石油焦与氯反应生产四氯化钛；硫与氯反应生产一氯化硫；黄磷与氯气反应生产三氯化磷、五氯化磷；氯化亚砜作为氯化剂生产氯化物等。

以某芳烃与氯气在催化剂的存在下发生氯化反应为例，对氯化反应的热危险性进行分析。

工艺过程简述：向反应釜中加入芳烃和催化剂，反应温度为45℃，以一定速率通入氯气，合成反应放热速率曲线如图7-9所示。

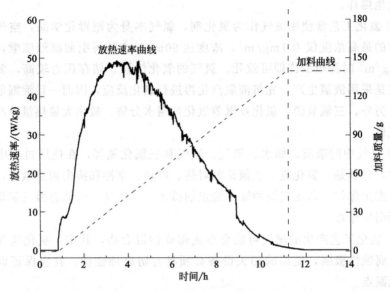

图 7-9 氯化反应放热速率曲线图

从图7-9中可以看出，通入氯气后，反应立即放热，反应放热速率逐渐增大，通入氯气2.7h达到最大放热速率49.3W/kg后，反应放热速率缓慢下降；停止通气后，反应放热速率迅速下降至0W/kg，保温过程反应基本无热量放出，说明几乎不存在物料累积，反应速率快，且反应较为完全，该氯化反应过程近似为加料控制型反应。氯化反应过程摩尔反应热为-212.9kJ/mol（以芳烃物质的量计），反应本身绝热温升为895.3 K。

该氯化过程一旦发生热失控，立即停止通入氯气时，该氯化反应 T_{cf}、X_{ac}、X、X_{fd} 曲线如图7-10所示。

由图7-10的热转化率曲线 X 可以看出，该反应物料热累积少，氯气通入结束后，热转化率接近100%。按目前的工艺条件，即使在物料热累积最大时反应发生失控，立即停止通气，体系所能达到的最高温度MTSR为45.8℃。

对氯化反应后料液进行安全性测试（图7-11）。氯化反应后料液在135.2℃时发生放热分解，并伴随气体生成，分解过程放热量为1230J/g（以样品质量计），最大温升速率为7.9℃/min，最大压升速率为1.2MPa/min。结合非绝热动态升温测试，进行分解动力学研究分析，获得分解动力学数据。氯化反应料液自分解反应初期活化能为66kJ/mol，中期活化能为95kJ/mol；

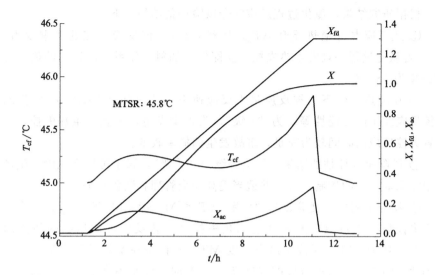

图 7-10　氯化反应 T_{cf}、X_{ac}、X、X_{fd} 曲线

X_{fd}—加料比例；X—热转化率；T_{cf}—反应任意时刻冷却失效后，

反应体系所能达到的最高温度，℃；X_{ac}—热累积度

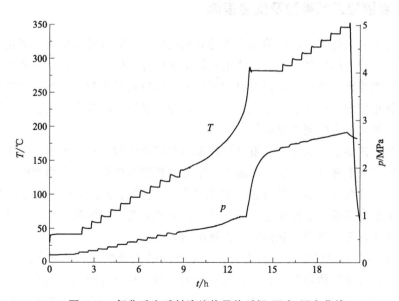

图 7-11　氯化反应后料液绝热量热时间-温度-压力曲线

氯化反应料液热分解最大反应速率到达时间为 8h、24h 对应的温度 T_{D8} 为 159℃、T_{D24} 为 139℃。

根据研究结果，氯化过程反应安全风险评估结果如下：

① 此反应本身绝热温升 ΔT_{ad} 为 895.3 K，该反应失控的严重度为"4级"。若氯化过程一旦发生热失控，立即停止加料，体系所能达到的最高温度 MTSR 为 45.8℃。

② 在绝热条件下失控反应最大反应速率到达时间（TMR_{ad}）大于 24h，失控反应发生的可能性等级为"1级"，为很少发生，一旦发生热失控，人为处置失控反应的时间较为充足，事故发生的概率较低。

③ 风险矩阵评估的结果：风险等级为"Ⅰ级"，属于可接受风险，生产过程中需采取常规的控制措施，并适当提高安全管理和装备水平。

④ 反应工艺危险度等级为"1级"（$T_p \leqslant MTSR < MTT < T_{D24}$）。在反应发生失控后，体系温度升高并达到热失控时工艺反应可能达到的最高温度 MTSR，但 MTSR 小于技术最高温度 MTT 和体系在绝热过程中最大反应速率到达时间为 24h 时所对应的温度 T_{D24}；此时，体系不会引发物料的二次分解反应，也不会导致反应物料剧烈沸腾而发生冲料危险；体系热累积产生的热量，可由反应混合物的蒸发等带走一部分，为系统安全提供一定的保障条件。

三、重点监控工艺参数及安全措施

氯化工艺中的重点监控单元主要是氯化反应釜与氯气储运单元。氯化工艺中涉及的剧毒气体氯气，在生产使用过程中要格外谨慎，工艺过程中要重点监控的参数主要有：氯化反应釜的温度和压力；反应物料的配比；反应釜的搅拌速率；氯化剂的进料流量；氯气杂质含量；冷却系统中冷却介质的温度、压力及流量；氯化反应的尾气组成等。

结合工艺参数、氯化工艺重点监控单元与应急管理部法规要求，氯化工艺的安全控制基本要求为：反应釜温度、压力的报警和联锁；反应物料的比例控制与联锁；进料缓冲器；紧急进料切断系统；搅拌的稳定控制；紧急冷却系统；安全泄放系统；事故状态下的氯气吸收中和系统；需安装可燃与有毒气体检测报警装置等。部分细化的安全控制措施如下：

① 车间厂房设计要符合国家爆炸危险场所的安全规定，易燃易爆设备和部位要安装可燃气体检测报警仪，设置与工艺特性相符合的消防设施。

② 生产过程若处于密闭空间内，生产场所要加强通风，严格防止有毒蒸气泄漏到工作场所中。

③ 氯化工艺最常用的氯化剂是氯气，储罐内的液氯进入氯化器之前必须先进入蒸发器进行汽化，液氯蒸发器一般使用水汽混合作为热源进行升温，严

禁使用蒸汽、明火直接加热钢瓶，此外还应定期排放三氯化氮，以免发生积聚，造成爆炸事故。

④ 氯化工艺的反应设备必须具备良好的冷却系统，工艺过程若存在遇水猛烈分解的物料如三氯氧磷、三氯化磷等，不宜用水作为冷却介质；氯化反应釜内的温度、压力与釜内搅拌、氯化剂流量、反应釜夹套冷却水进水阀应形成联锁关系，并设立紧急停车系统与自动泄压系统。

⑤ 氯化工艺多有氯化氢气体生成，应通过增设吸收与冷却装置除去尾气中的氯化氢气体，相关设备必须防腐蚀，严密不漏。

第五节　光气及光气化工艺

一、案例分析

1986年12月28日下午，某化工厂按计划检修清理光气缓冲罐中的固体结晶物料。15时20分左右，车间检修维护工人在顺利拆除两个光气缓冲罐的封头螺栓后，发现两个缓冲罐均有黄褐色液体流出。由于检修工人都按照规定配备了防毒面具，没能嗅到刺激性气味，认为流出的是污水。随着刺激性气味不断增强，并伴有强烈辣眼的感觉，与此同时，现场监视人员发现其中一个缓冲罐的底部出现结霜现象，确认罐内流出物是液态光气。立即启动应急措施，使用烧碱进行破坏，直到现场气味消失为止。但是，在未对光气进行破坏之前，已有部分光气逸出车间，随风进入附近工厂，导致附近两个工厂200余人吸入了光气，9人送医治疗，2人重度中毒。

经事故调查和原因分析，该厂员工对光气特性及其危险性认识不足，安全意识薄弱是造成本次事故的主要原因。该厂员工在对车间光气设备进行全面检修前，忽视了设备内有液态光气残留的可能性。根据以往的经验，该化工厂对存放光气的设备、管道进行过多次检修，均只发现残留的气态光气，在经过负压抽空、破坏、高空排放等措施后，即可完全消除，保证安全作业。在此次检修时仍然按照以往的方法处理，但没有考虑到当时的低温天气、停车时间长等因素的存在，设备内可能存有液态光气，致使操作过程中液态光气外泄，造成多人中毒的事故。此外，车间工人安全意识淡薄、业务素质低，对光气的危险性认识不够，没有意识到会有液态光气出现外泄的可能性，当发现有液态光气存在时，没有能够及时采取安全有效的处理措施。在光气发生泄漏后，低估了泄漏的光气对周围环境的不良影响，没有及时采取相应的应急手段，疏散受污染区域内的人员，造成较多的污染区域人员不同程度吸入了光气。

二、光气及光气化工艺危险特性

　　光气及光气化工艺指的是包含光气的制备工艺，以及以光气为原料生产光气化产品的工艺过程。鉴于光气及光气化工艺所用的物料性质与反应特点，其工艺危险性也与其他工艺相比有着明显不同，具体如下：

　　① 光气又称为碳酰氯，为剧毒气体，在储运或使用过程中发生泄漏后，容易造成大面积污染、中毒等事故。光气的毒性比氯气大 10 倍，相对密度也比空气大，是一种窒息性毒气，高浓度吸入后易导致肺水肿；光气沸点为8.3℃，常温时为无色气体，低温下为黄绿色液体，泄漏到大气中可汽化成烟雾，吸入后会损害呼吸道，具有致死危险；光气一旦发生泄漏，很容易造成严重的灾害，本次案例中的安全事故就是由于光气泄漏造成的。

　　② 工艺反应中的介质具有燃爆危险性，光气及光气化工艺中涉及的原料、中间体和产品等物质，不仅有易燃的有机溶剂，还存在氯气等助燃物质。

　　③ 主要的副产物氯化氢具有腐蚀性，会对设备和管线造成严重腐蚀，易造成设备和管线泄漏，有毒光气逸出后，导致人员中毒等安全事故。

　　典型的光气及光气化工艺主要分为以下几类：一氧化碳与氯气反应得到光气；使用光气合成双光气、三光气；以光气作为单体合成聚碳酸酯；异氰酸酯的制备；甲苯二异氰酸酯（TDI）的合成；4,4′-二苯基甲烷二异氰酸酯（MDI）的制备等工艺。化工生产过程中，要尽量避免使用上述工艺过程，如必须使用此类工艺，则要保持高度重视，采取相应的安全控制措施，避免灾难性事故的发生。

　　以某酰胺化物与光气氯仿溶液在催化剂的存在下发生光气化反应为例对光气及光气化反应的热危险性进行分析。

　　工艺过程简述：向反应釜中加入氯仿、催化剂和酰胺化物，反应温度为5℃，滴加一定浓度的光气氯仿溶液，滴加时间为 30min，滴加完毕后保温约30min。反应放热速率曲线如图 7-12 所示。

　　从图 7-12 中可以看出，滴加光气氯仿溶液后，反应立即放热，滴加过程反应放热速率较高，滴加过程最大放热速率为 219.1W/kg，滴加阶段反应放热量大，且反应速率快；滴加结束后，反应放热速率迅速下降至 20.2W/kg，保温过程反应有少量热量放出，保温 0.7h 后体系放热结束。该光气化反应过程反应热为 −1807.8kJ/kg（以酰胺化物质量计），反应本身绝热温升为 109.2K。

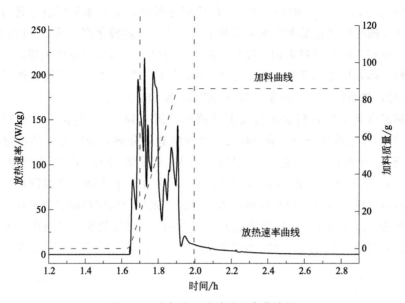

图 7-12　光气化反应放热速率曲线图

　　该光气化反应过程一旦发生热失控，立即停止滴加光气氯仿溶液时，该反应 T_{cf}、X_{ac}、X、X_{fd} 曲线如图 7-13 所示。

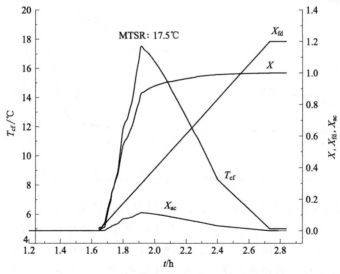

图 7-13　光气化反应 T_{cf}、X_{ac}、X、X_{fd} 曲线

X_{fd}—加料比例；X—热转化率；T_{cf}—反应任意时刻冷却失效后，
反应体系所能达到的最高温度,℃；X_{ac}—热累积度

由图 7-13 的 T_{cf} 曲线可看出，在反应过程中，反应体系所能达到的最高温度 T_{cf} 随时间变化呈现先增大后减小的趋势。由热转化率曲线 X 可以看出，该反应存在一定的物料累积。按目前的工艺条件，一旦反应发生失控，立即停止加料，体系所能达到的最高温度 MTSR 为 17.5℃。此外，当物料热累积为 100% 时，体系能够达到的最高温度 MTSR 为 114.2℃。

对光气化反应后料液进行安全性测试（图 7-14）。光气化反应后料液在 145.4℃ 时发生放气分解，在 167.2℃ 时发生放热分解，分解过程体系温度及压力迅速升高，放热量为 840J/g（以样品质量计），最大温升速率为 4.3℃/min，最大压升速率为 0.1MPa/min。结合非绝热动态升温测试，进行分解动力学研究分析，获得分解动力学数据。光气化反应料液自分解反应初期活化能为 120kJ/mol，中期活化能为 150kJ/mol；光气化反应料液热分解最大反应速率到达时间为 8h、24h 对应的温度 T_{D8} 为 141℃、T_{D24} 为 128℃。

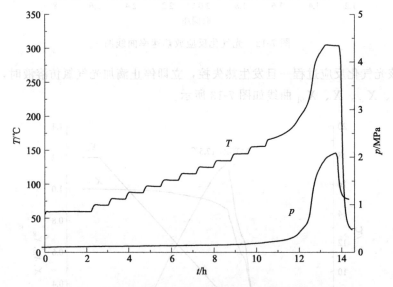

图 7-14 光气化反应后料液绝热量热时间-温度-压力曲线

根据研究结果，光气化过程反应安全风险评估结果如下：

① 此反应本身绝热温升 ΔT_{ad} 为 109.2 K，该反应失控的严重度为"2级"。当物料热累积为 100% 时，体系能够达到的最高温度 MTSR 为 114.2℃，高于反应后料液的沸点，反应危险性较高。若光气化过程一旦发生热失控，立即停止加料，体系所能达到的最高温度 MTSR 为 17.5℃。

② 在绝热条件下失控反应最大反应速率到达时间（TMR$_{ad}$）大于 24h，失控反应发生的可能性等级为"1级"，为很少发生，一旦发生热失控，人为

处置失控反应的时间较为充足，事故发生的概率较低。

③ 风险矩阵评估的结果：风险等级为"Ⅰ级"，属于可接受风险，生产过程中需采取常规的控制措施，并适当提高安全管理和装备水平。

④ 反应工艺危险度等级为"1级"（$T_p \leqslant MTSR < MTT < T_{D24}$）。在反应发生失控后，体系温度升高并达到热失控时工艺反应可能达到的最高温度 MTSR，但 MTSR 小于技术最高温度 MTT 和体系在绝热过程中最大反应速率到达时间为 24h 时所对应的温度 T_{D24}。此时，体系不会引发物料的二次分解反应，也不会导致反应物料剧烈沸腾而发生冲料危险。体系热累积产生的热量，可由反应混合物的蒸发等带走部分，为系统安全提供一定的保障条件。

三、重点监控工艺参数与安全措施

光气及光气化工艺的反应单元和光气储运为重点监控的主要单元。根据光气及光气化工艺类型的不同可以分为以下两类，光气合成与光气化产品合成，重点监控参数如下所示。

（1）光气合成　一氧化碳单元：监控原料气中氢气、二氧化碳、氧气、水分的含量；氯气单元：监控氯气含水量以及氯气压力是否满足工艺条件要求，同时还要设有氯气缓冲罐；光气合成单元：监控一氧化碳与氯气的配比及流量，反应器中的温度与压力、冷却介质的进出口温度、压力以及流量等。

（2）光气化产品合成　主要监控的是光气压力、流量，反应器内温度、压力以及冷却介质的进出口温度与压力等。除此之外，还需对生产场所的光气含量进行监控，避免光气泄漏引发安全事故。

由于光气及光气化工艺本身具有的危险特性，在生产及使用过程中必须采取安全控制措施，最大限度地避免安全事故的发生，结合光气及光气化工艺的重点监控单元与工艺参数及应急管理部的法规要求，对光气及光气化工艺安全控制的基本要求为：紧急冷却系统；事故紧急切断阀；局部排风设施；自动泄压装置（配备收集装置）；有毒气体回收及处理系统；反应釜温度、压力报警联锁；自动氨或碱液喷淋装置；光气、一氧化碳、氯气监测及超限报警装置；双电源供电。细化的部分安全控制措施汇总如下：

① 生产车间设备的布置要有利于安全生产，光气及光气化装置处在密闭车间或区域时，需要配备机械排气系统。对于重要设备，如光气化反应器等，最好安装有局部排风罩，排出的气体要接入应急破坏处理系统；装置控制室需有隔离设置，控制室内应保证良好的正压通风状态。安全疏散的通道应畅通无阻，便于操作人员能够迅速撤离现场，车间应有不少于 2 个出入口。

② 光气生产车间要设置氨水喷淋或蒸汽喷淋装置，便于现场破坏有毒气体。在可能泄漏光气的部位设置可移动式弹性软管负压抽气系统，把有毒气体输送至破坏处理系统进行破坏。

③ 光气及光气化反应生产过程中使用的管道严禁使用有缝钢管，输送液态光气的管道应采用厚壁的无缝钢管，且管道要尽量减小长度，避免过多使用接头，管道间的连接应采用焊接，并且对焊缝做百分之百的 X 射线探伤与气密性试验，满足 GB 50235—2010《工业金属管道工程施工规范》规定的要求；管道在必须采用法兰连接时，应选用榫槽面法兰或者凹凸平焊法兰，公称压力不小于 2.0MPa。

④ 设置有毒、易爆气体泄漏监测与报警系统，当光气、氯气、一氧化碳等有毒气体发生泄漏时，可进行报警或启动预设的应急处置程序。

⑤ 光气管道严禁穿过办公区、休息室、生活间，也不应穿过没有使用光气的其他厂房或者生产车间。对于光气及光气化产品的生产安全防护设施的用电，应配备双电源供电。

⑥ 配备自控联锁装置，光气及光气化生产系统如果出现异常或发生光气及其剧毒产品泄漏事故时，可通过自控联锁装置启动紧急停车，并且自动切断所有进出生产装置的物料，对反应装置迅速冷却降温。依据事故的严重程度，把发生事故设备中的剧毒物料导入事故槽内，启动氨水、稀碱液喷淋装置，启动通风排毒系统，把发生事故区域内的有毒气体排送至处理系统。

⑦ 光气合成及光气化反应过程排出的尾气，必须进行破坏性处理，检测合格后才可以排放，也可根据实际需要，使用溶剂法或深冷法回收残余光气。对于经过破坏性处理后的尾气，达到排放要求后，要通过高空排气筒排入大气。当风速达到 2～3 级时，在其顺风方向 100m 内地面各点进行监测，其最高容许浓度不能超过 0.1mg/m³。

第六节　加 氢 工 艺

一、案例分析

2018 年 3 月 12 日 16 时 14 分，江西九江一石化企业柴油加氢装置原料缓冲罐（设计压力 0.38MPa）发生爆炸着火事故，造成 2 人死亡、1 人轻伤。

经过事故调查和原因分析认为，事故直接原因是加氢原料进料泵由于循环氢压缩机润滑油压力过低导致停机，联锁停泵，同时泵出口未设置紧急自动切断，且单向阀失去作用，加之操作人员没有在第一时间采取措施将泵出口手阀关闭，导致反应系统内的高压介质（压力 5.7MPa）流经原料泵出入口，然后倒窜至加氢原料缓冲罐中，致使缓冲罐内压力突升，超过设备耐压上限而爆炸着火。

事故发生的间接原因：

① 事故装置始建于 1990 年，其加氢原料进料泵出口处紧急切断阀在当时就未设置，后续改造过程中也未进行设备的完善，为此次事故埋下安全隐患。

② 重要设施设备的维护保养未做到位，没有及时检查维护泵出口单向阀，事故发生后，在拆检过程中才发现单向阀已失效。

③ 风险管控没有做到位，在应用 HAZOP 等分析工具时，对氢装置高压窜低压的危害认识性不足，风险辨识、管控和评估的能力欠缺。

④ 应急处置不到位，在循环氢压缩机润滑油压力过低报警后，未能在短时间内排除故障，处理过程中造成联锁停机；在循环氢压缩机停机后，加氢原料进料泵出口手阀未能在第一时间关闭，高压窜低压的通路未能切断。

二、加氢工艺危险特性

加氢通常是指在有机化合物分子中引入氢原子的工艺过程，涉及的反应过程即为加氢工艺。大多数加氢反应属于放热反应，并且在较高温度下才能进行，所使用的原料氢气或其他化合物大部分都属于易燃品，有燃爆危险性。此外，有一些物料、产品或中间产物可能还存在腐蚀性、毒性。在生产过程中，若出现反应器自身故障、体系物料泄漏、人为操作失误或安全控制措施不当，很容易诱发火灾、爆炸等危险性事故。所以，一旦生产中涉及加氢类的工艺，必须明确加氢工艺危险特性，以便采取相应控制措施，详细的加氢工艺危险特性如下：

① 氢气为加氢类反应的所需原料，氢气的爆炸范围较广，易发生爆炸危险，氢气的爆炸极限为 4%～75%，与空气混合可形成爆炸性混合物。氢气密度比空气密度低，在室内使用或存储氢气时，若发生泄漏，氢气可上升至棚顶或屋顶，不易排出，聚集到一定量后，遇引火源可发生燃爆等事故。

② 加氢反应所涉及原料及产品大多数为可燃和易燃物质，例如：烯烃类、芳香烃类、醛类、硝基化合物以及醇类等含氧化合物，反应过程有时会伴随副产物生成，如硫化氢、氨气等；加氢反应通常需要使用催化剂，如钯炭、雷尼镍等，这些物质均属于易燃固体，易发生自燃，其他催化剂如氢化铝锂、硼氢化钠等在再生和活化过程中很容易发生爆炸。

③ 大多数加氢工艺为强放热反应，且反应温度和压力通常较高，如果发生局部反应、反应器各部分受热不均匀、管式反应器通道堵塞等问题，很容易使体系温度和压力急剧升高或使反应器内物料温度局部升高，产生热应力使反应器泄漏，易燃易爆物料逸出至环境中，易发生爆炸事故。

④ 在高温高压下氢气可与钢材接触，钢材内的碳容易和氢气发生一些系列反应生成碳氢化合物，导致钢材发生氢脆，不仅使钢制设备的强度降低，还可能因钢材强度的降低而发生物理爆炸。

⑤ 加氢工艺尾气中可能有未完全反应的氢气及其他可燃杂质，在尾气排放时容易发生着火或爆炸等危险。

⑥ 有些加氢工艺可能伴随硫化氢（Ⅱ级高度危害毒物）、氨气及二氧化硫生成，部分工艺过程可能会用到毒性很大的二硫化碳（Ⅱ级高度危害毒物），此外，加氢工艺是在加压条件下完成的，这些有毒物质存在泄漏的风险，因此，有使人员中毒乃至死亡的可能性存在。

目前，常见的典型加氢工艺有以下五种：

（1）不饱和炔烃、烯烃的三键及双键加氢　比如环戊二烯与氢气反应生产环戊烯等。

（2）含氧化合物加氢　一氧化碳与氢气反应生产甲醇；丁醛与氢气反应生产丁醇；辛烯醛与氢气反应生产辛醇等。

（3）芳烃加氢　苯与氢气生产环己烷；苯酚与氢气反应生产环己醇等。

（4）油品加氢　馏分油与氢气反应裂化生产石脑油、柴油以及尾油；渣油加氢改质；减压馏分油与氢气反应改质。

（5）含氮化合物加氢　己二腈与氢气发生反应生产己二胺；硝基苯在催化剂作用下与氢气反应生产苯胺等。

以某取代硝基苯 A 经加氢反应，制备某取代苯胺 B 为例，对加氢反应的热危险性进行分析。

工艺过程简单描述：向反应釜中加入物料 A、甲苯，水，控制温度为65℃，通入氢气，反应压力为 0.2 MPa，保温至反应完全。物料 B 合成反应放热速率曲线如图 7-15 所示。

从图 7-15 中可以看出，通入氢气后，反应立即放热，通氢过程反应放热速率基本稳定在 40.0W/kg 左右，通氢阶段反应放热量大，且反应速率快；通氢结束后，反应放热速率迅速下降至 0W/kg，保温过程反应基本无热量放出，说明该反应几乎不存在物料累积，反应速率快，且反应较为完全，该加氢反应过程可近似为加料控制型反应。物料 B 合成过程摩尔反应热为 -581.65 kJ/mol（以物料 A 物质的量计），反应本身绝热温升为 360.1K。

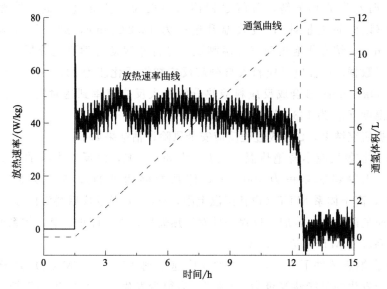

图 7-15 加氢反应物料 B 合成反应放热速率曲线图

该加氢过程一旦发生热失控，立即停止通氢时，反应釜内剩余氢气继续参与反应，该情形下，体系所能达到的最高温度 MTSR 为 79.0℃。此外，当物料热累积为 100%时，体系能够达到的最高温度 MTSR 为 425.1℃。

取 B 合成反应后料液进行安全性测试（图 7-16）。B 合成反应后料液在

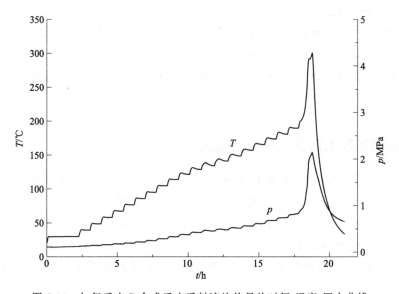

图 7-16 加氢反应 B 合成反应后料液绝热量热时间-温度-压力曲线

199.8℃时发生放热分解，分解过程体系温度及压力迅速升高，放热量为670J/g（以样品重量计），最大温升速率为12.2℃/min，最大压升速率为2.0bar/min。结合非绝热动态升温测试，进行分解动力学研究分析，获得分解动力学数据。B合成反应料液自分解反应初期活化能为91kJ/mol，中期活化能为30kJ/mol；B合成反应料液热分解最大反应速率到达时间为8h、24h对应的温度 T_{D8} 为148.6℃、T_{D24} 为129.7℃。

根据研究结果，B合成过程反应安全风险评估结果如下：

① 此加氢反应本身绝热温升 ΔT_{ad} 为360.1 K，该反应失控的严重度为"3级"。当物料热累积为100%时，体系能够达到的最高温度 MTSR 为425.1℃，高于体系 MTT（设备耐温上限，150℃）及反应后料液的 T_{D24}，该加氢反应危险性高。若加氢过程一旦发生热失控，立即停止通氢，体系所能达到的最高温度 MTSR 为79.0℃。

② 在绝热条件下失控反应最大反应速率到达时间（TMR_{ad}）大于24h，失控反应发生的可能性等级为"1级"，为很少发生，一旦发生热失控，人为处置失控反应的时间较为充足，事故发生的概率较低。

③ 风险矩阵评估的结果：风险等级为"Ⅰ级"，属于可接受风险，生产过程中需采取常规的控制措施，并适当提高安全管理和装备水平。

③ 反应工艺危险度等级为"2级"（$T_p \leqslant MTSR < T_{D24} < MTT$）。在反应体系发生失控以后，体系温度会迅速升高，达到热失控时工艺反应可能达到的最高温度 MTSR，但是，MTSR 小于技术最高温度 MTT 和 T_{D24}，此时的 MTT 高于 T_{D24}，如果反应物料继续长时间停留在热累积状态，那么很有可能会引发二次分解反应的发生，最终使反应体系达到技术最高温度 MTT，如果二次分解反应继续放热，最终将达设备耐温上限，有可能会造成爆炸等危险事故。

三、重点监控工艺参数及安全措施

加氢工艺需要重点监控的单元有：氢气压缩机及加氢反应釜。加氢工艺涉及使用氢气这种高燃爆气体，在使用氢气过程中应格外小心谨慎，加氢工艺过程中需重点监控的参数主要包括：反应釜内搅拌器转速；加氢反应釜或者催化剂床层的温度及压力；氢气流速及流量；反应体系中氧含量；反应物质之间物料比；冷却介质流量；氢气压缩机运行相关参数、尾气成分等。

对加氢工艺过程重点需要监控的单元以及重点监控的参数进行分析后，应急管理部对加氢工艺安全控制给出了以下基本要求：设置反应温度和反应压力的报警及联锁控制系统；反应物的比例控制及联锁系统；搅拌装置的稳定控制系统；紧急冷却系统；安全泄压系统；紧急切断系统；加装安全阀、爆破片等安全设施，确保超压时能够快速泄压；设置循环氢压缩机停机报警，并进行联锁自控；氢气浓度检测报警装置等。生产过程中，部分细化的加氢工艺安全控制措施列举如下：

① 生产厂房内所有的电气设备必须达到防爆要求，且厂房内需具有良好的通风，防止氢气积聚引发危险。

② 由于大部分加氢反应是在高压反应釜中实现的，因此进行高压加氢反应的设备必须安装安全阀及爆破片，同时要实行自动控制，此外还应配备氢气浓度检测和报警装置。

③ 设备、管道的选材要符合要求，防止造成氢腐蚀，定期检查设备、管道是否存在严重腐蚀或者泄漏等现象。

④ 设置急冷氮气或氢气系统，并将加氢反应釜内的温度、压力与反应釜内搅拌电机、氢气流量以及加氢反应釜夹套冷却介质入口阀形成联锁自控关系，发生意外时，可紧急停车。

⑤ 如果加氢反应体系超温、超压或搅拌装置发生故障，造成加氢系统停车，体系应保持少量的余压，防止空气进入系统，任何情况下，禁止带压拆卸检修加氢釜。

第七节　磺　化　工　艺

一、案例分析

2012 年 5 月 14 日 9 时，江西某化工企业磺化车间氯磺酸工段，操作人员按操作规程将原料氯磺酸、催化剂氨基磺酸及硝基苯按顺序投入 2#釜，投料半小时后停止搅拌。15 日 10 时，开启搅拌并开蒸汽升温至 90℃，关闭蒸汽，自然升温至 118℃，发现自升温过程反应速率较慢。操作人员分别于 19 时 30 分、20 时 57 分及次日 0 时 02 分、5 时 40 分取样中控，中控结果显示均未达到工艺要求。但 5 时 40 分操作人员已经发现样品状态发生变化，7 时 30 分 2#釜 U 形管真空度波动较大，7 时 45 分 2#釜发生冲料，冒出大量具有刺激性的白烟，随后发生两次爆炸，事故发生时安全联锁未起作用。事故造成 3 人死亡、2 人受伤，直接经济损失600 余万元。

经过事故调查和原因分析认为，造成爆炸事故的直接原因是2#磺化釜投料后，氯磺酸、氨基磺酸、硝基苯等物料在釜内放置时间较长，催化剂在2#磺化釜底部短管堆积、沉淀，致使在反应体系中催化剂量不足，磺化反应不能达到终点。同时由于水进入2#磺化釜内，与氯磺酸发生剧烈放热反应，导致磺化釜内温度和压力迅速升高，同时生成硫酸和盐酸，并诱发硝基苯以及磺化反应产物发生剧烈分解反应，导致磺化釜内温度和压力急剧上升，造成磺化釜爆炸。水的来源有两种可能：2#磺化釜回流片式冷凝器搪瓷损坏，器壁被盐酸腐蚀穿孔；2#磺化釜夹套搪瓷损坏，反应器壁被反应生成的硫酸、氯化氢腐蚀穿孔，导致循环水进入釜内。

事故发生的间接原因是工艺管理混乱，在生产装置长时间处于异常状态、工艺参数出现明显异常（硝基苯含量高、反应长时间达不到终点）的情况下，企业技术与管理人员均未到现场进行处理，操作人员盲目维持生产，导致事故发生；设备管理混乱，2#釜釜壁及冷凝器搪瓷损坏，导致循环水进入釜内，引发事故发生。

二、磺化工艺危险特性

磺化反应是指向有机化合物如苯、萘及其衍生物等有机分子中引入磺酰基（—SO_3H）或氯磺酸基（—SO_2Cl）的反应，涉及磺化反应的工艺过程是磺化工艺。按照反应原理，磺化方法主要分为过量硫酸磺化、共沸去水磺化、三氧化硫磺化、氯磺酸磺化、加成磺化（烯烃化合物与亚硫酸氢盐发生加成磺化）、烘焙磺化、三氧化硫加氯气或是臭氧磺化、间接磺化等。磺化反应在现代化工生产中有着广泛的应用，向有机分子中引入磺酸基可以增强水溶性，因此，大部分水溶性染料都含有磺酸基。部分磺化产物还可用作润湿剂、乳化剂、增溶剂、增黏剂、分散剂、洗涤剂、水溶性合成胶等。有机化合物上的磺酸基通过反应可以转化为磺酰氯基、羟基、卤代基等，从而获得一系列的中间体。但是，磺化反应中涉及多种危险性高、有害的物质，并且磺化反应大多为强放热反应，若反应过程中体系温度过高，有可能使磺化反应转变为燃烧反应，造成爆炸或火灾事故。因此，详细了解磺化工艺危险特性，为化工生产制定安全控制措施十分重要，磺化工艺危险特性总结如下：

① 磺化反应原料主要为芳香烃或直链烷烃，都是易燃易爆化学品，使用的磺化剂本身也具有强氧化性，接触可燃物、易燃物、还原性物质等易引发火灾。磺化反应的原料具有可燃物与氧化剂作用发生放热反应的燃烧条件，如果操作不当就可能造成反应温度升高，可能使磺化反应变为燃烧反应，引起火灾

或者爆炸事故。

② 磺化反应常用的磺化剂有浓硫酸、发烟硫酸、三氧化硫、氯磺酸等，这些磺化剂都具有强吸水性，遇水放出大量热量，造成体系温度升高，可能引发体系沸腾、冲料，甚至发生爆炸。另外，此类磺化剂还具有强腐蚀性，对设备腐蚀严重，甚至导致设备发生穿孔泄漏，引起腐蚀性伤害和火灾等事故。氯磺酸等磺化剂在潮湿空气中与金属接触，腐蚀金属的同时还释放氢气，遇火源可能发生燃爆事故。

③ 磺化工艺是强放热反应过程，若操作不当（投料速度过快、投料顺序颠倒、搅拌效果差、冷却能力较低等），致使反应过程体系温度过高，可能使磺化反应变为燃烧反应，引起火灾或爆炸事故。

④ 磺化反应原料如芳烃等大多是易挥发液体或是易升华固体，有毒有害、危险性高；磺化剂氧化硫易冷凝造成管路堵塞，泄漏后易形成酸雾，危害性较大。

在化工生产过程中，典型的磺化工艺列举如下：

（1）三氧化硫磺化法　气体三氧化硫和十二烷基苯等制备十二烷基苯磺酸钠；甲苯磺化生产对甲基苯磺酸和对位甲酚；硝基苯与液态三氧化硫制备间硝基苯磺酸；对硝基甲苯磺化生产对硝基甲苯邻磺酸等。

（2）共沸去水磺化法　甲苯磺化制备甲基苯磺酸；苯磺化制备苯磺酸等。

（3）氯磺酸磺化法　乙酰苯胺与氯磺酸生产对乙酰氨基苯磺酰氯；芳香族化合物与氯磺酸反应制备芳磺酸和芳磺酰氯等。

（4）烘焙磺化法　苯胺磺化制备对氨基苯磺酸等。

（5）亚硫酸盐磺化法　1-硝基蒽醌与亚硫酸钠作用制备 α-蒽醌硝酸；2,4-二硝基氯苯与亚硫酸氢钠制备 2,4-二硝基苯磺酸钠等。

以某芳香烃 A 经磺化反应，制备芳香磺酸 B 为例，对磺化反应的热危险性进行分析。

工艺过程简单描述：向反应釜中加入物料 A，控制温度为 75℃，滴加 98% 的浓硫酸，滴加时间为 1.5h，滴加完毕后保温 1.0h。物料 B 合成反应放热速率曲线如图 7-17 所示。

从图 7-17 中可以看出，滴加浓硫酸后，反应体系缓慢放热，滴加前期反应放热速率维持在 10W/kg（以瞬时料液质量计）左右，滴加浓硫酸 6min 后，体系放热速率明显增大，反应放热速率达到最大值为 81.7W/kg（以瞬时料液重量计），此后反应放热速率逐渐减小。保温过程体系放热速率持续减小至 0W/kg（以瞬时料液重量计）。物料 B 合成过程摩尔反应热为 -34.34kJ/mol（以物料 A 物质的量计），反应本身绝热温升为 61.9 K。

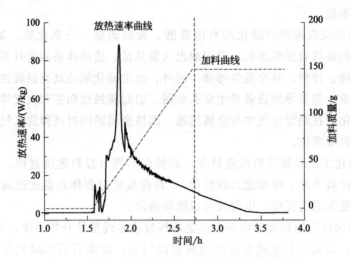

图 7-17 磺化反应物料 B 合成反应放热速率曲线图

该磺化过程一旦发生热失控，立即停止加料时，该磺化反应 T_{cf}、X_{ac}、X、X_{fd} 曲线如图 7-18 所示。

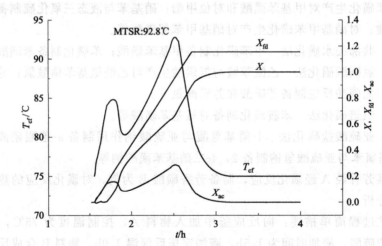

图 7-18 磺化反应 T_{cf}、X_{ac}、X、X_{fd} 曲线

X_{fd}—加料比例；X—热转化率；

T_{cf}—反应任意时刻冷却失效后，反应体系所能达到的最高温度，℃；X_{ac}—热累积度

由图 7-18 中的 T_{cf} 曲线可看出，在反应过程中，反应体系所能达到的最高温度 T_{cf} 随时间变化呈现先增大后减小再增大后减小的趋势。由热转化率 X 曲线可以看出，该反应物料热累积较大，浓硫酸滴加结束后，热转化率为 81.7%。按目前的工艺条件，即使在物料热累积最大时反应发生失控，立即停

止加料，体系所能达到的最高温度 MTSR 为 92.8℃。此外，当物料热累积为 100％时，体系能够达到的最高温度 MTSR 为 136.9℃。

取 B 合成反应后料液进行安全性测试（图 7-19）。B 合成反应后料液在 175.4℃时发生放气分解，在 202.3℃时发生放热分解，分解过程体系温度及压力迅速升高，放热量为 910J/g（以样品质量计），最大温升速率为 8.8℃/min，最大压升速率为 0.2MPa/min。结合非绝热动态升温测试，进行分解动力学研究分析，获得分解动力学数据。B 合成反应料液自分解反应初期活化能为 84kJ/mol，中期活化能为 178kJ/mol；B 合成反应后料液热分解最大反应速率到达时间为 8h、24h 对应的温度 T_{D8} 为 193℃、T_{D24} 为 179℃。

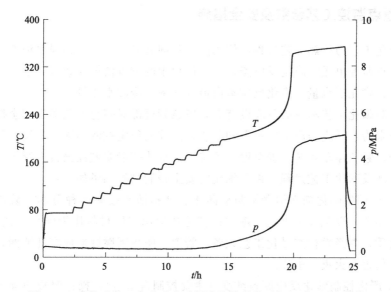

图 7-19　磺化反应 B 合成反应后料液绝热量热时间-温度-压力曲线

根据研究结果，B 合成过程反应安全风险评估结果如下：

① 此反应本身绝热温升 ΔT_{ad} 为 61.9 K，该反应失控的严重度为"2 级"。若磺化过程一旦发生热失控，立即停止加料，体系所能达到的最高温度 MTSR 为 92.8℃；考虑物料热累积为 100％时，体系能够达到的最高温度 MTSR 为 136.9℃；该磺化反应放热量较小，发生热失控立即停止加料与物料热累积为 100％时，风险等级基本相同。

②在绝热条件下失控反应最大反应速率到达时间（TMR_{ad}）大于 24h，失控反应发生的可能性等级为"1 级"，为很少发生，一旦发生热失控，人为处置失控反应的时间较为充足，事故发生的概率较低。

③风险矩阵评估的结果：风险等级为"Ⅰ级"，属于可接受风险，生产过

程中需采取常规的控制措施，并适当提高安全管理和装备水平。

④反应工艺危险度等级为"2级"（$T_p \leqslant MTSR < T_{D24} < MTT$）。在反应体系发生失控以后，体系温度会迅速升高，达到热失控时工艺反应可能达到的最高温度 MTSR，但是，MTSR 小于技术最高温度 MTT 和 T_{D24}，此时的 MTT 高于 T_{D24}，如果反应物料继续长时间地停留在热累积状态，那么很有可能会引发二次分解反应的发生，最终使反应体系达到技术最高温度 MTT，如果二次分解反应继续放热，最终将使体系达到物料的沸点温度，有可能会引起冲料，甚至造成爆炸等危险事故。

三、重点监控工艺参数及安全措施

磺化工艺为放热工艺过程，使用的磺化剂具有强氧化性和强腐蚀性，该工艺的重点监控单元为磺化反应釜，工艺过程中的重点监控参数有：磺化反应釜内温度；磺化剂流量；磺化反应釜内搅拌速率；冷却水流量。

针对磺化工艺本身的危险性特点，应急管理部对磺化工艺提出安全控制的基本要求为：反应釜温度的报警和联锁；搅拌的稳定控制和联锁系统；紧急冷却系统；紧急停车系统；安全泄放系统；三氧化硫泄漏监控报警系统等。化工生产中涉及磺化工艺过程，部分细化的安全控制措施列举如下：

① 使用的磺化剂必须严格防潮防水、严格防止接触各种可燃、易燃物和还原性物质，以免发生火灾、爆炸；应选择使用耐蚀材料作为磺化工艺设备、管道材质，并经常检查磺化工艺设备、管道，防止因腐蚀造成穿孔泄漏，引起腐蚀性伤害和火灾等事故。

② 严格控制磺化反应原料纯度（主要控制含水量），操作时投料顺序不能颠倒，并严格控制加料速度，不能过快，以控制反应正常进行，避免温度升高、正常冷却能力不足、反应失控等。

③ 磺化反应为强放热反应，需保证反应系统有良好和足够的冷却能力，在反应进行期间，能够及时移出反应产生的热量，避免温度过高发生失控。

④ 在釜式反应器中进行磺化反应，需等原料升温到一定温度范围内才可滴加磺化剂，避免低温下滴加磺化剂，由于反应速率过慢，造成物料累积，导致后续升温过程发生突发放热，引发事故。

⑤ 磺化工艺系统需设置应急电源，作业场所应加强通风并安装有毒气体检测仪，有毒物质浓度应控制在职业接触限值范围内。

⑥ 磺化反应应实现自动控制，将磺化反应釜内温度与磺化剂流量、磺化反应釜夹套冷却水进水阀、釜内搅拌电流形成自控联锁关系；紧急断料系统；

当磺化反应釜内各参数偏离工艺指标时，能自动报警、停止加料，甚至紧急停车。

第八节　氟　化　工　艺

一、案例分析

2013 年 10 月 18 日 4 时 26 分，广饶县陈官乡政府驻地的某公司，发生含有氟化氢的有毒物料泄漏事故，事故位于医药中间体生产车间内。该事故共造成 3 人中毒，经抢救无效后死亡，造成了直接经济损失约 270.6 万元。

调查分析认为事故的直接原因是氟化岗位操作工违章操作，氟化釜处于带压状态，操作时未佩戴必要的劳动防护用品，对已关闭到位的截止阀使用管钳进行阀盖压紧操作，导致截止阀的连接螺纹受力过大引起结构失稳（即滑丝），含有氟化氢的有毒物料随即喷出。

事故的间接原因：

① 企业缺失安全生产管理制度。安全生产责任制、安全管理规章制度与公司生产实际不符，并且未行文公布，制定的安全操作规程不完善。

② 从业人员安全意识淡薄，安全素质差，在未取得上岗证的情况下，主要负责人及特种作业人员上岗；设备的管理方面存在一定的欠缺，存在一定程度的维护保养不及时。

③ 未在车间内设置检测有毒气体的报警装置，未设置危险化学品的安全警示标志，安全生产条件不符合标准。

二、氟化工艺危险特性

氟化反应通常是指用氟原子将有机化合物中的氢原子或其他原子进行取代的反应。氟化氢为常用的氟化剂，可将氟化氢加成含双键有机化合物列入氟化反应。氟为最活泼的非金属元素，几乎可与所有的物质发生剧烈反应并可能发生燃烧现象，造成极大的危害性。

氟化工艺的危险性总结如下：

① 氟化氢存在很强的毒性，已经列入《高毒物品目录》，其蒸气可极大地损害心肺、神经、骨骼、呼吸等系统，浓氢氟酸将灼伤皮肤，治愈较难；氟化氢的职业接触国家标准极限为 $1mg/m^3$，与氯一样。

② 氟化反应过程为放热过程，控制不好，冷却盐水或冷却水突然中断，不能及时移出放出的热量，反应温度将会进一步升高，氟化过程采用的原料多为易燃的有机物和强氧化剂，较容易造成泄漏，造成有毒物质扩散，并且在高温条件下，物料泄漏还会造成着火甚至引发爆炸。

③ 很多进行氟化反应采用的原料及溶剂均属于易燃性物品，若反应失控，极易引发燃爆事故。例如：三氟乙烯制备工艺使用的原料为三氯乙烯，如存在明火的条件，将产生高热能引起燃烧爆炸现象。氟化过程可能使用浓硫酸，因其具有强氧化性，与有机物接触发生的反应极其剧烈，与普通金属反应极易放出氢气发生爆炸；进行氟化反应使用的原料、产生的中间产品及最终产品等本身同样具有极高的有害危险特性。

④ 在生产工艺过程中，当物料配比不恰当、氟化氢流速过快、冷却效果不好等情况都将造成容器内压增大，将发生容器爆炸事故；当工艺操作不当，反应物将倒流至氟化氢钢瓶内，将会发生激烈的反应而造成爆炸。

⑤ 氟化氢的尾气吸收不完全时，极易发生中毒事故。

⑥ 氟化氢具有强腐蚀性，可与各种物质（包括玻璃）发生化学反应，可造成管道、设备的腐蚀，将发生有毒气体的泄漏，引发大面积的中毒事故。

化工生产过程中，典型的氟化工艺列举如下：

(1) 直接氟化反应　黄磷进行氟化制备五氟化磷等。

(2) 金属氟化物或氟化氢气体的氟化反应　金属氟化物 SbF_3、AgF_2、CoF_3 等与烃类反应制备氟化烃；氢氧化铝与氟化氢气体反应制备氟化铝等。

(3) 置换氟化反应　三氯甲烷氟化制备二氟一氯甲烷 氟化钠与 2，4，5，6-四氯嘧啶反应制备 2，4，6-三氟-5-氟嘧啶等。

(4) 其他氟化物的制备反应　氟化钙（萤石）与浓硫酸制备无水氟化氢等。

以某氯取代化合物 A 经与 KF 反应，制备氟取代化合物 B 为例，对氟化反应的热危险性进行分析。

工艺过程简单描述：向反应釜中加入物料 A 及溶剂 C，控制温度为 90℃，匀速加入 KF 固体，约为 0.5h，滴加完毕后保温 4.5h。

物料 B 合成反应放热速率曲线如图 7-20 所示。

加入 KF 后，反应立即放热，加料过程反应放热速率不高，加料约 5min 后，反应放热速率到达瞬时最大值 10.6W/kg（以料液瞬时质量计），之后放热速率迅速下降，并维持在 4.0W/kg（以料液瞬时质量计）左右。滴加过程平均放热速率为 3.8W/kg（以加料完毕后体系总料液质量计）。保温过程反应仍然放出热量，说明该反应存在一定的物料累积。物料 B 合成过程摩尔反应热为−53.21kJ/mol（以物料 A 物质的量计），反应本身绝热温升为 20.0K。
当物料热累积为 100％时，体系能够达到的最高温度 MTSR 为 110.0℃。

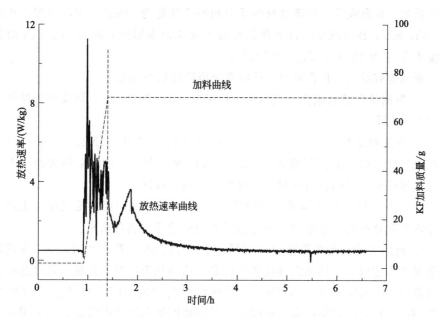

图 7-20 氟化工艺物料 B 合成反应放热速率曲线图

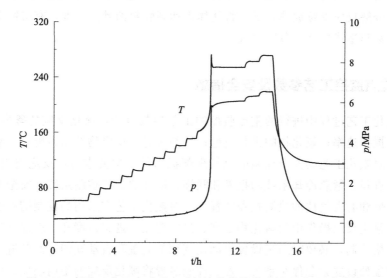

图 7-21 氟化工艺 B 合成反应后料液绝热量热时间-温度-压力曲线

取 B 合成反应后料液进行安全性测试（图 7-21）。B 合成反应后料液在
151.9℃时发生放热分解，分解过程体系温度及压力迅速升高，放热量为

960J/g（以样品质量计），最大温升速率为 64.0℃/min，最大压升速率为 32.6 bar/min。结合非绝热动态升温测试，进行分解动力学研究分析，获得分解动力学数据。B 合成反应料液自分解反应初期活化能为 119kJ/mol，中期活化能为 25kJ/mol；B 合成反应料液热分解最大反应速率到达时间为 8h、24h 对应的温度 T_{D8} 为 138℃、T_{D24} 为 124℃。

根据研究结果，B 合成过程反应安全风险评估结果如下：

① 根据研究结合氟化反应本身绝热温升 ΔT_{ad} 为 20.0K，该反应失控的严重度为"1 级"。

② 在绝热条件下失控反应最大反应速率到达时间（TMR_{ad}）大于 24h，失控反应发生的可能性等级为"1 级"，为很少发生，一旦发生热失控，人为处置失控反应的时间较为充足，事故发生的概率较低。

③ 风险矩阵评估的结果：风险等级为"Ⅰ级"，属于可接受风险，生产过程中需采取常规的控制措施，并适当提高安全管理和装备水平。

④ 反应工艺危险度等级为"2 级"（$T_p \leqslant MTSR < T_{D24} < MTT$）。在反应体系发生失控以后，体系温度会迅速升高，达到热失控时工艺反应可能达到的最高温度 MTSR，但是，MTSR 小于技术最高温度 MTT 和 T_{D24}，此时的 MTT 高于 T_{D24}，如果反应物料继续长时间地停留在热累积状态，那么很有可能会引发二次分解反应的发生，最终使反应体系达到技术最高温度 MTT，如果二次分解反应继续放热，最终将使体系达到物料的沸点温度，有可能会引起冲料，甚至造成爆炸等危险事故。

三、重点监控工艺参数及安全措施

氟化工艺过程中进行的重点监控的工艺参数包括：氟化反应的釜内压力、温度及搅拌速率；氟化物的进料流量；助剂流量；反应物的物料配比；氟化物浓度。对氟化工艺的安全控制应急管理部提出的基本要求为：反应釜内温度、压力与进料、紧急冷却系统的报警和联锁；搅拌的稳定控制系统；安全泄放系统；可燃和有毒气体的检测报警装置等。对氟化工艺宜采用的控制措施主要包括：对氟化反应操作中的氟化物浓度、投料配比、进料速度和反应温度等参数进行严格控制，必要时通过设置自动比例调节装置和自动联锁控制装置。在氟化反应釜处设立紧急停车系统，通过控制装置将氟化反应的釜内温度、压力与搅拌速率、氟化物流量、反应釜夹套冷却水进水阀形成联锁控制，当氟化反应釜内温度或压力超标或搅拌系统发生故障时将自动停止加料并进行紧急停车。

对化工生产中涉及氟化工艺部分细化的安全控制措施列举如下：

① 氟化反应的工艺为危险性较高的反应工艺，其过程应实行自动控制、自动报警、自动联锁控制。

② 制定科学、完整的安全生产操作规程，严格控制反应过程的温度、压力、配料比和进料速度等参数，制定切实可行的应急操作和管理措施。

③ 氟化反应装置需设计良好的冷却系统，配备可靠的应急电源。

④ 应对输送氟化氢的管道设置止逆阀，防止因反应器压力过大造成物料倒流的现象。

⑤ 使用耐氟腐蚀的材料作为生产管线及容器，并对其进行防腐蚀措施，防止"跑、冒、滴、漏"发生，严禁使用橡胶垫作为氟化设备和管道连接的法兰。

⑥ 应在作业场所设置碱水事故的应急池、喷淋器、洗眼器，配备完善的药品和应急救援器材。

⑦ 应设置检测氟化氢泄漏的报警装置。

⑧ 接触氟化物的作业场所，应有良好的通风，配备相应的防护用品。

⑨ 应定期对作业人员进行健康检查，如发现有心肺、神经、骨骼等方面职业病，及时对其治疗。

第九节　重氮化工艺

一、案例分析

2007 年 11 月 27 日 6 时 30 分江苏盐城市某公司 5 车间重氮盐工段，当班的 4 名操作人员接班，在上班制得亚硝酰硫酸的基础上，将重氮化釜温度降至 25℃。6 时 50 分，开始向 5000 L 重氮化釜加入 6-溴-2,4-二硝基苯胺，先后分三批共加入 1350kg。9 时 20 分加料结束后，开始打开夹套蒸汽对重氮化釜内物料加热至 37℃，9 时 30 分关闭蒸汽阀门保温。按照工艺要求，保温温度控制在（35±2）℃，保温时间 4～6h。10 时许，当班操作人员发现重氮化釜冒出黄烟（氮氧化物），重氮化釜数字式温度仪显示温度已达 70℃，在向车间报告的同时，将重氮化釜夹套切换为冷冻盐水。10 时 6 分，重氮化釜温度已达 100℃，车间负责人向公司报警并要求所有人员立即撤离。10 时 9 分，公司内部消防车赶到现场，用消防水向重氮化釜喷水降温。10 时 20 分，重氮化釜发生爆炸，造成抢险人员 8 人死亡（其中 3 人当场死亡）、5 人受伤（其中 2 人重伤）。建筑面积为 735m² 的 5 车间 B7 厂房全部倒塌，主要生产设备被炸毁。

经过事故调查和原因分析，认为造成爆炸事故的直接原因是操作人员没有将加热蒸汽阀门关到位，造成重氮化反应釜在保温过程中被继续加热，重氮化釜内重氮盐剧烈分解，发生化学爆炸。

事故发生的间接原因是在重氮化保温时，操作人员未能及时发现釜内超温，并及时调整控制；装置自动化水平低，重氮化反应系统没有装备自动化控制系统和自动紧急停车系统；岗位操作规程不完善，未制定有针对性的应急措施，应急指挥和救援处置不当。

二、重氮化工艺危险特性

重氮化反应是指一级胺与亚硝酸钠在低温作用下，生成重氮盐的反应，脂肪族、芳香族和杂环的一级胺都可以进行重氮化反应，涉及重氮化反应的工艺过程是重氮化工艺。重氮盐的化学性质很活泼，能发生许多化学反应，总的分为两大类：一类为反应时失去氮的反应，指重氮盐在一定条件下（比如硫酸）进行分解，重氮基被其他基团取代，如H原子、羟基、卤素、CN等；另一类为反应时保留氮，用还原剂变成苯肼类或偶合反应增加大基团成偶氮染料。重氮化过程中反应温度控制不好、冷却不足、超温、突然断水、搅拌故障等原因造成的温度过高等因素均会导致亚硝酸分解，产生大量的氮氧化物气体，导致火灾、爆炸及中毒事故的发生；重氮化釜密封性不好，见光均会导致重氮盐迅速分解、爆炸或中毒事故的发生，造成爆炸或火灾事故。因此，详细了解重氮化工艺危险特性，为化工生产制定安全控制措施十分重要，重氮化工艺危险特性总结如下：

① 主要原料苯胺类、亚硝酸钠毒性很大，且易燃易爆。芳胺类、亚硝酸钠受热高温分解，均可引起爆炸，特别是亚硝酸钠氧化剂与有机物、可燃物的混合物即能燃烧爆炸，遇酸加热会产生高毒性的氮氧化物。

② 在重氮化生产过程中，若亚硝酸钠的投料过快或过量，或亚硝酸钠的浓度增加，反应加剧，会加速物料$NaNO_2$分解；产物重氮盐极不稳定，分解活化能较低，受热极易分解，分解产生大量的高毒性氮氧化物，可以引起火灾爆炸和中毒等危险事故。

③ 重氮化过程中反应温度控制不好，冷却不足或冷却失效、搅拌故障等原因造成的体系温度过高均会导致亚硝酸分解，产生大量的氮氧化物气体，导致火灾、爆炸及中毒事故的发生。

④ 重氮化釜密封性不好，见光均会导致重氮盐迅速分解、爆炸或中毒事故的发生；重氮盐的溶液洒落在地上、蒸汽管道上，干燥后能引起着火和爆炸

等事故；重氮化所用介质为强酸，具有强腐蚀性。

⑤ 特别提出的是重氮化的前工段大多为芳烃类硝基物加氢还原，与重氮化工段紧邻，使用的原料均为易燃易爆物，两单元之间相互影响，不容忽视。

在化工生产过程中，典型的重氮化工艺列举如下：

（1）顺法重氮化　对氨基苯磺酸钠与 2-萘酚制备酸性橙-Ⅱ染料；大多数溶于稀无机酸的芳香族伯胺制备芳香族重氮化合物。

（2）逆法重氮化　间苯二胺生成二氟硼酸间苯二重氮盐；苯胺与亚硝酸钠反应制备苯胺基重氮苯；稀酸中难溶解的氨基芳香磺酸等制备芳香族磺酸重氮化合物。

（3）亚硝酰硫酸法　2-氰基-4-硝基苯胺、2-氰基-4-硝基-6-溴苯胺、2，4-二硝基-6-溴苯胺、2，6-二氰基-4-硝基苯胺偶氮化制备单偶氮分散染料；2-氰基-4-硝基苯胺为原料制备蓝色分散染料等。

（4）盐析法　氨基偶氮化合物通过盐析法进行重氮化生产多偶氮染料等。

以某芳香胺 A 经重氮化反应，制备芳香重氮盐 B 为例，对重氮化反应的热危险性进行分析。

工艺过程简单描述：向反应釜中加入水、物料 A 及盐酸，控制温度为 0℃，滴加 35% 的亚硝酸钠水溶液，滴加时间为 0.5h，滴加完毕后保温 0.5h。

物料 B 合成反应放热速率曲线如图 7-22 所示。

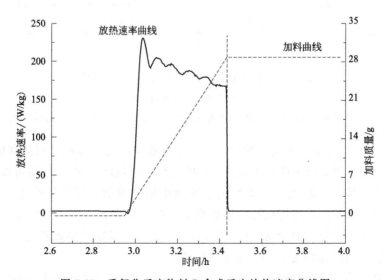

图 7-22　重氮化反应物料 B 合成反应放热速率曲线图

从图 7-22 中可以看出，滴加亚硝酸钠水溶液后，反应体系迅速放热，滴加过程反应放热速率较高，基本维持在 150～230W/kg 左右，说明滴加阶段反应放热量大，且反应速率快；滴加结束后，反应放热速率迅速下降至 0W/kg，保温过程反应基本无热量放出，说明几乎不存在物料累积，反应速率快，且反应较为完全，该重氮化反应过程近似为加料控制型反应。物料 B 合成过程摩尔反应热为 $-164.80kJ/mol$（以物料 A 物质的量计），反应本身绝热温升为 31.9 K。

该重氮化过程一旦发生热失控，立即停止加料时，该重氮化反应 T_{cf}、X_{ac}、X、X_{fd} 曲线如图 7-23 所示。

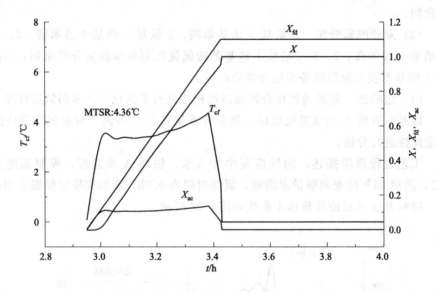

图 7-23　重氮化反应 T_{cf}、X_{ac}、X、X_{fd} 曲线

X_{fd}—加料比例；X—热转化率；

T_{cf}—反应任意时刻冷却失效后，反应体系所能达到的最高温度，℃；X_{ac}—热累积度

由图 7-23 的 T_{cf} 曲线可看出，在反应过程中，反应体系所能达到的最高温度 T_{cf} 随时间变化呈现先增大后减小的趋势。由热转化率 X 曲线可以看出，该反应物料热累积较大，亚硝酸钠水溶液滴加结束后，热转化率为 99.7%。按目前的工艺条件，即使在物料热累积最大时反应发生失控，立即停止加料，体系所能达到的最高温度 MTSR 为 4.4℃。此外，当物料热累积为 100% 时，体系能够达到的最高温度 MTSR 为 31.6℃。

取 B 合成反应后料液进行安全性测试（图 7-24）。B 合成后料液在 66.0℃ 时发生放气分解，在 85.7℃ 时发生放热分解，分解过程体系温度及压力迅速升高，放热量为 890J/g（以样品重量计），最大温升速率为 8.5℃/min，最大

压升速率为 0.26MPa/min。结合非绝热动态升温测试，进行分解动力学研究分析，获得分解动力学数据。B 合成反应料液自分解反应初期活化能为 89kJ/mol，中期活化能为 62kJ/mol；B 合成反应料液热分解最大反应速率到达时间为 8h、24h 对应的温度 T_{D8} 为 61℃、T_{D24} 为 43℃。

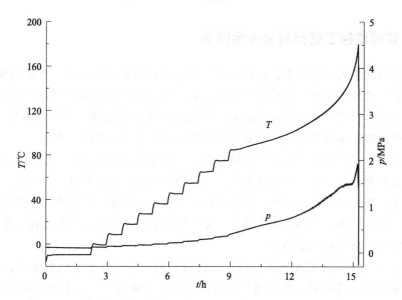

图 7-24　重氮化反应 B 合成反应后料液绝热量热时间-温度-压力曲线

根据研究结果，B 合成过程反应安全风险评估结果如下：

① 此反应本身绝热温升 ΔT_{ad} 为 31.6K，该反应失控的严重度为"1 级"。若重氮化过程一旦发生热失控，立即停止加料，体系所能达到的最高温度 MTSR 为 4.4℃；考虑物料热累积为 100％时，体系能够达到的最高温度 MTSR 为 31.6℃；该重氮化反应放热量较小，发生热失控立即停止加料与物料热累积为 100％时，风险等级基本相同。

② 在绝热条件下失控反应最大反应速率到达时间（TMR_{ad}）大于 24h，失控反应发生的可能性等级为"1 级"，为很少发生，一旦发生热失控，人为处置失控反应的时间较为充足，事故发生的概率较低。

③ 风险矩阵评估的结果：风险等级为"Ⅰ级"，属于可接受风险，生产过程中需采取常规的控制措施，并适当提高安全管理和装备水平。

④ 反应工艺危险度等级为"2 级"（$T_p \leqslant MTSR < T_{D24} < MTT$），在反应体系发生失控以后，体系温度会迅速升高，达到热失控时工艺反应可能达到的最高温度 MTSR，但是，MTSR 小于技术最高温度 MTT 和 T_{D24}，此时的

MTT 高于 T_{D24}，如果反应物料继续长时间地停留在热累积状态，那么很有可能会引发二次分解反应的发生，最终使反应体系达到技术最高温度 MTT，如果二次分解反应继续放热，最终将使体系达到物料的沸点温度，有可能会引起冲料，甚至造成爆炸等危险事故。

三、重点监控工艺参数及安全措施

重氮化工艺为放热工艺过程，苯胺类、亚硝酸钠毒性很大，且易燃易爆，产物重氮盐极不稳定，受热极易分解，该工艺的重点监控单元为重氮化反应釜，工艺过程中的重点监控参数有：重氮化反应釜内温度、压力、液位、pH 值；亚硝酸钠流量和浓度；重氮化反应釜内搅拌速率；冷却水流量。

针对重氮化工艺本身的危险性特点，应急管理部对重氮化工艺提出安全控制的基本要求为：反应釜温度和压力的报警和联锁；反应物料的比例控制和联锁系统；紧急冷却系统；紧急停车系统；安全泄放系统；后处理单元配置温度监测、惰性气体保护的联锁装置等。化工生产中涉及重氮化工艺过程，部分细化的安全控制措施列举如下：

① 工艺上应严格控制反应温度，物料滴加速度和亚硝酸钠的浓度；滴加料采用双重阀门控制，并严格控制加料速度，不能过快，以控制反应正常进行，避免温度升高、正常冷却能力不足、反应失控等。

② 严格防止亚硝酸钠接触各种可燃、易燃物和氧化性物质，以免发生火灾、爆炸；应选择使用耐蚀材料作为重氮化工艺设备、管道材质，并经常检查重氮化工艺设备、管道，防止因腐蚀造成穿孔泄漏，引起腐蚀性伤害和火灾等事故。

③ 设备上应严格密封、避光；防泄漏，重氮盐不能洒落在地上、蒸汽管道上，如发生此情况，应迅速用湿布轻轻擦干移去；设备避免使用铁、铜、锌，不宜将重氮盐物料与这些金属接触。

④ 重氮盐极易分解，制备后尽快供下一工段使用。

⑤ 电器要整体防爆，整个车间注意泄压；备双路电源或应急电源，防止因停电造成搅拌停止和冷却不足引发事故；并要特别注意与上工段加氢和下工段水解或还原一起防范。

⑥ 重氮化反应应实现自动控制，将重氮化反应釜内温度、压力与亚硝酸钠流量、重氮化反应釜夹套冷却水进水阀、釜内搅拌电流形成自控联锁关系；紧急断料系统，当重氮化反应釜内各参数偏离工艺指标时，能自动报警、停止加料，甚至紧急停车。

第十节　聚 合 工 艺

一、案例分析

2002 年 2 月 23 日凌晨 3 时左右，辽宁省某化工厂聚乙烯新生产线的生产参数出现异常，开始降负荷生产，到上午 7 时负荷下降至 40％。7 时 20 分，当班班长发现悬浮液接受罐内压力急速上升，反应速度下降，于是立即安排 3 名操作工进入现场关闭阀门，进行停车处理。操作工进入现场后，发现现场有物料发生泄漏，立即打电话向装置主控室汇报，几分钟后，新生产线就发生了剧烈爆炸。事故导致 8 人死亡、1 人重伤、18 人轻伤，造成直接经济损失 452.7 万元。

经过事故调查与原因分析，发现本次事故发生的直接原因是聚乙烯系统运行不正常，导致压力升高，致使劣质的玻璃视镜（该视镜的公称压力应为 2.5 MPa，根据事后解读 DCS 记录，破裂时压力为 0.5 MPa）破裂，导致大量的乙烯气体瞬间喷出，外溢的乙烯又被引风机吸入沸腾床干燥器内，同时，聚乙烯粉末与热空气形成了爆炸混合物并达到了爆炸极限，聚乙烯粉末沸腾过程中产生的电火花引爆了乙烯与爆炸混合物，发生了爆炸。

引起本次事故的间接原因主要有以下几个方面：

① 采购环节出现严重问题。经调查发现，新生产线使用的视镜没有产品合格证，并且在对视镜验收时的检查也存在问题；物资采购人员、验货人员均未严格履行职责，使不合格的视镜安装在了装置上，埋下了安全隐患。

② 工程施工管理混乱。首先是总承包方的管理不到位，聚乙烯新生产线建设是由某工程公司总承包、安装公司施工建设的，打压试验是检验工程质量的一个重要环节，对涉及易燃易爆的化工生产装置尤为重要，在事故发生后，打压检验单位未能向调查组提供原始的打压记录，为了推卸责任，编造了一个打压记录；其次是工程监理与工程质量监督不到位，仅就打压试验这件事，监理公司也无法拿出原始记录；最后是甲方对施工管理不到位，没有对总承包单位很好地履行监管的责任，尤其是涉及施工过程中的一些隐蔽工程，工程质量监督同样也没有尽到责任。

③ 工艺、生产管理不严格。本次事故的起因是聚合反应异常，而且是老生产线、新生产线同时出现反应问题，新线的操作规程与实际工艺不符，操作规程中规定干燥系统采用氮气法，而实际上采用的却是空气法，增加了氧含量，导致了生产降负荷。

二、聚合工艺危险特性

聚合反应是一种或几种小分子化合物生成大分子化合物（也称为高分子化合物或聚合物）的反应。直观上的理解为具有双键或羟基、氨基、羧基、环氧基等有机官能团的单体生成高分子聚合物的反应。聚合工艺广泛应用于制备各种高分子材料（如塑料、树脂、橡胶、涂料、黏合剂、纺织印染助剂等）领域。详细了解聚合工艺的危险特性，对制定聚合工艺的安全控制措施，保障安全生产十分重要，现将聚合工艺的危险及有害性总结如下：

① 本体聚合是在没有其他介质参与的情况下，使用浸于冷却剂中的管式聚合釜（或在反应釜中设盘管、列管进行冷却）进行的一种聚合方法，如甲醛的聚合反应等。本体聚合的主要危险性来自于聚合热不易传导散出，从而导致危险，倘若这些热不能及时移出，待上升到一定温度时，有发生暴聚的危险。

② 悬浮聚合是在机械搅拌的作用下使用分散剂将不溶的液态单体和溶于单体中的引发剂分散于水中，悬浮成珠状物而进行的聚合反应，如苯乙烯、氯乙烯、甲基丙烯酸乙酯的聚合等。这种聚合方法在工艺条件控制不好时，极易发生溢料，可能导致未聚合的单体、引发剂遇到火源而引发着火、爆炸事故。

③ 溶液聚合是选择一种溶剂与单体溶成均相体系，通过加入强氧化剂或引发剂发生聚合反应的一种聚合方法，溶液聚合适用于制造低分子量的聚合体，该聚合体溶液可以直接用作涂料，如氯乙烯在甲醇中的聚合，醋酸乙烯在醋酸乙酯中的聚合。溶液聚合一般在溶剂的回流温度下进行反应，反应温度可以得到有效的控制，同时可借助溶剂的蒸发来移除反应热。这种聚合方法的主要危险来自于聚合和分离过程中，易燃的溶剂容易挥发和产生静电火花。

④ 乳液聚合是通过机械搅拌或超声波振动，使用乳化剂把不溶于水的液态单体在水中被分散成乳液进而进行聚合的反应，如氯乙烯、氯丁二烯的聚合，丁二烯与苯乙烯的聚合等。乳液聚合常用无机过氧化物作为引发剂，聚合反应速度较快，若过氧化物在水中的配比控制出现问题，将导致反应温度升高太快而发生冲料。

⑤ 缩合聚合是指具有两个或两个以上官能团的单体反应生成为聚合物，同时有小分子副产物的聚合反应，如己二酸、甘油以及苯二甲酸酐发生缩合聚合生产聚酯，双酚 A 与碳酸二苯酯生产聚碳酸酯等。缩合聚合由于有小分子副产物生成，反应温度过高，会导致系统的压力增加，甚至导致爆裂，泄漏出易燃易爆的单体与溶剂等。

⑥ 聚合反应使用的单体大多是易燃易爆和有毒有害物质，如甲醛、乙烯、

丙烯、苯乙烯、丙烯腈、环氧乙烷、环氧丙烷、异氰酸酯等；而单体一旦泄漏可引发火灾、爆炸。

⑦ 聚合反应的引发剂有的为有机过氧化物，其化学性质活泼，对热、摩擦和震动极为敏感，易燃易爆并极易分解。

⑧ 聚合反应放出的热量如不能及时移出，如搅拌发生故障、停水、停电、聚合物粘壁而造成局部过热等，均可导致反应器温度迅速升高，发生爆炸事故。

⑨ 聚合反应多在高压下进行，又多为放热反应，反应条件控制不当就会导致暴聚发生，使反应器内压力骤增而发生爆炸；在使用过氧化物作为引发剂时，物料配比控制不当也会产生暴聚；高压下的乙烯聚合、丁二烯聚合、氯乙烯聚合具有极大的危险性。

以某卤代烯烃的聚合反应为例，对聚合反应的热危险性进行分析。

工艺过程简单描述：向反应釜中加入水和助剂，氮气置换后，通入卤代烯烃至压力为 2.2 MPa，升温至 65℃，加入引发剂溶液，开始反应，当体系压力下降至一定压力后，加入阻聚剂终止反应。该聚合反应的放热速率曲线如图 7-25 所示。

从图 7-25 中可以看出，滴加引发剂后，反应立即放热，反应过程放热速率以 16.2W/kg 的速度逐渐增大，2.3h 达到最大放热速率 40.6W/kg，之后反应仍持续放热，但反应放热速率呈逐渐下降趋势。保温反应 2.5h 后，加入阻聚剂，反应立即停止放热。该聚合反应过程摩尔反应热为 -53.81kJ/mol（以卤代烯烃物质的量计），反应本身绝热温升为 64.8 K，该聚合反应为间歇工艺，一旦发生热失控，体系能够达到的最高温度 MTSR 为 129.8℃。

对聚合反应后料液进行安全性测试（图 7-26）。聚合反应后料液在 169.5℃ 时发生放气分解，在 200.8℃ 时发生放热分解，分解过程体系温度及压力迅速升高，放热量为 740J/g（以样品质量计），最大温升速率为 4.8℃/min，最大压升速率为 0.3MPa/min。结合非绝热动态升温测试，进行分解动力学研究分析，获得分解动力学数据。聚合反应料液自分解反应初期活化能为 108kJ/mol，中期活化能为 90kJ/mol；聚合反应料液热分解最大反应速率到达时间为 8h、24h 对应的温度 T_{D8} 为 170℃、T_{D24} 为 153℃。

根据研究结果，聚合过程反应安全风险评估结果如下：

① 此聚合反应本身绝热温升 ΔT_{ad} 为 64.8 K，该反应失控的严重度为"2级"。反应失控后体系能够达到的最高温度 MTSR 为 129.8℃，高于反应釜安全阀启动温度 120℃，低于反应后料液的 T_{D24}，该聚合反应危险性较高。

② 在绝热条件下失控反应最大反应速率到达时间（TMR$_{ad}$）大于 24h，

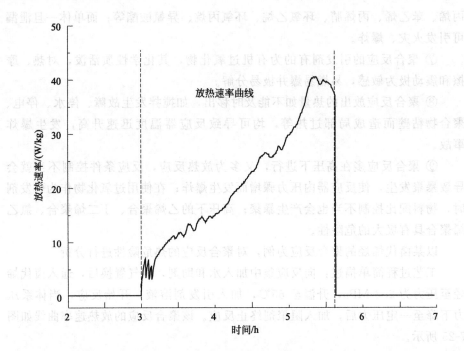

图 7-25 聚合反应放热速率曲线图

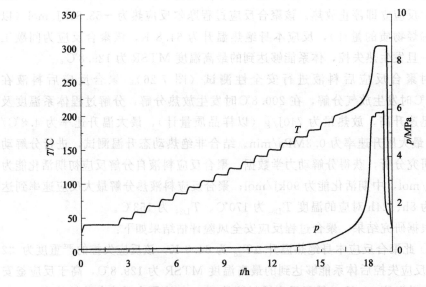

图 7-26 聚合反应后料液绝热量热时间-温度-压力曲线

失控反应发生的可能性等级为"1级",为很少发生,一旦发生热失控,人为处置失控反应的时间较为充足,事故发生的概率较低。

③ 风险矩阵评估的结果:风险等级为"Ⅰ级",属于可接受风险,生产过程中需采取常规的控制措施,并适当提高安全管理和装备水平。

④ 反应工艺危险度等级为"3级"($T_p \leqslant MTT \leqslant MTSR < T_{D24}$)。在反应发生失控后,工艺反应达到热失控时可能达到的最高温度 MTSR 大于技术最高温度 MTT,而 MTT 小于体系在绝热过程中最大反应速率到达时间 TMR_{ad} 为 24h 时所对应的温度 T_{D24},此时,容易引起反应料液沸腾导致冲料危险的发生,甚至导致体系瞬间压力的升高,引起爆炸危险事故的发生。但是,体系温度并未达到体系在绝热过程中最大反应速率到达时间 TMR_{ad} 为 24h 时所对应的温度 T_{D24},不会引发二次分解反应的发生,不会导致反应的进一步恶化。此时,反应体系的安全性取决于体系达到技术最高温度 MTT 时反应放热速率的快慢。

三、重点监控工艺参数及安全措施

聚合工艺的重点监控单元为聚合反应釜的温度、压力、搅拌速率、料仓静电、引发剂流量、冷却水流量、可燃气体监控等。应急管理部对聚合工艺安全控制的基本要求为:反应釜温度、压力的报警和联锁;紧急冷却系统;搅拌的稳定控制和联锁系统;紧急切断系统;紧急加入反应终止剂系统;料仓静电消除、可燃气体置换系统;可燃、有毒气体检测报警装置;高压聚合反应釜要设有防爆墙和泄爆面等。

化工生产中涉及聚合工艺过程,部分细化的安全控制措施列举如下:

① 反应器的搅拌与温度应有控制和联锁装置,设有反应抑制剂添加系统,出现异常情况可自动启动抑制剂添加系统,自动停车;高压反应系统应设置爆破片、导爆管等;要有良好的静电移出系统。

② 严格控制工艺条件,保证设备正常运转,确保冷却效果,防止暴聚;搅拌装置应可靠,冷却介质要充足,还应采取避免粘壁的措施。

③ 设置可燃气体检测报警系统,以便及时发现泄漏,采取对策。

④ 控制好过氧化物引发剂的配比,避免冲料。

⑤ 特别重视所用溶剂的毒性及燃爆性,加强对引发剂的管理。电气设备要采取防爆措施,消除各种火源。必要时,可对聚合装置采取一定的隔离措施。

⑥ 氯乙烯聚合反应所用的原料除单体氯乙烯外,还使用分散剂(明胶、

聚乙烯醇）与引发剂（偶氮二异庚腈、过氧化二苯甲酰、过氧化二碳酸二异丙酯等）。主要的安全措施有：采取有效措施及时移除反应热；必须要有可靠的搅拌装置；采取加水相阻聚剂或单体水相溶解抑制剂以减少聚合物的粘壁作用，减少人工清釜的频次，减小聚合操作岗位的毒物危害；聚合釜的温度要采用自动控制。

⑦ 聚合生产系统应配有纯度在 99.5% 以上的氮气保护系统，在危险发生时可立即向设备充入氮气加以保护。

⑧ 反应系统应设置双回路电源或应急电源。

第十一节　烷基化工艺

一、案例分析

埃克森美孚石油公司炼油厂（简称 Baton Rouge 炼油厂）位于美国路易斯安那州 Baton Rouge。2016 年 11 月 22 日，硫酸烷基化装置（使用浓硫酸作为催化剂，将异丁烷和烯烃转化为汽油）发生一起由于异丁烷泄漏造成的火灾事故。事故共造成 4 名现场工作人员严重烧伤。现场实际情况是：当事故发生时，操作工人正从一个旋塞阀上试图拆除故障齿轮箱，操作过程中他卸掉了旋塞阀承压部件（称作"顶盖"）上的关键螺栓，随后使用管钳拧开旋塞阀时，阀门突然脱离，导致异丁烷泄漏，与空气混合形成可燃气云。在异丁烷泄漏后不到 30s，可燃气体遇点火源引发爆燃，导致未安全撤离的 4 名工作人员严重烧伤。

事故原因分析认定，Baton Rouge 炼油厂安全管理系统存在一系列的缺失和缺陷，在拆卸旋塞阀的齿轮箱时误将旋塞阀承压顶盖以错误的方式拆卸，最终导致易燃物料的泄漏和火灾的发生。这些缺失和缺陷包括：

① 未能识别并正确处理老式旋塞阀及其齿轮箱，未考察其可靠性问题；

② 未评估人为因素，以及阀门操作和维护等相关潜在风险；

③ 没有制订书面形式的操作规程和作业指导书，没有详细说明从旋塞阀上拆除齿轮箱的具体步骤，以及如何安全地开启或者关闭阀门；

④ 没有对作业人员进行关于如何安全地拆卸不同类型的旋塞阀齿轮箱的培训，未告知拆卸作业潜在的相关风险；

⑤ 在没有进行相关培训及制订具体操作程序的情况下，允许作业人员拆除承压装置的齿轮箱。

二、 烷基化工艺危险特性

将烷基引入有机化合物分子中，并取代碳、氮、氧等原子上氢原子的一类反应被称作烷基化反应。涉及烷基化反应的工艺过程称为烷基化工艺，可分为C-烷基化反应、N-烷基化反应、O-烷基化反应等。烷基化工艺具有以下危险性：

① 被烷基化的物质大都具有易燃易爆的性质，如苯是甲类液体，闪点 -11℃，爆炸极限 1.5%～9.5%；苯胺是丙类液体，闪点 71℃，爆炸极限 1.35～4.2%。

② 烷基化物料一般比被烷基化物料的燃爆危险性大，如丙烯是易燃气体，爆炸极限 2%～11%；甲醇是甲类液体，爆炸极限 6%～36.5%；十二烯是乙类液体，闪点 35℃，自燃温度 220℃。

③ 烷基化过程应用的催化剂具有很高的反应活性且不稳定。如三氯化铝是腐蚀性强的忌湿物质，遇水或水蒸气放热分解，同时放出氯化氢气体，若接触可燃物，易着火、爆炸；三氯化磷是腐蚀性忌湿液体，遇水或乙醇则剧烈分解，放出大量的热和氯化氢气体，具有极强的刺激性和腐蚀性，有毒，遇酸（主要是硝酸、醋酸）放热、冒烟，严重时会引发起火、爆炸。

④ 烷基化反应需在加热条件下进行，若原料、催化剂、烷基化试剂等物料的加料顺序错误、加料速度过快或搅拌突然停止，将会引发剧烈的反应，引起冲料，甚至造成着火或爆炸事故。

⑤ 烷基化反应产品具有一定的火灾风险，如异丙苯是乙类液体，闪点 35.5℃，自燃点 434℃，爆炸极限 0.68%～4.2%；烷基苯是丙类液体，闪点 127℃；二甲基苯胺是丙类液体，闪点 61℃，自燃点 371℃。

化工生产过程中，典型的烷基化工艺列举如下：

(1) C-烷基化反应 应用乙烯、丙烯及长链 α-烯烃作为烷基化试剂，制备乙苯、异丙苯和高级烷基苯；用脂肪醛和芳烃衍生物制备对称的二芳基甲烷衍生物；苯酚与丙酮在酸催化下制备 2，2-对（对羟基苯基）丙烷（双酚 A）；苯系物与氯代高级烷烃在催化剂作用下制备高级烷基苯；乙烯与苯发生烷基化反应生产乙苯等。

(2) N-烷基化反应 苯胺和甲醚烷基化生产苯甲胺；苯胺和甲醇制备 N，N-二甲基苯胺；苯胺与氯乙酸生产苯基氨基乙酸；氨或脂肪胺和环氧乙烷制备乙醇胺类化合物；对甲苯胺与硫酸二甲酯制备 N,N-二甲基对甲苯胺；苯胺和氯乙烷制备 N,N-二烷基芳胺；环氧乙烷与苯胺制备 N-（β-羟乙基）苯胺；

苯胺与丙烯腈反应制备 N-（β-氰乙基）苯胺等。

（3）O-烷基化反应　硫酸二甲酯与苯酚制备苯甲醚；对苯二酚、氢氧化钠水溶液和氯甲烷制备对苯二甲醚；高级脂肪醇或烷基酚与环氧乙烷加成生成聚醚类产物等。

以某取代化合物 A 经甲基化反应，制备甲基取代物 B 为例，对甲基化反应的热危险性进行分析。

工艺过程简单描述：向反应釜中加入溶剂苯、物料 A、催化剂、硫酸二甲酯，回流状态下（约 78℃）滴加 45% 的液碱，滴加时间为 25min，滴加完毕后保温 1.0h。物料 B 合成反应放热速率曲线如图 7-27 所示。

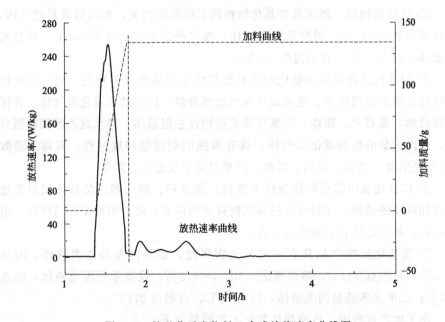

图 7-27　烷基化反应物料 B 合成放热速率曲线图

从图 7-27 中可以看出，滴加液碱后，反应立即放热，滴加过程反应放热速率较高，滴加约 10min 后，反应放热速率到达瞬时最大值，为 251.8W/kg（以料液瞬时质量计）左右，之后放热速率迅速下降。滴加过程平均放热速率为 140.7W/kg（以加料完毕后体系总料液质量计）。保温过程反应有较少热量放出，说明该反应几乎不存在物料累积，反应速率快，且反应较为完全，反应过程可近似为加料控制型反应。物料 B 合成过程摩尔反应热为 −143.61kJ/mol（以物料 A 物质的量计），反应本身绝热温升为 101.6K。当物料热累积为 100% 时，体系能够达到的最高温度 MTSR 为 179.6℃。

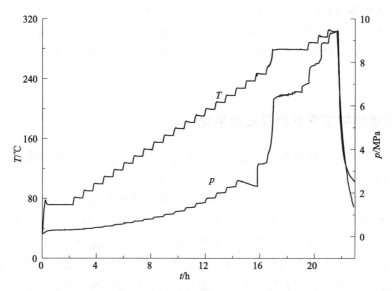

图 7-28 烷基化反应后料液绝热量热时间-温度-压力曲线

取烷基化反应后料液进行安全性测试（图 7-28）。B 合成反应后料液在 238.0℃时发生放气分解，在 247.7℃时发生放热分解，分解过程体系温度及压力迅速升高，放热量为 140J/g（以样品质量计），最大温升速率为 3.6℃/min，最大压升速率为 0.4MPa/min。结合非绝热动态升温测试，进行分解动力学研究分析，获得分解动力学数据。B 合成反应后料液自分解反应初期活化能为 418kJ/mol，中期活化能为 63kJ/mol；B 合成反应后料液热分解最大反应速率到达时间为 8h、24h 对应的温度 T_{D8} 为 244.5℃、T_{D24} 为 237.7℃。

① 根据研究结果，烷基化反应本身绝热温升 ΔT_{ad} 为 101.6 K，该反应失控的严重度为"2 级"。

② 在绝热条件下失控反应最大反应速率到达时间（TMR_{ad}）大于 24h，失控反应发生的可能性等级为"1 级"，为很少发生，一旦发生热失控，人为处置失控反应的时间较为充足，事故发生的概率较低。

③ 风险矩阵评估的结果：风险等级为"Ⅰ级"，属于可接受风险，生产过程中需采取常规的控制措施，并适当提高安全管理和装备水平。

④ 反应工艺危险度等级为 3 级（$T_p \leqslant MTT \leqslant MTSR < T_{D24}$）。在反应发生失控后，工艺反应达到热失控时可能达到的最高温度 MTSR 大于技术最高温度 MTT，而 MTT 小于体系在绝热过程中最大反应速率到达时间 TMR_{ad} 为 24h 时所对应的温度 T_{D24}，此时，容易引起反应料液沸腾，导致冲料危险的发生，甚至导致体系瞬间压力升高，引起爆炸危险事故的发生。但是，体系温

度并未达到体系在绝热过程中最大反应速率到达时间 TMR_{ad} 为 24h 时所对应的温度 T_{D24}，不会引发二次分解反应的发生，不会导致反应的进一步恶化。此时，反应体系的安全性取决于体系达到技术最高温度 MTT 时反应放热速率的快慢。

三、重点监控工艺参数及安全措施

烷基化工艺过程中需重点监控的工艺参数有：烷基化反应釜内温度和压力；釜内搅拌速率；反应物料的配比及流量等。应急管理部对烷基化工艺的安全控制基本要求为：进料口紧急切断系统；紧急冷却系统；安全泄放系统；可燃及有毒气体检测报警装置等。烷基化工艺的控制系统宜采用的控制措施包括：将烷基化反应釜内温度和压力与釜内搅拌、烷基化物料流量、烷基化反应釜夹套冷却水进水阀形成联锁关系，当烷基化反应釜内温度超标或搅拌系统发生故障时自动停止加料并紧急停车；安全设施包括安全阀、爆破片、紧急放空阀、单向阀及紧急切断装置等。

化工生产中涉及烷基化工艺过程，部分细化的安全控制措施列举如下：

① 车间厂房的设计需符合国家爆炸危险场所相关安全规定。车间内需保持通风良好，严格控制各种点火源，电气设备要防爆，易燃易爆设备需安装可燃气体监测报警仪，同时设置完善的消防设施。

② 反应物具有自燃危险性，应注意管道运输，以及系统开停车过程中的升温速率和升压速率。

③ 烷基化催化剂亦具有自燃危险性，遇水或醇时会剧烈反应，放出大量热量和腐蚀性气体，易引起火灾甚至爆炸；操作过程中需特别注意催化剂的填装和定期更换。

④ 烷基化反应需在加热条件下进行，若原料、催化剂、烷基化剂等原料加料次序错误，加料速度过快或搅拌突然停止等，易引起局部剧烈反应，造成跑料，甚至引起火灾或爆炸事故，应特别注意控制反应速度。

⑤ 反应过程中需严格控制烷基化反应釜内温度、压力、搅拌速率、反应物料的配比和流速流量等。

⑥ 体系应配备加料紧急切断系统、安全泄放系统、紧急冷却系统、可燃和有毒气体检测报警装置等。

⑦ 将烷基化反应釜内温度和压力与釜内搅拌、烷基化物料流量、烷基化反应釜冷却水阀形成联锁关系，当系统检测任一参数超标时，自动停止加料并紧急停车。

⑧ 配置完整的安全设施，包括爆破片、安全阀、紧急放空阀、单向阀及紧急切断装置等。

⑨ 应对装置进行定期检查，并注意低压系统压力变化，以避免高压气体窜入低压系统引起物理爆炸；若发现因不明原因低压系统压力突然升高，应作紧急停车处理。

⑩ 要经常检查各设备内件的运转、密封、润滑等情况，若出现撞击、震动、泄漏等异常情况，应及时停车处理，避免引发着火和爆炸等二次事故的发生。

⑪ 操作人员需认真学习消防安全知识和安全生产知识，切实做到"三懂""三会"。"三懂"是指懂得岗位火灾危险性，懂得预防火灾的措施，懂得扑救方法；"三会"是指会报警，会使用灭火器材，会处置险肇事故。

第十二节　胺基化工艺

一、案例分析

2017年7月2日4时30分，某化工公司对（邻）硝车间7#反应釜投加原料操作结束。操作工甲打开蒸汽阀对7#反应釜进行加热，将反应釜内温度缓慢升温至160℃，此时反应釜内压力为4.6MPa，之后将蒸汽阀门关闭，让反应釜内物料进入自然反应阶段。11时许，当班班长及车间主任发现7#反应釜温度为140℃，于是指示操作工乙对反应釜进行升温，并将反应温度控制在168~170℃，反应压力控制在5.2MPa以下。升温完成后，操作工乙开始查看其他反应釜。16时左右，操作工乙发现7#反应釜温度又降至150℃，于是再次进行升温操作，并开启搅拌。大约16时30分，7#反应釜第一台安全阀发生起跳（整定压力为6.2~6.4MPa），车间主任立即带领当班班长及操作工丙到达现场，企图用冷却水冲淋反应釜壳体的办法进行紧急降温。17时左右，7#反应釜第一台安全阀开始第二次起跳，2min后第二台安全阀又接连起跳，4s后突然发生爆炸。爆炸当场造成车间主任、当班班长及操作工丙3人死亡，正在车间岗位上作业的3名操作工受伤。

事故原因初步分析：该工艺涉及胺化反应，产品硝基苯胺具有热不稳定性，高温下发生分解反应，导致体系温度及压力迅速升高而造成爆炸事故。该胺化反应过程放热量大，事故发生时出现冷却失效，同时安全联锁装置被该企业违规停用，冷却系统无法及时将反应热移出，多余的反应热加热体系，使体系温度升高，超过了 200℃，达到了硝基苯胺的分解温度，引发了产物的二次分解反应，从而发生爆炸。

二、胺基化工艺危险特性

在有机化合物分子中引入—NH₂ 以取代其他原子或基团的反应，称为胺化反应，如氨与卤代烷烃发生胺化反应可生成伯胺、仲胺、叔胺或季铵盐；氨与醇或酚反应可生成相应脂肪胺、芳香胺或稠环芳香胺。胺化反应中使用的氨化剂主要有气氨、液氨、浓氨水等。胺基化工艺的危险性总结如下：

① 氨为高毒物质，接触限值为 30 mg/m³，氨气浓度过高可造成细胞组织溶解坏死，使眼部、皮肤灼伤，严重时甚至引起反射性呼吸停止。

② 胺化反应常在高温、高压的条件下进行，若安全防护失效，反应器容易发生超温、超压，甚至导致火灾、爆炸等事故。

③ 若胺化反应设备涉及的管道、阀门、泵、容器等发生泄漏，释放出氨气，可造成作业人员中毒、窒息等严重事故的发生。此外，氨的爆炸极限为15.7%～27.4%（体积分数），若泄漏后与空气生成混合气达到爆炸极限，遇静电或其他点火源可引起爆炸等事故。

④ 反应过程中通氨速度较快，若过程中搅拌停止，冷却系统冷却能力不足或失效，反应热不能被及时移出，导致反应釜内温度骤升，严重时甚至导致冲料、灼伤、中毒、燃爆等事故。

⑤ 在通氨过程中，氨气缓冲罐与氨化釜之间如不设置逆止阀，反应物料可能发生倒灌现象，在缓冲罐内发生化学反应，引发事故。

⑥ 胺化有机物多为易燃物品或毒害品，胺化后产品亦有部分易燃，如低碳脂肪胺；有些尚具有相当的毒性，如某些芳香胺。易燃物料在冲洗过程或渗漏时遇点火源易发生燃爆；作业人员如接触有毒有害的胺类化合物可引起中毒等事故。

下面列举了一些在化工生产过程中，典型的胺基化工艺：

邻硝基氯苯和氨水作用生产邻硝基苯胺；对硝基氯苯和氨水作用合成对硝基苯胺；间甲酚和氯化铵的混合物在催化剂存在下，与氨水反应生成间甲苯胺；1-硝基蒽醌与过量氨水在氯苯中合成 1-氨基蒽醌；2,6-蒽醌二磺酸氨解制备 2,6-二氨基蒽醌；苯乙烯和胺反应合成 N-取代苯乙胺；亚乙基亚胺或环氧乙烷与胺或氨反应，合成氨基乙醇或二胺；由甲苯经过氨氧化合成苯甲腈；丙烯经过氨氧化合成丙烯腈等。

以某取代吡啶 A 与某胺类物质 B 发生反应，制备某氨基取代物 C 为例，对胺化反应的热危险性进行分析。

工艺过程简单描述：向反应釜中加入物料胺类物质 B 及溶剂 N,N-二甲基甲酰胺，控制温度为 20～30℃，滴加 A，滴加时间为 4.0h，滴加完毕后保温 3.0h。物料 C 合成反应放热速率曲线如图 7-29 所示。

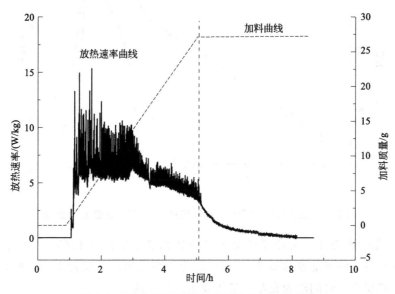

图 7-29 胺化反应物料 C 合成放热速率曲线图

从图 7-29 中可以看出，滴加 A 后，反应立即放热，滴加过程反应放热速率不高，基本稳定在 7.5W/kg 左右；滴加结束后，反应放热速率迅速下降，保温过程反应有少量热量放出。物料 C 合成过程摩尔反应热为 −60.4kJ/mol（以物料 A 物质的量计），反应本身绝热温升为 39.0 K，当物料热累积为 100%时，体系能够达到的最高温度 MTSR 为 69.0℃。

取 C 合成反应后料液进行安全性测试（图 7-30）。C 合成反应后料液在 166.6℃时发生放气分解，在 205.3℃时发生放热分解，分解过程体系温度及压力迅速升高，放热量为 260J/g（以样品质量计），最大温升速率为 2.6℃/min，最大压升速率为 1.08 bar/min。结合非绝热动态升温测试，进行分解动力学研究分析，获得分解动力学数据。C 合成反应料液自分解反应初期活化能为 40kJ/mol，中期活化能为 137kJ/mol；C 合成反应料液热分解最大反应速率到达时间为 8h、24h 对应的温度 T_{D8} 为 141℃、T_{D24} 为 124℃。

根据研究结果，C 合成过程反应安全风险评估结果如下：

① 此胺化反应本身绝热温升 ΔT_{ad} 为 39.0 K，该反应失控的严重度为"1级"。

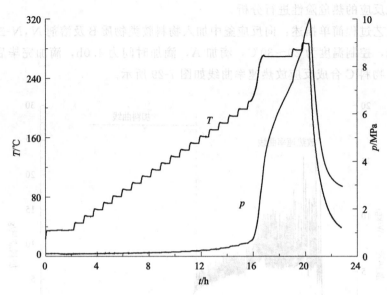

图 7-30　胺化反应 C 合成后料液绝热量热时间-温度-压力曲线

② 在绝热条件下失控反应最大反应速率到达时间（TMR$_{ad}$）大于 24h，失控反应发生的可能性等级为"1级"，为很少发生，一旦发生热失控，人为处置失控反应的时间较为充足，事故发生的概率较低。

③ 风险矩阵评估的结果：风险等级为"Ⅰ级"，属于可接受风险，生产过程中需采取常规的控制措施，并适当提高安全管理和装备水平。

④ 反应工艺危险度等级为 1 级（$T_p \leqslant \text{MTSR} < \text{MTT} < T_{D24}$）。在反应发生失控后，体系温度升高并达到热失控时工艺反应可能达到的最高温度 MTSR，但 MTSR 小于技术最高温度 MTT 和体系在绝热过程中最大反应速率到达时间为 24h 时所对应的温度 T_{D24}。此时，体系不会引发物料的二次分解反应，也不会导致反应物料剧烈沸腾而发生冲料危险。体系热累积产生的热量，可由反应混合物的蒸发等带走部分，为系统安全提供一定的保障条件。

三、重点监控工艺参数及安全措施

胺基化工艺过程中的需要重点监控的工艺参数有：胺基化反应釜内温度、压力；釜内搅拌速率；反应物配料比；物料流量；气相氧含量等。国家应急管理部对胺基化工艺安全控制的基本要求为：反应釜温度、压力的报警和联锁；加料比例控制和联锁系统；紧急送入惰性气体的系统；气相氧含量监控联锁系统；紧急冷却系统；紧急停车系统；安全泄放系统；可燃和有毒气体检测报警装置等。胺基化工艺适合采用的控制方法有：确保体系安全设施的配置齐全，完好使用，从根本上提高本质安全装备设施水平；将胺基化反应釜内温度、压力与物料流量、釜内搅拌、反应釜夹套冷却水控制阀设置联锁关系，设置紧急停车系统；配置安全设施，如爆破片、安全阀、单向阀和紧急切断装置等。

化工生产中涉及胺基化工艺过程，部分细化的安全控制措施列举如下：

① 胺基化反应为较高危险度的化工反应单元，在工艺过程中，生产装置宜采取自动控制，特别是高温、高压条件下的胺化过程更应采用 DCS 控制，避免人员直接现场操作，根本上提升装置安全度。

② 生产作业场所需保持通风良好，配备可靠的安全泄压设施，以及相应的事故应急救援器材、药品及防护用品。

③ 在使用液氨钢瓶时，操作过程中需保证钢瓶内压力大于使用侧压力，钢瓶与反应器之间应设置止逆阀和足够容积的缓冲罐，防止物料倒灌；管道系统必须完好，保证连接紧密无泄漏。

④ 液氨钢瓶严禁露天存放，不得曝晒，更不得与可燃、易燃物料混放。

⑤ 应在氨存在的作业场所安装浓度监测报警装置。

⑥ 胺化反应体系必须设置应急电源并保证冷却系统正常运转。

⑦ 胺化反应需保持设备、管道完好，并加强防腐蚀措施，避免"跑、冒、滴、漏"，特别是氨气吸收装置和尾气排空系统均需保证良好运行，并及时维护和保养。

⑧ 将胺化反应釜内温度、压力与釜内搅拌、物料流量、反应釜夹套冷却水进水阀设置联锁关系，并设置紧急停车系统。

⑨ 配备全套安全设施，如爆破片、安全阀、单向阀及紧急切断装置等。

第十三节　偶氮化工艺

一、案例分析

2007 年 4 月 13 日 22 时 12 分，黑龙江省大庆市某化工厂偶氮二异丁腈生产过程中发生爆炸燃烧，9 人当场死亡。发生爆炸的厂房所有门窗全部被炸毁，内部墙体焦黑，设施完全损坏。爆炸发生后在厂房外空气中弥漫着化学品气味和物体燃烧的焦糊味。

事故发生的直接原因是偶氮二异丁腈生产车间大量甲醇气体挥发，甲醇气体含量在生产车间内达到爆炸极限，遇明火发生爆炸燃烧，温度的升高导致反应釜内大量偶氮二异丁腈发生分解，致使事故进一步恶化。事故发生的间接原因是该企业无证生产，2005 年取得安全生产许可证，2008 年 8 月，安全生产许可证到期后，企业未提出延期申请，在安监部门已下达停产停业指令后仍然违规、非法生产；该厂的本质安全条件极差，厂房设计弊端多，工艺设计不完善，厂房布局不合理，设备管理及工艺管理混乱，现场无可燃气体报警装置，事故发生前期未采取有效措施，导致事故进一步恶化。

二、偶氮化工艺危险特性

偶氮化反应是指合成通式为 R—N=N—R 的偶氮化合物，式中 R 为脂肪烃基或芳烃基，两个 R 基可相同或不同。涉及偶氮化反应的工艺过程为偶氮化工艺，脂肪族偶氮化物由相应的肼经过氧化或脱氢反应制取。芳香族偶氮化合物一般由重氮化合物的偶联反应制备。芳香族重氮化合物称为重氮剂。酚类和芳胺就称为偶合组分，大多数为电子云密度较高的试剂，如苯酚、萘酚、苯胺及它们的衍生物等，偶合能力随着电子云密度的升高而增强。涉及偶氮化反应的工艺过程是偶氮化工艺。偶氮化合物作为一种重要的化合物中间体，被广泛地应用于有机染料、生物医药、食品添加剂、自由基诱发剂、液晶材料及非线性光学材料等许多领域。但是，原料芳香族重氮化合物的化学性质很活泼、很不稳定，见光、受热、摩擦或撞击等作用，极易发生分解，生成高毒性的氮氧化物。部分偶氮化合物加热时容易分解，释放出氮气或氮氧化物，导致火灾、爆炸或中毒事故的发生。因此，详细了解偶氮化工艺危险特性，为化工生产制定安全控制措施十分重要，偶氮化工艺危险特性总结如下：

① 主要原料芳香胺类、酚类化合物、肼类化合物及产品偶氮化合物毒性很大，且易燃易爆。芳香胺类、酚类化合物受热高温分解，肼类化合物还具有腐蚀性，遇氧化剂能自燃，可能引起爆炸、火灾等事故的发生。

② 在偶氮化生产过程中，若重氮剂的投料过快或过量，可能导致重氮剂大量累积，在受热条件下可能发生分解；若偶氮过程中反应温度控制不好，如冷却不足或冷却失效、搅拌故障等原因造成体系温度过高均会导致重氮剂分解，产生大量的氮氧化物气体；部分偶氮化合物稳定性差，受热、摩擦或撞击等作用时可能发生分解，释放出氮气或氮氧化物，导致火灾、爆炸及中毒事故的发生。

③ 特别提出的是偶氮化的前工段大多为重氮化，与偶氮化工段紧邻，使用的原料均为易燃易爆物，两单元之间相互影响，不容忽视。

在化工生产过程中，典型的偶氮化工艺列举如下：

（1）脂肪族偶氮化合物合成 水合肼与丙酮氰醇反应，再经液氯氧化制备偶氮二异丁腈；次氯酸钠水溶液氧化制备氨基庚腈；甲基异丁基酮与水合肼缩合后与氰化氢反应，再经氯气氧化制备偶氮二异庚腈；偶氮二酸二乙酯DEAD和偶氮二甲酸二异丙酯DIAD的制备。

（2）芳香族偶氮化合物合成 由重氮化合物偶联反应制备偶氮化合物，如4-二甲氨基偶氮苯制备、5-甲基-2-羟基偶氮苯制备等。

以某芳香胺A与重氮剂B经偶氮化反应，制备偶氮化合物C为例，对偶氮化反应的热危险性进行分析。

工艺过程简单描述：向反应釜中加入水、醋酸钠和物料A，控制体系pH为5～7，反应温度为0℃，滴加重氮剂B，滴加时间为2.0h，滴加完毕后保温1.5h。物料C合成反应放热速率曲线如图7-31所示。

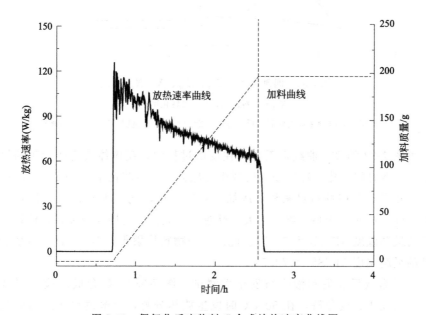

图7-31 偶氮化反应物料C合成放热速率曲线图

从图7-31中可以看出，滴加重氮剂B后，反应体系立即放热，并迅速到达最大放热速率122.5W/kg（以料液瞬时重量计），滴加过程反应放热速率逐渐下降；滴加结束后，反应放热速率迅速下降至0W/kg，保温过程反应基本无热量放出，说明该反应几乎不存在物料累积，反应速率快，且反应较为完全，该偶氮化反应过程近似为加料控制型反应。物料C合成过程摩尔反应热为-93.28kJ/mol（以物料A物质的量计），反应本身绝热温升为73.7 K。

该偶氮化过程一旦发生热失控，立即停止加料，该偶氮化反应 T_{cf}、X_{ac}、X、X_{fd} 曲线如图 7-32 所示。

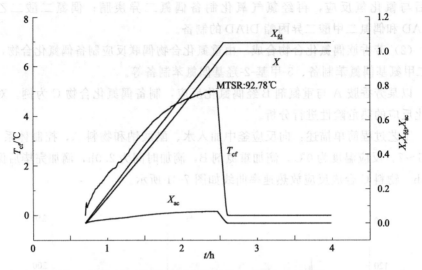

图 7-32　偶氮化反应 T_{cf}、X_{ac}、X、X_{fd} 曲线

X_{fd}—加料比例；X—热转化率；

T_{cf}—反应任意时刻冷却失效后，反应体系所能达到的最高温度，℃；X_{ac}—热累积度

由图 7-32 的 T_{cf} 曲线可看出，在反应过程中，反应体系所能达到的最高温度 T_{cf} 随时间变化呈现先增大后减小的趋势。由热转化率 X 曲线可以看出，该反应几乎不存在物料热累积，滴加结束后，热转化率为 98.1%。按目前的工艺条件，即使在物料热累积最大时反应发生失控，立即停止加料，体系所能达到的最高温度 MTSR 为 5.0℃。此外，当物料热累积为 100% 时，体系能够达到的最高温度 MTSR 为 73.7℃。

取 C 合成反应后料液进行安全性测试（图 7-33）。C 合成反应后料液在 39.6℃ 时发生放气分解，在 50.0℃ 时发生放热分解，分解过程体系温度及压力迅速升高，放热量为 120J/g（以样品质量计），最大温升速率为 0.3℃/min，最大压升速率为 0.01MPa/min。结合非绝热动态升温测试，进行分解动力学研究分析，获得分解动力学数据。C 合成反应料液自分解反应初期活化能为 122kJ/mol，中期活化能为 86kJ/mol；C 合成反应料液热分解最大反应速率到达时间为 8h，24h 对应的温度 T_{D8} 为 41℃、T_{D24} 为 34℃。

根据研究结果，C 合成过程反应安全风险评估结果如下：

① 此偶氮化反应本身绝热温升 ΔT_{ad} 为 73.7K，该反应失控的严重度为"2 级"。当物料热累积为 100% 时，体系能够达到的最高温度 MTSR 为

73.7℃，高于反应后料液的 T_{D24}，该偶氮化反应危险较高。若偶氮化过程一旦发生热失控，立即停止加料，体系所能达到的最高温度 MTSR 为 5.0℃。

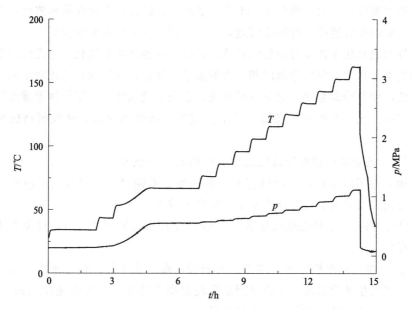

图 7-33　C偶氮化反应后料液绝热量热时间-温度-压力曲线

②在绝热条件下失控反应最大反应速率到达时间（TMR$_{ad}$）大于 24h，失控反应发生的可能性等级为"1 级"，为很少发生，一旦发生热失控，人为处置失控反应的时间较为充足，事故发生的概率较低。

③ 风险矩阵评估的结果：风险等级为"Ⅰ级"，属于可接受风险，生产过程中需采取常规的控制措施，并适当提高安全管理和装备水平。

④ 反应工艺危险度等级为"2 级"（$T_p \leqslant MTSR < T_{D24} < MTT$）。在反应体系发生失控以后，体系温度会迅速升高，达到热失控时工艺反应可能达到的最高温度 MTSR，但是，MTSR 小于技术最高温度 MTT 和 T_{D24}，此时的 MTT 高于 T_{D24}，如果反应物料继续长时间地停留在热累积状态，那么很有可能会引发二次分解反应的发生，最终使反应体系达到技术最高温度 MTT，如果二次分解反应继续放热，最终将使体系达到物料的沸点温度，有可能会引起冲料，甚至造成爆炸等危险事故。

三、重点监控工艺参数及安全措施

偶氮化工艺为放热工艺过程，芳香胺类、酚类化合物及产品偶氮化合物毒性很大，且易燃易爆，此外重氮剂、肼类化合物极不稳定，受热极易分解。该工艺的重点监控单元为偶氮化反应釜，工艺过程中的重点监控参数有：偶氮化反应釜内温度、压力、液位及 pH 值，重氮剂、肼类化合物流量和浓度，偶氮化反应釜内搅拌速率，冷却水流量，反应物配比及后续单元温度等。

针对偶氮化工艺本身的危险性特点，应急管理部对偶氮化工艺提出安全控制的基本要求为：反应釜温度和压力的报警和联锁，反应物料的比例控制和联锁系统，紧急冷却系统，紧急停车系统，安全泄放系统，有毒气体泄漏监控报警系统等。化工生产中涉及偶氮化工艺过程，部分细化的安全控制措施列举如下：

① 工艺上应严格控制反应温度、物料滴加速度和亚硝酸钠的浓度；滴加料采用双重阀门控制，并严格控制加料速度，不能过快，以控制反应正常进行，避免温度升高、冷却能力不足、反应失控等。

② 严格防止亚硝酸钠接触各种可燃、易燃物和氧化性物质，以免发生火灾、爆炸。

③ 设备上应严格密封、避光、防泄漏，重氮盐不能洒落在地上、蒸汽管道上，如发生此类情况，应迅速用湿布轻轻擦干移去；设备避免使用铁、铜、锌，不宜将重氮盐物料与这些金属接触。

④ 偶氮化反应应实现自动控制。反应物料比例控制；反应釜夹套冷却水进水阀、釜内搅拌电机形成自控联锁关系；紧急切断系统；紧急停车系统；安全泄放系统；后续单元配置温度检测，惰性气体保护的联锁装置。

第十四节　金属有机工艺

一、案例分析

2014 年 1 月 6 日 8 时，江苏某精细化工公司的格氏试剂制备车间进行格氏试剂制备操作，本批作业系未预留格氏试剂底料的单批作业，在进行烘釜及氮气置换后，依次向釜内投入镁粉、溶剂四氢呋喃，釜温升至 55℃时开始滴加氯代叔丁烷 2～3 kg，再加入引发剂碘 1 kg 引发反应。9 时 30 分，该车间主任和当班班长感到反应已引发，即令员工开始滴加氯代叔丁烷与四氢呋喃的混合溶液，但在滴加过程中发现釜内温度逐步下降至 46℃后，停止了物料滴加而采用蒸汽进行升温，在温度并未上升的情况下又继续滴加混合溶液，12 时 9 分，反应釜内温度急剧升高导致爆炸发生，据估计当时已滴加总量的 30%。事故造成 1 人当场死亡，2

人受伤，受伤人员烧伤面积分别为 10％、40％，两位伤者医治后康复出院。

　　经过事故调查和原因分析，本次事故最直接的原因是反应在未能有效引发的情况下继续滴加反应物料，造成未反应物料大量积聚，造成釜内局部过热，导致突发反应，产生高温、高压，使釜内易燃易爆的物料从釜垫喷出、高速气流在喷射过程中产生了静电，造成爆炸并引起大火。

　　该事故间接原因：

　　① 车间管理、技术人员技术素养差，反应引发成功与否未能做出准确判断。温度出现降低后，对这一现象的原因不明确，又继续进行滴加操作。

　　② 车间管理不到位，操作人员对格氏试剂制备反应的危险性没有足够认识，操作过程劳动保护用品佩戴不符合要求。事故发生后没有相关的应急措施，相关安全技术不完善。

　　③ 该厂对反应设备的日常管理差，反应釜没有做定期检修，釜上螺栓松动未能及时发现，留下重大的安全隐患。

二、金属有机工艺危险特性

　　金属有机反应是指以金属原子与碳原子相连成键的金属有机化合物作为反应物或生成物的反应，包含金属有机反应的工艺过程为金属有机工艺。金属有机工艺在化工生产中有着重要地位，广泛应用于石油化工、医药、农药、材料、能源等领域。完整的金属有机工艺通常可分为金属有机物制备、金属有机反应与猝灭反应，需要注意的是，在化工生产过程中，金属有机工艺极易引发火灾、爆炸等事故，这些都是与金属有机工艺独特的工艺危险性相关。

　　金属有机工艺的工艺危险性简述如下：

　　① 若反应釜内残留酸、水时，在投料升温后，会与金属发生反应，产生氢气，在金属有机物制备过程中，也会导致金属有机物发生水解，生成易燃的烷烃气体，具有爆炸的危险。

　　② 如果反应釜未采取氮气置换，反应过程中釜内溶剂蒸发会产生大量易燃气体，副反应中也会产生少量的烃类可燃气体，它们与空气混合会形成爆炸性混合气体，极易发生爆炸。

　　③ 对于初期需要引发的金属有机物制备反应，如果反应不能被顺利引发，则可能造成物料大量积聚，一旦开始反应后会大量放热、急剧升温，此时反应釜来不及将热量导出，将会造成冲料、爆炸事故。

　　④ 金属有机物制备通常为强放热反应，若回流冷凝系统的冷却能力不足，

可能造成体系内的溶剂冲料甚至引起爆炸事故。如果冷凝器发生漏水现象，可导致已生成的金属有机物迅速水解并产生大量易燃气体，可能造成反应釜超压和爆炸的危险。

⑤ 金属有机物制备反应操作控制比较复杂，一旦自动控制系统不能精准地适应反应进程，可能导致失控、冲料、爆炸等事故的发生。

⑥ 由于金属有机物制备及其参与的反应多使用易燃溶剂，如果未采取氮气置换，反应过程接触到空气可能引起火灾、爆炸事故。

⑦ 金属有机反应属于强放热反应，若夹套冷却能力不足、进料速度过快都可能造成体系内的溶剂冲料引起反应失控、爆炸等事故。

⑧ 金属有机反应结束后，物料中通常会存在过量的金属有机物或过量的金属，其为活性物质，如果不进行猝灭处理，而是直接带入下一步工序，会与后工序的物料发生反应，会带来极大的安全风险。

⑨ 金属有机反应物料猝灭时，若猝灭剂加入过快，会产生大量气体，同时会迅速放热，极易导致反应釜冲料事故或超压爆炸的发生。

⑩猝灭反应会生成大量烷烃和氢气，具有很宽的爆炸极限范围，且引燃点火能极低，较易发生爆炸事故。

化工生产中，典型的金属有机反应工艺列举如下：格氏试剂制备和格氏反应，如镁与卤代烷烃反应制备烷基卤化镁；锂与卤代烷烃反应制备烷基锂；铁粉与环戊二烯反应制备二茂铁；四氯化锡与丁基氯化镁反应制备四丁基锡；烷基锂参与的合成反应等。

以某卤代烷烃 A 与镁粉在四氢呋喃为溶剂下发生格氏试剂制备反应为例，对金属有机反应的热危险性进行分析。

工艺过程简述：反应釜干燥除水、氮气置换后，向反应釜中加入四氢呋喃和镁粉，反应温度为 45℃，加入总量 3% 的卤代烷烃 A 的四氢呋喃溶液进行引发，引发成功后，滴加剩余的卤代烷烃四氢呋喃溶液，滴加时间为 2.5h，滴加完毕后保温 1h，合成反应放热速率曲线如图 7-34 所示。

从图 7-34 中可以看出，加入卤代烷烃四氢呋喃溶液后，体系无明显放热，25min 后反应放热速率快速升高，并达到最大值 347.4W/kg，之后放热速率快速下降，说明反应引发成功；反应引发后，继续加入剩余溶液，反应放热速率达到 113.7W/kg 后逐渐下降，滴加完毕后反应基本无热量放出，说明几乎不存在物料累积。该反应过程摩尔反应热为 -306.31kJ/mol（以卤代烷烃物质的量计），反应本身绝热温升为 240.0 K。

该反应滴加过程一旦发生热失控，立即停止加料时，反应的 T_{cf}、X_{ac}、X、X_{fd} 曲线如图 7-35 所示。

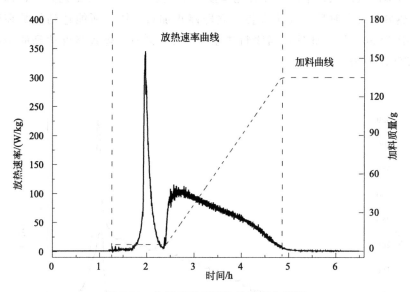

图 7-34　金属有机反应放热速率曲线图

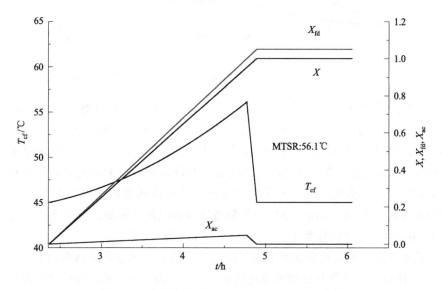

图 7-35　金属有机反应 T_{cf}、X_{ac}、X、X_{fd} 曲线

X_{fd}—加料比例；X—热转化率；

T_{cf}—反应任意时刻冷却失效后，反应体系所能达到的最高温度，℃；X_{ac}—热累积度

由图 7-35 的热转化率 X 曲线可以看出，该反应物料热累积少，卤代烷烃

四氢呋喃溶液加入结束后，热转化率接近 100%。按目前的工艺条件，即使在物料热累积最大时反应发生失控，立即停止加料，体系所能达到的最高温度 MTSR 为 56.1℃。此外，当物料热累积为 100% 时，体系能够达到的最高温度 MTSR 为 285.0℃。

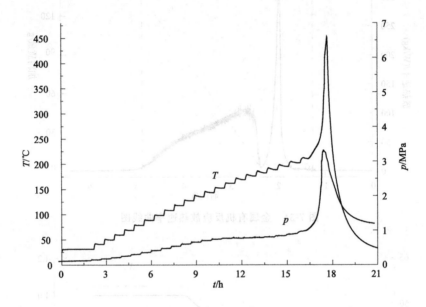

图 7-36 格氏试剂制备反应后料液绝热量热时间-温度-压力曲线

对反应后料液进行安全性测试（图 7-36）。格氏试剂制备反应后料液在 203.4℃时发生放气分解，在 210.4℃时发生放热分解，分解过程放热量为 1680J/g（以样品质量计），最大温升速率为 65.5℃/min，最大压升速率为 0.8MPa/min。结合非绝热动态升温测试，进行分解动力学研究分析，获得分解动力学数据。格氏试剂制备反应料液自分解反应初期活化能为 223kJ/mol，中期活化能为 140kJ/mol；格氏试剂制备反应料液热分解最大反应速率到达时间为 8h、24h 对应的温度 T_{D8} 为 193℃、T_{D24} 为 180℃。

根据研究结果，格氏试剂制备反应过程反应安全风险评估结果如下：

① 此格氏试剂制备反应本身绝热温升 ΔT_{ad} 为 240.0 K，该反应失控的严重度为"3级"。当物料热累积为 100% 时，体系能够达到的最高温度 MTSR 为 285.0℃，高于体系 MTT 及反应后料液的 T_{D24}，该格氏试剂制备反应危险性高。

若格氏试剂制备反应过程一旦发生热失控，立即停止加料，体系所能达到的最高温度 MTSR 为 56.1℃。

②　在绝热条件下失控反应最大反应速率到达时间（TMR_{ad}）大于 24h，失控反应发生的可能性等级为"1 级"，为很少发生，一旦发生热失控，人为处置失控反应的时间较为充足，事故发生的概率较低。

③　风险矩阵评估的结果：风险等级为"Ⅰ级"，属于可接受风险，生产过程中需采取常规的控制措施，并适当提高安全管理和装备水平。

④　反应工艺危险度等级为 1 级（$T_p \leqslant MTSR < MTT < T_{D24}$）。在反应发生失控后，体系温度升高并达到热失控时工艺反应可能达到的最高温度 MTSR，但 MTSR 小于技术最高温度 MTT 和体系在绝热过程中最大反应速率到达时间为 24h 时所对应的温度 T_{D24}。此时，体系不会引发物料的二次分解反应，也不会导致反应物料剧烈沸腾而引发冲料危险。体系热累积产生的热量，可由反应混合物的蒸发等带走部分，为系统安全提供一定的保障条件。

三、重点监控工艺参数及安全措施

金属有机工艺虽然不是应急管理部列出的危险工艺，但因其反应放热剧烈、反应条件严苛，在生产操作过程中要格外谨慎。工艺过程中要重点监控的参数主要有：反应釜的温度和压力；反应物料的配比；反应物与溶剂的水分含量；系统氧含量；反应釜的搅拌速率；物料的进料流量；冷却系统中冷却介质的温度、压力及流量等。

部分细化的安全控制措施如下：

①　金属有机反应釜应确保清洁、干燥，反应涉及的物料应确保水分合格，在投料前通氮气进行置换保护，必要时氮气保护持续至反应结束。

②　对于需要引发的金属有机反应（如格氏试剂制备反应），在反应开始阶段只应加入少量溶剂，这是因为在反应初始阶段溶剂量较少的情况下提高了反应物浓度便于引发反应，而且也不会产生大量回流，有利于控制反应进程。待反应平稳后再逐渐加入溶剂能在一定程度上起到冷却作用，便于稳定控制反应。

③　由于金属有机反应通常为强放热，且反应溶剂沸点一般较低，要保证冷凝器具有足够的冷却能力，冷却介质要有足够的低温。建议在冷凝器的出口端设置缓冲接收装置，一旦发生冲料能有效收集并回流入釜。

④　因为反应过程中意外漏水可能造成金属有机物急剧分解、超压、爆炸，反应釜应设置爆破片。

⑤　猝灭过程可能会产生氢气、烷烃等易燃气体，产生的气体不应在室内

排空，要通过管道接至室外排放，并且放空口应设置阻火器防止回火。猝灭过程须控制猝灭剂的滴加速度并观察反应釜内压力情况，避免反应釜内大量放出气体造成超压危险。

第十五节 其 他 工 艺

一、电解工艺

电流通过熔融电解质或电解质溶液时，在两极上所发生的化学变化称为电解反应。工艺过程涉及电解反应的工艺过程称为电解工艺。通过电解可以制备许多基本化学工业产品（氢、氧、烧碱、氯、过氧化氢等）。电解工艺具有的危险性特点如下：

① 通过电解食盐水可以产生氯气和氢气，氯气是氧化性很强的剧毒气体，氢气是极易燃烧的气体，这两种气体混合后极易发生爆炸，氯气中含氢量达到5％以上时，在光照或受热情况下非常可能发生爆炸。

② 当盐水中含有的铵盐超标时，在合适的条件（pH<4.5）下，铵盐可以和氯生成氯化铵，而浓度高的氯化铵溶液还可以与氯生成三氯化氮。三氯化氮为黄色油状，是爆炸性物质，当被撞击、摩擦或加热至 90℃ 以上，以及与许多有机物接触时，即可发生剧烈分解从而引起爆炸。

③ 电解溶液的腐蚀性强。

④ 液氯在生产、包装、储存、运输的过程中可能发生泄漏。

常见的电解工艺如下：

电解氯化钠水溶液生产氢气、氯气、氢氧化钠；电解氯化钾水溶液生产氢气、氯气、氢氧化钾。

在电解工艺过程中需要重点监控的工艺参数为：电解槽的温度和压力；电解槽内电流和电压；电解槽内液位；电解槽进出物料流量；原料中铵含量；可燃和有毒气体浓度；氯气中杂质（水、氧气、氢气、三氯化氮等）含量等。电解工艺需要安全控制，应急管理部的基本要求为：电解槽内温度、压力、液位、流量报警以及联锁；电解槽供电和电解供电整流装置的报警与联锁；事故状态下的氯气吸收中和系统；紧急联锁切断装置；有毒和可燃气体检测报警装置等。电解工艺适宜使用的控制方法有：将槽电压与电解槽内的压力等形成联锁关系，并设立联锁停车系统；安全设施包括：液位计、高压阀、安全阀、单向阀、紧急排放阀以及紧急切断装置等。

二、裂解（裂化）工艺

裂解又称裂化，是指有机化合物受热分解和缩合生成分子量不同的产品的过程，如在高温条件下，石油系的烃类原料发生脱氢或碳链断裂反应，生成烯烃及其他产物的过程。产品主要以乙烯、丙烯为主，同时产生副产丁烯、丁二烯等烯烃和裂解汽油、柴油、燃料油等产品。一般烃类原料在裂解炉内进行高温裂解，产出为氢气、芳烃类、低/高碳烃类以及馏分在288℃以上的裂解气混合物，经过急冷、压缩、激冷、分馏、干燥及加氢等方法，分离出目标产物及副产物。而裂解过程中，同时往往伴随缩合、脱氢和环化等反应。一般反应比较复杂，通常反应分成两个阶段。第一阶段，原料生成的目的产物为乙烯、丙烯，这种反应一般称为一次反应。在第二阶段，由一次反应生成物继续反应转化为炔烃、二烯烃、芳烃、环烷烃等，最终甚至转化为氢气和焦炭，这种反应一般称为二次反应。裂解后的产物往往是多种组分的混合物。温度和反应的持续时间是影响裂解的基本因素。在化工生产中一般用热裂解的方法生产小分子烯烃、炔烃和芳香烃，如乙烯、乙炔、丁二烯、苯等。裂解工艺的危险性特点如下：

① 在高温、高压下进行的反应，反应装置内的物料温度大多超过其自身燃点，如果泄漏很可能引起火灾。

② 炉管内壁会结焦，使流体的阻力增加，从而影响传热，当焦层不断积累，达到一定厚度时，会导致炉管壁温度过高，从而设备不能继续运行，必须对设备进行清焦，不然会烧穿炉管、裂解气外泄，可能引起裂解炉的爆炸。

③ 如果引风机发生故障突然停转，这时炉膛内很快变成正压，火焰会从窥视孔或烧嘴等处向外喷出，严重时甚至会导致炉膛爆炸。

④ 如果燃料系统出现问题，比如燃料气压力过低，有可能造成裂解炉烧嘴回火，会烧坏烧嘴，甚至会引起爆炸。

⑤ 部分裂解后的产物单体会自聚或爆炸，这时需要向生成的单体中加入稀释剂或阻聚剂等。

典型的裂解工艺举例如下：

热裂解制烯烃工艺；重油催化裂化制汽油、柴油、丙烯、丁烯等；乙苯裂解制苯乙烯；二氟一氯甲烷（HCFC-22）热裂解制四氟乙烯（TFE）；二氟一氯乙烷（HCFC-142b）热裂解制偏氟乙烯（VDF）；四氟乙烯和八氟环丁烷热裂解制六氟乙烯（HFP）等。

裂解工艺过程中需要重点监控的工艺参数包括：裂解炉进料流量；燃料油

进料流量；裂解炉温度；燃料油压力；引风机电流；稀释蒸汽比及压力；主风流量控制、滑阀差压超驰控制、机组控制、外取热器控制、锅炉控制等。对于裂解工艺的安全控制，应急管理部基本要求为：裂解炉进料压力、流量控制报警与联锁；紧急裂解炉温度报警和联锁；紧急冷却系统；紧急切断系统；反应压力与压缩机转速及入口放火炬控制；再生压力的分程控制；滑阀差压与料位；温度的超驰控制；再生温度与外取热器负荷控制；外取热器汽包和锅炉汽包液位的三冲量控制；锅炉的熄火保护；机组相关控制；可燃与有毒气体检测报警装置等。裂解工艺适宜使用的控制方法有：引风机的电流应与裂解炉进料阀、燃料油进料阀、稀释蒸汽阀三者之间形成联锁自控关系，一旦引风机发生故障导致停车，这时裂解炉会自动停止进料然后切断燃料供应，但这时应继续供应稀释蒸汽，以便带走炉膛内的热量；将燃料油压力与裂解炉进料阀、燃料油进料阀之间形成联锁自控关系，如果燃料油压力降低，这时应切断燃料油进料阀，同时切断裂解炉进料阀；应在分离塔上安装安全阀和放空管，低压系统与高压系统之间应安装逆止阀，同时配备固定的氮气装置与蒸汽灭火装置；将裂解炉电流同时与锅炉给水流量、稀释蒸汽流量之间形成联锁自控关系；一旦提供水、电、蒸汽等公用设施出现故障，裂解炉可以自动紧急停车；在正常情况下由压缩机转速控制反应压力，在开工或非正常工况下压力由压缩机入口放火炬控制；再生压力则由烟机入口蝶阀和旁路滑阀（或蝶阀）分程控制；再生、待生滑阀在正常情况下分别由反应温度信号与反应器料位信号控制，如果滑阀差压出现低限，这时转由滑阀差压控制；再生温度则由流化介质流量或外取热器催化剂循环量控制；锅炉汽包和外取热汽包液位采用液位、蒸发量和补水量三冲量控制；带有明火的锅炉应设置熄火保护控制；大型机组应设置相关的油压、油温、轴温、轴震动、轴位移、防喘振等系统控制；在装置存在可燃气体、有毒气体并可能发生泄漏的部位设置可燃气体报警器和有毒气体报警器。

三、间歇蒸馏

蒸馏是利用液体混合物中的各组分沸点的不同，经部分汽化或者部分冷凝，来实现组分相对分离的一类化工单元操作。蒸馏操作在化工、医药等行业有着广泛的应用，如：石油炼制过程中的常/减压蒸馏，基本有机化工产品的提纯过程，对精细化工产品进行精制，回收化学制药过程中的溶剂以及空气分离等。从生产连续性角度，蒸馏操作可分为连续蒸馏和间歇蒸馏。间歇蒸馏过程涉及的物料大多具有易燃、易爆、有毒或腐蚀等特性；蒸馏过程中常伴随系统（设备）内压力的改变。因此，蒸馏系统的危险性主要包括：火灾、爆炸、中毒、窒息和灼烫等。间歇蒸馏过程中可能会出现的危险情形举例如下：

① 具有爆炸危险性的杂质在釜内富集、积聚引起爆炸，如硝基物中混有的多硝基物、液氧中混入了烃类、能引发环氧乙烷发生聚合反应的催化剂等。

② 在蒸馏的过程中，体系内始终呈现气液共存状态，若有易燃、易爆物料发生泄漏或者吸入空气，可形成爆炸性混合气体。特别是在高温的条件下，对自燃点低的物料进行蒸馏操作时，一旦高温物料发生泄漏，遇空气即能发生自燃从而导致火灾事故。

③ 蒸馏釜釜底的残留物，尤其是间歇蒸馏过程的残留物，一旦具备高沸点、高黏度以及在高温下容易发生分解或聚合反应的特性，那么这类成分复杂的混合物极易在高温下发生热分解、自聚或积热自燃。如果残留物中含有热敏性或者燃烧爆炸性的物质，那么发生火灾或者爆炸的危险性更甚。

④ 蒸馏易燃液体，尤其是不易导电的液体时，一旦物料在管道内流速过高、蒸馏釜内液体搅拌太快，或者发生摩擦、喷溅等情况，均可能导致静电积聚，这就存在静电放电进而引发火灾的可能性。

⑤ 高温下运行的蒸馏设备内，如混进冷水或其他低沸物，会引起瞬间大量汽化从而造成设备内压力骤升，最终导致容器爆炸。

⑥ 蒸馏凝固点较高的物质时，设备的出口管道容易发生凝结、堵塞，这将会造成设备内压力升高，导致容器爆炸。

⑦ 蒸馏有毒或有腐蚀性的物料时，设备若发生泄漏将极易引发中毒或化学灼伤。

⑧ 蒸馏过程中若使用高、低温物料，防护不当时会造成烫伤或冻伤。

⑨ 周期性地加入和放出易燃、易爆物料时，容易因置换不彻底而混入空气引发事故。

⑩加热介质的流量过大，会使釜内汽化速度变快，导致设备超压。

⑪蒸馏釜液位低于工作下限，有烧干蒸馏釜的风险，从而引发事故。

⑫因加料量超工作负荷，可造成物料沸溢，从而引发火灾。

间歇蒸馏工艺需要重点监控的工艺参数包括：

① 蒸馏塔（釜）：塔釜的温度、液位，关键塔板的温度、组分，进料的流量、温度，塔顶的温度、压力（真空度）以及回流量等。

② 再沸器：温度、压力（真空度），加热介质的流量、温度和压力。

③ 冷凝器：温度，冷却介质的流量、温度及其压力。

④ 回流罐：液位、压力（真空度）。

蒸馏的过程中，重点是要严格控制温度、压力、液位、进料量、回流量等工艺参数，还要注意它们相互之间的制约与影响，尽量设置自动控制操作系统，减少人为操作的失误。例如，间歇蒸馏馏出物料出料阀一旦关闭时，应设置可以保证塔内压力处于正常范围的安全措施；间歇蒸馏应设置蒸馏釜的高液位和低液位报警，并设置蒸馏釜的低低液位联锁切断加热介质系统。

参考文献

[1] 国家安全生产监督管理总局. 首批重点监管的危险化工工艺目录. 2009-06-20.

[2] 国家安全生产监督管理总局. 第二批重点监管危险化工工艺目录. 2013-01-15.

[3] 国家安全生产监督管理总局. 首批重点监管的危险化工工艺安全控制要求、重点监控参数及推荐的控制方案. 2009-06-20.

[4] 国家安全生产监督管理总局. 第二批重点监管危险化工工艺重点监控参数、安全控制基本要求及推荐的控制方案. 2013-01-15.

附录

符号与缩写对照表

1. 符号

a, b, c, d	维里方程系数	
A	传热面积	m^2
A, B, C, …	化合物	
c	浓度	mol/L
C_p	比热容	kJ/(kg·K)
D	直径	m
E	键能	kJ/mol
E_a	活化能	J/mol
f	频率	
F	法拉第常数	C/mol
$\Delta_r H$	反应热(熵)	kJ
$\Delta_r H_f$	生成熵	kJ/mol
$\Delta_r H_m$	摩尔反应热(熵)	kJ/mol
k	反应速率常数	$(mol/L)^{(1-a)}/s$
k_0	指前因子或频率因子	$(mol/L)^{(1-a)}/s$
K	传热系数	W/(m²·K)
H	高度	
$L_下$	爆炸下限	%
$L_上$	爆炸上限	%
m	质量	kg
M	摩尔质量	g/mol
n	物质的量	mol
V	体积	m^3 或 L

P	风险发生可能性	
p	压力	MPa
phi	试样容器热修正系数	
Q	热量	J
Q_{ac}	热累积速率	W
Q_{ex}	热移出速率或冷却速率	W
Q_{rx}	反应放热速率	W
r	化学反应速率	mol/(L·s)
R	摩尔气体常数	J/(mol·K)
S	表面积	m^2
t	时间	s 或 h
T	温度	K 或 ℃
T_{cf}	热失控后反应体系温度	K 或 ℃
T_{D24}	绝热条件热分解最大速率到达时间为 24h 时对应的温度	K 或 ℃
T_{end}	反应最终温度	K 或 ℃
T_{mes}	失控时体系所能达到的最高温度	K 或 ℃
T_{NR}	不可控的最低温度	K 或 ℃
T_p	工艺温度	K 或 ℃
T_{SADT}	自加热分解温度	K 或 ℃
ΔT_{ad}	绝热温升	K
U	流速	m/s
X	反应转化率或热转化率	%
X_{ac}	热累积度	
α	反应级数	
ρ	密度	kg/m^3
η	加料过量比例	
T_{mix}	混合体系的沸点	K 或 ℃

2. 缩写

ARC	加速度绝热量热仪
CC	闭杯式闪点
Checklist	安全检查表
COD	化学耗氧量

C80	微量热仪
DCS	分布式控制系统
DIERS	应急释放系统设计技术
DPT	分解压力测试
DSC	差示扫描量热仪
DTA	差热分析
ETA	事件树分析
EFCE	欧洲化学工程联合会
FTA	事故树分析
GERT	气体逸出速率测试
HAZAN	风险分析
HAZOP	危险与可操作性分析
HSE	健康、安全与环境
HWS	加热-等待-搜寻
ICI	英国帝国化学工业集团
IET	绝热测试
LD_{100} 或 LC_{100}	100%致死量或100%致死浓度
LD_{50} 或 LC_{50}	半数致死量或半数致死浓度
LD_0 或 LC_0	最大耐受量或最大耐受浓度
LEL	爆炸下限
LFL	可燃下限
LOPA	保护层分析
MAC	工业毒物的最高容许浓度
MLD 或 MLC	最小致死量或最小致死浓度
MOC	燃烧最低氧需要量
MSDS	化学品安全数据说明书
MTSR	热失控条件下反应能够达到的最高温度
MTT	技术最高温度
OB	氧平衡
OC	开杯式闪点
PFD	工艺物料流程图
PHI-TEC	高性能绝热量热仪
PID	管道和仪表流程图

PSM	工艺安全管理
QA	质量保证
QC	质量控制
RC1	实验室全自动反应量热仪
RSST	反应系统筛选装置
SOP	岗位标准操作规程
TG 或 TGA	热重分析
TMR_{ad}	绝热条件下最大反应速率到达时间
UEL	爆炸上限
UFL	可燃上限
VSP	泄放口尺寸测试装置
ZHA	苏黎世危险性分析法